# 多変量データ解析講義

［新装版］

水野欽司
［著］

朝倉書店

# 目　　次

# 1. 多変量データ解析の基礎

## 1.1 多変量解析の展望

### 1.1.1 多変量解析について

いわゆる多変量解析(multivariate analysis)は，当初統計学の分野で開拓され発展してきた統計的理論である．しかし，これらが統計学者の理論的考究の範囲を越えて，種々の現象分析の道具として実用化されたのは近年のことである．特にコンピュータの出現以後は急速に応用分野が拡大し，盛んに利用されるようになった．それにつれて，応用分野の側の要請から分析目的やデータの特質を反映した新しい方法がいろいろ工夫され，多変量解析とよばれるものの内容も多様化した．

初期の理論研究では，多変量に拡張した各種の統計的概念や統計量の標本分布の問題が中心であった．分析手法に関しては回帰分析，判別分析，主成分分析などが多く論じられた．現在では，それらと密接に連携するが必ずしもそれらに制約されないで，多変数のデータがもつ特徴を目的に応じて要約する手法を総称するものとして多変量解析の語が使われている．この広義の多変量解析に対して，多次元的データ分析の意味で多次元分析の語を当てる人も多い．

応用分野は広く，なかでも生物科学，人文・社会科学でよく利用される．それは，多変量解析の特色を活用したくなる素地を，これらの科学が備えているからであろう．すなわち，内部事情として，

(1) 研究対象がきわめて複雑であり，取扱う変数や項目の種類が多くなる．しかも，変数間の相互関連を同時的に考慮した分析でなければ，成果の実際的な価値が乏しいこと，

(2) 実験的方法による因果関係の追求が困難な場合が多く，変数間の統計的な相関関係の把握から，現象の本質を推論する必要があること，

などがある．実際，そのような理由から，これらの研究領域では多変数データの分析法を独自の立場で考案している．たとえば，心理学では古くから因子分析が知能研究などで用いられ，また生物学では動・植物の分類に数値分類法(numerical taxonomy)が考え出されている．

もちろん，多変量解析はこれらの科学に限定されない．実験的手段の行使が容易な研究分野でも，それぞれに固有な理論と実証方法による解明が遅れている事象の特徴を把握する目的に有効である．

### 1.1.2 多変量解析のねらいと方法

多変量解析の多くの方法は，方法適用のねらいによって大別することができる．その場合にデータの数値的特性について次のことを注意しておくべきである．

① 変数の値には，名義(分類)尺度，順序尺度，間隔尺度，比例尺度の種別があり，それぞれに適した方法があること．

② 間隔尺度の数値であっても，それを順序的情報とみなすように，事態に応じて分析するデータの情報が表面上の数値尺度特性と異なる場合があること．

(1) 特定変数を予測もしくは説明する：このねらいの場合は，変数群が外的基準(または目的変数)と説明変数の組とに分けられる．外的基準とは分析目的に応じて着目する特定の変数を指し，説明変数群により，これを統計的意味で可能な限り精度高く予測または説明(推定・判別)しようとする．回帰分析，判別分析，数量化法(Ⅰ類，Ⅱ類)などは，これに当たる．

(2) 問題事象の全体像を要約する：現象のいろいろな側面について収集した多種類のデータを少数個の成分あるいは因子とよぶ変量に集約したり，変数間または個体間について観測された類似・差異の関係を次元数の小さい空間に表現したりする方法が含まれる．いずれも要約による情報損失を少なくして，事象を表現する次元数の縮小を図っている．

これに属する方法は多い．主成分分析，因子分析，数量化法(Ⅲ類)，正準相関分析などの方法は，抽出した基本的次元(成分，因子など)の範囲で変数相互の親近性を評価すると同時に観測単位別に具体的な成分，あるいは因子の推定値を得ることができるので，それにより観測個体相互の親近性を理解することができる.

(3) 変数や観測単位を分類する：多数の変数や観測個体の分類は，“次元”そのものは直接考慮しないが，これも全体の単純化を意図している.

クラスター分析は“似たものどうし”を集めるという，きわめて単純明快な目的のための方法である．分類の形式には大別して系統的分類とそうでない分類の二つがあり，それぞれ多くの種類がある．また，AID (automatic interaction detector) は外的基準(数量)における差異をよく反映するように項目(名義変数)群の多重分類を行う．潜在構造分析(潜在クラス模型，潜在プロフィル模型)は，モデルが仮想する複数個のクラスに個体を分類する.

以上のほかにも多変量解析のねらいは，いろいろあり，方法も多種多様である.

### 1.1.3　多変量解析の効用と活用

先に述べた適用目的と方法の対応は固いものではない．同じ目的に種々の方法が使えるし，一つの方法でも使い方により多様な分析目的に役立てることができる．この使用上の柔軟性は多変量解析の大きな特色の一つである．しかし，“柔軟”ということは“決め手に乏しい”ということでもある．これは多変量解析の効用のある意味の限界に関係している.

多変量解析のねらいは，すべて“データの要約”という点で共通している．このようなデータ要約は，現象の表面的多様性によってとかく見失いがちな“本質”を単純化によって浮彫りしようとする立場であり，それにより新事実や説明仮説の発見を期待する立場である.

分析に際しては，なんらかの意味で必ずデータがもつ全情報の一部を切捨てて単純化を行っている．したがって，要約内容が目的に照らして有効となるためには，単純化が偏っていないこと，本質を見抜く洞察力・解釈力をもつこと，が“決め手”になってくる．これらは分析者の技量の問題である．多変量解析ほど，分析者の役割が重視される研究手段はほかにあまりない.

しかも計算結果は，ある数理的モデルと取上げた変数の組の枠内での要約にすぎないから，相対的な意味しかもちえない．したがって，その研究領域の諸知見を加えて，新データの収集なり積極的なモデル構成なり，次の問題展開へと進むことが正しい(最終的には，それが可能ならば，その分野に固有な実証手段によってチェックすることが正当であろう).

それらを十分承知して利用するならば，多変量解析は便利で優れた研究手段である.

なお，具体的には次のような事項を配慮して使うとよいと思われる.

(1) 大標本データに適用：多様化した多変量解析の方法には，その標本論的特徴が明瞭でないものが多い.

(2) 信頼性の高いデータ：誤差の大きい変数群によると，本来存在する変数間の関連性が希薄化され，よい成果が生まれない．事前の変数ごとの検討が必要である.

(3) 各種方法の併用：似たねらいの方法や関連性の測度を同じデータに適用したとき，最終レベルの結論に違いが生じるようでは大いに困る．特定の方法・測度と密接に結びつく分析目的やデータの場合は別にして，実態がよくわからない段階で探索的な展望を行う分析では，各種の方法で分析し比較してみる.

(4) “解”の安定性の検討：計算条件によって，その“解”が影響を受ける方法がある．たとえば，ノンメトリックな MDS のように，適当な初期値を与え反復近似的なアルゴリズムによって最適化基準を改良していく方法では，初期値の与え方で，いわゆる局所的最小値(local minimum)など不適切な値に基準が収束するおそれがある．実際問題として，これを避けるのは困難であるが，少なくとも計算条件を変えて安定した結果が得られることを確認しておく.

(5) データの加工過剰を避ける：問題によっては，数種の方法をリレーして使うのもよいが，原データの加工過多となり解釈不能におちいる心配がある.

(6) データと解析努力のバランス：わずかのデータで各種の解析に固執するより，新データを収集する方が問題解決に役立つことはしばしばある.

### 1.1.4 多変量解析の技法習得

多変量解析の利用上の心がまえといったものについて，実際に使う立場で日頃感じていることに触れておきたい.

(1) 十分な数理的知識：なんといっても方法の数理に関する知識は重要である．ある種の方法は，その方法の意図を承知していれば，複雑なアルゴリズムの細部を知らなくても間に合うであろう．しかし，多くの方法はそうはいかない．方法を適切に利用する上で，また結果から多くの情報を引出すために，その数理的知識を欠くことはできない．

(2) データに対する柔軟な見方：数理的知識にも優って，個々のデータの特質を見抜き，分析の見通しを立てる柔軟なセンスが重要であろう．また，計算結果を解釈するとき，数理的モデルや数値の細部にしばられたり，当初の目標に固着したりすることのない融通性に富んだ大局的な見方が大切であろう．

(3) 広い専門的知識：分析結果を解釈するには，その研究分野における，それなりの知識を要する．これを欠くと，重要な結果を発見できなかったり，次の研究段階への糸口を見出せなかったりする．一方では，あまりに既成の専門常識や理論に執着すると，かえって重大な解釈ちがいをすることもあろう．注意が必要であるが，それは偏見におちいらない柔軟な見方で補われるべきことで，専門的知識の重要性には変わりがない．

(4) 少ない変数による分析：問題によっては少ない変数の分析で事足りることがある．また，データによっては，多変量で扱っても効果的でない場合がある．その場合には管理の行き届いた信頼性の高いデータによる少変量解析が望ましい．最も悪いのは，問題の焦点を絞り切れず，“多変量”へと逃避することである．慎重な配慮なしに集めた変数群では，何も得られないといえる．たとえば，因子分析で因子を抽出しても因子の意味するものが了解できないであろうし，回帰分析で安易に自動変数選択方式を採用すると実質的には役に立たぬ結果に終わるであろう．多変量解析によって，かえって事態を混迷させるの愚を避けるには，一つ一つの変数の入念な事前吟味しかない．

(5) 適用経験を積む：上で述べたことは実際にはなかなかむずかしい．結局のところ，多くの経験を積重ねることが第一である．それには，すでによくその特徴が知られているデータに方法を適用してみる，同じデータを種々の方法で分析し各方法の“くせ”を知る，などがよい．研究では，同じデータに各種の方法を適用するというのは見識の足りない話であるが，方法に習熟する訓練としては許されようし，効果的と思う．

「言うは易く，行うは難し」というのが多変量解析の使い方であるから，まず「やってみる」ことが大切である．

### 1.1.5 多変量解析のプログラム

多変量解析のどの手法も，定量的データの場合は平均ベクトル，分散共分散行列，相関行列の計算，定性的データの場合はいわゆる単純集計，クロス集計から始まり，そこからいろいろに分岐することになる.

それらの関係をごく粗く示したのが図 1.1 である. 図 1.1 で主成分得点，因子得点，判別得点とよぶのは，個々の観測単位別に算出した得点ベクトルを指

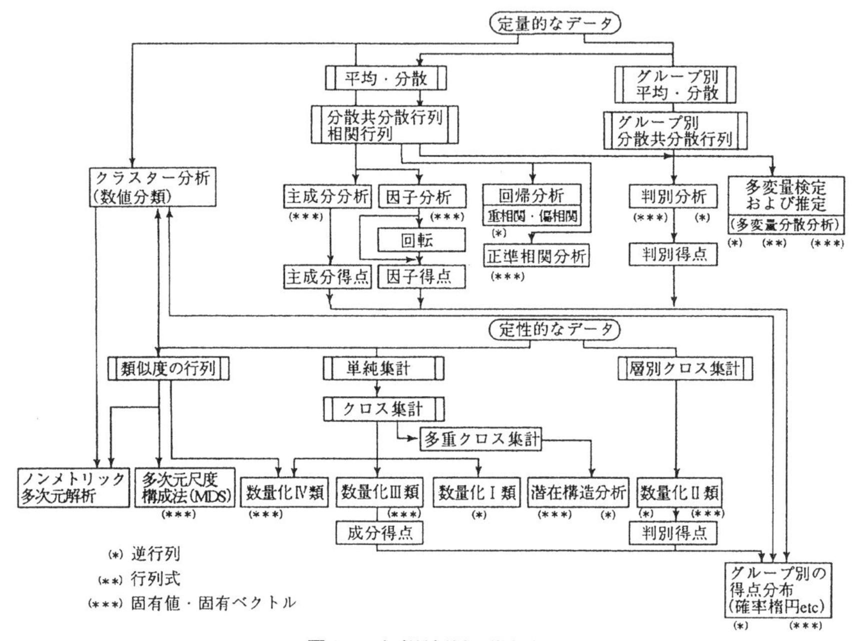


図 1.1 多変量解析の諸方法

す. データ処理の実際場面では，これを再び別の標識に従って分類し，分布の特徴を比較する作業が行われる. たとえば，多次元の確率楕円を比較するなどである.

多変量解析といっても数値計算の立場からいえば，線型代数の域を出ない. すなわち，逆行列，行列式，固有値・固有ベクトルなどの行列演算に帰着する (図 1.1 では，各方法が含む計算を * で示した). しかも，固有値・固有ベクトルにしても，行列は必ず実固有値をもつ非負定符号の行列であるから，特別の配慮は無用である. したがって，使いやすい「逆行列」,「行列式」,「固有値・

固有ベクトル」のサブルーチンをもてば，あとはそのときどきで楽にプログラムを組むことができる．ただし，次のことは考慮する必要がある．文科系領域では，

(1) 一般に大きな行列となる(しばしば行列の次数が 80～100 になる)．

(2) 高精度を必要としない．

たとえば，主成分分析，因子分析では通常かなり大きい行列の固有値計算を行う．しかも，方法のねらいは，行列の次数と比較してはるかに少ない数の固有値を大きい順に得ることである．したがって全固有値が同時的に求まる，たとえば Jacobi 法よりべき乗法が適している．必要な数だけ算出したらいつでも打切れるし，適当な打切り基準を設けて算出を停止させることも簡単である．

高精度を必要としないというのは，一般に文科系領域では，計算結果としての数値はそれ自体に目的があるのではなく，現象の内容を知る手掛りであることが多いからである．したがって，上のべき乗法の場合でも，大きい順に固有値を求める過程で計算誤差が累積していくという特徴があるが，そのようなわずかな誤差に神経質になる必要はない．理工系の計算と違って，扱っている問題のレベルがそのような精度論議のレベルをはるかに越えているからである．べき乗法における反復近似において，なかなか収束しない場合に備えて打切り回数を指定して計算を中止させるのはプログラム上当然の処置であるが，そのときの達成精度を記録しておき，かまわず次の固有値計算に移行させるのがよい．固有値の収束は初め速く，後はゆっくりと小刻みであるから，上限数までの反復で，仮に収束判定基準に達しなかったからといっても，かなりそれに近い状態になっている．したがって，予定どおり全部計算したあとで，各段階での達成精度を評価し，ベクトルの直交性の崩れの度合いを検討し，少々のことであれば解を採択する．それで十分目的を達していることが多いからである．

以上を若干配慮すれば，多変量解析の大部分の手法は，計算の立場でいえばきわめて似た部分が多く，その類似性に着目して，共通な個所をサブルーチン化することにより，比較的容易に全体をプログラム化することができる．入出力部分はきわめて共通性が高いから，サブルーチン化にとって都合がよい．このほか，検定・推定に備えて，正規分布，$t$ 分布，$F$ 分布，$\chi^2$ 分布の密度関数，分布関数の計算ルーチンを加えれば完全である．

### 1.1.6 今後の方向

統計的解析のモデルが，その研究領域における分析目的に照らして，適切妥当な形で使われるべきことは当然である．しかし従来は，とかく既成のモデルを単発的にデータ処理のある段階で使ってみる傾向があった．たとえば，電子計算機の普及により，以前に比べて多変量解析も安直に使われている風がある．これはもちろん戒められるべきことである．実際，最近では個々の分析モデルの適用から進んで，それらを総合して，問題に即して方向づけた大きなモデルによる解析が行われるようになった．これは電子計算機の大量情報処理能力を活かした良い方向であるといえる．

しかし，これは，一方では危険を含むことも指摘しておきたい．この傾向が進めば，おそらく問題指向的に粗データの分類集計から高度な統計解析モデルまでを配した一貫的な処理方式が盛んに使用されると思われる．したがって，プログラムパッケージにしても，ある手法のいろいろな変型をていねいに拾い上げて収録したパッケージは影をひそめて，粗データのまま入力すれば自動的に分析が流れ，“効率よく”結論に近い形が出力される大型プログラムが出現するだろう．マーケッティングリサーチで利用される AID (automatic interaction detector)は，たとえば商品購入率を，それに影響すると思われる項目に関して集計算出するが，このとき，どの項目の効きが強いかを判定しつつ集計を行う．確かに集計を何のために行うかといえば，商品購入にどの項目が効くかを知るためであるから，それはそれで良いことである．しかし，このような一連処理方式を無理してつくれば，分析の各段階でのチェックを機械にまかすことにもなり，重要な発見の機会を失い，モデルに制約された解しか入手できないことになる．応用分野ではいざ知らず，学術研究分野では困ることである．今後ますます大型解析モデルによるデータ処理が盛んになるであろうが，この辺の矛盾をいかにして避け，電子計算機利用の有効性を活かし，科学研究の実をあげるべきかは，各領域の研究者に託された課題であるといえる．

## 1.2 基本統計測度の行列表現

統計でよく現れる諸量を行列の記法によって表現する．

### 1.2.1 データ行列

#### 1) データ行列 $\boldsymbol{X}_0$ と平均ベクトル $\boldsymbol{m}$

サンプル $i$ の変数 $X_j$ の値 $X_{ij}$ $(i=1,2,\cdots,N;j=1,2,\cdots,n)$ を $N\times n$ の矩形行列としたものがデータ行列 $\boldsymbol{X}_0$ である．各項目 $j$ の平均 $m_j$ を要素とする縦ベクトルを $\boldsymbol{m}$ とする．また，$\boldsymbol{X}_0', \boldsymbol{m}'$ のように「′」の記号はそれぞれ行列 $\boldsymbol{X}_0$，ベクトル $\boldsymbol{m}$ を「転置する」ことを表す．転置行列 $\boldsymbol{X}_0'$ は $n\times N$ の矩形行列，転置ベクトル $\boldsymbol{m}'$ は $n$ 次の横ベクトルである．

$$\boldsymbol{X}_0=\underbrace{\begin{bmatrix} X_{11} & X_{12}\cdots X_{1j}\cdots X_{1n} \\ X_{21} & X_{22}\cdots X_{2j}\cdots X_{2n} \\ \cdots & \cdots \\ X_{i1} & X_{i2}\cdots X_{ij}\cdots X_{in} \\ \cdots & \cdots \\ X_{N1} & X_{N2}\cdots X_{Nj}\cdots X_{Nn} \end{bmatrix}}_{(n\text{列})}\Bigg\}(N\text{行}), \qquad \boldsymbol{m}=\begin{bmatrix} m_1 \\ m_2 \\ \vdots \\ m_j \\ \vdots \\ m_n \end{bmatrix}=\begin{bmatrix} \sum_i X_{i1}/N \\ \sum_i X_{i2}/N \\ \vdots \\ \sum_i X_{ij}/N \\ \vdots \\ \sum_i X_{in}/N \end{bmatrix}\Bigg\}(n)$$

$\boldsymbol{m}$ は $N$ 次の縦ベクトル $\boldsymbol{1}_N$ を用いて次のように表すことができる．

$$\boldsymbol{m}=\boldsymbol{X}_0'\boldsymbol{1}_N/N=\begin{bmatrix} X_{11} & X_{21}\cdots X_{N1} \\ X_{12} & X_{22}\cdots X_{N2} \\ \cdots & \cdots \\ X_{1n} & X_{2n}\cdots X_{Nn} \end{bmatrix}\begin{bmatrix} 1 \\ 1 \\ \vdots \\ 1 \end{bmatrix}/N$$

**問 1** 平均の総和 $(\sum_j m_j)$ は行列の記法でどう書けるか．また行列 $\boldsymbol{X}_0$ の全要素の平均 $(\sum_i\sum_j X_{ij}/Nn)$ はどうか．

#### 2) 基準化データ行列 $\boldsymbol{X}, \boldsymbol{Z}$

$\boldsymbol{X}_0$ の $i$ 行 $j$ 列の要素を $x_{ij}=X_{ij}-m_j$ のように変換したものを $\boldsymbol{X}$ で表すことにする．$\boldsymbol{X}$ は平均 0 に基準化されたデータ行列である．

$$\boldsymbol{X}=\begin{bmatrix} x_{11} & x_{12}\cdots x_{1j}\cdots x_{1n} \\ x_{21} & x_{22}\cdots x_{2j}\cdots x_{2n} \\ \cdots & \cdots \\ x_{i1} & x_{i2}\cdots x_{ij}\cdots x_{in} \\ \cdots & \cdots \\ x_{N1} & x_{N2}\cdots x_{Nj}\cdots x_{Nn} \end{bmatrix}=\begin{bmatrix} X_{11}-m_1 & X_{12}-m_2\cdots X_{1j}-m_j\cdots X_{1n}-m_n \\ X_{21}-m_1 & X_{22}-m_2\cdots X_{2j}-m_j\cdots X_{2n}-m_n \\ \cdots & \cdots \\ X_{i1}-m_1 & X_{i2}-m_2\cdots X_{ij}-m_j\cdots X_{in}-m_n \\ \cdots & \cdots \\ X_{N1}-m_1 & X_{N2}-m_2\cdots X_{Nj}-m_j\cdots X_{Nn}-m_n \end{bmatrix}$$

**問 2** $\boldsymbol{X}$ を $\boldsymbol{X}_0, \boldsymbol{m}$ などを用いて表せ．このとき，

$$\boldsymbol{X}=\left(\boldsymbol{I}-\frac{\boldsymbol{1}_N\boldsymbol{1}_N'}{N}\right)\boldsymbol{X}_0$$

であることを確かめよ（$\boldsymbol{I}$ は $N$ 次の単位行列）．

$\boldsymbol{X}$ の要素 $x_{ij}$ を $z_{ij}=x_{ij}/s_j$ （$s_j$ は項目 $j$ の標準偏差）に変えた行列を $\boldsymbol{Z}$ とす

る．$\boldsymbol{Z}$ は平均 0，分散 1 に基準化されたデータ行列である．

標準偏差 $s_j$ を対角要素とする $n$ 次の対角行列を $\boldsymbol{D}_s$ とする．

$$\boldsymbol{Z}=\begin{bmatrix} z_{11} & z_{12} \cdots z_{1j} \cdots z_{1n} \\ z_{21} & z_{22} \cdots z_{2j} \cdots z_{2n} \\ \cdots & \cdots \\ z_{i1} & z_{i2} \cdots z_{ij} \cdots z_{in} \\ \cdots & \cdots \\ z_{N1} & z_{N2} \cdots z_{Nj} \cdots z_{Nn} \end{bmatrix} \quad \boldsymbol{D}_s=\begin{bmatrix} s_1 & & & & O \\ & s_2 & & & \\ & & \ddots & & \\ & & & s_j & \\ & & & & \ddots \\ O & & & & s_n \end{bmatrix} \left(\text{ただし，} s_j=\sqrt{\frac{\sum_i (X_{ij}-m_j)^2}{N}}\right)$$

$$(j=1, 2, \cdots, n)$$

$\boldsymbol{D}_s$ の逆行列

$$\boldsymbol{D}_s^{-1}=\begin{bmatrix} 1/s_1 & & & & O \\ & 1/s_2 & & & \\ & & \ddots & & \\ & & & 1/s_j & \\ & & & & \ddots \\ O & & & & 1/s_n \end{bmatrix}$$

**問 3**　$\boldsymbol{Z}$ を $\boldsymbol{X}, \boldsymbol{X}_0, \boldsymbol{m}, \boldsymbol{D}_s$ などによって表せ．

### 1.2.2 共分散と相関

#### 1) 積和平均の行列 $\boldsymbol{G}$

データ行列 $\boldsymbol{X}_0$ をもとにつくった積和平均の行列を $\boldsymbol{G}$ とする．$\boldsymbol{G}$ は対称行列である．

$$\boldsymbol{G}=\begin{bmatrix} \frac{1}{N}\sum_i X_{i1}^2 & \frac{1}{N}\sum_i X_{i1}X_{i2} \cdots & \frac{1}{N}\sum_i X_{i1}X_{in} \\ \frac{1}{N}\sum_i X_{i2}X_{i1} & \frac{1}{N}\sum_i X_{i2}^2 \quad \cdots & \frac{1}{N}\sum_i X_{i2}X_{in} \\ \vdots & \vdots \quad \ddots & \vdots \\ \frac{1}{N}\sum_i X_{in}X_{i1} & \frac{1}{N}\sum_i X_{in}X_{i2} \cdots & \frac{1}{N}\sum_i X_{in}^2 \end{bmatrix}$$

行列 $\boldsymbol{X}_0$ の $i$ 行をとり横ベクトル $\boldsymbol{X}_i=(X_{i1}, X_{i2}, \cdots, X_{in})$ とみなし，$\boldsymbol{X}_i'\boldsymbol{X}_i$ をつくると，

$$\begin{bmatrix} X_{i1}^2 & X_{i1}X_{i2} \cdots & X_{i1}X_{in} \\ X_{i2}X_{i1} & X_{i2}^2 \quad \cdots & X_{i2}X_{in} \\ \vdots & \vdots \quad \ddots & \vdots \\ X_{in}X_{i1} & X_{in}X_{i2} \cdots & X_{in}^2 \end{bmatrix}$$

したがって $\boldsymbol{G}=\frac{1}{N}\sum_i^N \boldsymbol{X}_i'\boldsymbol{X}_i=\frac{1}{N}\boldsymbol{X}_0'\boldsymbol{X}_0$

**問 4**　$\frac{1}{N}\boldsymbol{X}_0'\boldsymbol{X}_0$（$=\boldsymbol{G}$）と $\frac{1}{n}\boldsymbol{X}_0\boldsymbol{X}_0'$ はどうちがうのか．

#### 2) 分散共分散行列 $\boldsymbol{C}$

行列 $\boldsymbol{X}$ の $i$ 行をとり横ベクトル $\boldsymbol{x}_i=(x_{i1}, x_{i2}, \cdots, x_{in})$ とする.

$$\boldsymbol{C}=\begin{bmatrix} \frac{1}{N}\sum_i x_{i1}^2 & \frac{1}{N}\sum_i x_{i1}x_{i2} \cdots & \frac{1}{N}\sum_i x_{i1}x_{in} \\ \frac{1}{N}\sum_i x_{i2}x_{i1} & \frac{1}{N}\sum_i x_{i2}^2 & \cdots\frac{1}{N}\sum_i x_{i2}x_{in} \\ \vdots & \vdots \quad \ddots & \vdots \\ \frac{1}{N}\sum_i x_{in}x_{i1} & \frac{1}{N}\sum_i x_{in}x_{i2} \cdots & \frac{1}{N}\sum_i x_{in}^2 \end{bmatrix}=\frac{1}{N}\sum_i^N \boldsymbol{x}_i'\boldsymbol{x}_i=\frac{1}{N}\boldsymbol{X}'\boldsymbol{X}$$

分散共分散行列の $j$ 行 $k$ 列の要素 $s_{jk}$ は,

$$s_{jk}=\frac{1}{N}\sum_{i=1}^N x_{ij}x_{ik}=\frac{1}{N}\sum_{i=1}^N (X_{ij}-m_j)(X_{ik}-m_k) \qquad (j, k=1, 2, \cdots, n)$$

これを変数 $X_j$ と $X_k$ との**共分散**という.

**3)　相関行列 $\boldsymbol{R}$**

$$\boldsymbol{R}=\begin{bmatrix} \frac{1}{N}\sum_i z_{i1}^2 & \frac{1}{N}\sum_i z_{i1}z_{i2} \cdots & \frac{1}{N}\sum_i z_{i1}z_{in} \\ \frac{1}{N}\sum_i z_{i2}z_{i1} & \frac{1}{N}\sum_i z_{i2}^2 & \cdots\frac{1}{N}\sum_i z_{i2}z_{in} \\ \vdots & \vdots \quad \ddots & \vdots \\ \frac{1}{N}\sum_i z_{in}z_{i1} & \frac{1}{N}\sum_i z_{in}z_{i2} \cdots & \frac{1}{N}\sum_i z_{in}^2 \end{bmatrix}=\frac{1}{N}\boldsymbol{Z}'\boldsymbol{Z}=\begin{bmatrix} 1 & r_{12} \cdots\cdots & r_{1n} \\ r_{21} & 1 \cdots\cdots & r_{2n} \\ \vdots & \vdots \quad 1 & \\ r_{n1} & r_{n2} \cdots\cdots & 1 \end{bmatrix}$$

相関行列の $j$ 行 $k$ 列の要素 $r_{jk}$ は,

$$r_{jk}=\frac{\sum_i x_{ij}x_{ik}}{N}\Bigg/\sqrt{\frac{\sum_i x_{ij}^2}{N}\times\frac{\sum_i x_{ik}^2}{N}}=\frac{\sum_i (X_{ij}-m_j)(X_{ik}-m_k)}{N}\Bigg/s_j s_k$$

$$(j, k=1, 2, \cdots, n)$$

これを変数 $X_j$ と $X_k$ との**相関係数**という.

相関行列 $\boldsymbol{R}$ は $\boldsymbol{C}$ を用いて, 次のように表される.

$$\boldsymbol{R}=\boldsymbol{D}_s^{-1}\boldsymbol{C}\boldsymbol{D}_s^{-1} \quad \text{また} \quad \boldsymbol{C}=\boldsymbol{D}_s\boldsymbol{R}\boldsymbol{D}_s$$

**問 5**　$\boldsymbol{C}, \boldsymbol{R}$ を $\boldsymbol{G}, \boldsymbol{m}, \boldsymbol{D}_s$ を用いて表せ.

**問 6**　$\boldsymbol{C}=\frac{1}{N}\boldsymbol{X}'\boldsymbol{X}=\frac{1}{N}(\boldsymbol{X}_0-\boldsymbol{1}_N\boldsymbol{m}')'(\boldsymbol{X}_0-\boldsymbol{1}_N\boldsymbol{m}')$ を展開すると, $\frac{1}{N}\boldsymbol{X}_0'\boldsymbol{X}_0-\boldsymbol{m}\boldsymbol{m}'$ となることを確かめよ. また,

$$\frac{1}{N}\boldsymbol{X}_0'\left(\boldsymbol{I}-\frac{\boldsymbol{1}_N\boldsymbol{1}_N'}{N}\right)'\left(\boldsymbol{I}-\frac{\boldsymbol{1}_N\boldsymbol{1}_N'}{N}\right)\boldsymbol{X}_0$$

についても $\frac{1}{N}\boldsymbol{X}_0'\boldsymbol{X}_0-\boldsymbol{m}\boldsymbol{m}'$ となることを確かめよ.

### 1.2.3　合成得点

変数 $X_j$ $(j=1, 2, \cdots, n)$ を次式のように総合したものを合成得点(合成変数)

という．

$$Y=\sum_{j=1}^{n}X_j=X_1+X_2+\cdots+X_n \qquad (\text{単純和としての合成得点})$$

$$Y=\sum_{j=1}^{n}w_jX_j=w_1X_1+w_2X_2+\cdots+w_nX_n \qquad (\text{重みづけ合成得点})$$

### 1) 単純和としての合成得点ベクトル

$$\boldsymbol{y}_0=\begin{bmatrix} {}^0y_1 \\ {}^0y_2 \\ \vdots \\ {}^0y_N \end{bmatrix}=\begin{bmatrix} \sum_j^n X_{1j} \\ \sum_j^n X_{2j} \\ \vdots \\ \sum_j^n X_{Nj} \end{bmatrix}=\begin{bmatrix} X_{11} & X_{12}\cdots X_{1n} \\ X_{21} & X_{22}\cdots X_{2n} \\ \vdots & \vdots \quad \vdots \\ X_{N1} & X_{N2}\cdots X_{Nn} \end{bmatrix}\cdot\left.\begin{bmatrix} 1 \\ 1 \\ \vdots \\ 1 \end{bmatrix}\right\}n\text{個}=\boldsymbol{X}_0\boldsymbol{1}_n$$

$x_{ij}=X_{ij}-m_j$ を用いれば，

$$\boldsymbol{y}=\begin{bmatrix} y_1 \\ y_2 \\ \vdots \\ y_N \end{bmatrix}=\begin{bmatrix} \sum_j^n (X_{1j}-m_j) \\ \sum_j^n (X_{2j}-m_j) \\ \vdots \\ \sum_j^n (X_{Nj}-m_j) \end{bmatrix}=\begin{bmatrix} \sum_j^n x_{1j} \\ \sum_j^n x_{2j} \\ \vdots \\ \sum_j^n x_{Nj} \end{bmatrix}=\boldsymbol{X}\boldsymbol{1}_n$$

**問 7**　$\boldsymbol{y}$ は，$\boldsymbol{y}_0, \boldsymbol{X}_0, \boldsymbol{m}$ などにより，どのように表せるか．

### 2) 重みづけ合成得点ベクトル

$$\boldsymbol{u}_0=\begin{bmatrix} {}^0u_1 \\ {}^0u_2 \\ \vdots \\ {}^0u_N \end{bmatrix}=\begin{bmatrix} \sum_j w_jX_{1j} \\ \sum_j w_jX_{2j} \\ \vdots \\ \sum_j w_jX_{Nj} \end{bmatrix}, \qquad \boldsymbol{u}=\begin{bmatrix} u_1 \\ u_2 \\ \vdots \\ u_N \end{bmatrix}=\begin{bmatrix} \sum_j w_jx_{1j} \\ \sum_j w_jx_{2j} \\ \vdots \\ \sum_j w_jx_{Nj} \end{bmatrix}$$

いま，重みベクトル $\boldsymbol{w}$ を下のように定義すると，

$$\boldsymbol{w}=\left.\begin{bmatrix} w_1 \\ w_2 \\ \vdots \\ w_n \end{bmatrix}\right\}(n\text{個})$$

$\boldsymbol{u}_0, \boldsymbol{u}$ は次のように書ける．

$$\boldsymbol{u}_0=\boldsymbol{X}_0\boldsymbol{w}, \qquad \boldsymbol{u}=\boldsymbol{X}\boldsymbol{w},$$

すなわち，単純和の場合の $\boldsymbol{1}_n$ を $\boldsymbol{w}$ で置きかえたものに等しい．$\boldsymbol{1}_n$ は $\boldsymbol{w}$ の特殊な場合である．

**問 8**　$\boldsymbol{y}_0$ の要素の平均 ${}^0\bar{y}=\frac{1}{N}\sum_i^N {}^0y_i$，また，$\boldsymbol{u}_0$ の要素の平均 ${}^0\bar{u}=\frac{1}{N}\sum_i {}^0u_i$ は，$\boldsymbol{y}_0, \boldsymbol{u}_0, \boldsymbol{X}_0, \boldsymbol{X}, \boldsymbol{m}, \boldsymbol{w}$ などによりどう表されるか．$\boldsymbol{y}$ の要素の平均 $\bar{y}$，$\boldsymbol{u}$ の要素の平均 $\bar{u}$ は 0 となるこ

とを確かめよ．

**問 9** 重みベクトル $\boldsymbol{w}$ の要素 $w_j$ $(j=1,2,\cdots,n)$ が標準偏差 $s_j$ の逆数 $(w_j=1/s_j)$ のときの ${}^0\bar{u}, \bar{u}$ はどう表せるか．

### 3) 合成得点の分散

合成得点の分散は，変数別の得点（$X_{ij}, x_{ij}$ など）を用いてどう表されるだろうか．

合成得点ベクトル $\boldsymbol{y}$ の要素の分散を $s_y{}^2$，重みづけ合成得点ベクトル $\boldsymbol{u}$ の要素の分散を $s_u{}^2$ とすると $s_y{}^2=\dfrac{1}{N}\sum_i^N(y_i-\bar{y})^2$，$s_u{}^2=\dfrac{1}{N}\sum_i^N(u_i-\bar{u})^2$．問 8 より $\bar{y}=0$，$\bar{u}=0$ となるので

$$s_y{}^2=\frac{1}{N}\sum_i^N y_i{}^2=\frac{1}{N}\sum_i^N\left(\sum_j^n x_{ij}\right)^2=\sum_j^n\sum_k^n\left(\frac{1}{N}\sum_i^N x_{ij}x_{ik}\right)=\sum_j^n\sum_k^n s_{jk}$$

$$s_u{}^2=\frac{1}{N}\sum_i^N u_i{}^2=\frac{1}{N}\sum_i^N\left(\sum_j^n w_jx_{ij}\right)^2=\sum_j^n\sum_k^n\left(\frac{1}{N}\sum_i^N x_{ij}x_{ik}\right)w_jw_k=\sum_j^n\sum_k^n s_{jk}w_jw_k$$

（$s_{jk}$ は変数 $X_j$ と $X_k$ との共分散．ただし $s_{jj}$ は変数 $X_j$ の分散．）

これらは行列記法で次のように表現される．

$$s_y{}^2=\frac{1}{N}\boldsymbol{y}'\boldsymbol{y}=\boldsymbol{1}_n{}'\frac{\boldsymbol{X}'\boldsymbol{X}}{N}\boldsymbol{1}_n=\boldsymbol{1}_n{}'\boldsymbol{C}\boldsymbol{1}_n$$

$$s_u{}^2=\frac{1}{N}\boldsymbol{u}'\boldsymbol{u}=\boldsymbol{w}'\frac{\boldsymbol{X}'\boldsymbol{X}}{N}\boldsymbol{w}=\boldsymbol{w}'\boldsymbol{C}\boldsymbol{w}$$

合成得点ベクトル $\boldsymbol{y}_0, \boldsymbol{u}_0$ の要素の分散 $s_{y_0}{}^2, s_{u_0}{}^2$ も同様にして，${}^0\bar{y}=\boldsymbol{m}'\boldsymbol{1}_n$，${}^0\bar{u}=\boldsymbol{m}'\boldsymbol{w}$ を用いれば，

$$s_{y_0}{}^2=\frac{1}{N}(\boldsymbol{y}_0-{}^0\bar{y}\boldsymbol{1}_N)'(\boldsymbol{y}_0-{}^0\bar{y}\boldsymbol{1}_N)=\frac{1}{N}\boldsymbol{y}_0{}'\boldsymbol{y}_0-({}^0\bar{y})^2=\frac{1}{N}\boldsymbol{y}_0{}'\boldsymbol{y}_0-(\boldsymbol{m}'\boldsymbol{1})^2$$

$$=\frac{\boldsymbol{1}'\boldsymbol{X}_0{}'\boldsymbol{X}_0\boldsymbol{1}}{N}-(\boldsymbol{m}'\boldsymbol{1})^2=\frac{\boldsymbol{1}'\boldsymbol{X}_0{}'\boldsymbol{X}_0\boldsymbol{1}}{N}-\boldsymbol{1}'\boldsymbol{m}\boldsymbol{m}'\boldsymbol{1}$$

$$=\boldsymbol{1}'\left(\frac{\boldsymbol{X}_0{}'\boldsymbol{X}_0}{N}-\boldsymbol{m}\boldsymbol{m}'\right)\boldsymbol{1}=\frac{\boldsymbol{1}'\boldsymbol{X}'\boldsymbol{X}\boldsymbol{1}}{N}=\boldsymbol{1}'\boldsymbol{C}\boldsymbol{1}$$

$$s_{u_0}{}^2=\frac{1}{N}\boldsymbol{u}_0{}'\boldsymbol{u}_0-(\boldsymbol{m}'\boldsymbol{w})^2=\boldsymbol{w}'\boldsymbol{C}\boldsymbol{w}$$

合成得点の分散 $s^2$ は $\boldsymbol{w}'\boldsymbol{C}\boldsymbol{w}$ の形が一般的な場合である．各項目の数値がすべて，平均 0，分散 1 に基準化されているとすれば，すなわち $\boldsymbol{C}=\boldsymbol{R}$ であれば，$s^2=\boldsymbol{w}'\boldsymbol{R}\boldsymbol{w}$ である．

**問 10** 英語，国語，数学の学力テストがある．いずれも平均が 50，標準偏差が 10 で

あり，3 教科の間の相関係数は下表のとおりである．

| | | (英) | (国) | (数) |
|---|---|---|---|---|
| | (英) | 1. | 0.66 | 0.47 |
| ($\boldsymbol{R}$) | (国) | 0.66 | 1. | 0.51 |
| | (数) | 0.47 | 0.51 | 1. |

このとき，

$$(\text{総合点})=(\text{英語})+(\text{国語})+(\text{数学})$$

としたときの総合点の平均と分散はいくらか．

**ヒント**：

$$\boldsymbol{D}_s=\begin{bmatrix}10 & 0 & 0\\ 0 & 10 & 0\\ 0 & 0 & 10\end{bmatrix}$$

とすれば $\boldsymbol{C}=\boldsymbol{D}_s\boldsymbol{R}\boldsymbol{D}_s$ となる．

**問 11**　上の問で相関行列を下表のとおりであるとすれば，平均，分散はどうなるか．

| | | (英) | (国) | (数) |
|---|---|---|---|---|
| | (英) | 1. | 0.29 | −0.10 |
| ($\boldsymbol{R}$) | (国) | 0.29 | 1. | −0.32 |
| | (数) | −0.10 | −0.32 | 1. |

またこの場合において

$$(\text{総合点})=2\times(\text{英語})+(\text{国語})+(\text{数学})$$

としたらどうか．

**問 12**　$\boldsymbol{w}'\boldsymbol{C}\boldsymbol{w}$ は，重みベクトル $\boldsymbol{w}$ のいかんにかかわらず，$\boldsymbol{w}'\boldsymbol{C}\boldsymbol{w}\geqq 0$ であることを示せ．任意の矩形行列 $\boldsymbol{A}$ について $\boldsymbol{w}'\boldsymbol{A}'\boldsymbol{A}\boldsymbol{w}\geqq 0$ であることを確かめよ．

### 4)　重みベクトルの特別な用法

重みベクトル $\boldsymbol{w}$ の特殊な場合として符号ベクトル $\boldsymbol{v}$ がある．$\boldsymbol{v}$ は 1，または −1 を要素とするベクトルである．

$$\boldsymbol{v}'=(1,1,\underset{(j)}{-1},1,\cdots,\underset{(k)}{-1},1)$$

は，第 $j$ 要素と第 $k$ 要素が −1 であとはすべて 1 である符号ベクトルである．

これを $\boldsymbol{C}$ に施して $\boldsymbol{v}'\boldsymbol{C}\boldsymbol{v}$ をつくれば，

$$\boldsymbol{v}'\boldsymbol{C}\boldsymbol{v}=(1,\cdots,1,\overset{(j)}{-1},1,\cdots,1,\overset{(k)}{-1},1)\begin{bmatrix}s_{11} & s_{12}\cdots s_{1n}\\ s_{21} & s_{22}\cdots s_{2n}\\ \vdots & \vdots \quad\ \ \vdots\\ s_{n1} & s_{n2}\cdots s_{nn}\end{bmatrix}\begin{bmatrix}1\\ \vdots\\ 1\\ -1\\ 1\\ \vdots\\ 1\\ -1\\ 1\end{bmatrix}\begin{matrix}\\ \\ \\ (j)\\ \\ \\ \\ (k)\\ \\ \end{matrix}$$

すなわち,

$$
v'Cv=(1,1,1,\cdots,1,1)\begin{array}{r} \\ \\ \\ (j\text{行}) \\ \\ (k\text{行}) \\ \\ \\ \end{array}
\overset{\qquad\qquad\qquad j\text{列}\qquad k\text{列}}{\begin{bmatrix}
s_{11} & s_{12}\cdots & -s_{1j}\cdots & -s_{1k} & \cdots s_{1n} \\
s_{21} & s_{22} & -s_{2j} & -s_{2k} & s_{2n} \\
\vdots & \vdots & \vdots & \vdots & \vdots \\
-s_{j1} & -s_{j2} & s_{jj} & s_{jk} & -s_{jn} \\
\vdots & \vdots & \vdots & \vdots & \vdots \\
-s_{k1} & -s_{k2} & s_{kj} & s_{kk} & -s_{kn} \\
\vdots & \vdots & \vdots & \vdots & \vdots \\
s_{n1} & s_{n2} & -s_{nj} & -s_{nk} & s_{nn}
\end{bmatrix}}
\begin{bmatrix} 1 \\ 1 \\ 1 \\ 1 \\ \vdots \\ 1 \\ \vdots \\ 1 \end{bmatrix}
$$

となって,項目 $j$ と項目 $k$ の数値符号を反転した場合における単純和合成得点の分散となる.

また $n$ 個の項目すべてでなく,一部の項目を使って合成得点をつくる場合は,2進(binary)ベクトル $\boldsymbol{b}$ を用いる.$\boldsymbol{b}$ は1または0の要素よりなる $n$ 次縦ベクトルである.

$$
\boldsymbol{b}'=(1,1,1,0,0,0)
$$

$\boldsymbol{b}'\boldsymbol{C}\boldsymbol{b}$ とすれば,$\boldsymbol{C}$ の中の一部を用いた合成得点の分散を意味する.

$$
\boldsymbol{b}'\boldsymbol{C}\boldsymbol{b}=(\underbrace{1,1,1}_{(\mathrm{I})},\underbrace{0,0,0}_{(\mathrm{II})})
\left[\begin{array}{c|c} \boldsymbol{C}_{\mathrm{II}} & \boldsymbol{C}_{\mathrm{I\,II}} \\ \hline \boldsymbol{C}_{\mathrm{II\,I}} & \boldsymbol{C}_{\mathrm{II\,II}} \end{array}\right]
\begin{bmatrix} 1 \\ 1 \\ 1 \\ 0 \\ 0 \\ 0 \end{bmatrix}
\begin{array}{l} \left.\vphantom{\begin{matrix}1\\1\\1\end{matrix}}\right\}(\mathrm{I}) \\ \left.\vphantom{\begin{matrix}0\\0\\0\end{matrix}}\right\}(\mathrm{II}) \end{array}
=(1,1,1)\,[\boldsymbol{C}_{\mathrm{II}}]\begin{bmatrix} 1 \\ 1 \\ 1 \end{bmatrix}
$$

ベクトルの第 $j$ 要素が1で,他は全部0であるようなベクトルを単位ベクトルという.

〔例〕 $\boldsymbol{e}_j'=(0,0,\cdots,\underset{(j\text{番目})}{1},0,\cdots,0)$, $\boldsymbol{e}_k'=(0,\cdots,\underset{(k\text{番目})}{1},0,\cdots,0)$

これを用いると,行列の一部を取り出す表現が簡単となる.たとえば,行列 $\boldsymbol{C}$ の $j$ 行 $j$ 列の要素 $s_{jj}$ は,

$$
s_{jj}=\boldsymbol{e}_j'\boldsymbol{C}\boldsymbol{e}_j=(0,0,\cdots,\overset{(j\text{番目})}{1},0,\cdots,0)
\begin{bmatrix} s_{11} & \cdots & \cdots \\ \vdots & s_{jj} & \vdots \\ \cdots & \cdots & s_{nn} \end{bmatrix}
\begin{bmatrix} 0 \\ 0 \\ 1 \\ 0 \\ \vdots \\ 0 \end{bmatrix}(j\text{番目})
$$

**問 13**　$\boldsymbol{R}$ の $j$ 行 $k$ 列の要素 $r_{jk}$ を単位ベクトルを用いて表せ.

**問 14**　データ行列 $\boldsymbol{X}$ の $k$ 列要素の和 $\sum_i x_{ik}$ を単位ベクトルを利用して表せ.

### 5） データ行列の部分を用いた合成得点

重みベクトル $\boldsymbol{w}$ の一部の要素を 0 とすることにより，元のデータ行列より部分的な合成得点ベクトルをつくることができる.

たとえば

$$\boldsymbol{u}_A=\begin{bmatrix}\sum_{j=1}^{k} w_j x_{1j}\\ \vdots \\ \sum_{j=1}^{k} w_j x_{ij}\\ \vdots \\ \sum_{j=1}^{k} w_j x_{Nj}\end{bmatrix}$$

$$\boldsymbol{u}_B=\begin{bmatrix}\sum_{j=k+1}^{n} w_j x_{1j}\\ \vdots \\ \sum_{j=k+1}^{n} w_j x_{ij}\\ \vdots \\ \sum_{j=k+1}^{n} w_j x_{Nj}\end{bmatrix}$$

の 2 種の合成得点ベクトルをつくるとすれば，重みベクトル $\boldsymbol{w}_A, \boldsymbol{w}_B$ として，

$$\boldsymbol{w}_A'=[w_1, w_2, \cdots, w_k, 0, 0, 0, \cdots, 0]$$

$$\boldsymbol{w}_B'=[0, 0, \cdots, 0, w_{k+1}, w_{k+2}, \cdots, w_n]$$

$\boldsymbol{u}_A$ の要素の分散 $s_{Y_A}{}^2$ は $\boldsymbol{w}_A'\boldsymbol{C}\boldsymbol{w}_A$，$\boldsymbol{u}_B$ の要素の分散 $s_{Y_B}{}^2$ は $\boldsymbol{w}_B'\boldsymbol{C}\boldsymbol{w}_B$ となる.

**問 15**　$\boldsymbol{u}_A$ と $\boldsymbol{u}_B$ の要素の共分散は $s_{Y_AY_B}=\boldsymbol{w}_A'\boldsymbol{C}\boldsymbol{w}_B$ となることを確かめよ.

**問 16**　$\boldsymbol{u}_A$ と $\boldsymbol{u}_B$ の要素の相関係数 $r(Y_A, Y_B)$ は，どう表せるか.

### 6） 多種の合成得点の分散および共分散

$n$ 次の重みベクトルが多種類（$\boldsymbol{w}_1, \boldsymbol{w}_2, \cdots, \boldsymbol{w}_l$）あるとき，それぞれに基づく合成得点の分散および共分散は次のようになる. $\boldsymbol{W}$ を重み行列（$n\times l$）として，

$$\boldsymbol{W}=[\boldsymbol{w}_1, \boldsymbol{w}_2, \cdots, \boldsymbol{w}_l]=\begin{bmatrix}{}^{(1)}w_1 & {}^{(2)}w_1 \cdots & {}^{(l)}w_1\\ {}^{(1)}w_2 & {}^{(2)}w_2 & {}^{(l)}w_2\\ \vdots & \vdots & \vdots \\ {}^{(1)}w_n & {}^{(2)}w_n \cdots & {}^{(l)}w_n\end{bmatrix}$$

$\boldsymbol{W}'\boldsymbol{C}\boldsymbol{W}$ をつくるとこれは $(l\times l)$ の分散共分散行列(合成得点に関する)となる．この行列の対角要素は合成得点ベクトル要素の分散である．

$$\boldsymbol{W}'\boldsymbol{C}\boldsymbol{W}=\begin{bmatrix}\boldsymbol{w}_1'\\ \boldsymbol{w}_2'\\ \vdots\\ \boldsymbol{w}_l'\end{bmatrix}\boldsymbol{C}[\boldsymbol{w}_1,\boldsymbol{w}_2,\cdots,\boldsymbol{w}_l]=\begin{bmatrix}\boldsymbol{w}_1'\boldsymbol{C}\boldsymbol{w}_1 & \boldsymbol{w}_1'\boldsymbol{C}\boldsymbol{w}_2\cdots\boldsymbol{w}_1'\boldsymbol{C}\boldsymbol{w}_l\\ \boldsymbol{w}_2'\boldsymbol{C}\boldsymbol{w}_1 & \boldsymbol{w}_2'\boldsymbol{C}\boldsymbol{w}_2\cdots\boldsymbol{w}_2'\boldsymbol{C}\boldsymbol{w}_l\\ \vdots & \vdots\quad\ddots\quad\vdots\\ \boldsymbol{w}_l'\boldsymbol{C}\boldsymbol{w}_1 & \boldsymbol{w}_l'\boldsymbol{C}\boldsymbol{w}_2\cdots\boldsymbol{w}_l'\boldsymbol{C}\boldsymbol{w}_l\end{bmatrix}$$

**問 17** 下の相関行列を基礎にして，次の 4 種の総合点をつくり，総合点間の分散共分散を計算せよ．

| | (英) | (国) | (数) |
|---|---|---|---|
| (英) | 1. | 0.29 | −0.10 |
| (国) | 0.29 | 1. | −0.32 |
| (数) | −0.10 | −0.32 | 1. |

(問 11 の表と同じ)

ただし 3 教科とも平均 50，標準偏差 10 である．

(総合 1)=(英語)+(国語)+(数学)
(総合 2)=(英語)+(国語)
(総合 3)=(英語)+(数学)
(総合 4)=(数学のみ)

**問 18** 問 17 の結果から，4 種の総合得点間の相関を計算せよ．

### 7) 合成得点ベクトル $\boldsymbol{u}$ と個別項目得点の相関

合成得点ベクトル $\boldsymbol{u}=\begin{bmatrix}\sum_j^n w_j x_{1j}\\ \sum_j^n w_j x_{2j}\\ \vdots\\ \sum_j^n w_j x_{Nj}\end{bmatrix}$ の要素と，各項目 $j$ のデータベクトル

$\boldsymbol{x}_j=\begin{bmatrix}x_{1j}\\ x_{2j}\\ \vdots\\ x_{Nj}\end{bmatrix}$ の要素との相関係数はどう書けるか．ここで項目 $j\,(j=1,2,\cdots,n)$ の要素の平均は 0 とする．$\boldsymbol{u}$ と $\boldsymbol{x}_j$ の共分散は次のようになる．

(注意：$\boldsymbol{x}_j$ は p. 10 の $\boldsymbol{x}_i$ とは違う種類のベクトルである．$\boldsymbol{x}_j$ はデータ行列 $X$ の $j$ 列の値からなる $N$ 次の縦ベクトルである．これに対し，$\boldsymbol{x}_i$ はデータ行列 $X$ の $i$ 行の値からなる $n$ 次の横ベクトルである．)

$$s(\boldsymbol{u}, \boldsymbol{x}_j)=\frac{1}{N}\sum_i^N\left(x_{ij}\sum_k^n w_k x_{ik}\right)=\sum_k\left(\frac{\sum_i x_{ij}x_{ik}}{N}\right)w_k \qquad (j=1,2,\cdots,n)$$
$$=\boldsymbol{e}_j{}'\boldsymbol{C}\boldsymbol{w}$$

ただし，$\boldsymbol{e}_j$ は要素 $e_j=1$ の単位ベクトルである．$\boldsymbol{w}$ は重みベクトル．

$\boldsymbol{u}$ と $\boldsymbol{x}_j$ の相関係数 $r(\boldsymbol{u}, \boldsymbol{x}_j)$ は，$\boldsymbol{x}_j$ の要素の標準偏差を $s_j$ として，

$$r(\boldsymbol{u}, \boldsymbol{x}_j)=\sum_k\left(\frac{\sum_i x_{ij}x_{ik}}{N}\right)w_k\Big/ s_j\sqrt{\sum_k\sum_l\left(\frac{\sum_i x_{il}x_{ik}}{N}\right)w_k w_l} \qquad (j=1,2,\cdots,n)$$

これを，

$$\boldsymbol{r}'=(r(\boldsymbol{u}, \boldsymbol{x}_1), r(\boldsymbol{u}, \boldsymbol{x}_2), \cdots, r(\boldsymbol{u}, \boldsymbol{x}_n))$$

として行列で表せば，

$$\boldsymbol{r}=\boldsymbol{D}_s{}^{-1}\boldsymbol{C}\boldsymbol{w}/\sqrt{\boldsymbol{w}'\boldsymbol{C}\boldsymbol{w}} \qquad (\boldsymbol{w}'\boldsymbol{C}\boldsymbol{w}>0)$$

$s_j=1$ $(j=1,2,\cdots,n)$ のときは，相関行列 $\boldsymbol{R}$ を用いて，

$$\boldsymbol{r}=\boldsymbol{R}\boldsymbol{w}/\sqrt{\boldsymbol{w}'\boldsymbol{R}\boldsymbol{w}} \qquad (\boldsymbol{w}'\boldsymbol{R}\boldsymbol{w}>0)$$

ここで，$\boldsymbol{w}'\boldsymbol{C}\boldsymbol{w}>0$，$\boldsymbol{w}'\boldsymbol{R}\boldsymbol{w}>0$ を前提としている．しかし，$\boldsymbol{w}'\boldsymbol{C}\boldsymbol{w}=0$，$\boldsymbol{w}'\boldsymbol{R}\boldsymbol{w}=0$ はありうる．たとえば，下のような相関行列では $\boldsymbol{1}'\boldsymbol{R}\boldsymbol{1}=0$ である．

$$\begin{bmatrix} 1. & -1. & -0.5 & 0.5 \\ -1. & 1. & 0.5 & -0.5 \\ -0.5 & 0.5 & 1. & -1. \\ 0.5 & -0.5 & -1. & 1. \end{bmatrix}$$

他方，$\boldsymbol{w}'\boldsymbol{C}\boldsymbol{w}<0$，$\boldsymbol{w}'\boldsymbol{R}\boldsymbol{w}<0$ となることはありえない．一般に任意の重みベクトル $\boldsymbol{w}$*) を用いた $\boldsymbol{w}'\boldsymbol{C}\boldsymbol{w}$，$\boldsymbol{w}'\boldsymbol{R}\boldsymbol{w}$ は $\geqq 0$ である(問 12 参照)．

$\boldsymbol{C}$ や $\boldsymbol{R}$ のこの性質を非負定符号性(positive semi-definite)とよぶ．等号のない場合($>0$)は正値定符号性(positive definite)という．

*) $\boldsymbol{w}$ は零(ゼロ)ベクトルを除く．

**問 19** 上の相関行列は，具体的にどんなデータの場合であるか．

**問 20** $\sum_j r(\boldsymbol{u}, \boldsymbol{x}_j)$，$\sum_j r^2(\boldsymbol{u}, \boldsymbol{x}_j)$ はどう書けるか．このとき，$\boldsymbol{x}_j$ $(j=1,2,\cdots,n)$ の要素の標準偏差 $s_j$ が 1 のときはどうなるか．

### 1.2.4 グループ別のデータ行列

データ行列 $\boldsymbol{X}$ がいくつかのグループごとに存在する場合を考えよう．グループが $g$ 個あり，それぞれのグループのデータ行列と平均ベクトルが，

$$\boldsymbol{X}_s=\{{}^sX_{ij}\},\quad \boldsymbol{m}_s=\{{}^sm_j\}\qquad (s=1,2,\cdots,g)$$

で表されるとする．$\boldsymbol{X}_s$ はその $i$ 行 $j$ 列要素が ${}^sX_{ij}$ で表される $(N_s\times n)$ の矩形行列である．また，$\boldsymbol{m}_s$ は，$\boldsymbol{X}_s$ の第 $j$ 列の値の平均値 ${}^sm_j$ を第 $j$ 要素とする $N_s$ 次の縦ベクトルである．$N_s$ はグループ $s$ のサンプル数で一般には $s$ によって異なる．グループを全部まとめた場合(グループの区別を行わない場合)における平均ベクトルを添字 $s$ を除いた $\boldsymbol{m}$ で表す．またこの場合におけるサンプル総数を $N$ とする．

$$\boldsymbol{m}=\{m_j\},\qquad N=\sum_{s=1}^{g}N_s$$

### 1)　層間(between)と層内(within)の分散および共分散

項目 $j$ $(j=1,2,\cdots,n)$ の全体における分散（全分散）$s_j{}^2$ は次のようである．

$$s_j{}^2=\frac{1}{N}\sum_{s=1}^{g}\sum_{i=1}^{N_s}({}^sX_{ij}-m_j)^2$$

これは次のように層内分散 ${}^{(W)}s_j{}^2$ と層間分散 ${}^{(B)}s_j{}^2$ に分解することができる．

$$s_j{}^2=\underbrace{\frac{1}{N}\sum_s\sum_i({}^sX_{ij}-{}^sm_j)^2}_{(\text{層内分散 }{}^{(W)}s_j{}^2)}+\underbrace{\frac{1}{N}\sum_s N_s({}^sm_j-m_j)^2}_{(\text{層間分散 }{}^{(B)}s_j{}^2)}={}^{(W)}s_j{}^2+{}^{(B)}s_j{}^2$$

同様に，項目 $j$ と項目 $k$ の全体における共分散を $s_{jk}$，層内の共分散を ${}^{(W)}s_{jk}$，層間の共分散を ${}^{(B)}s_{jk}$ とすると，

$$\begin{aligned}s_{jk}&=\frac{1}{N}\sum_{s=1}^{g}\sum_{i=1}^{N_s}({}^sX_{ij}-m_j)({}^sX_{ik}-m_k)\\&=\frac{1}{N}\sum_s\sum_i({}^sX_{ij}-{}^sm_j)({}^sX_{ik}-{}^sm_k)+\frac{1}{N}\sum_s N_s({}^sm_j-m_j)({}^sm_k-m_k)\\&={}^{(W)}s_{jk}+{}^{(B)}s_{jk}\qquad (j,k=1,2,\cdots,n\,;\,j\neq k)\end{aligned}$$

これを行列表現すると，全体における分散共分散行列を $\boldsymbol{T}$，要素がすべて1の $N_s$ 次の縦ベクトルを $\boldsymbol{1}_s$ として

$$\boldsymbol{T}=\begin{bmatrix}s_1{}^2 & s_{12}\cdots s_{1n}\\ s_{21} & s_2{}^2\cdots s_{2n}\\ \vdots & \vdots\ \ddots\ \vdots\\ s_{n1} & s_{n2}\cdots s_n{}^2\end{bmatrix}$$

$$\boldsymbol{T}=\frac{1}{N}\sum_s(\boldsymbol{X}_s-\boldsymbol{1}_s\boldsymbol{m}')'(\boldsymbol{X}_s-\boldsymbol{1}_s\boldsymbol{m}')$$

$$=\underbrace{\frac{1}{N}\sum_s(\boldsymbol{X}_s-\boldsymbol{1}_s\boldsymbol{m}_s')'(\boldsymbol{X}_s-\boldsymbol{1}_s\boldsymbol{m}_s')}_{\text{(層内の分散共分散行列)}}+\underbrace{\frac{1}{N}\sum_s N_s(\boldsymbol{m}_s-\boldsymbol{m})(\boldsymbol{m}_s-\boldsymbol{m})'}_{\text{(層間の分散共分散行列)}}$$

**問 21**　$\boldsymbol{T}$ が層内，層間の分散共分散行列に分解できることを，上式によって確かめよ．

層内分散共分散行列を $\boldsymbol{W}$，層間分散共分散行列を $\boldsymbol{B}$ で表す．

$$\boldsymbol{T}=\boldsymbol{W}+\boldsymbol{B}$$

グループ別のデータ行列 $\boldsymbol{X}_s$ を一つにまとめて $\boldsymbol{X}_0$ とする．

$$\boldsymbol{X}_0=\begin{bmatrix}\boldsymbol{X}_1\\ \boldsymbol{X}_2\\ \vdots\\ \boldsymbol{X}_g\end{bmatrix}\begin{matrix}\}\,N_1\\ \}\,N_2\\ \\ \}\,N_g\end{matrix}$$

このとき $\boldsymbol{T}$ は

$$\boldsymbol{T}=\frac{\boldsymbol{X}_0'\boldsymbol{X}_0}{N}-\boldsymbol{m}\boldsymbol{m}'=\boldsymbol{C}$$

またグループ別の平均ベクトル $\boldsymbol{m}_1, \boldsymbol{m}_2, \cdots$ をまとめて，行列 $\boldsymbol{M}$ をつくり，相対度数 $\pi_s=N_s/N$ を対角要素とする行列を $\boldsymbol{\Pi}$ とする．

$$\boldsymbol{M}=[(\boldsymbol{m}_1-\boldsymbol{m}),(\boldsymbol{m}_2-\boldsymbol{m}),\cdots,(\boldsymbol{m}_g-\boldsymbol{m})]$$

$$=\underbrace{\begin{bmatrix}{}^1m_1-m_1 & {}^2m_1-m_1 & \cdots & {}^gm_1-m_1\\ {}^1m_2-m_2 & {}^2m_2-m_2 & \cdots & {}^gm_2-m_2\\ \vdots & \vdots & & \vdots\\ {}^1m_n-m_n & {}^2m_n-m_n & \cdots & {}^gm_n-m_n\end{bmatrix}}_{(g\text{個})}\Bigg\}(n\text{個})$$

$$\boldsymbol{\Pi}=\begin{bmatrix}\pi_1 & & O\\ & \pi_2 & \\ O & & \ddots\ \pi_g\end{bmatrix}\qquad(\boldsymbol{\Pi}\text{ は対角行列})$$

このとき $\boldsymbol{B}$ は，$\boldsymbol{M}, \boldsymbol{\Pi}$ を用いて次のように表せる．

$$\boldsymbol{B}=\boldsymbol{M}\boldsymbol{\Pi}\boldsymbol{M}'$$

**問 22**　上式の関係を確かめよ．$\pi_1=\pi_2=\cdots=\pi_g$ のときはどう書けるか．

**問 23**　グループが二つのときは簡単に $\boldsymbol{B}=\pi_1\pi_2(\boldsymbol{m}_1-\boldsymbol{m}_2)(\boldsymbol{m}_1-\boldsymbol{m}_2)'$ となることを示せ．

### 1.2.5　グループ別の合成得点

グループ $s\,(s=1,\cdots,g)$ ごとに重みづけ合成得点 $u_i=\sum_j^n w_j x_{ij}\,(i=1,\cdots,N_s)$

が得られており，$g$ 個のグループの重みづけ合成得点の平均を $\bar{u}_1, \bar{u}_2, \cdots, \bar{u}_g$ とする．また全体での平均を $\bar{u}$ とする．

重みづけ合成得点の平均，分散，層間分散などがどう表されるかを調べる．グループ別平均のベクトル $\bar{\boldsymbol{u}}$ を次のように書く．その他は§1.2.4までの記法を使用する．

$$\bar{\boldsymbol{u}}=\begin{bmatrix}\bar{u}_1\\ \bar{u}_2\\ \vdots\\ \bar{u}_g\end{bmatrix}=\begin{bmatrix}{}^1m_1 & {}^1m_2 \cdots {}^1m_n\\ {}^2m_1 & {}^2m_2 \cdots {}^2m_n\\ \vdots & \vdots \quad\quad \vdots\\ {}^gm_1 & {}^gm_2 \cdots {}^gm_n\end{bmatrix}\begin{bmatrix}w_1\\ w_2\\ \vdots\\ w_n\end{bmatrix}=(\boldsymbol{M}+\boldsymbol{m1}')'\boldsymbol{w}$$

全体での平均 $\bar{u}$ は，

$$\bar{u}=(m_1, m_2, \cdots, m_n)\begin{bmatrix}w_1\\ w_2\\ \vdots\\ w_n\end{bmatrix}=\boldsymbol{m}'\boldsymbol{w}, \qquad \text{または } \bar{u}=\boldsymbol{1}'\begin{bmatrix}\pi_1 & & O\\ & \pi_2 & \\ O & & \ddots \ \pi_g\end{bmatrix}\bar{\boldsymbol{u}}$$

**問 24** 全平均 $\bar{u}=\boldsymbol{1}'\boldsymbol{\Pi}\bar{\boldsymbol{u}}$ を機械的に書くと，

$$\bar{u}=\boldsymbol{1}'\boldsymbol{\Pi}(\boldsymbol{M}+\boldsymbol{m1}')'\boldsymbol{w}$$

これを展開して簡単化すると，結局は $\boldsymbol{m}'\boldsymbol{w}$ に一致することを確かめよ．

### 1) 合成得点における層間分散

合成得点の全分散 $s_u^2$ はすでにみたように，

$$s_u^2=\boldsymbol{w}'\boldsymbol{C}\boldsymbol{w} \ (=\boldsymbol{w}'\boldsymbol{T}\boldsymbol{w})$$

層間分散 ${}^{(B)}s_u^2$ は，

$${}^{(B)}s_u^2=\frac{1}{N}\sum_s N_s(\bar{u}_s-\bar{u})^2=\frac{1}{N}\sum_s N_s\left[\sum_j w_j({}^sm_j-m_j)\right]^2$$

$$=\sum_s \pi_s \sum_j \sum_k ({}^sm_j-m_j)({}^sm_k-m_k)w_jw_k$$

これは先にみたように次のようになる．

$${}^{(B)}s_u^2=\boldsymbol{w}'\boldsymbol{M}\boldsymbol{\Pi}\boldsymbol{M}'\boldsymbol{w}=\boldsymbol{w}'\boldsymbol{B}\boldsymbol{w}$$

層内分散 ${}^{(W)}s_u^2$ は，

$${}^{(W)}s_u^2=\boldsymbol{w}'\boldsymbol{T}\boldsymbol{w}-\boldsymbol{w}'\boldsymbol{B}\boldsymbol{w}=\boldsymbol{w}'(\boldsymbol{T}-\boldsymbol{B})\boldsymbol{w}=\boldsymbol{w}'\boldsymbol{W}\boldsymbol{w}$$

すなわち重みづけ合成得点の層内，層間分散も全分散と同じように重みベクトルと，行列 $\boldsymbol{B}, \boldsymbol{W}$ を用いて簡単に表すことができる．

**問 25** グープが2個のときの ${}^{(B)}s_u^2$ は

$${}^{(B)}s_u^2=\pi_1\pi_2(\bar{u}_1-\bar{u}_2)^2$$

である．これを行列記法で表せばどうなるか．

**2)　相関比 $\eta$**

重みづけ合成得点の相関比の2乗 $\eta^2$ は，$\eta^2={}^{(B)}s_u{}^2/s_u{}^2$ で定義される量である．この値が大きいほど，グループ平均 $\bar{u}_s$ のちらばりが大きいことを意味する．すなわち合成得点に関し，グループがよく分かれている．$\eta^2$ は上で用いた記法により，

$$\eta^2=\frac{\boldsymbol{w}'\boldsymbol{B}\boldsymbol{w}}{\boldsymbol{w}'\boldsymbol{T}\boldsymbol{w}}=1-\frac{\boldsymbol{w}'\boldsymbol{W}\boldsymbol{w}}{\boldsymbol{w}'\boldsymbol{T}\boldsymbol{w}} \qquad (0\leqq\eta^2\leqq1)$$

したがって，$\eta^2$ が大きくなるような，適当な重みベクトル $\boldsymbol{w}$ が得られたとすれば，それによる重みづけ合成得点 $\boldsymbol{u}$ は，グループ判別上有効な測度ということができる．$\eta^2$ の平方根 $\eta(>0)$ を相関比という．この考え方に基づいた手法が判別分析である(§3.1参照)．

**問26**　Aグループと Bグループについて2種のテストを施行した結果は表1.1のとおりであった．

(総合点)＝(テスト1)＋(テスト2)

としたとき，相関比の2乗 $\eta^2$ はいくらになるか．

表 1.1

| | (人数) | (テスト1平均) | (テスト2平均) |
|---|---|---|---|
| Aグループ | 40 | 50 | 60 |
| Bグループ | 60 | 70 | 70 |
| 全体における | テスト1の分散 | | 110 |
| 〃 | テスト2の分散 | | 60 |
| 〃 | テスト1，2の共分散 | | 50 |

## 1.3　データの幾何学的表現

データ行列 $\boldsymbol{X}_0$，基準化されたデータ行列 $\boldsymbol{X}, \boldsymbol{Z}$(いずれも $N\times n$ 矩形行列)を空間的に図示する仕方に2通りある．

(1) 行列の各“行”を軸とし，$N$ 次元のユークリッド空間の一点として $n$ 個の項目を示す．

(2) 行列の各“列”を軸とし，$n$ 次元のユークリッドの空間に $N$ 個の対象を点として位置づける．

一般に $N\geqq n$ とすれば，名目上の次元数にかかわらず，これらの点は最大 $n$

次元を越えない空間内に収容できる．

**問1** SD法(セマンティックディファレンシャル法)におけるデータは，一般に概念(concept)，尺度(scale)，評定者(rater)の3方向よりなり，全体として3元のデータ空間をなしている．これを種々の側面からみれば通常の2元のデータ行列となる．それぞれの場合について，上の2通りの空間図示の関係を調べよ．

### 1.3.1 項目の空間

データ行列 $\boldsymbol{X}_0$ の各列を $N$ 次のベクトル ${}^0\boldsymbol{x}_j$ とする．全体として $n$ 本のベクトルが存在するとする．

$${}^0\boldsymbol{x}_j'=(X_{1j}, X_{2j}, X_{3j}, \cdots, X_{Nj})$$

(′ は転置を表す)

${}^0\boldsymbol{x}_j$ は原点から各項目点に至る向きをもった直線である．

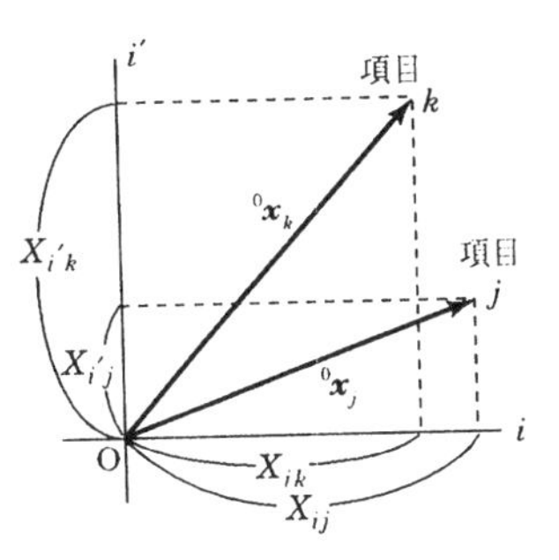


$(i, i'=1, 2, \cdots, N\,;\, i \neq i')$

図 1.2

#### 1) 分散および共分散

一般に $N$ 次元ベクトル ${}^0\boldsymbol{x}_j$ の長さを $\|{}^0\boldsymbol{x}_j\|$ で表す．

$$\|{}^0\boldsymbol{x}_j\|=\sqrt{\sum_i X_{ij}^2}=\sqrt{{}^0\boldsymbol{x}_j'{}^0\boldsymbol{x}_j}$$

もし $x_{ij}=X_{ij}-m_j$ ($m_j$ は平均) とおいて基準化行列 $\boldsymbol{X}$ にすれば，

$$\boldsymbol{x}_j={}^0\boldsymbol{x}_j-\mathbf{1}m_j, \qquad \|\boldsymbol{x}_j\|=\sqrt{\sum_i x_{ij}^2}=\sqrt{N}s_j \quad (s_j \text{ は標準偏差})$$

すなわち，$\|\boldsymbol{x}_j\|$ は標準偏差に比例する量となる．

**問2** $X_{ij}$ をどのように変換して $x_{ij}$ とすれば，$\|\boldsymbol{x}_j\|=1$ となるか．

一般に $\boldsymbol{x}_j'\boldsymbol{x}_k$ を $\boldsymbol{x}_j$ と $\boldsymbol{x}_k$ の内積といい $(\boldsymbol{x}_j, \boldsymbol{x}_k)$ と記す．

項目 $j$ と $k$ の共分散を $s_{jk}$ とすると，

$$\boldsymbol{x}_j'\boldsymbol{x}_k=(\boldsymbol{x}_j, \boldsymbol{x}_k)=\sum_i x_{ij}x_{ik}=Ns_{jk}$$

であるから共分散 $s_{jk}$ はデータ行列の列ベクトルの内積として表すことができる．なお，$\|\boldsymbol{x}_j\|^2=(\boldsymbol{x}_j, \boldsymbol{x}_j)=Ns_j^2$ がいえる．また $(\boldsymbol{x}_j, \boldsymbol{x}_k)=0\ (j \neq k)$ のとき $\boldsymbol{x}_j$ と $\boldsymbol{x}_k$ は直交するという．

内積の性質として

(1) $(\boldsymbol{x}_j, \boldsymbol{x}_k)=(\boldsymbol{x}_k, \boldsymbol{x}_j)$

(2) 定数 $\lambda$ に対して $(\boldsymbol{x}_j, \lambda\boldsymbol{x}_k)=(\lambda\boldsymbol{x}_j, \boldsymbol{x}_k)=\lambda(\boldsymbol{x}_j, \boldsymbol{x}_k)$

(3)　$(\boldsymbol{x}_j, \boldsymbol{x}_k \pm \boldsymbol{x}_l) = (\boldsymbol{x}_j, \boldsymbol{x}_k) \pm (\boldsymbol{x}_j, \boldsymbol{x}_l)$

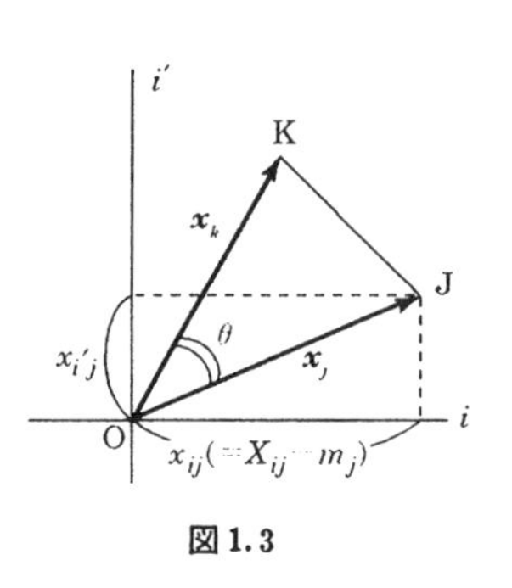


図 1.3

**2)　相関係数**

ベクトル $\boldsymbol{x}_j$ と $\boldsymbol{x}_k$ のなす角を $\theta$ とする．三角形の辺の長さに関する余弦定理より，各点を結ぶ距離を $\overline{\mathrm{OJ}}, \overline{\mathrm{OK}}, \overline{\mathrm{JK}}$ とすると，

$$\overline{\mathrm{JK}}^2 = \overline{\mathrm{OJ}}^2 + \overline{\mathrm{OK}}^2 - 2\cos\theta \cdot \overline{\mathrm{OJ}} \cdot \overline{\mathrm{OK}}$$
$$= \|\boldsymbol{x}_j\|^2 + \|\boldsymbol{x}_k\|^2 - 2\cos\theta \|\boldsymbol{x}_j\| \cdot \|\boldsymbol{x}_k\|$$

一方，

$$\overline{\mathrm{JK}}^2 = \sum_i (x_{ij} - x_{ik})^2 = (\boldsymbol{x}_j - \boldsymbol{x}_k)'(\boldsymbol{x}_j - \boldsymbol{x}_k)$$
$$= \|\boldsymbol{x}_j\|^2 + \|\boldsymbol{x}_k\|^2 - 2(\boldsymbol{x}_j, \boldsymbol{x}_k)$$

したがって，

$$\cos\theta = \frac{(\boldsymbol{x}_j, \boldsymbol{x}_k)}{\|\boldsymbol{x}_j\| \cdot \|\boldsymbol{x}_k\|} = \frac{s_{jk}}{s_j s_k} = r_{jk} \qquad \text{（相関係数）}$$

$$\begin{cases} \theta = 0 \ \rightarrow \ \boldsymbol{x}_j \text{ と } \boldsymbol{x}_k \text{ は重なり } \cos\theta = r_{jk} = 1 \\ \theta = \dfrac{\pi}{2} \ \rightarrow \ \cos\theta = r_{jk} = 0 \qquad \text{（直交条件）} \\ \theta = \pi \ \rightarrow \ \cos\theta = r_{jk} = -1 \qquad \text{（逆向きの関係）} \end{cases}$$

## 1.3.2　項目ベクトルの分解と偏相関

**1)　残差分散**

いま，ベクトル $\boldsymbol{x}_k$ を $\boldsymbol{x}_j$ の向きのベクトル $b\boldsymbol{x}_j$ と，$\boldsymbol{e}_k$ $(=\boldsymbol{x}_k - b\boldsymbol{x}_j)$ とに分解する．$\|\boldsymbol{e}_k\|$ を最短にする条件は $b\boldsymbol{x}_j$ と $(\boldsymbol{x}_k - b\boldsymbol{x}_j)$ とが直交する場合である．

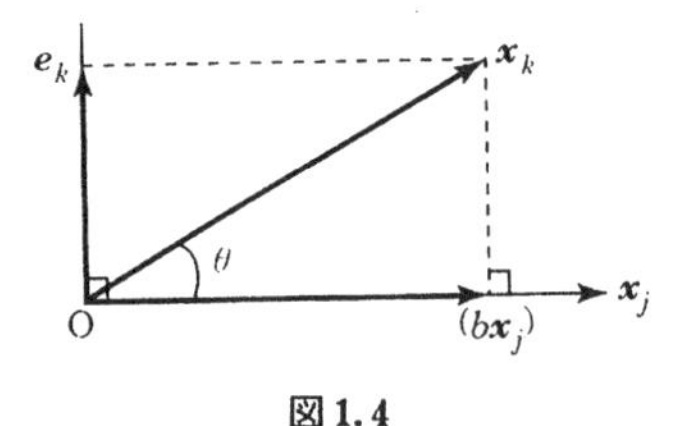


図 1.4

$$b\boldsymbol{x}_j'(\boldsymbol{x}_k - b\boldsymbol{x}_j) = 0$$

より，

$$b = \frac{(\boldsymbol{x}_j, \boldsymbol{x}_k)}{\|\boldsymbol{x}_j\|^2} = r_{jk} \frac{\|\boldsymbol{x}_k\|}{\|\boldsymbol{x}_j\|} = r_{jk} \frac{s_k}{s_j}$$

（よく知られているように $b$ は変数 $X_k$ の $X_j$ に対する回帰における回帰係数である．$\hat{\boldsymbol{x}}_k$ を最小 2 乗推定値として，

$$\hat{\boldsymbol{x}}_k = b\boldsymbol{x}_j$$

このとき残差ベクトル $\boldsymbol{e} = \boldsymbol{x}_k - \hat{\boldsymbol{x}}_k$ の要素の分散を $s_e^2$ とすると，

$$s_k^2 = s_{\hat{k}}^2 + s_e^2 = b^2 s_j^2 + s_e^2 \qquad (s_{\hat{k}}^2 \text{ は推定値 } \hat{\boldsymbol{x}}_k \text{ の分散}))$$

ベクトル $\boldsymbol{e}_k$ は,

$$\|\boldsymbol{x}_k\|^2=b^2\|\boldsymbol{x}_j\|^2+\|\boldsymbol{e}_k\|^2 \qquad \text{（ピタゴラスの定理）}$$

$$\|\boldsymbol{e}_k\|^2=\|\boldsymbol{x}_k\|^2-b^2\|\boldsymbol{x}_j\|^2=Ns_k{}^2(1-r_{jk}{}^2)$$

が示される.

**問 3** $\|\boldsymbol{e}_k\|^2=Ns_k{}^2(1-r_{jk}{}^2)$ となることを確かめよ*).

*) $\|\boldsymbol{e}_k\|^2=(\boldsymbol{x}_k-b\boldsymbol{x}_j)'(\boldsymbol{x}_k-b\boldsymbol{x}_j)=\|\boldsymbol{x}_k\|^2-\dfrac{(\boldsymbol{x}_j,\boldsymbol{x}_k)(\boldsymbol{x}_j,\boldsymbol{x}_k)}{\|\boldsymbol{x}_j\|^2}$ を利用せよ.

$\|\boldsymbol{e}_k\|^2$ は変数 $X_k$ を変数 $X_j$ で推定する場合における残差分散 $s_e{}^2$ に当たる量である. また $b^2\|\boldsymbol{x}_j\|^2$ は $Ns_k{}^2$ になる.

**問 4** 変数 $X_j$ の $X_k$ に対する回帰の回帰係数 $b_j$ はどう書けるか. $X_k$ の $X_j$ に対する回帰の場合を $b_k$ とすると, $b_j \cdot b_k$ は何か.

多数個の変数ベクトル $\boldsymbol{x}_k$ $(k=1,2,\cdots,n)$ が存在し, それを特定の軸変数ベクトル $\boldsymbol{x}_j$ の方向と, それ以外に分解した残差ベクトル $\boldsymbol{e}_k$ $(k=1,2,\cdots,n)$ を考えると, $\|\boldsymbol{e}_k\|^2$ $(k=1,2,\cdots,n)$ はそれぞれ変数ベクトル $\boldsymbol{x}_k$ を $\boldsymbol{x}_j$ で推定する場合の残差分散を意味することになる(図 1.5). なお $\|\boldsymbol{e}_j\|^2$ は 0 となる.

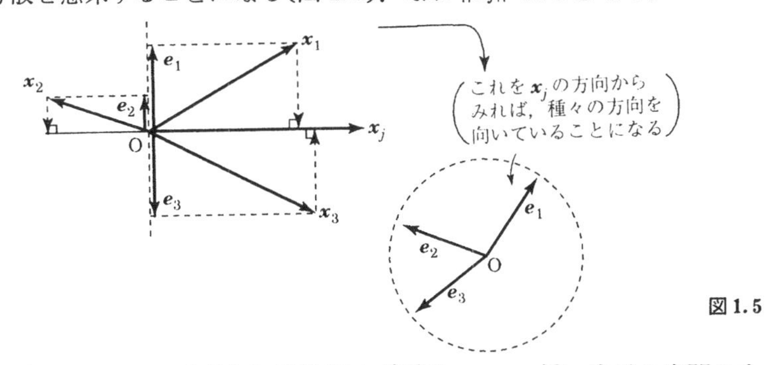


**図 1.5**

$\boldsymbol{e}_1, \boldsymbol{e}_2, \boldsymbol{e}_3$ がベクトル $\boldsymbol{x}_j$ で表される次元と直交し, 一つ低い次元の空間の中に収容されることに注意せよ.

### 2) 残差共分散と偏相関係数

変数ベクトル $\boldsymbol{x}_k, \boldsymbol{x}_l$ をそれぞれ $\boldsymbol{x}_j$ で推定したときの残差ベクトル $\boldsymbol{e}_k$ と $\boldsymbol{e}_l$ の(要素間の)共分散を残差共分散という.

残差共分散は,

$$\frac{1}{N}(\boldsymbol{e}_k, \boldsymbol{e}_l)=s_{kl}-s_{jk}s_{jl}/s_j{}^2$$

となる.

**問 5**　上式の関係を確かめよ ($(\boldsymbol{e}_k, \boldsymbol{e}_l) = (\boldsymbol{x}_k - b_k\boldsymbol{x}_j)'(\boldsymbol{x}_l - b_l\boldsymbol{x}_j)$ により).

残差ベクトル $\boldsymbol{e}_k$ と $\boldsymbol{e}_l$ の (要素間の) 相関係数を $\boldsymbol{x}_j$ の影響を除いた場合における偏相関係数とよび, $r_{kl\cdot j}$ のようにして表す.

$$r_{kl\cdot j} = \frac{(\boldsymbol{e}_k, \boldsymbol{e}_l)}{\|\boldsymbol{e}_k\|\cdot\|\boldsymbol{e}_l\|}$$

**問 6**　$r_{kl\cdot j} = \dfrac{(\boldsymbol{e}_k, \boldsymbol{e}_l)}{\|\boldsymbol{e}_k\|\cdot\|\boldsymbol{e}_l\|} = \dfrac{r_{kl} - r_{jk}r_{jl}}{\sqrt{1-r_{jk}^2}\sqrt{1-r_{jl}^2}}$ を確かめよ.

### 1.3.3　多変数の残差

#### 1)　残差の分散共分散行列

変数ベクトル $\boldsymbol{x}_1, \boldsymbol{x}_2, \cdots, \boldsymbol{x}_n$ をその中の特定の変数ベクトル $\boldsymbol{x}_j$ で推定したときの残差

$$e_{ik} = x_{ik} - b_k x_{ij} \qquad (k=1,2,\cdots,n\,;\, i=1,2,\cdots,N)$$

を要素とする行列を $\boldsymbol{E}$ とし, $\boldsymbol{e}_k$ は $\boldsymbol{E}$ の各列のベクトルとする.

$$\boldsymbol{E} = \begin{bmatrix} e_{11} & e_{12}\cdots e_{1n} \\ e_{21} & e_{22}\cdots e_{2n} \\ e_{31} & e_{32}\cdots e_{3n} \\ \vdots & \vdots \quad\ \vdots \\ e_{N1} & e_{N2}\cdots e_{Nn} \end{bmatrix} = [\boldsymbol{e}_1, \boldsymbol{e}_2, \cdots, \boldsymbol{e}_n]$$

回帰係数 $b_k$ を要素とするベクトルを $\boldsymbol{b}$ とする. $b_k = \dfrac{(\boldsymbol{x}_k, \boldsymbol{x}_j)}{\|\boldsymbol{x}_j\|}$ であるから,

$$\boldsymbol{b} = \begin{bmatrix} b_1 \\ b_2 \\ \vdots \\ b_n \end{bmatrix} = \frac{1}{\|\boldsymbol{x}_j\|^2}\begin{bmatrix} (\boldsymbol{x}_1, \boldsymbol{x}_j) \\ (\boldsymbol{x}_2, \boldsymbol{x}_j) \\ \vdots \\ (\boldsymbol{x}_n, \boldsymbol{x}_j) \end{bmatrix} = \frac{1}{\|\boldsymbol{x}_j\|^2}\boldsymbol{X}'\boldsymbol{x}_j$$

したがって

$$\boldsymbol{E} = \boldsymbol{X} - \boldsymbol{x}_j\boldsymbol{b}' = \boldsymbol{X} - \boldsymbol{x}_j\boldsymbol{x}_j'\boldsymbol{X}/\|\boldsymbol{x}_j\|^2$$

残差の分散共分散行列は,

$$\frac{\boldsymbol{E}'\boldsymbol{E}}{N} = \frac{1}{N}\begin{bmatrix} (\boldsymbol{e}_1, \boldsymbol{e}_1) & (\boldsymbol{e}_1, \boldsymbol{e}_2)\cdots \\ (\boldsymbol{e}_2, \boldsymbol{e}_1) & (\boldsymbol{e}_2, \boldsymbol{e}_2)\cdots \\ \vdots & \vdots \end{bmatrix} = \frac{1}{N}\boldsymbol{X}'\boldsymbol{X} - \frac{\|\boldsymbol{x}_j\|^2}{N}\boldsymbol{b}\boldsymbol{b}'$$

**問 7**　上式の関係を確かめよ.

$$\frac{E'E}{N}=\frac{1}{N}\begin{bmatrix}(x_1,x_1) & (x_1,x_2)\cdots \\ (x_2,x_1) & (x_2,x_2)\cdots \\ \vdots & \vdots\end{bmatrix}-\frac{1}{N\|x_j\|^2}\begin{bmatrix}(x_1,x_j) \\ (x_2,x_j) \\ \vdots\end{bmatrix}[(x_1,x_j),(x_2,x_j),\cdots]$$

$$=\begin{bmatrix}s_1{}^2 & s_{12}\cdots s_{1n} \\ s_{21} & s_2{}^2\cdots s_{2n} \\ \vdots & \vdots\ \ddots\ \vdots \\ s_{n1} & s_{n2}\cdots s_n{}^2\end{bmatrix}-\begin{bmatrix}s_{1j}/s_j \\ s_{2j}/s_j \\ \vdots \\ s_{nj}/s_j\end{bmatrix}\cdot\left[\frac{s_{1j}}{s_j},\ \frac{s_{2j}}{s_j},\ \cdots,\ \frac{s_{nj}}{s_j}\right]$$

したがって，残差共分散を ${}^{(1)}s_{kl}$ $(k,l=1,2,\cdots,n)$ で表すと，

$$\frac{E'E}{N}=\left[\begin{array}{cc:c:c}{}^{(1)}s_1{}^2 & {}^{(1)}s_{12} & 0 & {}^{(1)}s_{1n} \\ {}^{(1)}s_{21} & {}^{(1)}s_2{}^2 & 0 & {}^{(1)}s_{2n} \\ \hdashline 0 & 0 & 0 & 0 \\ \hdashline {}^{(1)}s_{n1} & {}^{(1)}s_{n2} & 0 & {}^{(1)}s_n{}^2\end{array}\right]$$

$j$ 行

$j$ 列

ただし，

$${}^{(1)}s_{kl}=s_{kl}-\frac{s_{kj}s_{lj}}{s_j{}^2}\qquad(k,l=1,2,\cdots,n)$$

このとき，$j$ 行および $j$ 列は 0 となる．残差分散共分散行列は項目 $j$ の効果を除去した場合における分散共分散行列である．幾何学的には，残差ベクトル $e_1,e_2,\cdots,e_n$ の空間布置を表している．

分散共分散行列を $C$，その残差分散共分散行列 $\frac{E'E}{N}$ を ${}^{(1)}C$ とする．また変数ベクトル $x_j$ は，ウエイトベクトル，

$$w_j=\begin{bmatrix}0 \\ 0 \\ \vdots \\ 1 \\ \vdots \\ 0\end{bmatrix}\longleftarrow j\text{番目が}1,\ \text{他は}0$$

を導入すると，

$$x_j=Xw_j$$

と書ける．${}^{(1)}C=\frac{E'E}{N}=\frac{1}{N}X'X-\frac{\|x\|^2}{N}bb'$ を書き直すと，

$$\boldsymbol{b}=\frac{\boldsymbol{X}'\boldsymbol{X}\boldsymbol{w}_j}{\boldsymbol{w}_j'\boldsymbol{X}'\boldsymbol{X}\boldsymbol{w}_j}=\frac{\boldsymbol{C}\boldsymbol{w}_j}{\boldsymbol{w}_j'\boldsymbol{C}\boldsymbol{w}_j}=\frac{(\text{項目 } x_j \text{ と個別項目 } x_k \text{ との共分散のベクトル})}{(\text{項目 } x_j \text{ の分散})}$$

となるので，

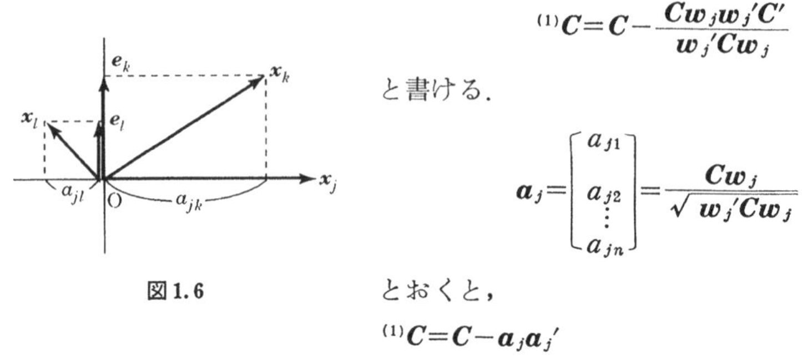


図 1.6

$$^{(1)}\boldsymbol{C}=\boldsymbol{C}-\frac{\boldsymbol{C}\boldsymbol{w}_j\boldsymbol{w}_j'\boldsymbol{C}'}{\boldsymbol{w}_j'\boldsymbol{C}\boldsymbol{w}_j}$$

と書ける．

$$\boldsymbol{a}_j=\begin{bmatrix} a_{j1} \\ a_{j2} \\ \vdots \\ a_{jn} \end{bmatrix}=\frac{\boldsymbol{C}\boldsymbol{w}_j}{\sqrt{\boldsymbol{w}_j'\boldsymbol{C}\boldsymbol{w}_j}}$$

とおくと，

$$^{(1)}\boldsymbol{C}=\boldsymbol{C}-\boldsymbol{a}_j\boldsymbol{a}_j'$$

**問 8**　$a_{j1}, a_{j2}, \cdots, a_{jn}$ はそれぞれベクトル $\boldsymbol{x}_1, \boldsymbol{x}_2, \cdots, \boldsymbol{x}_n$ の軸 $\boldsymbol{x}_j$ に対する座標値であることを示せ．

変数ベクトル $\boldsymbol{x}_k$ $(k=1, 2, \cdots, n)$ の要素の分散が 1 のとき，すなわち分散共分散行列 $\boldsymbol{C}$ が相関行列 $\boldsymbol{R}$ に等しいときは，この場合，

$$\boldsymbol{w}_j'\boldsymbol{C}\boldsymbol{w}_j=\boldsymbol{w}_j'\boldsymbol{R}\boldsymbol{w}_j=1,\qquad \boldsymbol{b}=\frac{\boldsymbol{R}\boldsymbol{w}_j}{\boldsymbol{w}_j'\boldsymbol{R}\boldsymbol{w}_j}=\boldsymbol{R}\boldsymbol{w}_j,\qquad \boldsymbol{a}_j=\frac{\boldsymbol{R}\boldsymbol{w}_j}{\sqrt{\boldsymbol{w}_j'\boldsymbol{R}\boldsymbol{w}_j}}=\boldsymbol{R}\boldsymbol{w}_j$$

であるから，

$$^{(1)}\boldsymbol{R}=\boldsymbol{R}-\boldsymbol{R}\boldsymbol{w}_j\boldsymbol{w}_j'\boldsymbol{R}=\boldsymbol{R}-\boldsymbol{a}_j\boldsymbol{a}_j'=\boldsymbol{R}-\boldsymbol{b}\boldsymbol{b}'$$

$$^{(1)}\boldsymbol{R}=\begin{bmatrix} 1. & r_{12} & r_{13}\cdots r_{1n} \\ r_{21} & 1. & r_{23}\cdots r_{2n} \\ r_{31} & r_{32} & 1.\ \ \cdots r_{3n} \\ \vdots & \vdots & \vdots\ \ \ddots\ \ \vdots \\ r_{n1} & r_{n2} & r_{n3}\cdots\ 1 \end{bmatrix}-\begin{bmatrix} r_{j1} \\ r_{j2} \\ r_{j3} \\ \vdots \\ r_{jn} \end{bmatrix}[r_{j1}, r_{j2}, r_{j3}, \cdots, r_{jn}]$$

（$r_{kl}$ は相関係数，$k, l=1, 2, \cdots, n$）

軸 $\boldsymbol{x}_j$ に対する座標値は $a_{jk}=r_{jk}$，すなわち相関係数そのものであり，$\boldsymbol{R}$ の $j$ 行（または $j$ 列）の要素がそのまま座標値に対応する．

偏相関行列は偏相関係数を行列に配置したものをいう．

$^{(1)}\boldsymbol{C}$ も $^{(1)}\boldsymbol{R}$ も項目 $\boldsymbol{x}_j$ の効果を除去したのちの残差分散共分散行列である．偏相関係数 $r_{kl\cdot j}$ は，

$$r_{kl\cdot j}=\frac{(\boldsymbol{e}_k, \boldsymbol{e}_l)}{\|\boldsymbol{e}_k\|\cdot\|\boldsymbol{e}_l\|}\qquad (k, l=1, 2, \cdots, n\ ;\ k, l\neq j)$$

これを行列で示したものは，

$$\begin{array}{c} \\ \\ \\ j\text{行)} \\ \\ \\ \end{array}\left[\begin{array}{ccc:c:c} - & r_{12\cdot j} & r_{13\cdot j} & - & r_{1n\cdot j} \\ r_{21\cdot j} & - & r_{23\cdot j} & - & r_{2n\cdot j} \\ r_{31\cdot j} & r_{32\cdot j} & - & - & r_{3n\cdot j} \\ \hdashline - & - & - & - & - \\ \hdashline r_{n1\cdot j} & r_{n2\cdot j} & r_{n3\cdot j} & - & - \end{array}\right] = \frac{{}^{(1)}\boldsymbol{C}}{\sqrt{{}^{(1)}C_{kk}}\sqrt{{}^{(1)}C_{ll}}} \quad \begin{array}{l}(k, l=1, 2, \cdots, n) \\ (k \neq l\,;\, k, l \neq j)\end{array}$$

$j$列

ただし ${}^{(1)}C_{kk}$, ${}^{(1)}C_{ll}$ は ${}^{(1)}\boldsymbol{C}$ の $k$ 番目，$l$ 番目の対角要素である．またこの場合，行列の対角要素，および $j$ 行，$j$ 列は意味がないので除いて考える．

$$r_{kl\cdot j} = \frac{{}^{(1)}C_{kl}}{\sqrt{{}^{(1)}C_{kk}}\sqrt{{}^{(1)}C_{ll}}} = \frac{s_{kl} - \dfrac{s_{kj}s_{lj}}{s_j^2}}{\sqrt{s_k^2 - \dfrac{s_{kj}^2}{s_j^2}}\sqrt{s_l^2 - \dfrac{s_{lj}^2}{s_j^2}}} = \frac{r_{kl} - r_{kj}r_{lj}}{\sqrt{1-r_{kj}^2}\sqrt{1-r_{kl}^2}}$$

なので計算上は各項目の分散が等しい場合と考えて，${}^{(1)}\boldsymbol{R}$ を用いて行えばよい．

**問 9**　表 1.2 の相関行列より「知能」の影響を除去したあとにおける，4 種の‘興味’間の偏相関行列を求めよ．

**表 1.2**

| | 知 | ス | 芸 | 文 | 料 |
|---|---|---|---|---|---|
| 知　能 | 1.00 | .20 | .02 | .26 | −.38 |
| 戸外スポーツ | .20 | 1.00 | .07 | .21 | −.13 |
| 芸　術 | .02 | .07 | 1.00 | .58 | .58 |
| 文　学 | .26 | .21 | .58 | 1.00 | .22 |
| 料　理 | −.38 | −.13 | .58 | .22 | 1.00 |

### 1.3.4 高次の残差と高次の偏相関

#### 1) 高次の残差分散，共分散

これは，順次，残差ベクトルを求める場合である．残差分散共分散行列 ${}^{(1)}\boldsymbol{C}$ は，項目 $\boldsymbol{x}_j$ の影響を除いた場合の項目間の関係を示している．

これからさらに項目 $\boldsymbol{x}_k$ の影響をも除くためには，残りの項目ベクトルを $\boldsymbol{x}_k$ の残差 $\boldsymbol{e}_k$ の方向のベクトルと，それに直交するベクトル(第 2 残差ベクトル)とに分解すればよい．(軸として $\boldsymbol{e}_k$ を用いるのは，$\boldsymbol{x}_k$ と $\boldsymbol{x}_j$ とに共通な部分はすでに前段階で除去されているからである．)

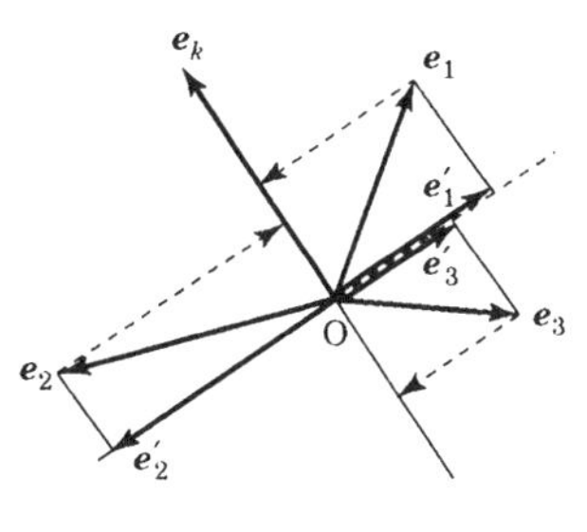

図 1.7

$\boldsymbol{x}_j$ と $\boldsymbol{x}_k$ の効果を除いた残差分散共分散の行列を ${}^{(2)}\boldsymbol{C}$ とする．

これは，$\boldsymbol{C}$ から ${}^{(1)}\boldsymbol{C}$ を導くのと同様にして

${}^{(1)}\boldsymbol{C}$ から求める．

このときの回帰係数ベクトルを ${}^{(1)}\boldsymbol{b}$ とすると，

$$
{}^{(1)}\boldsymbol{b}=\frac{{}^{(1)}\boldsymbol{C}\boldsymbol{w}_k}{\boldsymbol{w}_k{}'{}^{(1)}\boldsymbol{C}\boldsymbol{w}_k},\qquad \boldsymbol{w}_k=\begin{bmatrix}0\\ \\0\\ \vdots\\ 1\\ \vdots\\ 0\end{bmatrix}\longleftarrow k\text{番目が 1，他は 0}
$$

また，

$$
\boldsymbol{a}_k=\frac{{}^{(1)}\boldsymbol{C}\boldsymbol{w}_k}{\sqrt{\boldsymbol{w}_k{}'{}^{(1)}\boldsymbol{C}\boldsymbol{w}_k}}
$$

$$
{}^{(2)}\boldsymbol{C}={}^{(1)}\boldsymbol{C}-\boldsymbol{a}_k\boldsymbol{a}_k{}'=\boldsymbol{C}-\boldsymbol{a}_j\boldsymbol{a}_j{}'-\boldsymbol{a}_k\boldsymbol{a}_k{}'
$$

すでに ${}^{(1)}\boldsymbol{C}$ で $j$ 行および $j$ 列が 0 になっているが，${}^{(2)}\boldsymbol{C}$ ではさらに，$k$ 行および $k$ 列が 0 要素となる．

$$
{}^{(2)}\boldsymbol{C}=\begin{bmatrix}
{}^{(2)}s_1{}^2 & {}^{(2)}s_{12} & 0 & 0 & {}^{(2)}s_{1n}\\
{}^{(2)}s_{21} & {}^{(2)}s_2{}^2 & 0 & 0 & {}^{(2)}s_{2n}\\
0 & 0 & 0 & 0 & 0\\
0 & 0 & 0 & 0 & 0\\
{}^{(2)}s_{n1} & {}^{(2)}s_{n2} & 0 & 0 & {}^{(2)}s_n{}^2
\end{bmatrix}\begin{matrix}\\ \\ (k\text{行})\\ (j\text{行})\\ \\ \end{matrix}
$$

（$k$ 列）（$j$ 列）

ただし

$$
{}^{(2)}s_{lm}={}^{(1)}s_{lm}-\frac{{}^{(1)}s_{lk}{}^{(1)}s_{mk}}{{}^{(1)}s_k{}^2}\qquad (l,m=1,2,\cdots,n)
$$

一般にこのような項目の除去を 1 個ずつ続けるとすると，第 $i$ 番目の残差は，

$$
\boldsymbol{a}_t=\frac{{}^{(i-1)}\boldsymbol{C}\boldsymbol{w}_t}{\sqrt{\boldsymbol{w}_t{}'{}^{(i-1)}\boldsymbol{C}\boldsymbol{w}_t}},\qquad \boldsymbol{w}_t=\begin{bmatrix}0\\ \\0\\ \vdots\\ 1\\ \vdots\\ 0\end{bmatrix}\longleftarrow t\text{番目}
$$

$$
{}^{(i)}\boldsymbol{C}={}^{(i-1)}\boldsymbol{C}-\boldsymbol{a}_t\boldsymbol{a}_t{}'
$$

$$
{}^{(i)}s_{jk}={}^{(i-1)}s_{jk}-{}^{(i-1)}s_{jt}{}^{(i-1)}s_{kt}/{}^{(i-1)}s_t{}^2\qquad (j,k=1,2,\cdots,n)
$$

ここで，$t$ はそのとき除去する項目を示す．また，$i-1=0$ は初期状態，すな

わち ${}^{(0)}\boldsymbol{C}=\boldsymbol{C}$, ${}^{(0)}s_{jk}=s_{jk}$ などを示すものとする.

各回でとり出す新たな軸に対する座標値のベクトルを ${}^{(i)}\boldsymbol{a}$ とすると, 一般に,

$$
\begin{aligned}
{}^{(i)}\boldsymbol{C}&=\boldsymbol{C}-{}^{(1)}\boldsymbol{a}{}^{(1)}\boldsymbol{a}'-{}^{(2)}\boldsymbol{a}{}^{(2)}\boldsymbol{a}'-\cdots-{}^{(i)}\boldsymbol{a}{}^{(i)}\boldsymbol{a}'\\
&=\boldsymbol{C}-\sum_{l=1}^{i}{}^{(l)}\boldsymbol{a}{}^{(l)}\boldsymbol{a}' \qquad (\text{ただし } i\leqq n)
\end{aligned}
$$

${}^{(i)}\boldsymbol{C}$ は $i=n$ までに零(ゼロ)行列となる. すなわち残差分散, 共分散は 0 となる. 行列 $\boldsymbol{A}(n\times n)$ を次のように定義すると,

$$
\boldsymbol{A}=[{}^{(1)}\boldsymbol{a},\ {}^{(2)}\boldsymbol{a},\ \cdots,\ {}^{(n)}\boldsymbol{a}]=\begin{bmatrix} a_{11} & a_{21}\cdots a_{n1}\\ a_{12} & a_{22}\cdots a_{n2}\\ a_{13} & a_{23}\cdots a_{n3}\\ \vdots & \vdots \quad\ \ \vdots\\ a_{1n} & a_{2n}\cdots a_{nn}\end{bmatrix}
$$

$$
\boldsymbol{C}-\boldsymbol{A}\boldsymbol{A}'=\boldsymbol{O}, \qquad \boldsymbol{C}=\boldsymbol{A}\boldsymbol{A}'
$$

がいえる.

**問 10** もしも項目の除去を, $\boldsymbol{C}$ における配列順 ($x_1, x_2, \cdots$ の順) に行うとすると, $\boldsymbol{A}$ は三角行列(右図)であることを示せ.

$$
\boldsymbol{A}=\begin{bmatrix} a_{11} & & & \boldsymbol{O}\\ a_{12} & a_{22} & & \\ a_{13} & a_{23} & a_{33} & \\ \vdots & \vdots & \vdots & \ddots\\ a_{1n} & a_{2n} & a_{3n} & \cdots a_{nn}\end{bmatrix}
$$

なお,

$$
\begin{aligned}
{}^{(i)}\boldsymbol{a}&=\frac{{}^{(i-1)}\boldsymbol{C}\boldsymbol{w}_t}{\sqrt{\boldsymbol{w}_t'{}^{(i-1)}\boldsymbol{C}\boldsymbol{w}_t}}=\frac{\left(\boldsymbol{C}-\sum_{l=1}^{i-1}{}^{(l)}\boldsymbol{a}{}^{(l)}\boldsymbol{a}'\right)\boldsymbol{w}_t}{\sqrt{\boldsymbol{w}_t'\left(\boldsymbol{C}-\sum_{l=1}^{i-1}{}^{(l)}\boldsymbol{a}{}^{(l)}\boldsymbol{a}'\right)\boldsymbol{w}_t}}\\
&=\frac{\boldsymbol{C}\boldsymbol{w}_t-\sum_{l=1}^{i-1}({}^{(l)}\boldsymbol{a}{}^{(l)}\boldsymbol{a}'\boldsymbol{w}_t)}{\sqrt{\boldsymbol{w}_t'\boldsymbol{C}\boldsymbol{w}_t-\sum_{l=1}^{i-1}\boldsymbol{w}_t{}^{(l)}\boldsymbol{a}{}^{(l)}\boldsymbol{a}'\boldsymbol{w}_t}}
\end{aligned}
$$

これを具体的に書くと,

$$
{}^{(i)}\boldsymbol{a}=\begin{bmatrix} a_{i1}\\ a_{i2}\\ \vdots\\ a_{in}\end{bmatrix}=\begin{bmatrix} s_{1t}-\sum_{l=1}^{i-1}a_{l1}\cdot a_{lt}\\ s_{2t}-\sum_{l=1}^{i-1}a_{l2}\cdot a_{lt}\\ \vdots\\ s_{nt}-\sum_{l=1}^{i-1}a_{ln}\cdot a_{lt}\end{bmatrix}\Bigg/\sqrt{s_t{}^2-\sum_{l=1}^{i-1}a_{lt}{}^2}
$$

この関係を使うと計算は速い.

### 2) 二つ以上の項目の影響を除去したときの偏相関係数

たとえば，項目 $j$ と項目 $k$ の影響を除去した場合は，まず $\boldsymbol{x}_j$ を，次に $\boldsymbol{x}_k$ を除くと考えると(どちらを先にしても結果的には同じであるが)

$$r_{lm\cdot jk}=\frac{({}^{(1)}\boldsymbol{e}_l,\ {}^{(1)}\boldsymbol{e}_m)}{\|{}^{(1)}\boldsymbol{e}_l\|\cdot\|{}^{(1)}\boldsymbol{e}_m\|}\qquad (l, m\neq j, k)$$

ここで，

$$({}^{(1)}\boldsymbol{e}_l,\ {}^{(1)}\boldsymbol{e}_m)=(\boldsymbol{e}_l,\boldsymbol{e}_m)-\frac{(\boldsymbol{e}_l,\boldsymbol{e}_k)(\boldsymbol{e}_m,\boldsymbol{e}_k)}{\|\boldsymbol{e}_k\|^2}$$

$$=\|\boldsymbol{e}_l\|\cdot\|\boldsymbol{e}_m\|\left\{\frac{(\boldsymbol{e}_l,\boldsymbol{e}_m)}{\|\boldsymbol{e}_l\|\cdot\|\boldsymbol{e}_m\|}-\frac{(\boldsymbol{e}_l,\boldsymbol{e}_k)}{\|\boldsymbol{e}_l\|\cdot\|\boldsymbol{e}_k\|}\cdot\frac{(\boldsymbol{e}_m,\boldsymbol{e}_k)}{\|\boldsymbol{e}_m\|\cdot\|\boldsymbol{e}_k\|}\right\}$$

$$\|{}^{(1)}\boldsymbol{e}_l\|^2=\|\boldsymbol{e}_l\|^2-\frac{(\boldsymbol{e}_l,\boldsymbol{e}_k)(\boldsymbol{e}_l,\boldsymbol{e}_k)}{\|\boldsymbol{e}_k\|^2}=\|\boldsymbol{e}_l\|^2\left\{1-\frac{(\boldsymbol{e}_l,\boldsymbol{e}_k)(\boldsymbol{e}_l,\boldsymbol{e}_k)}{\|\boldsymbol{e}_k\|^2\|\boldsymbol{e}_l\|^2}\right\}$$

同様に

$$\|{}^{(1)}\boldsymbol{e}_m\|^2=\|\boldsymbol{e}_m\|^2\left\{1-\frac{(\boldsymbol{e}_m,\boldsymbol{e}_k)(\boldsymbol{e}_m,\boldsymbol{e}_k)}{\|\boldsymbol{e}_m\|^2\|\boldsymbol{e}_k\|^2}\right\}$$

よって，

$$r_{lm\cdot jk}=\frac{r_{lm\cdot j}-r_{lk\cdot j}r_{mk\cdot j}}{\sqrt{1-r_{lk\cdot j}{}^2}\sqrt{1-r_{mk\cdot j}{}^2}}$$

となる．右辺は項目 1 個除く場合(p. 26 問 6 )と同型の式で，相関係数の代わりに $\boldsymbol{x}_j$ を除くときの偏相関係数を置き換えたもので表現されている．

**問 11**　$r_{lm\cdot jk}$ の式の右辺を偏相関係数でなく，全部相関係数を用いて書いてみよ．

一般に高次の偏相関係数は，それよりも低次の偏相関係数を用いて順次求められることに注意せよ．

具体的な計算は残差分散共分散行列の各段階で項目 1 個除去の場合に準じて行えばよい．

## 1.3.5　簡単な因子分析

### 対角線法による因子分析

各項目 $j$ $(j=1, 2, \cdots, n)$ の変数がすべて基準化変数(平均 0，分散 1 )のとき，分散共分散行列 $\boldsymbol{C}$ は相関行列 $\boldsymbol{R}$ と一致している．

サーストン(Thurstone)の対角線法というのは，$\boldsymbol{R}$ を上で示した方法により

$$\boldsymbol{R}=\boldsymbol{A}\boldsymbol{A}'$$

のように分解することにほかならない．計算がきわめて簡単であることが長所

である．この場合，$\boldsymbol{A}$ は因子負荷量(factor loading)行列とよばれる．

$$\boldsymbol{A}=\begin{bmatrix} a_{11} & a_{21} & a_{31}\cdots a_{n1} \\ a_{12} & a_{22} & a_{32}\cdots a_{n2} \\ \vdots & \vdots & \vdots \quad \vdots \\ a_{1n} & a_{2n} & a_{3n}\cdots a_{nn} \end{bmatrix} \quad (\boldsymbol{A}\text{ は } n\times n)$$

$\boldsymbol{R}$ の残差行列がより早く零行列に近づくように新しい軸(すなわち特定の残差ベクトル)を選んで，これを行うわけで，$m<n$ なる $m$ 個の $\boldsymbol{A}$ の列ベクトルからなる行列 $^*\boldsymbol{A}$ をとり，近似的に

$$\boldsymbol{R}\cong{}^*\boldsymbol{A}\ {}^*\boldsymbol{A}', \qquad {}^*\boldsymbol{A}=\underbrace{\begin{bmatrix} a_{11} & a_{21}\cdots a_{m1} \\ a_{12} & a_{22}\cdots a_{m2} \\ \vdots & \vdots \quad \vdots \\ a_{1n} & a_{2n}\cdots a_{mn} \end{bmatrix}}_{m(<n)}$$

を，より小さい $m$ により実現しようとする．

そのため，各段階での項目ベクトルの選び方を次のようにする．

(1) $\boldsymbol{R}$ の各列について $\sum_{k=1}^{n}|r_{kj}|$ もしくは $\sum_{k=1}^{n}r_{kj}{}^2$ が最大となる項目 $j$ の変数ベクトル $\boldsymbol{x}_j$ を探す．

$$\boldsymbol{a}_1=\begin{bmatrix} a_{11} \\ a_{12} \\ a_{13} \\ \vdots \\ a_{1j} \\ \vdots \\ a_{1n} \end{bmatrix}=\begin{bmatrix} r_{1j} \\ r_{2j} \\ r_{3j} \\ \vdots \\ r_{jj}(=1) \\ \vdots \\ r_{nj} \end{bmatrix} \quad (\boldsymbol{R}\text{ の } j \text{ 列が第1因子負荷量 } \boldsymbol{a}_1 \text{ となる})$$

(2) 次に残差行列 $^{(1)}\boldsymbol{R}$ を求め，その要素を $^{(1)}r_{kl}\left(=r_{kl}-\dfrac{r_{kj}r_{lj}}{r_{jj}}\right)$ とする．$^{(1)}r_{kl}$ について，(1)と同様にして $\sum_{l=1}^{n}|{}^{(1)}r_{kl}|/\sqrt{^{(1)}r_{kk}}$ または，$\sum_{l=1}^{n}{}^{(1)}r_{kl}{}^2/{}^{(1)}r_{kk}$ が最大となる項目 $k$ の変数ベクトル $\boldsymbol{x}_k$ を探し，

$$\boldsymbol{a}_2=\begin{bmatrix} a_{21} \\ a_{22} \\ \vdots \\ a_{2k} \\ a_{2j} \\ a_{2n} \end{bmatrix}=\begin{bmatrix} ^{(1)}r_{1k}/\sqrt{^{(1)}r_{kk}} \\ ^{(1)}r_{2k}/\sqrt{^{(1)}r_{kk}} \\ \vdots \\ ^{(1)}r_{kk}/\sqrt{^{(1)}r_{kk}} \\ ^{(1)}r_{jk}/\sqrt{^{(1)}r_{kk}} \\ ^{(1)}r_{nk}/\sqrt{^{(1)}r_{kk}} \end{bmatrix}=\begin{bmatrix} ^{(1)}r_{1k}/\sqrt{^{(1)}r_{kk}} \\ ^{(1)}r_{2k}/\sqrt{^{(1)}r_{kk}} \\ \vdots \\ \sqrt{^{(1)}r_{kk}} \\ 0 \\ ^{(1)}r_{nk}/\sqrt{^{(1)}r_{kk}} \end{bmatrix}$$

($a_{2j}$ は，$j$ が $\boldsymbol{a}_1$ の算出に使用されているので，$\boldsymbol{a}_2$ 以下では0となる．)

とする．以下，この手順を繰返す．

**問 12**　なぜ，上のような項目の選び方が合理的といえるのか．その理由を考えよ．

最も単純な項目の選び方は，残差ベクトルの最長の項目，すなわち ${}^{(t)}\boldsymbol{R}$ の対角要素のうち，最大のものを選んでその項目を除去項目とする方法である．

なお，すでにのべたように因子負荷量 $a_{tk}$（項目 $k$ の変数ベクトル $\boldsymbol{x}_k$ の因子 $t$ についての負荷量）は，

$$a_{tk}=\frac{r_{kj}-(a_{1k}a_{1j}+a_{2k}a_{2j}+\cdots+a_{(t-1)k}\cdot a_{(t-1)j})}{a_{tj}}$$

$$a_{tj}=\sqrt{r_{jj}-(a_{1j}{}^2+a_{2j}{}^2+\cdots+a_{(t-1)j})}$$

を用いれば，簡単に計算できる．ここで，$j$ は因子 $t$ に対応する項目を示す．

**問 13**　右の相関行列を対角線法で因子分析せよ（２因子まで）．

〔相関行列〕

| | | | |
|---|---|---|---|
| 1.00 | 0.60 | −0.70 | −0.40 |
| 0.60 | 1.00 | −0.02 | 0.32 |
| −0.70 | −0.02 | 1.00 | 0.88 |
| −0.40 | 0.32 | 0.88 | 1.00 |

### 1.3.6　オズグッドの D–法

いままでの記述は，すべてデータ行列が平均０に基準化されている場合についてであった．しかし，残差ベクトルの特定のものを選び，その方向とそれに直交する軸との２方向を考えて，他の残差ベクトルを分解していくという方法は一般的なものである．オズグッドの D–法では，粗データ行列 ${}^0\boldsymbol{X}$ を用いてこれを行う．

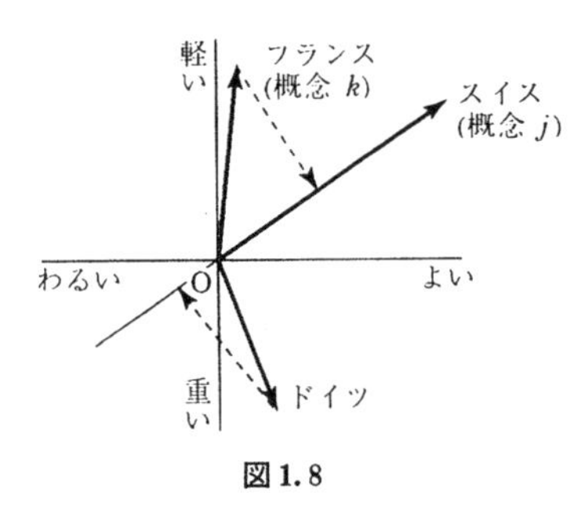


図 1.8

D–法では $N\times n$ の ${}^0\boldsymbol{X}$ の“行”をたとえば形容詞尺度 (scale)，“列”を概念 (concept) とする．すなわち“概念”が“項目”に当たる．概念—すなわち項目ごとにデータが平均０に基準化されているわけではなく，空間の原点は粗点における０，すなわち形容詞評定尺度そのものの０である．

$\|{}^0\boldsymbol{x}_j\|^2$ は $Ns_j{}^2$ ではない．しかし，考え方は全く同じで，$\|{}^0\boldsymbol{x}_j\|$ が最大となる概念 $j$ を選び，それを１軸とし，各概念の座標値を決め，次いで残差ベクトル ${}^0\boldsymbol{e}_k$ $(k=1,2,\cdots,n)$ について同様にして２軸を求める．以下これを反復する．

計算の手順は，積和行列 ${}^0\boldsymbol{X}'{}^0\boldsymbol{X}$ を用意し，特定の概念 $j$ (${}^0\boldsymbol{x}_j$) の方向での座標を $\boldsymbol{a}_j'=(a_{j1}, a_{j2}, \cdots, a_{jn})$ として，残差積和行列 ${}^0\boldsymbol{E}'{}^0\boldsymbol{E}$ を求めることの反復である．

$$
{}^0\boldsymbol{X}'{}^0\boldsymbol{X}=\begin{bmatrix} ({}^0\boldsymbol{x}_1, {}^0\boldsymbol{x}_1) & ({}^0\boldsymbol{x}_1, {}^0\boldsymbol{x}_2)\cdots \\ ({}^0\boldsymbol{x}_2, {}^0\boldsymbol{x}_1) & ({}^0\boldsymbol{x}_2, {}^0\boldsymbol{x}_2)\cdots \\ \vdots & \vdots \quad \ddots \end{bmatrix}, \qquad \boldsymbol{a}_j=\frac{{}^0\boldsymbol{X}'{}^0\boldsymbol{x}_j}{\|{}^0\boldsymbol{x}_j\|},
$$

$$
{}^0\boldsymbol{E}'{}^0\boldsymbol{E}={}^0\boldsymbol{X}'{}^0\boldsymbol{X}-\frac{{}^0\boldsymbol{X}'{}^0\boldsymbol{x}_j{}^0\boldsymbol{x}_j'{}^0\boldsymbol{X}}{\|{}^0\boldsymbol{x}_j\|^2}={}^0\boldsymbol{X}'{}^0\boldsymbol{X}-\boldsymbol{a}_j\boldsymbol{a}_j'
$$

すなわち，残差ベクトル ${}^0\boldsymbol{e}_k$ $(k=1, 2, \cdots, n)$ を ${}^0\boldsymbol{x}_k$ の代わりに，${}^0\boldsymbol{E}'{}^0\boldsymbol{E}$ を ${}^0\boldsymbol{X}'{}^0\boldsymbol{X}$ の代わりに用いて次々に新しい軸を求めればよい．

以上のことは対角線法のところで $s_{kl}, r_{kl}$ として扱ったものを積和 (${}^0\boldsymbol{X}_k'{}^0\boldsymbol{x}_l$) としたにすぎず，計算法は，対角線法と全く同じである．

ただし D-法では最初の概念間の近接度を，

$$
d_{jk}{}^2=\sum_{i=1}^{N}({}^0X_{ij}-{}^0X_{ik})^2
$$

で表し，$d_{jk}{}^2$ の $(n\times n)$ の行列から出発する．

したがって，計算のはじめに

$$
({}^0\boldsymbol{x}_j, {}^0\boldsymbol{x}_k)=\sum_{i=1}^{N}{}^0X_{ij}{}^0X_{ik}=\frac{\sum_{i=1}^{N}{}^0X_{ij}{}^2+\sum_{i=1}^{N}{}^0X_{ik}{}^2-d_{jk}{}^2}{2}
$$

のように内積表現に変えなければならない．

**問 14** 表 1.3 のデータ行列より，D-法を用いて“概念”を表す空間の主要軸を二つ抽出せよ．

表 1.3

| | 概念 (1) | 概念 (2) | 概念 (3) | 概念 (4) |
|---|---|---|---|---|
| スケール（形容詞） | 1.0 | −3.0 | 0.0 | 3.0 |
| | 4.0 | −1.0 | 2.5 | 0.5 |
| | 3.0 | 2.0 | 2.0 | 2.0 |
| | −2.0 | 1.5 | 1.5 | −0.5 |
| | 5.0 | 4.0 | 0.5 | 1.0 |
| | 0.0 | −2.0 | 2.0 | −1.5 |
| | 0.5 | 1.0 | 2.0 | −2.0 |

### ‘軸’となるベクトル

これまで述べたのは，すべて内積行列 $\boldsymbol{C}, \boldsymbol{R}$, ${}^0\boldsymbol{X}'{}^0\boldsymbol{X}$ などを構成している各項目ベクトルまたはその残差ベクトルを，それ自身を軸として，“内積行列を分解する”という操作であった．

その場合，項目ベクトル $\boldsymbol{x}_j$，残差ベクトル $\boldsymbol{e}_k$ などは，

$$
\boldsymbol{x}_j=\boldsymbol{X}\boldsymbol{w}_j, \quad \boldsymbol{e}_k=\boldsymbol{E}\boldsymbol{w}_k, \qquad \text{ただし } \boldsymbol{w}_j=\begin{bmatrix}0\\0\\\vdots\\1\\\vdots\\0\end{bmatrix}\leftarrow j\text{番目}, \quad \boldsymbol{w}_k=\begin{bmatrix}0\\0\\1\\0\\\vdots\\0\end{bmatrix}\leftarrow k\text{番目}
$$

であり，重みベクトル $\boldsymbol{w}_j, \boldsymbol{w}_k$ は実質的に単位ベクトルであった．

ところで，軸はこれら $\boldsymbol{x}_j, \boldsymbol{e}_k$ に依存しなくても $n$ 次元の空間内で原点を通る任意の方向にとることができる．これら任意の方向のベクトル $\boldsymbol{y}$ は空間にある $n$ 本のベクトルの線型結合すなわち，

$$\boldsymbol{y}=w_1\boldsymbol{x}_1+w_2\boldsymbol{x}_2+\cdots+w_n\boldsymbol{x}_n$$

で表すことができる．このことは適当な重みベクトル $\boldsymbol{w}'=(w_1, w_2, \cdots, w_n)$ を用いて $\boldsymbol{y}=\boldsymbol{X}\boldsymbol{w}$ で表せることを意味する．ベクトル $\boldsymbol{y}$ は重みづけ合成得点ベクトルにほかならない．

## 1.4　合成得点とその空間表示

### 1.4.1　合成得点のベクトル表現

変数ベクトル $\boldsymbol{x}_1, \boldsymbol{x}_2, \cdots$ は平均0に基準化されているとする．いま，変数ベクトル $\boldsymbol{x}_1$ と $\boldsymbol{x}_2$ の和ベクトルを $\boldsymbol{y}$ とする．

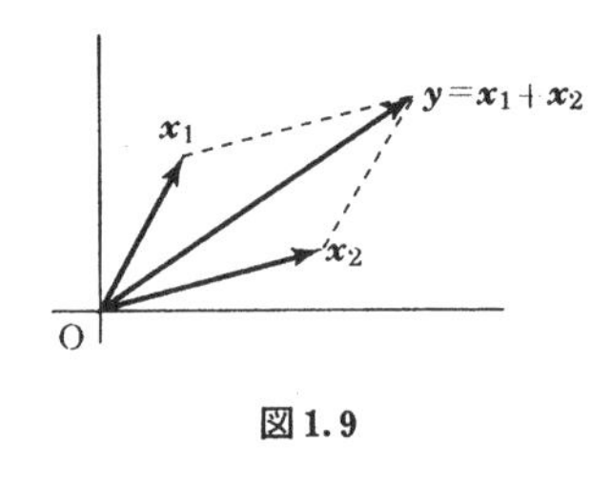

図 1.9

$$\boldsymbol{y}=\boldsymbol{x}_1+\boldsymbol{x}_2, \qquad \begin{bmatrix} y_1 \\ y_2 \\ \vdots \\ y_N \end{bmatrix}=\begin{bmatrix} x_{11}+x_{12} \\ x_{21}+x_{22} \\ \vdots \\ x_{N1}+x_{N2} \end{bmatrix}=\begin{bmatrix} x_{11} \\ x_{21} \\ \vdots \\ x_{N1} \end{bmatrix}+\begin{bmatrix} x_{12} \\ x_{22} \\ \vdots \\ x_{N2} \end{bmatrix}$$

$\boldsymbol{y}$ は図 1.9 のように，原点と三つのベクトルが平行四辺形をなすようにして表すことができる．

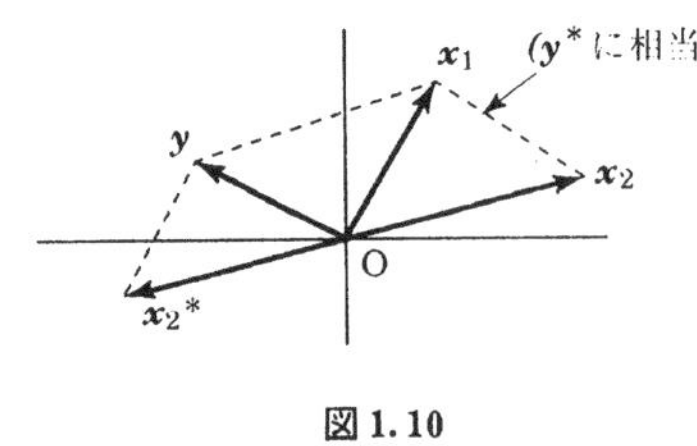

図 1.10

$\boldsymbol{y}$ の長さ $\|\boldsymbol{y}\|$ は，

$$\|\boldsymbol{y}\|=\|\boldsymbol{x}_1+\boldsymbol{x}_2\|=\sqrt{N}s_y$$
$$=\sqrt{N(s_1{}^2+s_2{}^2+2s_{12})}$$

$\boldsymbol{x}_1$ と $\boldsymbol{x}_2$ の差ベクトルを $\boldsymbol{y}$ とすれば，

$\boldsymbol{x}_2{}^*=-\boldsymbol{x}_2$ とすると，

$$\boldsymbol{y}=\boldsymbol{x}_1-\boldsymbol{x}_2=\boldsymbol{x}_1+\boldsymbol{x}_2{}^*$$

これは図 1.10 のようになる．

$\boldsymbol{x}_2{}^*$ は $\boldsymbol{x}_2$ に対して原点をはさんで正反対の向きとなるベクトルである．変数ベクトル $\boldsymbol{x}_2$ の要素について数値の正負の符号を反転すると $\boldsymbol{x}_2$ は $\boldsymbol{x}_2{}^*$ となる．

$$\|\boldsymbol{y}\|=\|\boldsymbol{x}_1-\boldsymbol{x}_2\|=\|\boldsymbol{x}_1+\boldsymbol{x}_2{}^*\|=\sqrt{N(s_1{}^2+s_2{}^2-2s_{12})}$$

和ベクトルをつくる手続きを，ベクトル $\boldsymbol{x}_1, \boldsymbol{x}_2, \cdots, \boldsymbol{x}_n$ に反復適用すれば，

$$\boldsymbol{y}=\boldsymbol{x}_1+\boldsymbol{x}_2+\cdots+\boldsymbol{x}_n$$

$$\|\boldsymbol{y}\|=\left\|\sum_{j=1}^{n}\boldsymbol{x}_j\right\|=\sqrt{N}s_y=\sqrt{N\sum_j\sum_k s_{jk}}=\sqrt{N\mathbf{1}'\boldsymbol{C}\mathbf{1}}$$

ここで，$\boldsymbol{C}$ は $\boldsymbol{x}_1, \boldsymbol{x}_2, \cdots, \boldsymbol{x}_n$ に関する分散共分散行列である．なお，$\boldsymbol{y}$ を基準化ベクトル $\boldsymbol{y}^*$ $\left(\frac{1}{N}y^{*\prime}\boldsymbol{y}=1\right)$ に変換するには，$\boldsymbol{y}^*=\boldsymbol{y}/\sqrt{\mathbf{1}'\boldsymbol{C}\mathbf{1}}$ とすればよい．

ベクトルの端点の重心の座標を $\boldsymbol{x}.$ で表すとすると，

$$\boldsymbol{x}.=\begin{bmatrix} x_{1\cdot} \\ x_{2\cdot} \\ x_{3\cdot} \\ \vdots \\ x_{N\cdot} \end{bmatrix}=\frac{1}{n}\begin{bmatrix} \sum_j x_{1j} \\ \sum_j x_{2j} \\ \sum_j x_{3j} \\ \vdots \\ \sum_j x_{Nj} \end{bmatrix}=(\boldsymbol{x}_1+\boldsymbol{x}_2+\cdots+\boldsymbol{x}_n)/n=\frac{1}{n}\boldsymbol{X}\mathbf{1}$$

ベクトル $\boldsymbol{x}.$ は原点から重心へ向かうベクトルである．また合成点（$\boldsymbol{y}=\boldsymbol{x}_1+\boldsymbol{x}_2+\cdots+\boldsymbol{x}_n$）のベクトル $\boldsymbol{y}$ を $1/n$ に縮小したものであることがいえる．

$$\|\boldsymbol{x}.\|=\sqrt{\frac{\mathbf{1}'\boldsymbol{X}'\boldsymbol{X}\mathbf{1}}{n^2}}=\frac{\sqrt{N\mathbf{1}'\boldsymbol{C}\mathbf{1}}}{n}=\frac{\|\boldsymbol{y}\|}{n}$$

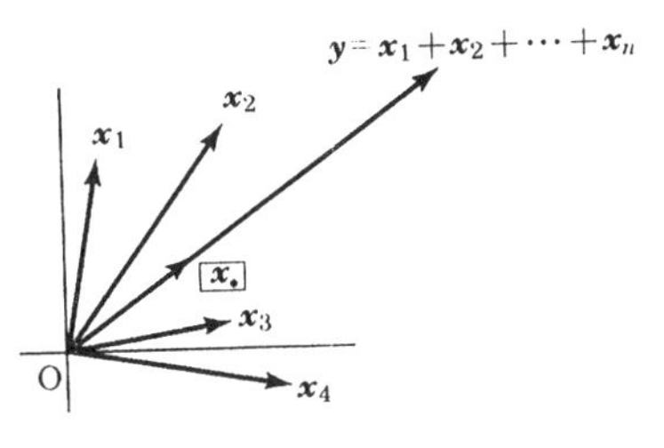

図 1.11

**問 15** ベクトル $\boldsymbol{x}_j$ $(j=1, 2, \cdots, n)$ と重心ベクトル $\boldsymbol{x}.$ との差ベクトル（$\boldsymbol{x}_j-\boldsymbol{x}.$）に関して，$\sum_{j=1}^{n}\|\boldsymbol{x}_j-\boldsymbol{x}.\|^2$ を計算せよ．この値はなにを意味しているか．

ベクトル $\boldsymbol{x}_j$ $(j=1, 2, \cdots, n)$ の，合成得点ベクトル $\boldsymbol{y}$ の軸への回帰を考える．すなわち $\boldsymbol{y}$ 軸に関する座標値を求める．$\boldsymbol{y}$ 軸はむろん重心を通る軸である．

$\boldsymbol{x}_j$ の端点の $\boldsymbol{y}$ 軸に沿っての座標値を $\sqrt{N}\alpha_j$ とすると，

図 1.12

$$\sqrt{N}\alpha_j=\|\boldsymbol{x}_j\|\cos\phi_j$$

$$=\|\boldsymbol{x}_j\|\frac{(\boldsymbol{x}_j, \boldsymbol{y})}{\|\boldsymbol{x}_j\|\cdot\|\boldsymbol{y}\|}=\frac{(\boldsymbol{x}_j, \boldsymbol{y})}{\|\boldsymbol{y}\|}$$

$$=\frac{\boldsymbol{x}_j'\boldsymbol{X}\mathbf{1}}{\sqrt{\mathbf{1}'\boldsymbol{X}'\boldsymbol{X}\mathbf{1}}}=\frac{N\sum_k s_{jk}}{\sqrt{N\mathbf{1}'\boldsymbol{C}\mathbf{1}}}$$

$$=\sqrt{N}\frac{\sum_k s_{jk}}{\sqrt{\mathbf{1}'\boldsymbol{C}\mathbf{1}}}$$

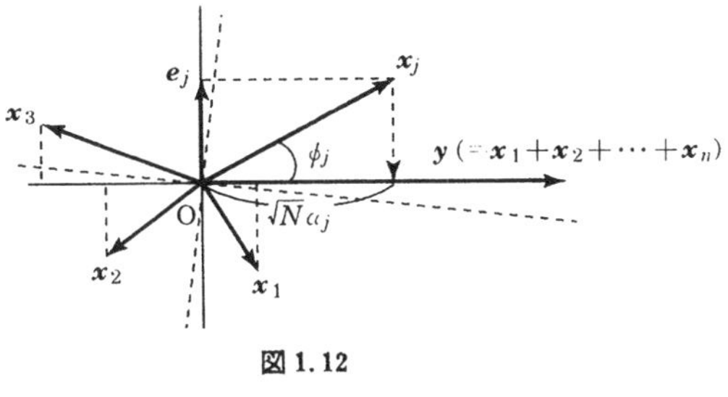

ベクトル $\boldsymbol{a}$ を $\boldsymbol{a}'=(\alpha_1, \alpha_2, \cdots, \alpha_n)$ とすると，次のように書ける．

$$\sqrt{N}\boldsymbol{a}=\sqrt{N}\frac{\boldsymbol{C1}}{\sqrt{\boldsymbol{1}'\boldsymbol{C1}}}, \qquad \boldsymbol{a}=\frac{\boldsymbol{C1}}{\sqrt{\boldsymbol{1}'\boldsymbol{C1}}}$$

このときの残差ベクトルを $\boldsymbol{e}_j$ $(j=1, 2, \cdots, n)$ とする．これらは $\boldsymbol{y}$ と直交するベクトルである．

残差の分散共分散行列は，$\boldsymbol{E}=[\boldsymbol{e}_1, \boldsymbol{e}_2, \cdots, \boldsymbol{e}_n]$ として，

$$\begin{aligned} {}^{(1)}\boldsymbol{C} &= \frac{1}{N}\boldsymbol{E}'\boldsymbol{E}=\boldsymbol{C}-\boldsymbol{a}\boldsymbol{a}' \\ &= \boldsymbol{C}-\frac{\boldsymbol{C11}'\boldsymbol{C}}{\boldsymbol{1}'\boldsymbol{C1}} \end{aligned}$$

**問 16**　この関係を確かめよ．

また，このとき，残差ベクトルに関し，合成変量ベクトル ${}^{(1)}\boldsymbol{y}$,

$${}^{(1)}\boldsymbol{y}=\boldsymbol{e}_1+\boldsymbol{e}_2+\cdots+\boldsymbol{e}_n$$

をとり，再びその分散 ${}^{(1)}s_y{}^2$ を求めると，その値は 0 である．

$$\begin{aligned} {}^{(1)}s_y{}^2 &= \frac{1}{N}\|{}^{(1)}\boldsymbol{y}\|^2=\boldsymbol{1}'{}^{(1)}\boldsymbol{C1}=\boldsymbol{1}'\left(\boldsymbol{C}-\frac{\boldsymbol{C11}'\boldsymbol{C}}{\boldsymbol{1}'\boldsymbol{C1}}\right)\boldsymbol{1} \\ &= \boldsymbol{1}'\boldsymbol{C1}-\frac{\boldsymbol{1}'\boldsymbol{C11}'\boldsymbol{C1}}{\boldsymbol{1}'\boldsymbol{C1}}=0 \end{aligned}$$

残差ベクトルの重心は原点(O)となることがわかる．

### 1.4.2　セントロイド法による因子分析

変数ベクトル $\boldsymbol{x}_1, \boldsymbol{x}_2, \boldsymbol{x}_3, \cdots, \boldsymbol{x}_n$ が分散 1 に基準化されているとすれば，ベクトル $\boldsymbol{x}_j$ $(j=1, 2, \cdots, n)$ の長さ $\|\boldsymbol{x}_j\|$ は等しく $\sqrt{N}$ である．このとき，各ベクトルの端点は，半径 $\sqrt{N}$ の多次元の球面にある．

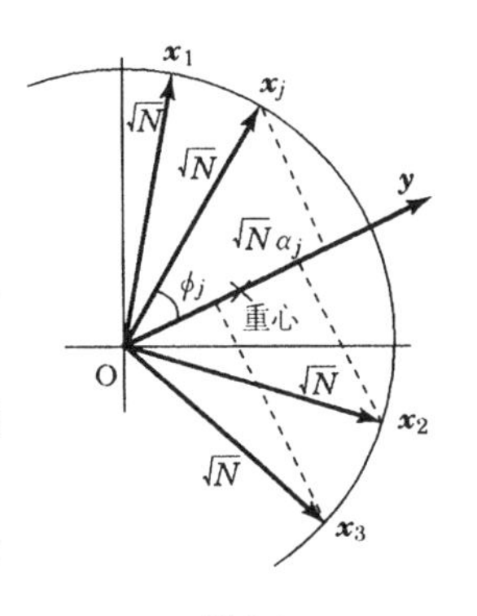

**図 1.13**

いま，重心を通るベクトルを $\boldsymbol{y}$ とする．$\boldsymbol{y}$ は前述のように，

$$\boldsymbol{y}=\sum_j^n \boldsymbol{x}_j$$

なる合成得点のベクトルとしよう．

$\boldsymbol{y}$ に対する $\boldsymbol{x}_j$ の座標を $\sqrt{N}\alpha_j$ とすると，この $\alpha_j$ はいわゆる因子分析におけるセントロイド第 1 因子負荷量である．$\boldsymbol{a}'=(\alpha_1, \alpha_2, \cdots, \alpha_n)$ として，$\boldsymbol{R}$ を相関行列とすると，

$$\sqrt{N}\boldsymbol{a}=\sqrt{N}\frac{\boldsymbol{R1}}{\sqrt{\boldsymbol{1}'\boldsymbol{R1}}}=\sqrt{N}\frac{\boldsymbol{R1}}{\sqrt{\sum_j\sum_k r_{jk}}}$$

$$\boldsymbol{a}=\frac{\boldsymbol{R1}}{\sqrt{\boldsymbol{1}'\boldsymbol{R1}}}=\frac{\boldsymbol{R1}}{\sqrt{\sum_j\sum_k r_{jk}}}=\frac{(\text{相関行列の行和のベクトル})}{\sqrt{(\text{行列全体の和})}}$$

$\alpha_j$ $(j=1,2,\cdots,n)$ は変数ベクトル $\boldsymbol{x}_j$ と合成得点ベクトル $\boldsymbol{y}$ との相関係数である．なぜなら，

$$r(\boldsymbol{x}_j,\boldsymbol{y})=\cos\phi_j=\frac{\sqrt{N}\alpha_j}{\|\boldsymbol{x}_j\|}=\alpha_j$$

もしも，ベクトル $\boldsymbol{x}_j$ の寸法をあらかじめ $1/\sqrt{N}$ に縮めて考えるとすれば，$\boldsymbol{a}$ はそのまま図上でいう座標値である．

第2因子負荷量ベクトル $\boldsymbol{a}_2$ を求めるには，残差分散共分散行列 ${}^{(1)}\boldsymbol{R}$

$${}^{(1)}\boldsymbol{R}=\boldsymbol{R}-\boldsymbol{a}\boldsymbol{a}'$$

を求め，残差ベクトルについて，同様な考え方により，重心を通る軸に対する座標値として $\boldsymbol{a}_2$ を求めればよい．ただし，残差ベクトルそのままの和ベクトル

$${}^{(1)}\boldsymbol{y}=\boldsymbol{e}_1+\boldsymbol{e}_2+\cdots+\boldsymbol{e}_n$$

では，$\|{}^{(1)}\boldsymbol{y}\|=0$，重心は原点と一致して，軸の方向が定まらないので，残差ベクトルの中から適当なものを選び，たとえば $\boldsymbol{e}_l$ を選びそれを符号反転して，$\boldsymbol{e}_l{}^*=-\boldsymbol{e}_l$ とし，

$${}^{(1)}\boldsymbol{y}=\boldsymbol{e}_1+\boldsymbol{e}_2+\cdots+\boldsymbol{e}_l{}^*+\cdots+\boldsymbol{e}_n$$

と考えれば，重心は原点を離れ，${}^{(1)}\boldsymbol{y}$ の方向軸が得られる（この重心を仮重心という）．$\boldsymbol{a}_2'=(\alpha_{21},\alpha_{22},\cdots,\alpha_{2n})$ として，この ${}^{(1)}\boldsymbol{y}$ に対する座標値を $\sqrt{N}\boldsymbol{a}_2$ で表すと

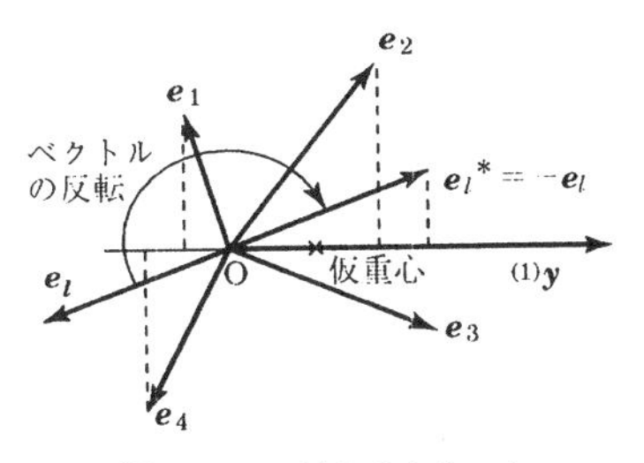

図 1.14　$y$ 軸と直交する空間

$$\sqrt{N}\boldsymbol{a}_2=\sqrt{N}\frac{{}^{(1)}\boldsymbol{R}\boldsymbol{v}}{\sqrt{\boldsymbol{v}'{}^{(1)}\boldsymbol{R}\boldsymbol{v}}}$$

ただし，

$$\boldsymbol{v}=\begin{bmatrix}1\\1\\-1\\\vdots\\1\end{bmatrix}\leftarrow j\text{番目要素が}-1,\ \text{他は}1$$

$$\boldsymbol{a}_2=\frac{{}^{(1)}\boldsymbol{R}\boldsymbol{v}}{\sqrt{\boldsymbol{v}'{}^{(1)}\boldsymbol{R}\boldsymbol{v}}}=\begin{bmatrix}\sum_j {}^{(1)}r_{j1}v_j\\ \sum_j {}^{(1)}r_{j2}v_j\\ \vdots \\ \sum_j {}^{(1)}r_{jn}v_j\end{bmatrix}\Big/\sqrt{\sum_j\sum_k {}^{(1)}r_{jk}v_jv_k}$$

（ただし，$v_j, v_k$ はベクトル $\boldsymbol{v}$ の第 $j, k$ 要素）

で求まる．これは第1因子負荷量 $\boldsymbol{a}_g$ と同型の式である．ただし，仮重心を設定するため，符号反転したベクトル(ここでは $\boldsymbol{e}_l \to \boldsymbol{e}_l{}^*$)に関しては，符号を元に帰す――すなわち対応する $\boldsymbol{a}_2$ の要素 $\alpha_{2l}$ を $-\alpha_{2l}$ にするのである．

仮重心をつくるため反転するベクトルは1個とは限らない．いくつでもよい．その場合は前式の符号ベクトル $\boldsymbol{v}$ を，次のようにする．

$$\boldsymbol{v}'=\{1, -1, 1, \cdots, 1, -1, -1\}$$

（符号反転する項目に対応する要素を−1とする）

一般に因子負荷量の和が大であれば，因子抽出の効率が高いといえる．負荷量の和(仮重心設定後の)は，

$$\boldsymbol{v}'\boldsymbol{a}_2=\boldsymbol{v}'\frac{{}^{(1)}\boldsymbol{R}\boldsymbol{v}}{\sqrt{\boldsymbol{v}'{}^{(1)}\boldsymbol{R}\boldsymbol{v}}}=\sqrt{\boldsymbol{v}'{}^{(1)}\boldsymbol{R}\boldsymbol{v}}$$

この右辺は，原点から仮重心までの距離である．したがって，仮重心を原点から遠ざけるほど，因子抽出の効率が高いといえる．$\sqrt{\boldsymbol{v}'{}^{(1)}\boldsymbol{R}\boldsymbol{v}}$ の値が極力大きくなるよう符号反転する変数ベクトルを選べばよい．

仮重心をつくる手続きは，解を存在させる便宜的処理である一方，上のような積極的意味もある．したがって，第1因子抽出の際にも，これを行うのが望ましい．

ベクトル $\boldsymbol{a}_2$ は，${}^{(1)}\boldsymbol{y}$ と，初めの変数ベクトル $\boldsymbol{x}_1, \boldsymbol{x}_2, \cdots, \boldsymbol{x}_m$ との相関係数を要素とするベクトルである．これは，第1因子負荷量ベクトル $\boldsymbol{a}$ の場合と同じである．

項目 $\boldsymbol{x}_j$ と ${}^{(1)}\boldsymbol{y}$ の相関係数は，

$$r(\boldsymbol{x}_j, {}^{(1)}\boldsymbol{y})=\frac{(\boldsymbol{x}_j, {}^{(1)}\boldsymbol{y})}{\|\boldsymbol{x}_j\|\cdot\|{}^{(1)}\boldsymbol{y}\|}$$

ところで，ベクトル $\boldsymbol{x}_j$ は，適当な定数を $\beta_j$ として，

$$\boldsymbol{x}_j=\boldsymbol{e}_j+\beta_j\boldsymbol{y}\qquad（ただし，\boldsymbol{y}=\boldsymbol{x}_1+\boldsymbol{x}_2+\cdots+\boldsymbol{x}_n）$$

したがって，

$$(\boldsymbol{x}_j,\ {}^{(1)}\boldsymbol{y})=(\boldsymbol{e}_j,\ {}^{(1)}\boldsymbol{y})+\beta_j(\boldsymbol{y},\ {}^{(1)}\boldsymbol{y})$$

ベクトル $\boldsymbol{y}$ と ${}^{(1)}\boldsymbol{y}$ は直交しているから，$(\boldsymbol{y},\ {}^{(1)}\boldsymbol{y})=0$ より次のようになる．

$$r(\boldsymbol{x}_j,\ {}^{(1)}\boldsymbol{y})=\frac{(\boldsymbol{e}_j,\ {}^{(1)}\boldsymbol{y})}{\|\boldsymbol{x}_j\|\cdot\|{}^{(1)}\boldsymbol{y}\|}=\frac{\sqrt{N}\alpha_{2j}}{\|\boldsymbol{x}_j\|}=\alpha_{2j}$$

一般に

$$\begin{bmatrix} r(x_1,\ {}^{(1)}y) \\ r(x_2,\ {}^{(1)}y) \\ \vdots \\ r(x_n,\ {}^{(1)}y) \end{bmatrix}=\frac{{}^{(1)}\boldsymbol{R}\boldsymbol{v}}{\sqrt{\boldsymbol{v}'{}^{(1)}\boldsymbol{R}\boldsymbol{v}}}$$

**問 17**　$\beta_j$ は，どういう意味のどういう値であるかを示せ．

以上は第2因子負荷量算出の方法であった．第3因子以下についても，全く同様に行えばよい．第2因子に関する残差分散共分散行列

$${}^{(2)}\boldsymbol{R}={}^{(1)}\boldsymbol{R}-\boldsymbol{a}_2\boldsymbol{a}_2' \qquad (=\boldsymbol{R}-\boldsymbol{a}\boldsymbol{a}'-\boldsymbol{a}_2\boldsymbol{a}_2')$$

を求め，第2残差ベクトルに関し，符号反転処理を行って，$\boldsymbol{a}_2$ の算出と同様にして $\boldsymbol{a}_3$ を求める．

セントロイド法による因子分析は，計算が簡易であることから，かつて多く利用された．

**問 18**　第3因子以下においても座標ベクトル $\boldsymbol{a}_s$ $(s=3, 4, \cdots)$

$$\boldsymbol{a}_s=\frac{{}^{(s-1)}\boldsymbol{R}\boldsymbol{v}}{\sqrt{\boldsymbol{v}'{}^{(s-1)}\boldsymbol{R}\boldsymbol{v}}}$$

は変数ベクトル $\boldsymbol{x}_j$ と第 $s$ 軸ベクトルとの相関係数のベクトルであることを示せ．

### 1.4.3　群(グループ)セントロイド法による因子分析

群セントロイド法は，セントロイド法の特殊な場合である．一般のセントロイド法では，全変数ベクトル(残差ベクトル)の重心あるいは仮重心を通るように軸を求めるが，群セントロイド法では，あらかじめ指定した一部の変数ベクトルの重心を通るように軸を定める．その他の変数ベクトルは，軸の決定に参加しないというだけで，あとは普通のセントロイド法と同じである．

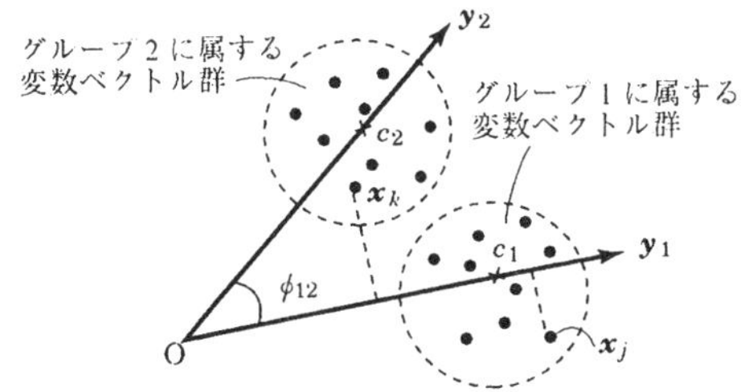


**図 1.15**　群セントロイド法(斜交解)
(・は変数ベクトルの端点を示す．$c_1$, $c_2$ はそれぞれの変数グループの重心)

各変数ベクトルの要素はすべて平均0，分散1に基準化されているとして，全体の相関行列$\boldsymbol{R}$を次のように分割して考える．

$$\boldsymbol{R}=\left[\begin{array}{c|c} \boldsymbol{R}_{11} & \boldsymbol{R}_{12} \\ \hline \boldsymbol{R}_{21} & \boldsymbol{R}_{22} \end{array}\right]$$

変数グループの数を二つとし，$\boldsymbol{R}_{11}$はグループ1に属する変数間の相関行列，$\boldsymbol{R}_{22}$はグループ2に属する変数間相関行列とする．また$\boldsymbol{R}_{12}, \boldsymbol{R}_{21}$は，グループ1の変数とグループ2の変数との相関行列である．

$\boldsymbol{R}_{11}, \boldsymbol{R}_{22}$は正方，$\boldsymbol{R}_{12}, \boldsymbol{R}_{21}$は一般には矩形行列である．

次にベクトル$\boldsymbol{w}_1$と$\boldsymbol{w}_2$を右のように定義する．これは合成得点算出における重みベクトルである．

$$\boldsymbol{w}_1=\begin{bmatrix} 1 \\ 1 \\ 1 \\ 1 \\ 0 \\ 0 \\ \vdots \\ 0 \end{bmatrix} \begin{matrix} \left.\begin{matrix} \\ \\ \\ \\ \end{matrix}\right\} \text{グループ1の項目の要素} \\ \left.\begin{matrix} \\ \\ \\ \\ \end{matrix}\right\} \text{グループ2の項目の要素} \end{matrix} \qquad \boldsymbol{w}_2=\begin{bmatrix} 0 \\ 0 \\ \vdots \\ 0 \\ 1 \\ 1 \\ \vdots \\ 1 \end{bmatrix} \begin{matrix} \left.\begin{matrix} \\ \\ \\ \\ \end{matrix}\right\} \text{グループ1の項目の要素} \\ \left.\begin{matrix} \\ \\ \\ \\ \end{matrix}\right\} \text{グループ2の項目の要素} \end{matrix}$$

合成得点ベクトルを$\boldsymbol{y}_1, \boldsymbol{y}_2$で表せば，

$$\boldsymbol{y}_1=\boldsymbol{X}\boldsymbol{w}_1, \qquad \boldsymbol{y}_2=\boldsymbol{X}\boldsymbol{w}_2$$

$\boldsymbol{y}_1$はグループ1の変数ベクトル群のみによる合成得点のベクトル，$\boldsymbol{y}_2$はグループ2のそれによるベクトルである．

群セントロイド法(斜交解)は，この$\boldsymbol{y}_1, \boldsymbol{y}_2$の軸ベクトルに対する座標値を求める手続きである．$\boldsymbol{y}_1$に対する座標値のベクトルを$\sqrt{N}\boldsymbol{a}_1$とすれば，セントロイド法の場合と同じく，

$$\sqrt{N}\boldsymbol{a}_1=\sqrt{N}\frac{\boldsymbol{R}\boldsymbol{w}_1}{\sqrt{\boldsymbol{w}_1'\boldsymbol{R}\boldsymbol{w}_1}}, \qquad \boldsymbol{a}_1=\frac{\boldsymbol{R}\boldsymbol{w}_1}{\sqrt{\boldsymbol{w}_1'\boldsymbol{R}\boldsymbol{w}_1}}=\left[\begin{array}{c} \boldsymbol{R}_{11}\boldsymbol{1} \\ \hline \boldsymbol{R}_{21}\boldsymbol{1} \end{array}\right]\Big/\sqrt{\boldsymbol{1}'\boldsymbol{R}_{11}\boldsymbol{1}}$$

$\boldsymbol{a}_1$は，個別変数ベクトル$\boldsymbol{x}_1, \boldsymbol{x}_2, \cdots, \boldsymbol{x}_n$とグループ1の合成得点ベクトル$\boldsymbol{y}_1$との相関係数を要素とするベクトルである．同様にして，$\boldsymbol{y}_2$に対する座標値を$\sqrt{N}\boldsymbol{a}_2$とすれば，

$$\sqrt{N}\boldsymbol{a}_2=\sqrt{N}\frac{\boldsymbol{R}\boldsymbol{w}_2}{\sqrt{\boldsymbol{w}_2'\boldsymbol{R}\boldsymbol{w}_2}}, \qquad \boldsymbol{a}_2=\frac{\boldsymbol{R}\boldsymbol{w}_2}{\sqrt{\boldsymbol{w}_2'\boldsymbol{R}\boldsymbol{w}_2}}=\left[\begin{array}{c} \boldsymbol{R}_{12}\boldsymbol{1} \\ \hline \boldsymbol{R}_{22}\boldsymbol{1} \end{array}\right]\Big/\sqrt{\boldsymbol{1}'\boldsymbol{R}_{22}\boldsymbol{1}}$$

この斜交解では，各軸はそれぞれ独立に定められるのであり，$\boldsymbol{R}$の残差分散共分散を求めるというような手順はない．その代わり，軸相互の関係は“直交”

でない(“斜交” の関係にある).

軸 $\boldsymbol{y}_1$ と $\boldsymbol{y}_2$ の相関は，次の関係で示される.

$$r(\boldsymbol{y}_1, \boldsymbol{y}_2)=\frac{(\boldsymbol{y}_1, \boldsymbol{y}_2)}{\|\boldsymbol{y}_1\|\cdot\|\boldsymbol{y}_2\|}=\frac{(\boldsymbol{X}\boldsymbol{w}_1)'(\boldsymbol{X}\boldsymbol{w}_2)}{\|\boldsymbol{y}_1\|\cdot\|\boldsymbol{y}_2\|}$$

$$=\frac{\boldsymbol{w}_1'\boldsymbol{R}\boldsymbol{w}_2}{\sqrt{\boldsymbol{w}_1'\boldsymbol{R}\boldsymbol{w}_1}\sqrt{\boldsymbol{w}_2'\boldsymbol{R}\boldsymbol{w}_2}}=\frac{\boldsymbol{1}'\boldsymbol{R}_{12}\boldsymbol{1}}{\sqrt{\boldsymbol{1}'\boldsymbol{R}_{11}\boldsymbol{1}}\sqrt{\boldsymbol{1}'\boldsymbol{R}_{22}\boldsymbol{1}}}$$

$\boldsymbol{y}_1$ と $\boldsymbol{y}_2$ のなす角は，角度を $\phi_{12}$ とすると，

$$r(\boldsymbol{y}_1, \boldsymbol{y}_2)=\cos\phi_{12}$$

であるから，

$$\cos\phi_{12}=\frac{\boldsymbol{w}_1'\boldsymbol{R}\boldsymbol{w}_2}{\sqrt{\boldsymbol{w}_1'\boldsymbol{R}\boldsymbol{w}_1}\sqrt{\boldsymbol{w}_2'\boldsymbol{R}\boldsymbol{w}_2}}=\frac{(\boldsymbol{w}_1, \boldsymbol{a}_2)}{\sqrt{(\boldsymbol{w}_1, \boldsymbol{a}_1)(\boldsymbol{w}_2, \boldsymbol{a}_2)}}$$

で $\phi_{12}$ を求めればよい.

### 1.4.4　群セントロイド法直交解

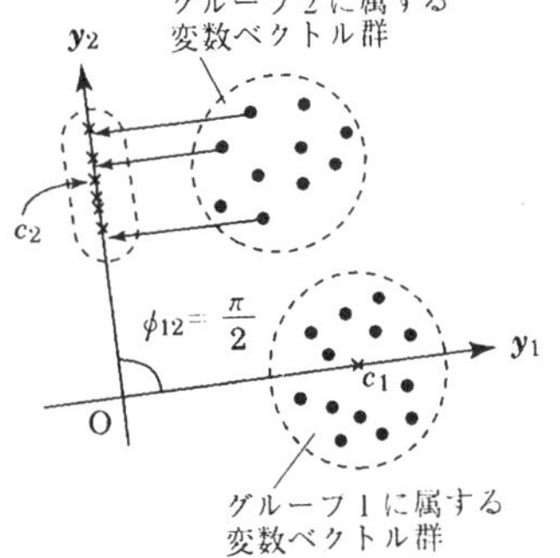


図 1.16　群セントロイド法（直交解）
（$c_1$ はグループ 1 の重心，$c_2$ は軸 $\boldsymbol{y}_1$ が得られたときのグループ 2 の残差ベクトルの重心．$\boldsymbol{y}_2$ は $c_2$ を通る軸）

群セントロイド法(直交解)は，斜交解とやや異なり，軸ベクトル $\boldsymbol{y}_1, \boldsymbol{y}_2$ が直交するように座標値を求める.

第 1 軸 $\boldsymbol{y}_1$ の設定は斜交解と同じで，

$$\boldsymbol{a}_1=\frac{\boldsymbol{R}\boldsymbol{w}_1}{\sqrt{\boldsymbol{w}_1'\boldsymbol{R}\boldsymbol{w}_1}}$$

を求める．次いで，$\boldsymbol{y}_2$ を定めるのに，まず $\boldsymbol{y}_1$ との直交条件を考慮し，$\boldsymbol{R}$ に関して残差分散共分散行列 ${}^{(1)}\boldsymbol{R}$ を，

$${}^{(1)}\boldsymbol{R}=\boldsymbol{R}-\boldsymbol{a}_1\boldsymbol{a}_1'$$

で求める．${}^{(1)}\boldsymbol{R}$ は $\boldsymbol{R}$ に準じて 4 分割する.

$${}^{(1)}\boldsymbol{R}=\left[\begin{array}{c|c}{}^{(1)}\boldsymbol{R}_{11} & {}^{(1)}\boldsymbol{R}_{12}\\ \hline {}^{(1)}\boldsymbol{R}_{21} & {}^{(1)}\boldsymbol{R}_{22}\end{array}\right]$$

第 2 軸はグループ 2 に属する変数ベクトルの残差ベクトルの重心を通る軸とする．これがベクトル $\boldsymbol{y}_2$ である．この軸に対して，$\boldsymbol{a}_2$ は次のようになる.

$$\boldsymbol{a}_2=\frac{{}^{(1)}\boldsymbol{R}\boldsymbol{w}_2}{\sqrt{\boldsymbol{w}_2'{}^{(1)}\boldsymbol{R}\boldsymbol{w}_2}}=\left[\begin{array}{c}{}^{(1)}\boldsymbol{R}_{12}\boldsymbol{1}\\ \hline {}^{(1)}\boldsymbol{R}_{22}\boldsymbol{1}\end{array}\right]\Big/\sqrt{\boldsymbol{1}'{}^{(1)}\boldsymbol{R}_{22}\boldsymbol{1}}$$

$\boldsymbol{a}_1, \boldsymbol{a}_2$ はそれぞれ各変数ベクトル $\boldsymbol{x}_j$ $(j=1,2,\cdots,n)$ と $\boldsymbol{y}_1, \boldsymbol{y}_2$ との相関係数を要素とするベクトルを表す．この場合の合成得点 $\boldsymbol{y}_1, \boldsymbol{y}_2$ は次のようなものである．

$$\boldsymbol{y}_1=X\boldsymbol{w}_1 \qquad \text{(斜交解と同じ)}$$

$$\boldsymbol{y}_2=(X-X\boldsymbol{w}_1\boldsymbol{a}_1'/\sqrt{\boldsymbol{w}_1'R\boldsymbol{w}_1})\boldsymbol{w}_2$$

斜交解，直交解とも，項目グループが3個以上の場合についても全く同様にして行えばよい．直交解で $\boldsymbol{y}_3$ の軸を求めるには $\boldsymbol{y}_2$ 設定後の残差ベクトルに関する第3グループの重心を求めればよい．直交解では，どの項目グループから順次軸ベクトルを求めるかにより，解の模様が変わる．斜交解ではそのようなことはない．

なお，直交解で各変数ベクトルがそれぞれ1グループをなすと考えれば，これは対角線法による因子分析にほかならないことを注意せよ．

**問 19**　上の $\boldsymbol{y}_2=(X-X\boldsymbol{w}_1\boldsymbol{a}_1'/\sqrt{\boldsymbol{w}_1'R\boldsymbol{w}_1})\boldsymbol{w}_2$ の式を確かめよ．

**問 20**　表1.4は，グループ1に属する項目群((1),(2),(3))とグループ2の項目群((4),(5),(6))に関する相関行列である．これをもとにして，群セントロイド法により因子分析せよ(2因子まで)．

（1）　斜交解の結果を示せ．

（2）　直交解の結果を示せ．

（3）　両結果の作図．

**表 1.4**

| | | 相関行列 (1) | (2) | (3) | (4) | (5) | (6) |
|---|---|---|---|---|---|---|---|
| グループ① | (1) | 1.00 | | | | | |
| | (2) | .31 | 1.00 | | | | |
| | (3) | .64 | .49 | 1.00 | | | |
| グループ② | (4) | −.20 | −.31 | −.28 | 1.00 | | |
| | (5) | .37 | −.05 | .17 | .18 | 1.00 | |
| | (6) | .01 | −.40 | −.39 | .53 | .29 | 1.00 |

### 1.4.5　重みづけ合成得点

一般の重みづけ合成得点 $\boldsymbol{u}$ は，$w_j$ $(j=1,2,\cdots,n)$ を重み係数として，

$$\boldsymbol{u}=w_1\boldsymbol{x}_1+w_2\boldsymbol{x}_2+\cdots+w_n\boldsymbol{x}_n$$

で表される．$\boldsymbol{x}_j$ $(j=1,2,\cdots,n)$ は項目 $j$ ごとに平均0に基準化された数値 $x_{ij}$ $(i=1,2,\cdots,N)$ からなるベクトルであるとする．

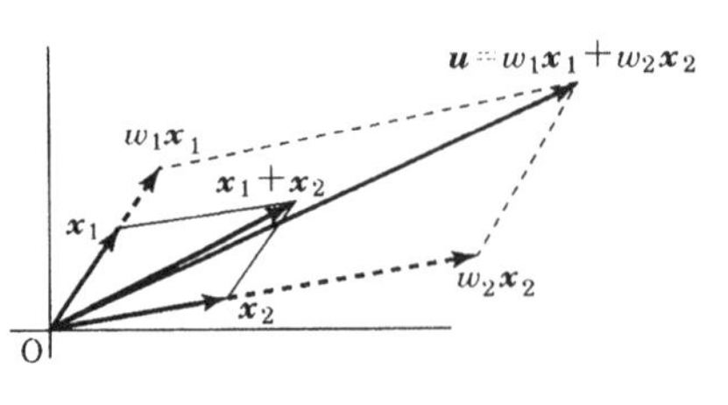


図 1.17

いままでの記述は，重み $w_j$ が，1あるいは −1，あるいは0などに限定されている場合であった．ここでの重み $w_j$

は，その限定を受けない．

合成得点 $\boldsymbol{u}$

$$\boldsymbol{u}=w_1\boldsymbol{x}_1+w_2\boldsymbol{x}_2$$

は，ベクトル $\boldsymbol{x}_1$ を $w_1$ 倍，ベクトル $\boldsymbol{x}_2$ を $w_2$ 倍したものどうしの和のベクトルとして表される．

一般の場合も全く同じことで，

$$\boldsymbol{u}=\boldsymbol{X}\boldsymbol{w} \qquad \text{ただし} \quad \boldsymbol{w}'=(w_1, w_2, \cdots, w_n)$$

は，それぞれの $j$ の変数ベクトル $\boldsymbol{x}_j$ $(j=1, 2, \cdots, n)$ を $w_j$ だけ伸縮したベクトルの和のベクトルとして得られる．$\boldsymbol{w}$ を適当に選ぶことにより，あらゆる方向のベクトル $\boldsymbol{u}$ をつくることができる．

個別項目 $j$ の変数ベクトル $\boldsymbol{x}_j$ $(j=1, 2, \cdots, n)$ と $\boldsymbol{u}$ との関係はすでにみてきた関係と同様である．$\boldsymbol{x}_j$ の $\boldsymbol{u}$ への回帰を $\boldsymbol{x}_j=\beta_j\boldsymbol{u}+\boldsymbol{e}_j$ と考えると，$\boldsymbol{\beta}'=(\beta_1, \beta_2, \cdots, \beta_n)$ として

$$\boldsymbol{\beta}=\frac{\boldsymbol{X}'\boldsymbol{X}\boldsymbol{w}}{\|\boldsymbol{u}\|^2}=\frac{\boldsymbol{C}\boldsymbol{w}}{\boldsymbol{w}'\boldsymbol{C}\boldsymbol{w}}$$

$\boldsymbol{x}_j$ $(j=1, 2, \cdots, n)$ の軸 $\boldsymbol{u}$ に対する座標を $\sqrt{N}\boldsymbol{a}$ とすると，

$$\sqrt{N}\boldsymbol{a}=\sqrt{N}\frac{\boldsymbol{C}\boldsymbol{w}}{\sqrt{\boldsymbol{w}'\boldsymbol{C}\boldsymbol{w}}}$$

（$\boldsymbol{a}$ は各変数ベクトル $\boldsymbol{x}_j$ と $\boldsymbol{u}$ の共分散を，$\boldsymbol{u}$ の標準偏差で除したもの）．

$\boldsymbol{x}_j$ $(j=1, 2, \cdots, n)$ と $\boldsymbol{u}$ との相関係数 $r(\boldsymbol{x}_j, \boldsymbol{u})$ は，

$$\begin{bmatrix} r(\boldsymbol{x}_1, \boldsymbol{u}) \\ r(\boldsymbol{x}_2, \boldsymbol{u}) \\ \vdots \\ r(\boldsymbol{x}_n, \boldsymbol{u}) \end{bmatrix}=\begin{bmatrix} s_1 & & O \\ & s_2 & \\ O & & \ddots \quad s_n \end{bmatrix}^{-1}\boldsymbol{a}=\boldsymbol{D}_s^{-1}\boldsymbol{a}=\boldsymbol{D}_s^{-1}\frac{\boldsymbol{C}\boldsymbol{w}}{\sqrt{\boldsymbol{w}'\boldsymbol{C}\boldsymbol{w}}}$$

（ただし $\boldsymbol{D}_s$ は標準偏差，$s_j$ を要素とする対角行列）

残差分散共分散行列 ${}^{(1)}\boldsymbol{C}$ は，

$${}^{(1)}\boldsymbol{C}=\boldsymbol{C}-\frac{\boldsymbol{C}\boldsymbol{w}\boldsymbol{w}'\boldsymbol{C}}{\boldsymbol{w}'\boldsymbol{C}\boldsymbol{w}}$$

この残差ベクトル $\boldsymbol{e}_j$ $(j=1, 2, \cdots, n)$ に，はじめと同じ重み $\boldsymbol{w}$ を適用すると，$\boldsymbol{w}'{}^{(1)}\boldsymbol{C}\boldsymbol{w}=0$ となる．

合成得点 $\boldsymbol{u}$ を分散 1 に基準化するには，仮ウエイト $\boldsymbol{w}$ により，${}^*\boldsymbol{w}=\boldsymbol{w}/\sqrt{\boldsymbol{w}'\boldsymbol{C}\boldsymbol{w}}$ をつくれば $s_u{}^2={}^*\boldsymbol{w}'\boldsymbol{C}{}^*\boldsymbol{w}=1$ となる．

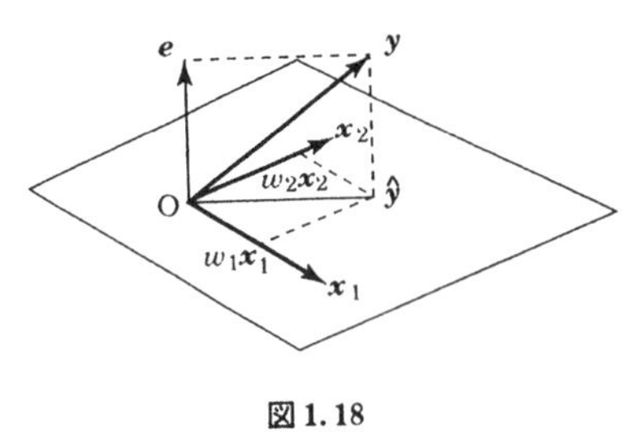


図 1.18

**問 21**　項目 $\boldsymbol{x}_j$ が分散 1 に基準化されているとしたとき，$\sum_j r^2(\boldsymbol{x}_j, \boldsymbol{u}) = \dfrac{\boldsymbol{w}'\boldsymbol{R}\boldsymbol{R}\boldsymbol{w}}{\boldsymbol{w}'\boldsymbol{R}\boldsymbol{w}}$ となることを示せ．$\boldsymbol{R}$ は相関行列．

### 1.4.6　重相関係数

重相関係数(§2.1 参照)は重みづけ合成得点のベクトルを用いて次のように理解することができる．

$$\boldsymbol{y} = \hat{\boldsymbol{y}} + \boldsymbol{e} = w_1\boldsymbol{x}_1 + w_2\boldsymbol{x}_2 + \boldsymbol{e}$$

ここで $\hat{\boldsymbol{y}}$ は $\boldsymbol{y}$ に対する推定値のベクトル，$\boldsymbol{e}$ は残差ベクトルである．$\hat{\boldsymbol{y}}$ はベクトル $\boldsymbol{x}_1$ と $\boldsymbol{x}_2$ の線型結合であり，重み $w_1, w_2$ のいかんにかかわらず，$\boldsymbol{x}_1$ と $\boldsymbol{x}_2$ が張る平面の外に出ない．$\hat{\boldsymbol{y}}$ の終点は $\boldsymbol{y}$ の終点からの垂線の足であり，$\hat{\boldsymbol{y}}$ をさらに $\boldsymbol{x}_1, \boldsymbol{x}_2$ に向かって分解したものが $w_1\boldsymbol{x}_1, w_2\boldsymbol{x}_2$ に対応する．重相関係数 $r$ は，

$$r^2 = \frac{\|\hat{\boldsymbol{y}}\|^2}{\|\boldsymbol{y}\|^2} = \frac{w_1{}^2\|\boldsymbol{x}_1\|^2 + w_2\|\boldsymbol{x}_2\|^2 + 2w_1w_2(\boldsymbol{x}_1, \boldsymbol{x}_2)}{\|\boldsymbol{y}\|^2}$$

## 付．データ処理技術習得の勧め

電子計算機の利用が日常化し，情報化時代という呼び方も確かに当たっているようなこの頃である．筆者の属する人文・社会系の研究領域でも電子計算機によるデータ処理が盛んに行われている．しかし，長年電子計算機を愛用し，他人の計算の世話もしてきた体験では，まだまだ電子計算機によるデータ処理が研究者自身のものになりきらずに，悪い形の利用が増加しているように思えて仕方がない．

その一つは，これらの領域の電子計算機利用が，多くの場合ごく限られた一部の人の肩代わりで行われている実態である．“肩代わり”が将来への布石として役立つなら結構であるが，それがなかなかそうはいかず，ときにばかばかしい苦労を背負い込むだけとなる話を以下に述べたい．

これらの領域では，ひと口に研究者といってもいろいろなタイプがある．研究プロジェクトチームに例をとれば，大別して“概念屋”と“分析屋”の２種類になる．“概念屋”というのは当面する研究テーマ領域で長年研さんを積んだ専門家で，テーマ周辺の知識豊富な人である．“分析屋”というのは，もち

ろんそのテーマ関連領域の研究者だが，どちらかといえば，現象のモデル解析が好きで最新の統計数理的技法によく通じている人のことである．両方を同一人物が兼ねられればよいが，文科系分野の現状ではなかなかそうはいかない．もちろん“概念屋”が多数で，“分析屋”はごく少数である．ここから悲劇が始まる．

“概念屋”の概念操作と“分析屋”のモデル構成がなかなか噛み合わないのである．この辺が理工系と事情の違うところで，いろいろ紆余曲折を経ることになるが，最後は，“分析屋”が「このように分析したらいかがでしょう」といえば,「それではやってください」という次第になる．電子計算機のわかる人(プログラムの書ける人という程度の意味だが)は少ないし，その辺の事情はだれよりも承知しているから，結局自分が引き受ける羽目になる．文科系分野では，“分析屋”は同時に“計算屋”である(したがって，以下“計算屋”とよぶのが適切である)．

さて，深夜 FORTRAN 文を綴る結果になるのはまだよいのである．もともと嫌いなたちではないからである．しかし，それに関連して大量データの運搬・管理，ミスデータの始末など計算に伴うさまざまな重労働を背負い込む結果になるのが痛々しいのである．

問題点を整理すると以下のようになる．要するに，あらずもがなの余分な負担が大きいのである．

(1) ある年代以上の文科系研究者は修業時代に電子計算機データ処理の体験がない．したがって，その勘どころをつかんでいないから，電子計算機処理向きのデータ収集にならず，まずはデータ類のチェック作業から始めなければならない．

(2) 研究プラン上の欠点，データのミスなど，それまでのボロの手当てがすべて計算段階に，つまり“計算屋”にしわ寄せされてくる．

(3) 研究スケジュールはとかく遅れがちであるから，計算段階では期限が切迫している．だから時間の余裕がないなかで苦しまなければならない．

(4) 最初に決めてあれば，一度に処理できた計算が追加注文で二度手間，三度手間になってくる．プログラムは結局のところ書いた本人が一番よく知っているから，追加や変更に終始追い回されることになる．

(5) 分析モデルの内容知識に乏しい人が多いから，計算結果が正しいか否かのチェックも孤軍奮闘しなければならない．出力の内容も，子細に説明しなければ理解してもらえないことがしばしばある．

さんざん苦労を重ねた末，とにかく計算を完了しても，さらに追い打ちをかけて，

(1) 感謝されても本当のところは理解してもらえない．相手にはコンピュータの偉大さが印象づけられ，計算屋の神経をすりへらすばかばかしい苦労は伝わらない．

(2) 成果が表に出るときは，“概念屋”が主役で，“計算屋”の苦労は十分に伝えられない．

“層”が薄い過渡期では仕方ないといえばそれまでだが，困ることは，この状態を早く打開しようとする前向きの姿勢や意欲が一般に希薄なことである．文科系領域では初めから“自分は計数処理には不向きな人間”と決めてかかり，“計算屋”の作業をのぞいてみようともしない人が多い．また，そのことを当然と許してしまう環境がある．それがあるから抜け目ない人たちの間では「電子計算機は使ってもプログラミングは絶対に覚えるな」という戒めが真顔で語られるようになる．私は，この言葉をなんとも許すことのできない背徳的言辞であると考えている．だから若い人たちに電子計算機データ処理を教えるとき，「態度の悪い連中の計算は相手がだれであっても絶対に手伝うな」と指示している．そういう人に限って理解もしていない複雑な分析手法を使いたがるのである．そんなことで技術を習得した若い人たちにつまらぬ労力を費やさせたくないのである．

人にはそれぞれ得手不得手があるから，共同で研究作業に当たるとき，より得意な人がプログラミングを担当するのはよいであろう．しかし，そうでない人も計算に関する余分な負担を少しでも軽減するよう努力すべきで，そのためには必要最低限のプログラミングを含む電子計算機データ処理の体験を積んでおくべきである．「最近はプログラムがいろいろ出回っているからそんな必要はない」，「計算会社に頼めばよいではないか」という反論があるかもしれない．しかし，実際にやってみればすぐわかるように，事実はそんなに甘くない．それ相当の実力がなければ既成プログラムは利用できないし，電子計算機会社に

必要十分な内容の注文もできない．外注計算では，簡単な計算にも高いお金がかかり，ただでさえ乏しい研究費が圧迫されるのである．「やっぱりだれかに頼んで…」と懇意な知人に甘える結果に終わってしまう．

以上，いろいろ述べたが，要するに，文科系領域では，“概念屋”の得意とする理論的領分と多彩なデータ処理の現状との隔差が大きすぎると感じるのである．これからの文科系領域，特に行動科学分野ではまず第一に，分析に強くデータ処理技術に通じた若い研究者を多数つくり出すことが必要である．そうでなければ，ごく一部の人々により電子計算機処理がリードされ，それらの人たちの，良くいえば犠牲的奉仕，悪くいえば独走を許している甘い雰囲気を一掃することはできないと考える．

最近は，それでも電子計算機人口は増加してきた．「ともかく底辺をひろげよう」というと，苦業の下請け化を図るようで言葉が適当でない．そこで最後に正しくいえば，“ともかくこの輪を拡大すること”が大切なのである．

# 2. 外的基準のある多変量解析 I —回帰分析と関連技法

## 2.1 回帰分析

### 2.1.1 回帰分析について

分析の対象となる変数(外的基準) $Y$ とそれを説明するための補助変数 $X_1, X_2, X_3, \cdots, X_n$ が存在し，$Y$ を，

$$\hat{Y}=b_0+b_1X_1+b_2X_2+\cdots+b_nX_n$$

なる形で推定(または説明)しようとする方法を回帰分析(線型回帰分析)という.

未知パラメータ $b_0, b_1, \cdots, b_n$ は観測値 $(Y_1, X_{11}, X_{12}, \cdots, X_{1n})$, $(Y_2, X_{21}, \cdots, X_{2n})$, $\cdots$, $(Y_N, X_{N1}, X_{N2}, \cdots, X_{Nn})$ より求める.

この場合，最良性の基準として，次の $Q$ をとる.

$$Q=E(Y-\hat{Y})^2$$

ここで，「$E$」は期待値の記号を表す. この $Q$ を最小にする $b_0, b_j$ $(j=1, \cdots, n)$ を算出する(最小 2 乗法). $(Y-\hat{Y})=e$ は残差とよばれる. $Q$ は残差 $e$ の 2 乗和の平均である. これを最小にすることは，実測値 $Y$ と推定値 $\hat{Y}$ の相関係数(重相関係数という) $r_{Y\hat{Y}}$ を最大にすることと等価である.

計算により $b_0, b_j$ $(j=1, 2, \cdots, n)$ が得られれば，係数 $b_j$ の大小関係から変数 $X_1, X_2, \cdots, X_n$ の $Y$ の推定に対する‘効き’の程度を評価することができる.

また，結果的に最小となった $Q$ の大きさ(したがって最大化された $r_{Y\hat{Y}}$ の大きさ)によって，用いられた説明変数 $X_1, X_2, \cdots, X_n$ の全体としての適合性を評価できる.

$r_{Y\hat{Y}}$ が十分に大きい場合には，$Y$ の値が未知である新サンプルについて，その $X_1, X_2, \cdots, X_n$ の値を利用して推定値 $\hat{Y}$ を求めることができる. すなわち，推定や予測に役立てることができる.

### 2.1.2　$Q$ の最小化

$N$ 個の観測値を用いて $Q$ を表すと，

$$Q=\frac{1}{N}\sum_{i=1}^{N}(Y_i-\hat{Y}_i)^2=\frac{1}{N}\sum_{i=1}^{N}\left(Y_i-b_0-\sum_{j=1}^{n}b_jX_{ij}\right)^2$$

これを最小にする $b_0, b_j$ $(j=1,2,\cdots,n)$ を求める．まず，$\dfrac{\partial Q}{\partial b_0}=0$ とおくと，$b_0=\bar{Y}-\sum_{j=1}^{n}b_j\bar{X}_j$ が得られる．$\bar{Y}, \bar{X}_j$ $(j=1,2,\cdots,n)$ は $Y$，および $X_j$ の平均である．これを $Q$ の式に代入して

$$\frac{1}{N}\sum_{i=1}^{N}\left\{(Y_i-\bar{Y})-\sum_{j=1}^{n}b_j(X_{ij}-\bar{X}_j)\right\}^2$$

簡単化のため $y_i=Y_i-\bar{Y}$，$x_{ij}=X_{ij}-\bar{X}_j$ とおき，

$$\boldsymbol{e}=\begin{bmatrix}e_1\\e_2\\\vdots\\e_N\end{bmatrix}=\begin{bmatrix}Y_1-\hat{Y}_1\\Y_2-\hat{Y}_2\\\vdots\\Y_N-\hat{Y}_N\end{bmatrix},\quad \boldsymbol{y}=\begin{bmatrix}y_1\\y_2\\\vdots\\y_N\end{bmatrix},\quad \boldsymbol{X}=\begin{bmatrix}x_{11} & x_{12}\cdots x_{1n}\\x_{21} & x_{22}\cdots x_{2n}\\\vdots & \vdots\quad\ \vdots\\x_{N1} & x_{N2}\cdots x_{Nn}\end{bmatrix},\quad \boldsymbol{b}=\begin{bmatrix}b_1\\b_2\\\vdots\\b_n\end{bmatrix}$$

$$\frac{1}{N}\boldsymbol{e}'\boldsymbol{e}=\frac{1}{N}(\boldsymbol{y}-\boldsymbol{X}\boldsymbol{b})'(\boldsymbol{y}-\boldsymbol{X}\boldsymbol{b})$$

を $\boldsymbol{b}$ で偏微分して 0 とおけば，$Q$ を最小にする $\boldsymbol{b}$ が得られる．

$$\frac{\partial}{\partial\boldsymbol{b}}\left(\frac{1}{N}\boldsymbol{e}'\boldsymbol{e}\right)=\frac{\partial}{\partial\boldsymbol{b}}\left(\frac{1}{N}\boldsymbol{y}'\boldsymbol{y}-\frac{2}{N}\boldsymbol{b}'\boldsymbol{X}'\boldsymbol{y}+\frac{1}{N}\boldsymbol{b}'\boldsymbol{X}'\boldsymbol{X}\boldsymbol{b}\right)=0$$

より，

$$\frac{\boldsymbol{X}'\boldsymbol{X}}{N}\boldsymbol{b}=\frac{\boldsymbol{X}'\boldsymbol{y}}{N}$$

ここで，次の関係，

$$\frac{\boldsymbol{X}'\boldsymbol{X}}{N}=\boldsymbol{C}=\begin{bmatrix}s_1^2 & s_{12}\cdots s_{1n}\\s_{21} & s_2^2\cdots s_{2n}\\\vdots & \vdots\ \ddots\ \vdots\\s_{n1} & s_{n2}\cdots s_n^2\end{bmatrix},\qquad \frac{\boldsymbol{X}'\boldsymbol{y}}{N}=\boldsymbol{c}_y=\begin{bmatrix}s_{y1}\\s_{y2}\\\vdots\\s_{yn}\end{bmatrix}$$

（$s_j^2$ は $X_j$ の分散，$s_{jk}$ は $X_j, X_k$ の共分散，$s_{yj}$ は $Y$ と $X_j$ の共分散）

を考慮すると，

$$\boldsymbol{C}\boldsymbol{b}=\boldsymbol{c}_y,\qquad \boldsymbol{b}=\boldsymbol{C}^{-1}\boldsymbol{c}_y$$

すなわち求める係数 $b_1, b_2, \cdots, b_n$ は，

$$\begin{bmatrix} b_1 \\ b_2 \\ \vdots \\ b_n \end{bmatrix} = \begin{bmatrix} s_1{}^2 & s_{12} \cdots s_{1n} \\ s_{21} & s_2{}^2 \cdots s_{2n} \\ \vdots & \vdots \quad\quad \vdots \\ s_{n1} & s_{n2} \cdots s_n{}^2 \end{bmatrix}^{-1} \begin{bmatrix} s_{y1} \\ s_{y2} \\ \vdots \\ s_{yn} \end{bmatrix}$$

定数項 $b_0$ は得られた $b_1, b_2, \cdots, b_n$ を用いて次式で求まる.

$$b_0 = \bar{Y} - \sum_{j=1}^{n} b_j \bar{X}_j$$

### 2.1.3　偏回帰係数 $\boldsymbol{b}_j$

$Q$ を最小にする $b_j$ $(j=1, 2, \cdots, n)$ を $Y$ の $X_j$ $(j=1, 2, \cdots, n)$ に対する偏回帰係数という. 偏回帰係数 $b_j$ は上述のようにして求められるが, 相関行列 $\boldsymbol{R}$ を用いて次のようにして求めることもできる. $\boldsymbol{R}, \boldsymbol{D}_s, \boldsymbol{r}_y$ を以下のように表して,

$$\boldsymbol{R} = \begin{bmatrix} 1 & r_{12} \cdots r_{1n} \\ r_{21} & 1 \cdots r_{2n} \\ \vdots & \vdots \ \ddots \ \vdots \\ r_{n1} & r_{n2} \cdots 1 \end{bmatrix}$$

$$\boldsymbol{D}_s = \begin{bmatrix} s_1 & & O \\ & s_2 & \\ & & \ddots \\ O & & s_n \end{bmatrix}$$

$$\boldsymbol{r}_y = \begin{bmatrix} r_{y1} \\ r_{y2} \\ \vdots \\ r_{yn} \end{bmatrix} \qquad (r_{yj} \text{ は } Y \text{ と } X_j \text{ の相関})$$

$\boldsymbol{C} = \boldsymbol{D}_s \boldsymbol{R} \boldsymbol{D}_s$, $\boldsymbol{c}_y = s_y \boldsymbol{D}_s \boldsymbol{r}_y$ の関係を用いると,

$$\boldsymbol{b} = \boldsymbol{C}^{-1} \boldsymbol{c}_y$$

より

$$\begin{aligned} \boldsymbol{b} &= s_y \boldsymbol{D}_s{}^{-1} \boldsymbol{D}_s \boldsymbol{C}^{-1} \boldsymbol{D}_s \boldsymbol{D}_s{}^{-1} \boldsymbol{c}_y / s_y \\ &= s_y \boldsymbol{D}_s{}^{-1} (\boldsymbol{D}_s{}^{-1} \boldsymbol{C} \boldsymbol{D}_s{}^{-1})^{-1} \boldsymbol{D}_s{}^{-1} \boldsymbol{c}_y / s_y \\ &= s_y \boldsymbol{D}_s{}^{-1} \boldsymbol{R}^{-1} \boldsymbol{r}_y \\ &= \begin{bmatrix} s_y/s_1 & & O \\ & s_y/s_2 & \\ & & \ddots \\ O & & s_y/s_n \end{bmatrix} \begin{bmatrix} 1 & r_{12} \cdots r_{1n} \\ r_{21} & 1 \cdots r_{2n} \\ \vdots & \vdots \ \ddots \ \vdots \\ r_{n1} & r_{n2} \cdots 1 \end{bmatrix}^{-1} \begin{bmatrix} r_{y1} \\ r_{y2} \\ \vdots \\ r_{yn} \end{bmatrix} \end{aligned}$$

したがって，$b_1, b_2, \cdots, b_n$ を計算する場合に，

$$\begin{bmatrix} b_1^* \\ b_2^* \\ \vdots \\ b_n^* \end{bmatrix} = \begin{bmatrix} 1 & r_{12} \cdots r_{1n} \\ r_{21} & 1 \cdots r_{2n} \\ \vdots & \vdots \ddots \vdots \\ r_{n1} & r_{n2} \cdots 1 \end{bmatrix}^{-1} \begin{bmatrix} r_{y1} \\ r_{y2} \\ \vdots \\ r_{yn} \end{bmatrix}$$

すなわち，$\boldsymbol{b}^* = \boldsymbol{R}^{-1}\boldsymbol{r}_y$ としてまず $b_1^*, b_2^*, \cdots, b_n^*$ を求める．$b_j^*$ $(j=1, 2, \cdots, n)$ を $Y$ の $X_j$ $(j=1, 2, \cdots, n)$ に対する標準偏回帰係数という．次いでこれらを用いて，偏回帰係数を次式のようにして求める．

$$b_j = \frac{s_y}{s_j} \cdot b_j^* \qquad (j=1, 2, \cdots, n)$$

$s_y^2, s_1^2, s_2^2, \cdots$ がすべて等しいとすれば，当然 $b_j = b_j^*$ である．

また，$b_j$ は行列 $\boldsymbol{R}$ よりひとまわり大きい $(n+1)$ 次の行列 ${}^0\boldsymbol{R}$ を右のように定義すると，

$${}^0\boldsymbol{R} = \left[\begin{array}{c|c} 1 & \boldsymbol{r}_y' \\ \hline \boldsymbol{r}_y & \boldsymbol{R} \end{array}\right]$$

$$b_j = -\frac{s_y}{s_j} \cdot \frac{R_{0j}}{|\boldsymbol{R}|} \qquad (j=1, 2, \cdots, n)$$

となる．ただし $R_{0j}$ は行列 ${}^0\boldsymbol{R}$ の第1行第 $(j+1)$ 列の要素 $(r_{yj})$ の余因子である．また $|\boldsymbol{R}|$ は ${}^0\boldsymbol{R}$ の第1行第1列の余因子に当たっている．このことを次に示そう．

まず，行列 $\boldsymbol{R}^{-1}$ の $jk$ 要素を $r^{jk} = \Delta_{kj}/|\boldsymbol{R}|$ とする．$\Delta_{kj}$ は $\boldsymbol{R}$ の $jk$ 要素の余因子である．すると，

$$b_j = \frac{s_y}{s_j} \sum_k r^{jk} \cdot r_{yk} = \frac{s_y}{s_j} \cdot \frac{1}{|\boldsymbol{R}|} \sum_k \Delta_{kj} r_{yk}$$

$$= \frac{s_y}{s_j} \cdot \frac{1}{|\boldsymbol{R}|} \begin{vmatrix} 1 & r_{12} \cdots r_{y1} \cdots r_{1n} \\ r_{21} & 1 \cdots r_{y2} \cdots r_{2n} \\ \vdots & \vdots \quad \vdots \\ r_{n1} & r_{n2} \cdots r_{yn} \cdots 1 \end{vmatrix}$$

（ただし，$\underset{\smile}{j}$ の意味は行列 $\boldsymbol{R}$ の $j$ 列要素を $r_{yk}$ $(k=1, 2, \cdots, n)$ でおきかえたことを示す．）

ここで右辺の行列式のなかの $j$ 列に $(j-1)$ 回の置換をほどこし，第1列にもってくれば

$$b_j = \frac{s_y}{s_j} \cdot \frac{(-1)^{j-1}}{|\boldsymbol{R}|} \begin{vmatrix} r_{y1} & 1 & r_{12} \cdots r_{1n} \\ r_{y2} & r_{21} & 1 \cdots r_{2n} \\ \vdots & \vdots & \vdots \quad \vdots \\ r_{yn} & r_{n1} & r_{n2} \cdots 1 \end{vmatrix}$$

ここで

$$(-1)^{j-2}\begin{bmatrix} r_{y1} & 1 & r_{12}\cdots r_{1n} \\ r_{y2} & r_{21} & 1\cdots r_{2n} \\ \vdots & \vdots & \vdots \\ r_{yn} & r_{n1} & r_{n2}\cdots 1 \end{bmatrix}$$

が，行列 ${}^0\boldsymbol{R}$ の 1 行 $(j+1)$ 列の要素 $r_{yj}$ の余因子 $R_{0j}$ であることを利用すれば

$$b_j=-\frac{s_y}{s_j}\cdot\frac{R_{0j}}{|\boldsymbol{R}|}$$

がいえる．

### 2.1.4　分割相関行列の逆行列に関するいくつかの性質

$N$ 人の個体に関する $m$ 個の変数の測定値からなるデータ行列を $\boldsymbol{X}_1$，同じ個体に関する別の $n$ 個の変数の測定値の行列を $\boldsymbol{X}_2$ とする．各変数を標準化して得られる行列を $\boldsymbol{Z}_1, \boldsymbol{Z}_2$ とする．あわせて $(m+n)$ 個の変数間の相関行列は次の形に分割して書くことができる．

$${}^0\boldsymbol{R}=\begin{bmatrix} \boldsymbol{R}_{11} & \boldsymbol{R}_{12} \\ \boldsymbol{R}_{21} & \boldsymbol{R}_{22} \end{bmatrix}=\frac{1}{N}\begin{bmatrix} \boldsymbol{Z}_1' \\ \boldsymbol{Z}_2' \end{bmatrix}[\boldsymbol{Z}_1\ \boldsymbol{Z}_2]$$

これを分割相関行列(partitioned correlation matrix)とよぶ．ここで，$\boldsymbol{R}_{11}$ は $m$ $(\geqq 1)$ 次の，$\boldsymbol{R}_{22}$ は $n$ $(\geqq 1)$ 次の正方行列であり，$\boldsymbol{R}_{12}$ は $m\times n$，$\boldsymbol{R}_{21}$ は $n\times m$ の行列である．ここでは，それぞれ，

$$\boldsymbol{R}_{11}=\frac{1}{N}\boldsymbol{Z}_1'\boldsymbol{Z}_1$$

$$\boldsymbol{R}_{12}=\frac{1}{N}\boldsymbol{Z}_1'\boldsymbol{Z}_2$$

等の関係が成り立っている．また，$(m+n)$ 個の変数は相互に 1 次独立で，${}^0\boldsymbol{R}$ は正則行列，すなわち，逆行列 ${}^0\boldsymbol{R}^{-1}$ が存在すると仮定する．

その ${}^0\boldsymbol{R}$ の逆行列を，${}^0\boldsymbol{R}$ と同一の次数の行列に分割して，次のように書くとする．

$${}^0\boldsymbol{R}^{-1}=\begin{bmatrix} \boldsymbol{R}^{11} & \boldsymbol{R}^{12} \\ \boldsymbol{R}^{21} & \boldsymbol{R}^{22} \end{bmatrix}$$

たとえば，$\boldsymbol{R}^{11}$ は $m$ 次，$\boldsymbol{R}^{22}$ は $n$ 次正方行列である．

このとき，${}^0\boldsymbol{R}{}^0\boldsymbol{R}^{-1}=\boldsymbol{I}$ であるから，

$$\boldsymbol{R}_{11}\boldsymbol{R}^{11}+\boldsymbol{R}_{12}\boldsymbol{R}^{21}=\boldsymbol{I}_m \quad (1)$$

$$\boldsymbol{R}_{21}\boldsymbol{R}^{11}+\boldsymbol{R}_{22}\boldsymbol{R}^{21}=\boldsymbol{O} \quad (2)$$

$$\boldsymbol{R}_{11}\boldsymbol{R}^{12}+\boldsymbol{R}_{12}\boldsymbol{R}^{22}=\boldsymbol{O} \quad (3)$$

が成立する．ゆえに，もとの行列と逆行列の要素行列の間に，次の関係が成立する．

まず，（2）式の左から $\boldsymbol{R}_{22}{}^{-1}$ を，右から $(\boldsymbol{R}^{11})^{-1}$ を掛けることにより，次の関係が得られる．

$$\boldsymbol{R}^{21}(\boldsymbol{R}^{11})^{-1}=-\boldsymbol{R}_{22}{}^{-1}\boldsymbol{R}_{21} \quad (4)$$

次に，（1）式の右から $(\boldsymbol{R}^{11})^{-1}$ を掛け（4）式を代入することにより，

$$(\boldsymbol{R}^{11})^{-1}=\boldsymbol{R}_{11}-\boldsymbol{R}_{12}\boldsymbol{R}_{22}{}^{-1}\boldsymbol{R}_{21} \quad (5)$$

さらに，（1）式の左から $\boldsymbol{R}_{11}{}^{-1}$ を掛け，（4）式と同様にして（3）式から得られる，

$$\boldsymbol{R}^{12}(\boldsymbol{R}^{22})^{-1}=-\boldsymbol{R}_{11}{}^{-1}\boldsymbol{R}_{12}$$

を代入して，

$$\boldsymbol{R}^{11}=\boldsymbol{R}_{11}{}^{-1}-\boldsymbol{R}^{12}(\boldsymbol{R}^{22})^{-1}\boldsymbol{R}^{21} \quad (6)$$

（5）式と（6）式は，相互に逆行列の関係にあることに注意．

一見，形式的で無意味な計算のようにみえるが，以上の三つの式（4），（5），（6）は，以後，重相関と偏相関，因子分析における共通性に関するいくつかの性質の証明に用いられる．

以下，${}^0\boldsymbol{R}$ の逆行列の（個々の）要素を $r^{jk}$ と書く．また，$p$ を，

$$p=m+n$$

すなわち，二つに分割されたそれぞれの変数群に含まれる変数の数の合計と定義する．${}^0\boldsymbol{R}$ 自体は $p$ 次の正方行列である．

### 2.1.5 偏回帰係数の別の求め方

（4）式は，$\boldsymbol{Z}_1$ の各列の $\boldsymbol{Z}_2$ による予測の残差間の共分散行列（右辺）を，${}^0\boldsymbol{R}$ の逆行列の部分行列から計算する方法を与える．

すなわち，説明変数間の相関行列 $\boldsymbol{R}$ に，外的基準との相関係数を1行1列付け加えた行列は次のように書ける．

$$ {}^{0}\boldsymbol{R}=\left[\begin{array}{c:c} 1 & \boldsymbol{r}_y' \\ \hdashline \boldsymbol{r}_y & \boldsymbol{R} \end{array}\right] $$

これは，$m=1$ とした場合の分割相関行列にほかならない．すなわち，

$$ \boldsymbol{R}_{11}=r_{11}=1 $$

$$ \boldsymbol{R}_{21}=\boldsymbol{r}_y=[r_{21}, r_{31}, \cdots, r_{p1}] $$

$$ \boldsymbol{R}_{22}=\boldsymbol{R}=\begin{bmatrix} 1 & r_{23}\cdots r_{2p} \\ r_{32} & 1\cdots r_{3p} \\ \vdots & \vdots \quad \vdots \\ r_{p2} & r_{p3}\cdots 1 \end{bmatrix} $$

である．第1変数の第 $j$ 変数への標準偏回帰係数のベクトル $\boldsymbol{b}^*$ は，

$$ \boldsymbol{b}^*=\boldsymbol{R}^{-1}\boldsymbol{r}_y $$

で与えられるから，（4）式により，これは，

$$ \boldsymbol{b}^*=-\frac{1}{r^{11}}\boldsymbol{r}^y $$

で算出できることになる．ただし，$\boldsymbol{r}_y$ に対応する位置にある逆行列の部分行列（この場合はベクトル）を $\boldsymbol{r}^y$ と書いた．要素ごとに書けば，

$$ b_j^*=-r^{j+1\,1}/r^{11} $$

である．すなわち，外的基準との相関を1行1列に加えたひとまわり大きな相関行列の逆行列の，$j+1$ 行1列の要素を，左上隅にある1行1列要素で割ったものが，$j$ 番目の説明変数の標準偏回帰係数であるということになる．

説明変数の番号と逆行列の列の番号が1つずれているのが気になるなら，外的基準との相関を，1行1列に入れる代わりに最後の行と列に加えればよい．このときは，逆行列の $j$ 行1列要素を逆行列の右下隅の値で割ることになる．

同時に複数($m$ 個)の従属変数を考えることもできる．$\boldsymbol{B}_{21}$ を，$\boldsymbol{Z}_1$ の各列を予測するための $\boldsymbol{Z}_2$ の偏回帰係数を列とする $n\times m$ の行列とすると，（4）式の右辺は，

$$ \boldsymbol{B}_{21}=-\boldsymbol{R}^{21}(\boldsymbol{R}^{11})^{-1} $$

これによって，全外的基準と全説明変数の間の相関行列の逆行列，${}^{0}\boldsymbol{R}^{-1}$ から直接偏回帰係数を計算する方法が与えられるが，この場合は，$(\boldsymbol{R}^{11})^{-1}$ を計算する手間の方がかえって大変であり，実用的ではないかもしれない．

### 2.1.6 残差分散と重相関係数

$b_j$ ($j=1, 2, \cdots, n$) が得られたとき，残差 $e$ (実測値 $Y$ と推定値 $\hat{Y}$ の差)は，

$$e_i = Y_i - \hat{Y}_i \qquad (i=1, 2, \cdots, N)$$

となる．$e$ の平均 $\bar{e}$ は，$Y$ と $\hat{Y}$ の平均が等しいことから

$$\bar{e} = 0$$

$e$ の分散 $s_e{}^2$ は，もちろん最小化された $Q$ に等しい．$\boldsymbol{b} = \boldsymbol{C}^{-1}\boldsymbol{c}_y$，$\dfrac{\boldsymbol{X}'\boldsymbol{y}}{N} = \boldsymbol{c}_y$ を用いて，

$$s_e{}^2 = \min Q = \frac{1}{N}(\boldsymbol{y} - \boldsymbol{X}\boldsymbol{b})'(\boldsymbol{y} - \boldsymbol{X}\boldsymbol{b}) = s_y{}^2 - \boldsymbol{c}_y{}'\boldsymbol{C}^{-1}\boldsymbol{c}_y$$
$$= s_y{}^2(1 - \boldsymbol{r}_y{}'\boldsymbol{R}^{-1}\boldsymbol{r}_y)$$

推定値 $\hat{Y}$ の分散 $s_{\hat{Y}}{}^2$ は，

$$\hat{Y}_i = \beta_0 + \sum_j^n b_j X_{ij} = \sum_j^n b_j x_{ij} + \bar{Y}$$

より明らかなように，$X_j$ ($j=1, 2, \cdots, n$) の重みづけ合成得点の分散である．

$$s_{\hat{y}}{}^2 = \sum_j \sum_k s_{jk} b_j b_k = \boldsymbol{b}'\boldsymbol{C}\boldsymbol{b} = \boldsymbol{c}_y{}'\boldsymbol{C}^{-1}\boldsymbol{c}_y = s_y{}^2 \boldsymbol{r}_y{}'\boldsymbol{R}^{-1}\boldsymbol{r}_y$$

以上より，一般に次のことがいえる．

$$s_y{}^2 = s_{\hat{y}}{}^2 + s_e{}^2$$

したがって，$\min s_e{}^2$ は $\max s_{\hat{y}}{}^2$ と同義である．また $e$ と $\hat{Y}$ の共分散 $s_{e\hat{Y}}$ は 0 である．重相関係数は，

$$\boldsymbol{r}^2 = 1 - \frac{s_e{}^2}{s_y{}^2} = \frac{s_{\hat{y}}{}^2}{s_y{}^2}$$

で定義される($\boldsymbol{r}$ は，$0 \leqq \boldsymbol{r} \leqq 1$ の範囲の値に限られる)．

重相関係数 $\boldsymbol{r}$ は，慣用的に $\boldsymbol{r}_{y \cdot 12 \cdots n}$ のように表す．添字は変数 $Y$ と説明変数の組，$X_1, X_2, \cdots, X_n$ の関係であることを示している．

$\boldsymbol{r}_{y \cdot 12 \cdots n}$ は $Y$ と $\hat{Y}$ の単相関係数 $\boldsymbol{r}_{y\hat{y}}$ と一致する．

$$\boldsymbol{r}_{y\hat{y}} = \frac{s_{y\hat{y}}}{s_y s_{\hat{y}}} = \frac{1}{s_y s_{\hat{y}}} \cdot \frac{(s_y{}^2 + s_{\hat{y}}{}^2 - s_e{}^2)}{2} = \frac{s_{\hat{y}}}{s_y} = \boldsymbol{r}_{y \cdot 12 \cdots n}$$

また，$\boldsymbol{r}_{y \cdot 12 \cdots n}$ を用いると，

$$s_e{}^2 = s_y{}^2(1 - \boldsymbol{r}_{y \cdot 12 \cdots n}{}^2)$$

と表せる．重相関係数の 2 乗は，説明変数 $X_1, X_2, \cdots, X_n$ が変数 $Y$ の分散のうち何%を説明したかを表す量である．

重相関係数の2乗，$r_{y\cdot12\cdots n}{}^2$ の算出は，

$$r_{y\cdot12\cdots n}{}^2=\boldsymbol{r}_y'\boldsymbol{R}^{-1}\boldsymbol{r}_y$$

あるいは，§2.1.4で導出した（5）式により，

$$\begin{aligned}r_{y\cdot12\cdots n}{}^2&=\boldsymbol{r}_y'\boldsymbol{R}^{-1}\boldsymbol{r}_y\\&=1-1/r^{11}\end{aligned}$$

から計算できる．なぜなら，この $m=1$ の場合，（5）式における，$\boldsymbol{R}^{11}$ はスカラー $r^{11}$ であり，$\boldsymbol{R}_{11}$ もスカラー $r_{11}$ であるが，この値は(外的基準の自分自身との相関係数で）1だから，（5）式は次のようになるからである．

$$(r^{11})^{-1}=1-\boldsymbol{r}_y'\boldsymbol{R}^{-1}\boldsymbol{r}_y$$

しかし，偏回帰係数あるいは標準偏回帰係数 $b_j, b_j^*$（$j=1,2,\cdots,n$）の算出を終えていればきわめて簡単で，

$$r_{y\cdot12\cdots n}{}^2=[b_1^*, b_2^*, \cdots, b_n^*]\begin{bmatrix}r_{y1}\\r_{y2}\\\vdots\\r_{yn}\end{bmatrix}=\sum_j^n b_j^* r_{yj}\ ;$$

または　$$r_{y\cdot12\cdots n}{}^2=[b_1, b_2, \cdots, b_n]\begin{bmatrix}s_{y1}\\s_{y2}\\\vdots\\s_{yn}\end{bmatrix}/s_y{}^2=\frac{1}{s_y{}^2}\sum_j^n b_j s_{yj}$$

### 2.1.7　推定値 $\hat{Y}$ の評価

偏回帰係数 $b_1, b_2, \cdots, b_n$，および定数項 $b_0$ が既知のとき，変数 $Y$ の値が不明のサンプルについて，$X_1, X_2, \cdots, X_n$ の値から $Y$ の推定値 $\hat{Y}$ を得ることができる．この場合，

$$s_e=s_y\sqrt{1-r_{y\cdot12\cdots n}{}^2}\qquad\text{（推定の標準誤差）}$$

により，その推定の良否を具体的に評価することができる．

すなわち，真の $Y$ が区間（$\hat{Y}-\lambda s_e$，$\hat{Y}+\lambda s_e$）に入る確率は，

$$\Pr[\hat{Y}-\lambda s_e\leqq Y\leqq\hat{Y}+\lambda s_e]\geqq1-\frac{1}{\lambda^2}\quad(\lambda>1)\qquad\text{（チェビシェフの不等式）}$$

### 2.1.8　標本重相関係数 $\hat{r}_{y\cdot12\cdots n}$ の有意性の検定

$Y$ および $X_1, X_2, \cdots, X_n$ の（$n+1$）個の変数が全体として多次元正規分布をなしているとき，それからの大きさ $N$ の標本により，$\hat{r}_{y\cdot12\cdots n}$ が得られたとする．

対応する母集団の重相関係数 $r_{y\cdot12\cdots n}\fallingdotseq0$ ならば，

$$F=\frac{\hat{r}_{y\cdot 12\cdots n}{}^2(N-n-1)}{(1-\hat{r}_{y\cdot 12\cdots n}{}^2)\cdot(n)}$$

は，自由度 $n_1=n$，$n_2=N-n-1$ の $F$ 分布に従う．これを利用して検定を行う．

$N$ に比べ，相対的に $n$ が大きいときは，重相関係数の評価に当たり，注意しなければならない．

### 2.1.9 曲線の当てはめへの応用

線型回帰分析を利用して図 2.1 のようなデータに対する曲線の当てはめができる．

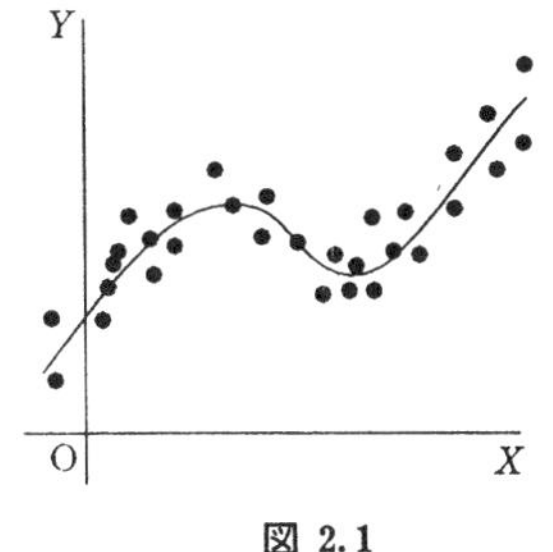

図 2.1

$X$ の 3 次式で $Y$ を推定するとすれば，

$$\hat{Y}=b_0+b_1X+b_2X^2+b_3X^3$$

いま $X_1=X$，$X_2=X^2$，$X_3=X^3$ として，新しい変数 $X_1, X_2, X_3$ を考えれば，

$$\hat{Y}=b_0+b_1X_1+b_2X_2+b_3X_3$$

で，これは普通の 1 次の関係になるから，いままでの方法で $b_0, b_1, b_2, b_3$ を求めればよい（相関 $r_{Y\hat{Y}}$ により当てはめの精度を評価する）．

二つの変数 $X, Z$ に関し，$\hat{Y}=b_0+b_1XZ^2+b_2Z+b_3X^2+\cdots$ などの構造を考えるときも同様である．要するにパラメータ $b_1, b_2, \cdots$ に関し線型であればよい．

**問 1**　変数 $Y$ を二つの説明変数 $X_1, X_2$ により

$$\hat{Y}=b_0+b_1X_1+b_2X_2$$

で推定するときの偏回帰係数 $b_1, b_2$ を，下の関係を利用して求めよ．

$$\begin{bmatrix} s_1{}^2 & s_{12} \\ s_{21} & s_2{}^2 \end{bmatrix}^{-1}=\begin{bmatrix} s_2{}^2 & -s_{12} \\ -s_{21} & s_1{}^2 \end{bmatrix}/(s_1{}^2s_2{}^2-s_{12}{}^2)$$

$$\begin{bmatrix} 1 & r_{12} \\ r_{21} & 1 \end{bmatrix}^{-1}=\begin{bmatrix} 1 & -r_{12} \\ -r_{21} & 1 \end{bmatrix}/(1-r_{12}{}^2)$$

（$s_1{}^2, s_2{}^2$ は変数 $X_1, X_2$ の分散，$s_{12}$ は同じく共分散，$r_{12}$ は相関係数）

**問 2**　問 1 における重相関係数 $r_{y\cdot 12}$ はどう表せるか．

**問 3**　$n$ 個の説明変数 $X_1, X_2, \cdots, X_n$ の相互の相関がすべて 0 のとき，外的基準変数 $Y$ との重相関係数はどうなるか．

**問 4**　10 人の中学生について，次の相関行列を得た．（英語）と，（国語），（数学）の重相関係数を計算せよ．また，その有意性を検定せよ．

| | （英） | （国） | （数） |
|---|---|---|---|
| （英） | 1 | 0.29 | −0.10 |
| （国） | 0.29 | 1 | −0.32 |
| （数） | −0.10 | −0.32 | 1 |

**問 5**　理科，国語，数学の学力テストがある．いずれも平均が 50，標準偏差が 10 で

ある．3 教科の間の相関行列は次の通りである．(理科）の成績を

$$b_0+b_1(\text{数学})+b_2(\text{国語})$$

で推定する式をつくれ．

| | (理科) | (数学) | (国語) |
|---|---|---|---|
| (理) | 1 | 0.66 | 0.47 |
| (数) | 0.66 | 1 | 0.51 |
| (国) | 0.47 | 0.51 | 1 |

また，重相関係数はどうなるか．

**問 6**　問 5 で（国語）と（数学）の相関係数が 0 だとすると（他は問 5 の表のとおり），推定式および重相関係数はどうなるか．

**問 7**　外的基準変数 $Y$ と説明変数 $X_1, X_2, X_3$ の 4 変数がすべて平均 0，分散 1 とする．このとき，

$$\hat{Y}=b_0+b_1X_1+b_2X_2+b_3X_3$$

における偏回帰係数 $b_1$ を，単相関係数のみ使用して表せ．

（単相関の行列）

| | $(Y)$ | $(X_1)$ | $(X_2)$ | $(X_3)$ |
|---|---|---|---|---|
| $(Y)$ | 1 | $r_{y1}$ | $r_{y2}$ | $r_{y3}$ |
| $(X_1)$ | $r_{1y}$ | 1 | $r_{12}$ | $r_{13}$ |
| $(X_2)$ | $r_{2y}$ | $r_{21}$ | 1 | $r_{23}$ |
| $(X_3)$ | $r_{3y}$ | $r_{31}$ | $r_{32}$ | 1 |

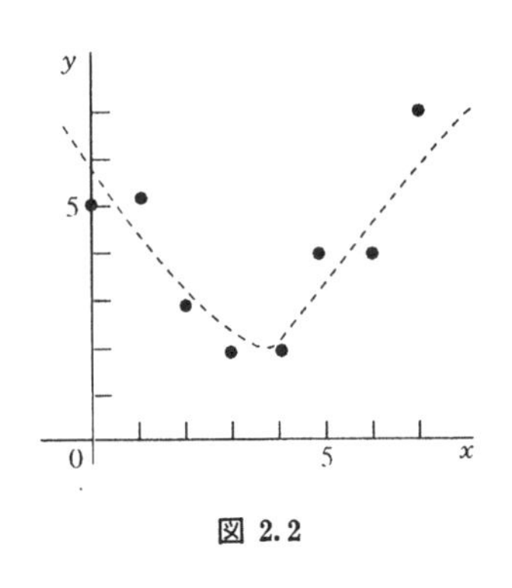

図 2.2

**問 8**　図 2.2 のようなデータ $(x_1, y_1), (x_2, y_2), \cdots, (x_8, y_8)$ がある．回帰分析を利用して，2 次式による当てはめ

$$\hat{y}=a_2(x-a_1)^2+a_0$$

を行え（$a_0, a_1, a_2$ を求めよ）．

| $x$ | 0 | 1 | 2 | 3 | 4 | 5 | 6 | 7 |
|---|---|---|---|---|---|---|---|---|
| $y$ | 5 | 5 | 3 | 2 | 2 | 4 | 4 | 7 |

（式の当てはめのとき，説明変数 $x$ は，この例のように固定変数であってもさしつかえない．）

## 2.2　偏相関係数

### 2.2.1　偏相関係数について

変数 $X_1, X_2, \cdots, X_m$ があるとき，そのうちの特定の 2 変数，たとえば $X_1$ と $X_2$ の間の関係を知りたいとする．この場合，通常の相関係数は $X_3$ 以下の変数については全く考慮せずに $X_1$ と $X_2$ の関係を表している．偏相関係数とは，このとき $X_3$ 以下の残りの変数を考慮し，$X_3, X_4, \cdots, X_m$ の影響を取除いた純粋に $X_1$ と $X_2$ の間に成立つ相関関係を表すものである．

たとえば，次ページの表に示されているように肺活量と身長の間の単純な相関係数は 0.835 でかなり高い値である．しかし，身長と年齢の相関（0.714），肺活量と年齢の相関(0.662）も無視しえない．上の肺活量と身長の相関は年齢

による違いの分も含んだ値である．そこで年齢に無関係な純粋に肺活量と身長の間に成立つ相関関係を知りたいようなとき，偏相関係数が用いられる．

ここで，影響を取除いて純粋にするという意味を，$(X_3, X_4, \cdots, X_m)$ の線型関係をできるだけ取除くという意味で用いる．取除いたものを，$e_1, e_2$ とする．$e_1$ と $e_2$ の相関係数 $r_{e_1e_2}$ は'純粋な' $X_1$ と $X_2$ の相関係数といえる．これを，偏相関係数(partial correlation coefficient)という．

〔偏相関係数の計算例〕（佐藤良一郎：数理統計学，培風館より）

単純な相関

| | 肺活量 | 身長 | 体重 | 年齢 |
|---|---|---|---|---|
| 肺 | 1.000 | | | |
| 身 | .835 | 1.000 | | |
| 体 | .851 | .897 | 1.000 | |
| 年 | .662 | .714 | .701 | 1.000 |

↓
「年齢」を消去して，年齢に無関係な「肺活量」「身長」「体重」の相関を求める．

偏相関

| | 肺活量 | 身長 | 体重 |
|---|---|---|---|
| 肺 | — | | |
| 身 | .690 | — | |
| 体 | .724 | .794 | — |

「体重」を消去する → 肺活量と身長 0.271

「身長」を消去する → 肺活量と体重 0.399

$$e_1 = X_1 - \left({}^1b_0 + \sum_{j=3}^{m} {}^1b_j X_j\right)$$

$$e_2 = X_2 - \left({}^2b_0 + \sum_{j=3}^{m} {}^2b_j X_j\right)$$

ただし，${}^1b_j$ $(j=3, 4, \cdots, m)$ は $X_1$ の $(X_3, X_4, \cdots, X_m)$ への偏回帰係数，${}^2b_j$ $(j=3, 4, \cdots, m)$ は，同じく $X_2$ における偏回帰係数である．${}^1b_0, {}^2b_0$ は定数項．偏相関係数は，

$$r_{12\cdot34\cdots m} \quad \text{あるいは} \quad r_{12\cdot l} \ (l=3, 4, \cdots, m)$$

のように表す．一般的に $X_j$ と $X_k$ の偏相関係数をいう場合は，

$$r_{jk\cdot l} \qquad (l=1, 2, \cdots, m\,;\, l \neq j, k)$$

のように表現する．

### 2.2.2 偏相関係数の求め方(1)

変数 $X_1, X_2$ から，$(X_3, X_4, \cdots, X_m)$ の線型関係を除いた残差を $e_1, e_2$ とする．$X_1, X_2$ の分散および共分散を $s_1^2, s_2^2, s_{12}$ とし，相関係数を $r_{12}$ とする．

また，$(X_3, X_4, \cdots, X_m)$ に関し，その分散共分散行列を $\boldsymbol{C}_{\mathrm{II}}$，相関行列を $\boldsymbol{R}_{\mathrm{II}}$ とする．

$$\boldsymbol{C}_{\mathrm{II\,II}}=\begin{bmatrix} s_3{}^2 & s_{34}\cdots s_{3m} \\ s_{43} & s_4{}^2\cdots s_{4m} \\ \vdots & \vdots \ \ddots\ \vdots \\ s_{m3} & s_{m4}\cdots s_m{}^2 \end{bmatrix},\qquad \boldsymbol{R}_{\mathrm{II\,II}}=\begin{bmatrix} 1 & r_{34}\cdots r_{3m} \\ r_{43} & 1\cdots r_{4m} \\ \vdots & \vdots \ \ddots\ \vdots \\ r_{m3} & r_{m4}\cdots 1 \end{bmatrix}$$

変数 $X_1, X_2$ と $(X_3, X_4, \cdots, X_m)$ との共分散を要素とするベクトルを $\boldsymbol{c}_1, \boldsymbol{c}_2$，相関係数を要素とするベクトルを $\boldsymbol{r}_1, \boldsymbol{r}_2$ とする．

$$\boldsymbol{c}_1=\begin{bmatrix} s_{31} \\ s_{41} \\ \vdots \\ s_{m1} \end{bmatrix},\quad \boldsymbol{c}_2=\begin{bmatrix} s_{32} \\ s_{42} \\ \vdots \\ s_{m2} \end{bmatrix},\quad \boldsymbol{r}_1=\begin{bmatrix} r_{31} \\ r_{41} \\ \vdots \\ r_{m1} \end{bmatrix},\quad \boldsymbol{r}_2=\begin{bmatrix} r_{32} \\ r_{42} \\ \vdots \\ r_{m2} \end{bmatrix}$$

偏相関係数 $r_{12\cdot 34\cdots m}$ は $\boldsymbol{e}_1, \boldsymbol{e}_2$ の分散共分散 $s_{e_1}{}^2, s_{e_2}{}^2, s_{e_1e_2}$ を用いて次のように表せる．

$$r_{12\cdot 34\cdots m}=\frac{s_{e_1e_2}}{s_{e_1}\cdot s_{e_2}}$$

$s_{e_1}{}^2, s_{e_2}{}^2, s_{e_1e_2}$ は，回帰分析で得られる偏回帰係数の性質から上で定義した諸量を用いて次のように表現することができる．

$$s_{e_1}{}^2=\frac{1}{N}\sum_{i=1}^{N}(e_{1i}-\bar{e}_1)^2=s_1{}^2-\boldsymbol{c}_1'\boldsymbol{C}_{\mathrm{II\,II}}{}^{-1}\boldsymbol{c}_1=s_1{}^2(1-\boldsymbol{r}_1'\boldsymbol{R}_{\mathrm{II\,II}}{}^{-1}\boldsymbol{r}_1)$$

$$e_{e_2}{}^2=\frac{1}{N}\sum_{i=1}^{N}(e_{2i}-\bar{e}_2)^2=s_2{}^2-\boldsymbol{c}_2'\boldsymbol{C}_{\mathrm{II\,II}}{}^{-1}\boldsymbol{c}_2=s_2{}^2(1-\boldsymbol{r}_2'\boldsymbol{R}_{\mathrm{II\,II}}{}^{-1}\boldsymbol{r}_2)$$

$$s_{e_1e_2}=\frac{1}{N}\sum_{i=1}^{N}(e_{1i}-\bar{e}_1)(e_{2i}-\bar{e}_2)=s_{12}-\boldsymbol{c}_2'\boldsymbol{C}_{\mathrm{II\,II}}{}^{-1}\boldsymbol{c}_1=s_1s_2(r_{12}-\boldsymbol{r}_1'\boldsymbol{R}_{\mathrm{II\,II}}{}^{-1}\boldsymbol{r}_2)$$

したがって，

$$r_{12\cdot 34\cdots m}=\frac{r_{12}-\boldsymbol{r}_1'\boldsymbol{R}_{\mathrm{II\,II}}{}^{-1}\boldsymbol{r}_2}{\{(1-\boldsymbol{r}_1'\boldsymbol{R}_{\mathrm{II\,II}}{}^{-1}\boldsymbol{r}_1)(1-\boldsymbol{r}_2'\boldsymbol{R}_{\mathrm{II\,II}}{}^{-1}\boldsymbol{r}_2)\}^{1/2}}$$

$m=3$，すなわち影響を除く変数が $X_3$ だけの場合は，$\boldsymbol{r}_1=r_{31}$，$\boldsymbol{r}_2=r_{41}$，$\boldsymbol{R}_{\mathrm{II\,II}}{}^{-1}=1$ に相当し，上式は簡単となり，よく知られた公式

$$r_{12\cdot 3}=\frac{r_{12}-r_{31}\cdot r_{32}}{\sqrt{1-r_{31}{}^2}\sqrt{1-r_{32}{}^2}}$$

が得られる．

変数を，$(X_1, X_2, \cdots, X_k)$ と $(X_{k+1}, X_{k+2}, \cdots, X_m)$ の 2 群に分け，前者を影響を除かれる変数，すなわち後者の変数群によって説明(推定)される変数群とし，後者を説明(推定)する変数群とする．

$(X_1, X_2, \cdots, X_k)$ の相関行列を $\boldsymbol{R}_{\text{II}}$，$(X_{k+1}, X_{k+2}, \cdots, X_m)$ の相関行列を $\boldsymbol{R}_{\text{IIII}}$ とし，両群間の相関関係を表す行列を $\boldsymbol{R}_{\text{III}}, \boldsymbol{R}_{\text{III}}$ とすると ($\boldsymbol{R}_{\text{I II}}$ は $k\times(m-k)$，$\boldsymbol{R}_{\text{II I}}$ は $(m-k)\times k$ の矩形行列)，$(X_1, X_2, \cdots, X_k)$ の残差分散共分散行列 $\widetilde{\boldsymbol{R}}_{\text{II}}$ は，

$$\boldsymbol{R}=\begin{bmatrix} \boldsymbol{R}_{\text{I I}} & \boldsymbol{R}_{\text{I II}} \\ \boldsymbol{R}_{\text{II I}} & \boldsymbol{R}_{\text{II II}} \end{bmatrix}\begin{matrix} \}\,k \\ \}\,m-k \end{matrix} \quad (\text{列: } k,\ m-k)$$

$$\widetilde{\boldsymbol{R}}_{\text{I I}}=\boldsymbol{D}_s(\boldsymbol{R}_{\text{I I}}-\boldsymbol{R}_{\text{I II}}\boldsymbol{R}_{\text{II II}}{}^{-1}\boldsymbol{R}_{\text{II I}})\boldsymbol{D}_s$$

で表せる．ただし $\boldsymbol{D}_s$ は，$s_1, s_2, \cdots, s_k$ を要素とする対角行列である．$\widetilde{\boldsymbol{R}}_{\text{I I}}$ の $jl$ 要素を $\tilde{r}_{jl}$ とし，対応する第 $j$ 対角要素，第 $l$ 対角要素を $\tilde{r}_{jj}, \tilde{r}_{ll}$ とすれば，偏相関係数 $r_{jl\cdot(k+1)\cdots m}$ は，任意の $j, l$ について，

$$r_{jl\cdot(k+1)\cdots m}=\frac{\tilde{r}_{jl}}{\sqrt{\tilde{r}_{jj}\cdot\tilde{r}_{ll}}}$$

として求められる．

### 2.2.3 偏相関係数の求め方(2)

変数 $(X_1, X_2, \cdots, X_p)$ のうち，二つずつの対 $X_j, X_k$ の間の偏相関係数 $r_{jk\cdot l}$ $(l=1, 2, \cdots, p\,;\, l\neq j, k)$ を求める場合は次のようにする．

変数 $(X_1, X_2, \cdots, X_p)$ 間の(内部)相関行列を ${}^0\boldsymbol{R}$ とする．この逆行列 ${}^0\boldsymbol{R}^{-1}$ の $j$ 行 $k$ 列の要素を $r^{ij}$ と書くとすると，$r_{jk\cdot l}$ は次の式で得られる．

$$r_{jk\cdot l}=-\frac{r^{jk}}{\sqrt{r^{jj}r^{kk}}}$$

このことは次のようにして示される．まず，$j=1$，$k=2$ として一般性を失わない．${}^0\boldsymbol{R}$ を $m=2$，$n=p-m$ として，§2.1.4で導入した分割相関行列の形で書くと，

$$\boldsymbol{R}_{11}=\begin{bmatrix} 1 & r_{12} \\ r_{21} & 1 \end{bmatrix}$$

$$\boldsymbol{R}_{12}=\begin{bmatrix} r_{31} & r_{41}\cdots r_{p1} \\ r_{32} & r_{42}\cdots r_{p2} \end{bmatrix}$$

$$\boldsymbol{R}_{22}=\begin{bmatrix} 1 & r_{34}\cdots r_{3p} \\ r_{43} & 1\ \cdots r_{4p} \\ \vdots & \vdots \quad\ \vdots \\ r_{p3} & r_{p4}\cdots\ 1 \end{bmatrix}$$

である．§2.1.4で導出した（5）式を用いると次の式が得られる．

$$(\boldsymbol{R}^{11})^{-1}=\begin{bmatrix} 1-\boldsymbol{r}_1'\boldsymbol{R}_{22}{}^{-1}\boldsymbol{r}_1 & r_{12}-\boldsymbol{r}_1'\boldsymbol{R}_{22}{}^{-1}\boldsymbol{r}_2 \\ r_{21}-\boldsymbol{r}_2'\boldsymbol{R}_{22}{}^{-1}\boldsymbol{r}_1 & 1-\boldsymbol{r}_2'\boldsymbol{R}_{22}{}^{-1}\boldsymbol{r}_2 \end{bmatrix} \qquad (7)$$

（ただし，$\boldsymbol{r}_1', \boldsymbol{r}_2'$ は，$\boldsymbol{R}_{12}$ の第 1 行と第 2 行）

である．前項でみたように，変数 $3, \cdots, p$ を統制した変数 1 と 2 の間の偏相関係数は，

$$r_{12\cdot l}=\frac{r_{12}-\boldsymbol{r}_1'\boldsymbol{R}_{22}^{-1}\boldsymbol{r}_2}{\{(1-\boldsymbol{r}_1'\boldsymbol{R}_{22}^{-1}\boldsymbol{r}_1)(1-\boldsymbol{r}_2'\boldsymbol{R}_{22}^{-1}\boldsymbol{r}_2)\}^{1/2}}$$

で与えられ，また，

$$(\boldsymbol{R}^{11})^{-1}=\frac{1}{r^{11}r^{22}-(r^{12})^2}\begin{bmatrix} r^{22} & -r^{21} \\ -r^{12} & r^{11} \end{bmatrix} \qquad (8)$$

である（§2.1, p.59 の問 1 参照．実際に $\boldsymbol{R}$ と $\boldsymbol{R}^{-1}$ を掛け合わせて確認してみること）から，

$$r_{12\cdot l}=\frac{-r^{12}}{\sqrt{r^{11}r^{22}}}$$

が得られる．

### 2.2.4　偏相関係数の性質

#### 1)　重相関係数との関係

変数 $X_j$ と $X_k$ の偏相関係数を $r_{jk\cdot i\cdots m}$, $X_j$ と $(X_k, X_i, \cdots, X_m)$ との重相関係数を $r_{j\cdot i\cdots m}$（$X_k$ を含まない）とすると，

$$1-r_{jk\cdot l\cdots m}{}^2=\frac{1-r_{j\cdot ki\cdots m}{}^2}{1-r_{j\cdot i\cdots m}{}^2} \qquad (9)$$

やはり，$j=1$, $k=2$ とおいて一般性を失わないので，その条件の下で上の式が成り立つことを示す．変数 3 以降の $m-2$ 個の変数による第 1 変数を予測する際の重相関係数の 2 乗は，§2.1 で示したように，

$$r_{1\cdot 3\cdots m}{}^2=\boldsymbol{r}_1'\boldsymbol{R}_{22}^{-1}\boldsymbol{r}_1$$

すなわち，

$$1-r_{1\cdot 3\cdots m}{}^2=1-\boldsymbol{r}_1'\boldsymbol{R}_{22}^{-1}\boldsymbol{r}_1$$

この右辺は，行列 $(\boldsymbol{R}^{11})^{-1}$ の 1 行 1 列要素である．これを $\boldsymbol{R}^{11}$ の要素を用いて書くと，逆行列の定義から，

$$1-r_{1\cdot 3\cdots m}{}^2=\frac{r^{22}}{r^{11}r^{22}-(r^{12})^2}$$

となる．また，§2.1, p.58 で示したように，

$$1-r_{1\cdot 2\cdots m}{}^2=1-\boldsymbol{r}_1'\boldsymbol{R}_0^{-1}\boldsymbol{r}_1=1/r^{11}$$

となる．ただし$\boldsymbol{R}_0$は変数2から$m$までの間の$m-1$個の変数間の相関行列(つまり，変数を1と残りの$m-1$の2群に分割した場合における$\boldsymbol{R}_{22}$)とする．ゆえに，

$$\frac{1-r_{1\cdot 2\cdots m}{}^2}{1-r_{1\cdot 3\cdots m}{}^2}=1-\frac{(r^{12})^2}{r^{11}r^{22}}$$
$$=1-r_{12\cdot 3\cdots m}{}^2$$

が得られる．

この式は，重回帰分析において，説明変数を一つ増やす場合に，重相関係数を最も増加させる変数選択の方法が，外的基準の変数との偏相関係数(の絶対値)が最大のものを選ぶことである，ことを示している．逆に，変数を一つ減らす場合については，添字を書き換えて，

$$1-r_{1m\cdot 23\cdots(m-1)}{}^2=\frac{1-r_{1\cdot 23\cdots m}{}^2}{1-r_{1\cdot 23\cdots(m-1)}{}^2} \tag{10}$$

である．こちらは，重相関係数を最も減少させない変数削除の方法が，外的基準との偏相関係数(の絶対値)が最小のものを選ぶことであることを示唆している．

**2) 変数を付加する場合の残差分散**

変数$X_1$を$(X_2, X_3, \cdots, X_m)$で推定する場合の残差分散を$s_{1\cdot 23\cdots m}{}^2$で表すとすると，

$$1-r_{1\cdot 23\cdots m}{}^2=s_{1\cdot 23\cdots m}{}^2/s_1{}^2, \qquad 1-r_{1\cdot 23\cdots(m-1)}{}^2=s_{1\cdot 23\cdots(m-1)}{}^2/s_1{}^2$$

であるから，(10) 式より

$$s_{1\cdot 23\cdots m}{}^2=s_{1\cdot 23\cdots(m-1)}{}^2(1-r_{1m\cdot 23\cdots(m-1)}{}^2) \tag{11}$$

$m=2$なら，単相関の場合となり，$s_{1\cdot 2}{}^2=s_1{}^2(1-r_{12}{}^2)$である．(11) 式を$m=2$から始めるとして，$s_1{}^2$を$X_1$の分散とすれば，(11) 式は次のようになる．

$$s_{1\cdot 23\cdots m}{}^2=s_1{}^2(1-r_{12}{}^2)(1-r_{13\cdot 2}{}^2)(1-r_{14\cdot 23}{}^2)\cdots(1-r_{1m\cdot 23\cdots(m-1)}{}^2) \tag{12}$$

**3) 一つ位のちがう偏相関係数による表現**

$m$個の変数$X_1, X_2, \cdots, X_m$の相互間の偏相関係数は変数が一つ少ない$(m-1)$個の場合の偏相関係数(これを一つだけ位の低い偏相関係数という)で表すことができる．

$$r_{12\cdot 34\cdots m}=\frac{r_{12\cdot 34\cdots(m-1)}-r_{1m\cdot 34\cdots(m-1)}\cdot r_{2m\cdot 34\cdots(m-1)}}{\{(1-r_{1m\cdot 34\cdots(m-1)}{}^2)(1-r_{2m\cdot 34\cdots(m-1)}{}^2)\}^{1/2}} \tag{13}$$

$r_{12\cdot34\cdots m}$ は，

$$r_{12\cdot34\cdots m}=\frac{s_{12\cdot34\cdots m}}{s_{1\cdot34\cdots m}s_{2\cdot34\cdots m}}$$

ところで，(11) 式より

$$s_{1\cdot34\cdots m}{}^2=s_{1\cdot34\cdots(m-1)}{}^2(1-r_{1m\cdot34\cdots(m-1)}{}^2)$$

$$s_{2\cdot34\cdots m}{}^2=s_{2\cdot34\cdots(m-1)}{}^2(1-r_{2m\cdot34\cdots(m-1)}{}^2)$$

がいえる．また，

$$s_{12\cdot34\cdots m}=s_{12\cdot34\cdots(m-1)}-\frac{s_{1m\cdot34\cdots(m-1)}s_{2m\cdot34\cdots(m-1)}}{s_{m\cdot34\cdots(m-1)}{}^2}$$

がいえて，

$$s_{12\cdot34\cdots m}=s_{1\cdot34\cdots(m-1)}s_{2\cdot34\cdots(m-1)}(r_{12\cdot34\cdots(m-1)}-r_{1m\cdot34\cdots(m-1)}r_{2m\cdot34\cdots(m-1)})$$

となるから，(13) 式の関係がわかる．

**4) 偏回帰係数との関係**

変数 $X_1$ を $(X_2, X_3, \cdots, X_m)$ で推定するときの偏回帰係数を $b_j{}^{(1)}$ $(j=2, 3, \cdots, m)$ とする．また，変数 $X_2$ を $(X_1, X_3, \cdots, X_m)$ で推定する場合を $b_j{}^{(2)}$ $(j=1, 3, \cdots, m)$ とする．ここでは $X_1$ の推定には $X_2$ が，また $X_2$ の推定には $X_1$ が含まれていることに注意したい(いままでの議論はそうでなかった)．

§2.1 でみたように，変数 $X_1$ を他のすべての変数によって予測するための標準偏回帰係数は，

$$b_j{}^{(1)*}=\frac{r^{1j}}{r^{11}} \tag{14}$$

ここで，$\boldsymbol{r}^{1j}, \boldsymbol{r}^{11}$ は，全変数間の相関行列の逆行列 ${}^0\boldsymbol{R}^{-1}$ の，それぞれ，1 行 $j$ 列，1 行 1 列要素である．

また，変数 $X_2$ を他のすべての変数によって予測する場合の標準偏回帰係数は，

$$b_j{}^{(2)*}=\frac{r^{j2}}{r^{22}} \tag{15}$$

となる．

(14) 式において，$j=2$ とおいて，

$$b_2{}^{(1)*}=r^{12}/r^{11}$$

また，(15) 式において，$j=1$ とおいて，

$$b_1{}^{(2)*}=r^{12}/r^{22}$$

偏相関係数 $r_{12\cdot3\cdots m}$ は，

$$r_{12\cdot3\cdots m}=-\frac{r^{12}}{\sqrt{r^{11}r^{22}}}$$

で与えられるから，

$$r_{12\cdot3\cdots m}{}^2=b_2{}^{(1)*}b_1{}^{(2)*} \tag{16}$$

が得られる．

これは，通常の2変数間の回帰において，変数 $X_1$ から変数 $X_2$ を予測するための回帰係数を $b_1{}^{(2)}$，逆に，変数 $X_2$ から変数 $X_1$ を予測するための回帰係数を $b_2{}^{(1)}$ とするとき，

$$b_1{}^{(2)}=s_{12}/s_1{}^2$$

$$b_2{}^{(1)}=s_{12}/s_2{}^2$$

であることから，

$$r_{12}{}^2=b_1{}^{(2)}b_2{}^{(1)}$$

となることの自然な拡張になっている．

また，標準偏回帰係数と偏相関係数の関係は，

$$(b_2{}^{(1)*})^2=\frac{(r^{12})^2}{(r^{11})^2}=r_{12\cdot3\cdots m}{}^2\frac{r^{22}}{r^{11}}$$

先の $(\boldsymbol{R}^{11})^{-1}$ に関する関係，（7）式と（8）式，および§2.1で示した重相関係数に関する関係に基づき，

$$\frac{r^{22}}{r^{11}}=\frac{1-\boldsymbol{r}_1{}'\boldsymbol{R}_{22}{}^{-1}\boldsymbol{r}_1}{1-\boldsymbol{r}_2{}'\boldsymbol{R}_{22}{}^{-1}\boldsymbol{r}_2}=\frac{1-r_{1\cdot34\cdots m}{}^2}{1-r_{2\cdot34\cdots m}{}^2}$$

ここで，$r_{1\cdot34\cdots m}{}^2, r_{2\cdot34\cdots m}{}^2$ は，それぞれ，変数 $X_1$ と $X_2$ を独立変数 $X_3,\cdots,X_m$ によって予測した場合の重相関係数である．したがって，

$$(b_2{}^{(1)*})^2=r_{12\cdot3\cdots m}{}^2\frac{1-r_{1\cdot34\cdots m}{}^2}{1-r_{2\cdot34\cdots m}{}^2} \tag{17}$$

同様に，

$$(b_1{}^{(2)*})^2=r_{12\cdot3\cdots m}{}^2\frac{1-r_{2\cdot34\cdots m}{}^2}{1-r_{1\cdot34\cdots m}{}^2}$$

ここで，$1-r_{1\cdot34\cdots m}{}^2$，$1-r_{2\cdot34\cdots m}{}^2$ は，それぞれ，変数 $X_1$ と $X_2$ が標準化されている場合における残差分散である．そこでこれも，2変数の回帰における，よく知られた関係，

$$b_1^{(2)}=r_{12}\frac{s_2}{s_1}$$

$$b_2^{(1)}=r_{12}\frac{s_1}{s_2}$$

の自然な拡張とみることができる.

**5) 回帰分析における要因評価**

外的基準 $Y$ および説明変数 $X_1, X_2, \cdots, X_n$ があって，回帰方程式，

$$Y=b_0+b_1X_1+b_2X_2+\cdots+b_nX_n$$

が得られたとき，各要因の‘効き’の程度を偏相関係数 $r_{yj\cdot l}$ $(l=1,\cdots,n\,;\,l\neq j)$ で評価することができる.

§2.1 と同じように，外的基準と説明変数を一緒にした $(n+1)$ 次の相関行列 ${}^0\boldsymbol{R}$ を定義する.

$${}^0\boldsymbol{R}=\left[\begin{array}{c|c} 1 & \boldsymbol{r}_y' \\ \hline \boldsymbol{r}_y & \boldsymbol{R} \end{array}\right]$$

この逆行列の要素を一般に $r^{jk}$ と書くことにし，先の (14) 式において，1 を $Y$ と置き換えると，説明変数 $j$ の標準偏回帰係数は，

$$b_j^{(y)*}=\frac{r^{yj}}{r^{yy}}$$

(${}^0\boldsymbol{R}^{-1}$ の行と列の番号からすれば，$Y$ は 1，$j$ は $j+1$ である.) したがって，偏回帰係数 $b_j^{(y)}$ は，

$$b_j^{(y)}=\frac{s_y}{s_j}\cdot\frac{r^{yj}}{r^{yy}}$$

一方，$l$ の変数の影響を除去した偏相関は，

$$r_{yj\cdot l}=\frac{r^{yj}}{\sqrt{r^{yy}r^{jj}}}$$

だから，(17) 式を導いたのと同じ論法で，

$$b_j^{(y)}=r_{yj\cdot l}\frac{s_y\sqrt{1-r_{y\cdot l}^2}}{s_j\sqrt{1-r_{j\cdot l}^2}}$$

が得られる. ここで，

$$s_{y\cdot l}=s_y\sqrt{1-r_{y\cdot l}^2}$$

$$s_{j\cdot l}=s_j\sqrt{1-r_{j\cdot l}^2}$$

は，それぞれ，$Y$ と $X_j$ を，$X_j$ を除く他の説明変数によって予測する場合の残

差の標準偏差(推定の標準誤差)である.

### 2.2.5 標本偏相関係数 $\hat{r}_{jk\cdot s}$ ($s=1,2,\cdots,m$; $s\neq j,k$) の有意性検定

変数 $X_1, X_2, \cdots, X_m$ に関して大きさ $N$ の標本より得られた偏相関係数を $\hat{r}_{jk\cdot s}$ とするとき，母偏相関係数 $r_{jk\cdot s}=0$ の仮説検定には,

$$t=\frac{\hat{r}_{jk\cdot s}}{\sqrt{1-\hat{r}_{jk\cdot s}{}^2}}\cdot\sqrt{N-m} \qquad \left(\begin{array}{l}s=1,2,\cdots,m\,;\ s\neq j,k\\ j,k \text{ は } m \text{ 個の中に含まれる.}\end{array}\right)$$

が，自由度 $(N-m)$ の $t$ 分布に従うことを利用する.

**問 1** 変数 $(X_1, X_2, X_3, X_4)$ に関し，右のような相関行列が得られたとする．偏相関係数 $r_{12\cdot34}, r_{13\cdot24}, r_{14\cdot23}$ は，どうなるか.

また，重相関係数 $r_{1\cdot234}$ はどうなるか.

| | $(X_1)$ | $(X_2)$ | $(X_3)$ | $(X_4)$ |
|---|---|---|---|---|
| $(X_1)$ | 1 | $r_{12}$ | $r_{13}$ | $r_{14}$ |
| $(X_2)$ | $r_{21}$ | 1 | 0 | 0 |
| $(X_3)$ | $r_{31}$ | 0 | 1 | 0 |
| $(X_4)$ | $r_{41}$ | 0 | 0 | 1 |

**問 2** 変数 $(X_1, X_2, X_3)$ に関して，大きさ $N=30$ の標本より，右の相関行列が得られた．これより標本偏相関係数 $\hat{r}_{12\cdot3}, \hat{r}_{13\cdot2}, \hat{r}_{23\cdot1}$ を計算し，母偏相関係数 0 の仮説を検定せよ.

| | | |
|---|---|---|
| 1.00 | .72 | .19 |
| .72 | 1.00 | .08 |
| .19 | .08 | 1.00 |

## 2.3 数量化 I 類

### 2.3.1 数量化 I 類における考え方

この方法は，外的基準が変数 $Y$ で得られているとき，これを定性的な要因で説明，ないし推定しようとする場合に適している.

$Y$ を説明するのに，定性的な要因のそれぞれに数値 $X$ を対応させ，それらの $X$ の‘和’の形で $Y$ を推定するという構造が特色である．要因を個別に取上げるのではなく，全要因のからみあいを考慮して行う.

以上の点で，この方法は，説明要因もまた変数である通常の回帰分析と似ており，回帰分析を定性的要因の場合に拡張したものということもできる.

ただし，数値 $X$ は最初から与えられているのではなく，最もよく推定を行えるような $X$ を求める——具体的には，要因 $j$ のうちの個々のカテゴリー $k$ に数値 $x_{jk}$ を与える——ところが重要な特色である．数値 $X$ は先にあるのではなく，結果的に推定が最もよく行われるように‘与える’のであって，このことから数量化の方法とよばれる.

表 2.1 のように定性的な説明要因が $r$ 個あるとする．たとえば，性別，年齢，学歴，…などである.

表 2.1

| 要因 | カテゴリー | 数量化後の数値 | |
|---|---|---|---|
| 1 | $c_{11}$<br>$c_{12}$<br>⋮<br>$c_{1k_1}$ | $x_{11}$<br>$x_{12}$<br>⋮<br>$x_{1k_1}$ | $X_1$ |
| 2 | $c_{21}$<br>$c_{22}$<br>⋮<br>$c_{2k_2}$ | $x_{21}$<br>$x_{22}$<br>⋮<br>$x_{2k_2}$ | $X_2$ |
| $j$ | $c_{j1}$<br>$c_{j2}$<br>⋮<br>$c_{jk_j}$ | $x_{j1}$<br>$x_{j2}$<br>⋮<br>$x_{jk_j}$ | $X_j$ |
| ⋮ | ⋮ | ⋮ | |
| $r$ | $c_{r1}$<br>⋮ | $x_{r1}$<br>⋮ | $X_r$ |

各要因は，それぞれ，$c_{j1}, c_{j2}, \cdots, c_{jk_j}$ なる $k_j$ 個のカテゴリーをもつ．たとえば，‘性別’ならば‘男’，‘女’という二つのカテゴリーをもつ．

このカテゴリー分類は各サンプルが必ずどれか一つに該当するものでなければならない．すなわち各要因の中でのカテゴリーは相互排反的であって，すべての場合を尽くしていなければならない．

各要因 $j$ には $X_j$ なる変数が対応すると考える．この $X_j$ はカテゴリーの別に応じて，$x_{j1}, x_{j2}, \cdots, x_{jk_j}$ なる $k_j$ 個の値しかとらない変数である．たとえば $X_1$ が‘性別’ならば，‘男’のとき $x_{11}$，‘女’のとき $x_{12}$ の値をとり，それ以外の値は存在しない．

このような数値 $x_{jk}$ ($j=1, 2, \cdots, r$；$k=1, 2, \cdots, k_j$) をどうやって求めるかは後の問題として，いまこれらの数値がすべてわかっているとする．

分析の対象となる変数 $Y$ の推定値 $\hat{Y}$ を，このとき，

$$\hat{Y}=X_1+X_2+X_3+\cdots+X_r$$

なる形で得ようとするのである．

たとえば，要因およびカテゴリーが

| | | |
|---|---|---|
| 性別 | $X_1$ | (男 $x_{11}$)(女 $x_{12}$) |
| 年齢別 | $X_2$ | (10 代 $x_{21}$)(20 代 $x_{22}$)(30 代 $x_{23}$) |
| 学歴 | $X_3$ | (中卒 $x_{31}$)(高卒 $x_{32}$)(大卒 $x_{33}$) |
| 出身地 | $X_4$ | (東京 $x_{41}$)(その他 $x_{42}$) |

であり，もしもある個人 $A$ が（男，20 代，大卒，東京）であれば，その $Y$ を，

$$\hat{Y}_A=x_{11}+x_{22}+x_{33}+x_{41}$$

で推定する．また個人 $B$ が（女，30 代，高卒，その他）であれば，

$$\hat{Y}_B=x_{12}+x_{23}+x_{32}+x_{42}$$

として推定することになる．

このような推定を全体にわたって最もよく行えるように，$x_{jk}$ を求める——

要因カテゴリーを数量化する――のが，この方法のねらいである．それには，まず分析の対象となる$Y$，および定性的な特徴が既知であるサンプルを多数集める．次いで実際の$Y$と推定値の$\hat{Y}$とがよく一致するということの基準を，$Y$と$\hat{Y}$の相関係数を最大にする，あるいは(数学的には同義であるが) $Y$と$\hat{Y}$の誤差の2乗和を最小にすることにして，それを満足する$x_{jk}$ $(j=1,2,\cdots,r;\ k=1,2,\cdots,k_j)$ を計算する．

### 2.3.2 数量化の計算

#### 1) 記号の定義

$x_{jk}$を求めるに当たって記号を定義する．

$i$ ：サンプル

$N$：サンプル総数

$j$ ：要因 $(j=1,2,\cdots,n)$

$k$ ：要因$j$における$k$番目のカテゴリー $(k=1,2,\cdots,k_j)$

$$\delta_{i(jk)}=\begin{cases}1\cdots & i\text{ が要因 }j,\text{ カテゴリー }k\text{ に該当するとき}\\ 0\cdots & \text{そうでないとき}\end{cases}$$

サンプル$i$は一つの要因では一つのカテゴリーにしか該当しないから，

$$\sum_{k=1}^{k_j}\delta_{i(jk)}=1$$

$$\delta_{i(jk)}\delta_{i(jk')}=\begin{cases}0\cdots k\neq k'\text{ のとき}\\ 1\cdots k=k'\text{ のとき}\end{cases}$$

である．また$n_{jk}$を次のように定義する．

$$n_{jk}=\sum_{i=1}^{N}\delta_{i(jk)}$$

このとき

$$N=\sum_{k=1}^{k_j}\sum_{i=1}^{N}\delta_{i(jk)}=\sum_{k=1}^{k_j}n_{jk}\quad(\text{すべての }j\text{ に対して})$$

が成り立つ．また，

$$f(lm,jk)=\sum_{i=1}^{N}\delta_{i(lm)}\delta_{i(jk)}$$

と記すことにする．ここで$j=l$，$k\neq m$のとき，

$$f(lm, jk)=0$$

である．また，対称性

$$f(lm, jk)=f(jk, lm)$$

が成り立つ．

外的基準 $Y_i$ の推定値を $\hat{Y}_i$ とし，要因カテゴリーに対応する数値を $x_{jk}$ とすると，以上から，

$$\hat{Y}_i=\sum_j \sum_k \delta_{i(jk)} x_{jk}$$

**2）数値 $x_{jk}$ の算出**

$x_{jk}$ を求めるのに，次の $Q$ を定義し，$Q$ を最小にする $x_{jk}$ を求める．

$$Q=\sum_i^N (Y_i-\hat{Y}_i)^2=\sum_i^N \{Y_i-\sum_j^n \sum_k^{k_j} \delta_{i(jk)} x_{jk}\}^2$$

条件式は，

$$\frac{\partial Q}{\partial x_{jk}}=0 \qquad (j=1, 2, \cdots, r\ ;\ k=1, 2, \cdots, k_j)$$

これより，

$$\sum_i^N [\{Y_i-\sum_l^n \sum_m^{k_l} \delta_{i(lm)} x_{lm}\} \delta_{i(jk)}]=0$$

$$\sum_l^n \sum_m^{k_l} \sum_i^N \delta_{i(lm)} \delta_{i(jk)} x_{lm}=\sum_i^N \delta_{i(jk)} Y_i \qquad (j=1, 2, \cdots, r\ ;\ k=1, 2, \cdots, k_j)$$

ここで，$Y_{jk}{}^*=\sum_i^N \delta_{i(jk)} Y_i$ とおけば，すべての $j, k$ について

$$\sum_l^n \sum_m^{k_l} f(lm, jk) x_{lm}=Y_{jk}{}^*$$

が得られる．

これを，行列表現すれば，

$$\boldsymbol{Fx}=\boldsymbol{Y}^*$$

$$
\boldsymbol{F}=\left[\begin{array}{ccc|ccc|c|ccc}
f(11,11) & \ddots & O & f(21,11) & \cdots & f(2k_2,11) & \cdots f(jk,11)\cdots & f(r1,11) & \cdots & f(rk_r,11) \\
O & & f(1k_1,1k_1) & f(21,1k_1) & \cdots & f(2k_2,1k_1) & \cdots f(jk,1k_1)\cdots & f(r1,1k_1) & \cdots & f(rk_r,1k_1) \\
\hline
f(11,21) & \cdots & f(1k_1,21) & f(21,21) & \ddots & O & \cdots f(jk,21)\cdots & f(r1,21) & \cdots & f(rk_r,21) \\
f(11,2k_2) & \cdots & f(1k_1,2k_2) & O & & f(2k_2,2k_2) & \cdots f(jk,2k_2)\cdots & f(r1,2k_2) & \cdots & f(rk_r,2k_2) \\
\hline
\vdots & & \vdots & & & & \ddots\ O & \vdots & & \vdots \\
f(11,jk) & \cdots & f(1k_1,jk) & f(21,jk) & \cdots & f(2k_2,jk) & f(jk,jk) & f(r1,jk) & \cdots & f(rk_r,jk) \\
\vdots & & \vdots & & & & O\ \ddots & \vdots & & \vdots \\
\hline
f(11,r1) & \cdots & f(1k_1,r1) & f(21,r1) & \cdots & f(2k_2,r1) & \cdots f(jk,r1)\cdots & f(r1,r1) & \ddots & O \\
f(11,rk_r) & \cdots & f(1k_1,rk_r) & f(21,rk_r) & \cdots & f(2k_2,rk_r) & \cdots f(jk,rk_r)\cdots & O & & f(rk_r,rk_r)
\end{array}\right]
$$

となり，この連立方程式を解いて$\boldsymbol{x}$を求めればよい．

$$
\boldsymbol{x}=\begin{bmatrix} x_{11} \\ x_{12} \\ \vdots \\ x_{1k_1} \\ x_{21} \\ \vdots \\ x_{rk_r} \end{bmatrix},\quad \boldsymbol{Y}^*=\begin{bmatrix} Y_{11}^* \\ Y_{12}^* \\ \vdots \\ Y_{1k_1}^* \\ Y_{21}^* \\ \vdots \\ Y_{rk_r}^* \end{bmatrix}
$$

$\boldsymbol{F}$は要因間クロス集計表そのものであり，対角線(単純集計に当たる)をはさんで上下対称である．また$Y_{jk}^*$は要因$j$カテゴリー$k$に該当するサンプルの値$Y_i$の総和である．

なお，上の連立方程式はランク落ちのため，このままでは解けない．実際の計算法は§2.3.4で示すようにして行う．

### 2.3.3 推定の精度と要因の効きの評価

#### 1) 推定の精度

外的基準$Y$に対して，説明要因として採り上げたものが全体としてどの程度適切であったかの測度としては，実測値$Y$と推定値$\hat{Y}$との相関係数(重相関係数) $r_{Y\hat{Y}}$を用いればよい．

$$
r_{Y\hat{Y}}=s_{Y\hat{Y}}/s_Y s_{\hat{Y}}
$$

ここで，$s_{Y\hat{Y}}$は$Y$と$\hat{Y}$の共分散，$s_Y{}^2, s_{\hat{Y}}{}^2$は$Y$および$\hat{Y}$のそれぞれの分散である．$s_Y{}^2$ははじめから知られている．$Y$の平均と$\hat{Y}$の平均は等しく，これを$\bar{Y}$とすると，

$$
\begin{aligned}
s_{Y\hat{Y}}&=\frac{1}{n}\sum_i Y_i\Bigl(\sum_j\sum_k \delta_{i(jk)}x_{jk}\Bigr)-\bar{Y}^2 \\
&=\frac{1}{n}\sum_j\sum_k\Bigl(\sum_i \delta_{i(jk)}Y_i\Bigr)x_{jk}-\bar{Y}^2 \\
&=\frac{1}{n}(\boldsymbol{Y}^*,\boldsymbol{x})-\bar{Y}^2
\end{aligned}
$$

$$
s_{\hat{Y}}{}^2=\frac{1}{n}\sum_i\Bigl(\sum_j\sum_k \delta_{i(jk)}x_{jk}\Bigr)^2-\bar{Y}^2
$$

$$=\frac{1}{n}\sum_j\sum_k\sum_l\sum_m(\sum_i\delta_{i(jk)}\delta_{i(lm)})x_{jk}x_{lm}-\bar{Y}^2$$

$$=\frac{1}{n}(\boldsymbol{Y}^*,\boldsymbol{x})-\bar{Y}^2$$

すなわち，$s_{Y\hat{Y}}$ と $s_{\hat{Y}}^2$ は等しい．ここで $(\boldsymbol{Y}^*,\boldsymbol{x})$ はベクトル $\boldsymbol{Y}^*$ と $\boldsymbol{x}$ の内積を意味する．重相関係数は次のように簡単に求まる．

$$r_{Y\hat{Y}}=\frac{1}{s_Y}\left\{\frac{1}{n}(\boldsymbol{Y}^*,\boldsymbol{x})-\bar{Y}^2\right\}^{1/2}$$

残差分散 $s_e^2$ は最小化された $Q$ をサンプル数 $N$ で除したものである．

$$s_e^2=\min Q/N=s_Y^2(1-r_{Y\hat{Y}}^2)$$

### 2) 要因の効きの評価

どの要因が推定に対して最もよく効いたかの評価を行うには，範囲(レンジ)，あるいは偏相関係数を用いる．

① 範囲：簡便法としては，数量化されたあとのカテゴリーの値 $x_{jk}$ に関して，各要因ごとに最大値と最小値の差 $R_j$，

$$R_j=\max|x_{jk}-x_{jk'}| \qquad (k\neq k'\,;\,k,k'=1,2,\cdots,k_j)$$

を計算し，要因間で比較する．$R_j$ が大きいほど，よく効く要因である．

② 偏相関係数：カテゴリーの値 $x_{jk}$ が得られたあとは通常の変量のごとく扱って，単相関行列をつくり，外的基準 $Y$ と各要因 $j$ との偏相関係数を算出して，それにより各要因の効きを判定する．

要因 $j$ と $l$ の相関係数 $r_{jl}$ は，

$$r_{jl}=\frac{\sum_m\sum_k f(jk,lm)x_{jk}x_{lm}-N\bar{x}_j\bar{x}_l}{\{(\sum_k n_{jk}x_{jk}^2-N\bar{x}_j^2)(\sum_m n_{lm}x_{lm}^2-N\bar{x}_m^2)\}^{1/2}}$$

ただし

$$\bar{x}_j=\sum_k n_{jk}x_{jk}/N, \qquad \bar{x}_l=\sum_m n_{lm}x_{lm}/N$$

一方，外的基準 $Y$ と要因 $j$ の相関係数は，まず共分散 $s_{jY}$ が

$$s_{jY}=\frac{1}{N}\sum_k\sum_i\delta_{i(jk)}Y_i x_{jk}-\bar{x}_j\cdot\bar{Y}=\frac{1}{N}\sum_k Y_{jk}^*x_{jk}-\bar{x}_j\bar{Y}$$

であるから，

$$r_{jY}=\frac{\frac{1}{N}\sum_k Y_{jk}^*x_{jk}-\bar{x}_j\bar{Y}}{s_Y\left(\frac{1}{N}\sum_k n_{jk}x_{jk}^2-\bar{x}_j^2\right)^{1/2}}$$

なお，§2.3.4で示すように$x_{jk}$を$\bar{x}_j=0$となるよう調整したものとしておけば$r_{jl}, r_{jY}$の式で$\bar{x}_j$を含む項は0となるので計算上簡単となる．外的基準$Y$と要因$j$との偏相関係数$r_{jY(l)}$ ($l \neq j$, $l=1,2,\cdots,r$) は，$r_{jl}, r_{jY}$を並べた相関行列より，通常の仕方で求められる．

### 2.3.4 実際の計算法

#### 1) $x_{jk}$の具体的な算出

§2.3.2で示したように要因カテゴリーに与える数値$x_{jk}$は連立一次方程式

$$\boldsymbol{Fx}=\boldsymbol{Y}^*$$

を解いて$\boldsymbol{x}$を求めればよいのであるが，$\boldsymbol{F}$はランクが落ちている．一般に行列$\boldsymbol{F}$のランクは，要因数が$r$，カテゴリー総数が$m$のとき，$(m-r+1)$である．したがって，$r \geqq 2$のとき$\boldsymbol{x}$は一意には決まらない．

実際の計算に当たっては$x_{jk}$の一部を初めから0としておく．すなわち，$(r-1)$個の要因のそれぞれについて，カテゴリーの一つを0とする．

たとえば

$$x_{j1}=0 \qquad (j=2,3,\cdots,r)$$

とする．$x_{11}$はそのままとしておく．

そのことは，行列$\boldsymbol{F}$に関して$(r-1)$個の要因のそれぞれの中から，カテゴリーを一つ選び，それに対応する行，列を抹消して，縮小行列$\boldsymbol{F}^0$をつくり，それについて計算を行えばよいことを意味する．このとき，対応する$\boldsymbol{Y}^*, \boldsymbol{x}$についても，対応要素を除き，$\boldsymbol{Y}^{*0}, \boldsymbol{x}^0$として，

$$\boldsymbol{F}^0\boldsymbol{x}^0=\boldsymbol{Y}^{*0}, \qquad \boldsymbol{x}^0=\boldsymbol{F}^{0\ -1}\boldsymbol{Y}^{*0}$$

を解けばよいことがいえる．

この処理によって各要因におけるカテゴリー数値$x_{jk}$の大小順位，差の絶対値の関係は変わらない．また，重相関係数，範囲(レンジ)，偏相関係数も不変である．

**計算例**　以下，簡単な計算例を挙げる．

外的基準$Y$は，月間の図書購入費，要因は性別(男，女)，年齢(20代，30代)，学歴(大学卒，その他)の3要因の，のべ6カテゴリーとする(数値はすべて架空のデータである)．

$$\bar{Y}=1,010\text{円}, \qquad s_Y=400\text{円}, \qquad N=100\text{人}$$

クロス集計 $\boldsymbol{F}$，および $\boldsymbol{Y}^*$ は表 2.2 のとおり．

表 2.2

| | (人) | 男 | 女 | 20代 | 30代 | 大学卒 | その他 | $Y^*$ $\sum_i$ 月間図書費(円) |
|---|---|---|---|---|---|---|---|---|
| 性 | 男 | 55 | 0 | 25 | 30 | 20 | 35 | 61,000 |
| 別 | 女 | 0 | 45 | 25 | 20 | 10 | 35 | 40,000 |
| 年 | 20 代 | 25 | 25 | 50 | 0 | 20 | 30 | 51,000 |
| 齢 | 30 代 | 30 | 20 | 0 | 50 | 10 | 40 | 50,000 |
| 学 | 大学卒 | 20 | 10 | 20 | 10 | 30 | 0 | 45,000 |
| 歴 | その他 | 35 | 35 | 30 | 40 | 0 | 70 | 56,000 |

（表の男〜その他の列は $F$）

$\boldsymbol{F}$ と $\boldsymbol{Y}^*$ から，(年齢)，(学歴) の要因について第 2 カテゴリーを抹消したものを $\boldsymbol{F}^0, \boldsymbol{Y}^{*0}$ とする．計算は次のようになる．

$$\boldsymbol{F}^0\boldsymbol{x}^0=\boldsymbol{Y}^{*0}$$

$$\begin{bmatrix} 55 & 0 & 25 & 20 \\ 0 & 45 & 25 & 10 \\ 25 & 25 & 50 & 20 \\ 20 & 10 & 20 & 30 \end{bmatrix}\begin{bmatrix} x_{11} \\ x_{12} \\ x_{21} \\ x_{31} \end{bmatrix}=\begin{bmatrix} 61000 \\ 40000 \\ 51000 \\ 45000 \end{bmatrix}$$

（ただし，$x_{22}=x_{32}=0$ としている.）

計算の結果は表 2.3 のようにまとめられる．$n_{jk}$ は各要因カテゴリーに属する人数である．$x_{jk}{}^0$ は上の縮小行列，縮小ベクトルによる計算結果である．

表 2.3

| 要因カテゴリー | | $n_{jk}$ | $x_{jk}{}^0$ | $\bar{x}_j{}^0$ | $x_{jk}$ | 範　囲 |
|---|---|---|---|---|---|---|
| 性 | 男 | 55 | 901.9 | 852.9 | 49.0 | 108.9 |
| 別 | 女 | 45 | 793.0 | | −59.9 | |
| 年 | 20 代 | 50 | −110.8 | −55.4 | −55.4 | 110.8 |
| 齢 | 30 代 | 50 | 0. | | 55.4 | |
| 学 | 大学卒 | 30 | 708.2 | 212.5 | 495.7 | 708.2 |
| 歴 | その他 | 70 | 0. | | −212.5 | |
| | | | | 定数項 $C$ | 1010.0 | |

$\bar{x}_j{}^0$ は，各要因の中で個別に求めた平均値である．すなわち，

$$\bar{x}_j{}^0=\sum_{k=1}^{kj} n_{jk}x_{jk}{}^0/N$$

この値を用いて次のように調整した $x_{jk}$ を最終的な結果とする．

$$x_{jk}=x_{jk}{}^{0}-\bar{x}_{j}{}^{0} \qquad (j=1,2,\cdots,r\ ;\ k=1,2,\cdots,k_{j})$$

この $x_{jk}$ は

$$\bar{x}_{j}=\sum_{k}n_{jk}x_{jk}/N=0 \qquad (j=1,2,\cdots,r)$$

となるように基準化されたものであり，縮小行列，縮小ベクトルをつくるとき，どのカテゴリーを抹消するかの恣意性とは無関係に決まる数値なので一般性があり，かつ符号の向きでカテゴリーの効き方を判断しやすい．

表 2.4

| | | $x_{jk}{}^{0}$ |
|---|---|---|
| 性別 | 男 | 1499.4 |
| | 女 | 1390.5 |
| 年齢 | 20 代 | 0. |
| | 30 代 | 110.8 |
| 学歴 | 大学卒 | 0. |
| | その他 | −708.2 |

すなわち $\boldsymbol{F}^{0}, \boldsymbol{Y}^{*0}$ をつくるとき，この計算例において（20 代）（大学卒）を抹消した場合（$x_{21}=x_{31}=0$ とする場合），連立方程式の解は表 2.4 のとおりになる．

みかけ上の数値は変わっても，数値の順位，範囲に変化なく，また

$$x_{jk}=x_{jk}{}^{0}-\bar{x}_{j}{}^{0}$$

をつくれば，上表と全く同一になる．

定数項 $C$ は，

$$C=\sum_{j}\bar{x}_{j}{}^{0}$$

として，求められる．これは，実測値の平均 $\bar{Y}$，推定値の平均 $\hat{Y}$ と一致する．

推定式は，次のようになる．

$$\hat{Y}_{i}=\sum_{j}^{n}\sum_{k}^{k_{j}}\delta_{i(jk)}x_{jk}+C \qquad (i=1,2,\cdots,N)$$

上の計算例では，3 要因 2 カテゴリーずつで，全部で 8 通りのカテゴリーの組合せがある．それぞれの場合の推定値は次のようになる．

| 〔要因のパターン〕 | 〔推定値 $\hat{Y}$〕 | 〔要因のパターン〕 | 〔推定値 $\hat{Y}$〕 |
|---|---|---|---|
| （男，30 代，大学卒） | 1610.1 円 | （男，30 代，その他） | 901.9 円 |
| （女，30 代，大学卒） | 1501.2 〃 | （女，30 代，その他） | 793.0 〃 |
| （男，20 代，大学卒） | 1499.3 〃 | （男，20 代，その他） | 791.1 〃 |
| （女，20 代，大学卒） | 1390.4 〃 | （女，20 代，その他） | 682.2 〃 |

重相関係数は，

$$r_{Y\hat{Y}}=\frac{1}{s_{Y}}\left\{\frac{1}{N}(\boldsymbol{Y}^{*},\ \boldsymbol{x})-\bar{Y}^{2}\right\}^{1/2}$$

$$(\boldsymbol{Y}^*, \boldsymbol{x}) = (61,000 \times 901.9) + (40,000 \times 793.0) + (51,000 \times (-110.8)) + (45,000 \times 708.2) = 112,954,100$$

よって，

$$r_{Y\hat{Y}} = \frac{1}{400}\{112,954,100/100 - 1,010^2\}^{1/2} = \frac{1}{400}\sqrt{109,441} = \frac{331}{400} = 0.828$$

## 付. “暮らし方”意識の動き—日本人の国民性調査から—

### 1) “人の暮らし方”の質問

統計数理研究所が，1953 年から 5 年おきに継続している「日本人の国民性調査」の中に，“人の暮らし方”についての質問がある．この質問は，ごく一般的なレベルで暮らしの態度を聞いたもので，回答が直ちに日々の生活行動と結びつくものではない．各人の意識の表層にある，いわば生活のモットーともいうべきもので，その時代の社会的たてまえも濃厚に含んでいよう．しかし，それでも調査結果は，ここ四半世紀における日本人の暮らし方の意識の変遷を画いていて，興味深いものがある．

質問は，次のようである．6 通りの暮らし方のタイプをリストで示し，自分の気持に最も近いものを選んでもらう形式である．

〔質問〕 人の暮らし方には，いろいろあるでしょうが，つぎにあげるもののうちで，どれが一番，あなた自身の気持に近いものですか

1. 一生けんめい働き，金持ちになること
2. まじめに勉強して，名をあげること
3. 金や名誉を考えずに，自分の趣味にあったくらしをすること
4. その日その日を，のんきにクヨクヨしないでくらすこと
5. 世の中の正しくないことを押しのけて，どこまでも清く正しくくらすこと
6. 自分の一身のことを考えずに，社会のためにすべてを捧げてくらすこと

表 2.5 に 20 歳以上の日本人全体の回答結果を掲げよう．ローマ数字は調査の別，(　) 内は調査時点を示す．

表 2.5 “人の暮らし方”意識の変化

| 調査（年） | 1 金持ち | 2 名をあげる | 3 趣味 | 4 のんきに | 5 清く正しく | 6 社会につくす | 7 他 | 8 D・K | 計 %(人) |
|---|---|---|---|---|---|---|---|---|---|
| Ⅰ(1953) | 15% | 6 | 21 | 11 | 29 | 10 | 4 | 4 | 100(2 254) |
| Ⅱ(1958) | 17 | 3 | 27 | 18 | 23 | 6 | 3 | 3 | 100( 920) |
| Ⅲ(1963) | 17 | 4 | 30 | 19 | 18 | 6 | 3 | 3 | 100(2 698) |
| Ⅳ(1968) | 17 | 3 | 32 | 20 | 17 | 6 | 2 | 3 | 100(3 033) |
| Ⅴ(1973) | 14 | 3 | 39 | 23 | 11 | 5 | 2 | 3 | 100(3 055) |
| Ⅵ(1978) | 14 | 2 | 39 | 22 | 11 | 7 | 2 | 3 | 100(2 032) |

表 2.5 から，1953(昭和 28)年の時点では，「清く正しく」が 29 % でトップだったのが，25 年間で徐々に減り，代わって「趣味にあった暮らし」や「のんきに暮らす」が増加を続けていることがわかる．

図 2.3 は，同じデータについて，1953 年と 1978 年の年齢別の姿を画いたものである．年齢を 5 歳きざみで区分すると，各区分の該当サンプルは少なくな

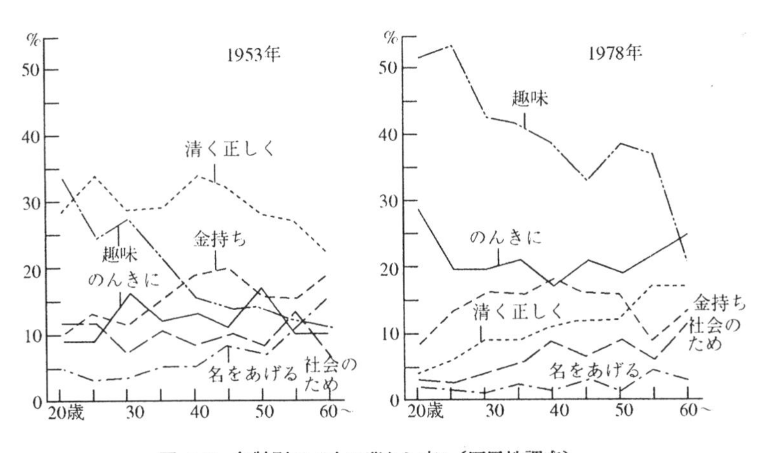


図 2.3 年齢別の“人の暮らし方”（国民性調査）

り，数字の信頼度は下がる．しかし，図 2.3 から，1953 年は「清く正しく」が全年齢を通じて高い割合を占めたことがよくわかる．それに対して，1978 年では「趣味にあった暮らし」が他を引離して多く，「清く正しく」は高年齢層

で過去の余韻を残しているといった風である.

### 2) 過去の主流—「清く正しく」

かつて,日本人の暮らしの意識の主潮は,“清く正しく”であった.それは第二次大戦以前からのもので,ここに興味深い戦前のデータがある.国民性調査のこの質問の原型が戦前に存在し,その調査結果が今に伝えられているのである.文部省社会教育局がまとめた「昭和十五年度壮丁思想調査概況」のなかで,その年の20歳男子の壮丁検査の際に実施した自記式調査の結果が紹介されている.調査は標本調査であるが,地域特性などで全体を区分し,一種の割当て法でサンプル28711人を選んでいる.現在の確率サンプルではない.この調査に問題の質問が含まれている.問は,「人のくらし方には色々ありませうが,次のやうなもののうちで,諸君は将来どういふのをえらびたいと思いますか,まづいちばんよいと思ふもの一つだけに○をつけなさい」とある.回答肢は,現行の国民性調査とほぼ同じだが,「金持ち」の項が「一生懸命働き倹約して……」とあり,“倹約して”が入っている.また,(社会につくす)の項が「自分一身のことを考へずに公のために……」となっていて,“社会”と“公(おおやけ)”の差異がある.そのほか,国民性調査にはない「自分のことを先にして,その後で他の人のことを考へること」,「公のことを先にし,自分のことは後まはしにして考へること」が加えられている.

さて,調査の結果はどうか.回答率を示すと,

| | | | |
|---|---|---|---|
| (金持ち) | 9% | (名をあげる) | 5 |
| (趣味) | 5 | (のんきに) | 1 |
| (清く正しく) | 41 | (公につくす) | 30 |
| (自分を先) | 1 | (公を先) | 6 |
| (DK, NA) | 2 | | |

となり,「清く正しく」と「公につくす」が全体の70%を占めている.もちろん,その時代のことであり,また調査を受ける場所が場所だけに,青年たちが正直に心情を表現しているとは思えない.それにしても当時「清く正しく」が暮らしのあり方として,いかに広く浸透していたかがわかり,興味深い.

戦後もこれが持ち越されて,図2.3の1953年では30%前後の高い値が得られたとみられる.もちろん,「清く正しく」の内容が戦前と全く同じであると

はいえない．しかし，言葉だけでなく，かなりの部分の内容が継承されたと思われる．

### 3) 新しい暮らし―「趣味に合った暮らし」

図2.3の1953年のグラフで，もう一つ顕著な傾向は「趣味に合った暮らし」を望む率が，青年層で高く年長層で低く，しかもその差が大きいことであろう．まさしく，「趣味」は当時の青年を特徴づける新しい時代の意識であった．年齢による同じような差は最近の1978年でも認められる．全年齢層で「趣味」は高位にあるが，ここでも青年層が年長層より高いのである．

さて，25年を隔てた二つの調査結果にみる「趣味」の増加は何か．もう少し数字の動きを追ってみる．

1953年の20代前半は，1978年の40代後半の世代(昭和3〜7年生まれ)に当たる．この世代の5年おきの「趣味」をみると，34%→34→33→31→40→33のように大きな変化はない．この一つ後の世代(昭和8〜12年生まれ)も，1958年以来，38%→38→38→41→39で同様に変化の幅が小さい．しかし，次々と新しく調査に加わる若い層の「趣味」の割合は，前の層を上回る傾向があり，結局これが，図2.3の1978年のグラフを形づくっているのである．ただし，50代以上の年齢層では年月の経過とともに，徐々に「趣味に合った暮らし」へと移行してきた様子がみられる．しかし，大まかにいえば25年間の「趣味」の増大(表2.4)は新しい世代と古い世代の交替に理由がありそうである．

では，一方の「清く正しく」の数字の動きはどうか．先の1953年の20代前半世代でみると，28%→25→18→17→14→12で年齢が増えると低下する．この5歳後の世代も1958年を起点に25%→18→15→10→11と値が落ちる．しかも後の世代ほど20歳時の「清く正しく」の回答率が低い．こちらは，新しい世代の参加という理由と同世代でも年をとると低減するという理由の二つが働いている．図2.3(1978年)では，年齢が上ほど回答率が高いが，年長世代は初めに高かった分だけ，残留分が多いというべきであろうか．若いときに多く，年をとると他の暮らし方に去られてしまうという意味では，「清く正しく」は青年を特徴づける意識であるが，図2.3(1978年)でみるように若者の間では微々たる割合になってしまった．

「清く正しく」とよく似た変化を遂げたのが，「社会のため」である．「清く正しく」と並んで戦前を代表する徳目であったが，これは 1953 年時点で，すでにかなり低落しており，あとの変化の軌跡も「清く正しく」と全く同じような形を示している．「社会のためにすべてを捧げて……」が強烈すぎるようである．

一方，「趣味」ほどではないが，一緒に上昇してきたのが「のんきに」である．1978 年では，全年齢層で 2 位を占める．

特異なのは「金持ち」で，これは時代による変化が乏しく，むしろ年齢に依存するような傾向がみられる．

**4）　暮らし方の意味の変質**

ところで，「趣味」も「清く正しく」もいわば暮らし方のスローガンであり，内容が抽象的でありすぎる．いったい，それは何を意味しているのか，意味に変化や差異はないのか．その辺を調べることは重要である．ここでは簡単な例をあげる．

国民性調査のなかに，「自分が正しいと思えば世のしきたりに反しても，それをおし通すべきだと思いますか，それとも世間のしきたりにしたがった方がまちがいないと思いますか」という質問がある．“押し通せ”は個人の主体性を重んずる，いわば近代的な意見，“したがえ”は大勢順応的な伝統的な意見といわれる．1978 年の調査で“したがえ”の回答が“押し通せ”を上回るという逆転が生じ，話題となった．

表 2.6 は，この質問で“押し通せ”と回答した割合を，暮らし方のタイプ別に比較したものである．“名をあげる”は該当サンプルが少ないので“金持ち”と合わせてある．

**表 2.6**　人の暮らし方と“押し通せ”の回答率(単位：%)

| | | 全体 | 金持ち 名をあげる | 趣味 | のんき | 清く正しく | 社会につくす |
|---|---|---|---|---|---|---|---|
| 20～30代 | 1953年 | 45 | 41 | 46 | 35 | 52 | 49 |
| | 1978年 | 29 | 35 | 27 | 27 | 38 | 29 |
| 40～50代 | 1953年 | 39 | 30 | 50 | 31 | 46 | 40 |
| | 1978年 | 31 | 26 | 33 | 27 | 41 | 30 |

1953 年当時でみると，20～30 代と 40～50 代の両年齢層とも，他と比べ「清

く正しく」の“押し通せ”の割合が高い．「世の中の正しくないことを押しのけて，どこまでも……」が，内容的に共通点をもったようである．他方，「趣味」の“押し通せ”の割合も，決して低くない．40〜50代では「清く正しく」のそれを上回るほどである．少なくとも「のんきに」とは明らかに異なっている．当時，「趣味」は，「金や名誉を考えずに……」とあるように，立身出世のような古い世俗価値に反発する新しい生き方を意味しており，その限りでは「清く正しく」と通じるものがあったと考えられないだろうか．

つぎに，25年を経過した1978年でみると，ここでも「清く正しく」の“押し通せ”が最も高い．しかし，「趣味」の“押し通せ”は平均なみの値になり，「のんきに」との差が縮まっている．特に若い20〜30代で著しい．こうみると，「趣味に合った暮らし」は，現在では「のんきに暮らす」と内容的に似た意味成分を含んだものに変質しているように思う．少なくとも「清く正しく」からは離れつつあるといえよう．

表2.7は，1978年調査で，「親孝行」，「恩返し」，「個人の権利尊重」，「自由の尊重」のなかから，大切なことを二つ選べという質問に対するそれぞれの暮らし方の人の回答結果を示したものである．暮らし方としては，「趣味」，「のんき」，「清く正しく」の三つを掲げた．

**表 2.7** 人の暮らし方と大切なこと二つ(複数回答)
(単位：%)

| | | 親孝行 | 恩返し | 個人の権利 | 自由の尊重 |
|---|---|---|---|---|---|
| 全体 | 20〜30代 | 68 | 37 | 44 | 48 |
| | 40〜50代 | 69 | 52 | 36 | 37 |
| 趣味 | 20〜30代 | 66 | 35 | 46 | 51 |
| | 40〜50代 | 65 | 51 | 40 | 40 |
| のんきに | 20〜30代 | 71 | 35 | 46 | 46 |
| | 40〜50代 | 77 | 53 | 28 | 36 |
| 清く正しく | 20〜30代 | 76 | 35 | 53 | 35 |
| | 40〜50代 | 60 | 56 | 44 | 34 |

青年層(20〜30代)と高年層(40〜50代)の両層で，「清く正しく」における「個人の権利尊重」の割合が高いことが目立つ．また，高年層の「清く正しく」では「恩返し」が多く，青年層では「親孝行」が多い．

三つの暮らし方について，大切なものの回答パターンを比べると，青年層では，「趣味」は「清く正しく」よりも「のんき」に似ている．一方，高年層では三者三様である．ここでも「趣味」の中味が若い層で「のんき」に接近している傾向をみることができる．

1953 年以来，急速に増加した「趣味に合った暮らし」は，「清く正しく」からバトンを引継いだ若者のころと違って，「のんきに暮らす」に近い内容として現在の青年層に受け入れられているといってよいであろう．

**5） “暮らし方” 意識の解明**

「若者はいつも時代の風潮を敏感に身につけて新しい時代を先駆ける」という見方がある．これに従えば，1953 年の 20 代は「趣味に合った暮らし」の到来を，当時先取りしていたことになる．また「清く正しく」の後退を感じていたともいえる．1953 年に「清く正しく」の回答率が各年齢であまり変化がなかったのは，本来なら，もっと高い値を示してよい青年層で，すでに後退が始まっていたとも読めるのである．

その後は，「趣味」が増加を続ける．この主たる担い手も各回の調査で新たに参加してくる青年層であった．そして「清く正しく」は，急速に後退する．この変化は，表面上は比較的単純な形であった．しかし，同じ「趣味」でも 25 年を経て，青年層と高年層で意味の微妙なちがいを生み出しているのである．これを具体的に明らかにすることが，実は肝心な点であろう．

本来，人の暮らし方の意識を，数個の選択肢で，それも短い文章で，集約的にとらえることはむずかしい．しかも，25 年の歳月をとおしての数字の変化を他の質問と合わせて総合的に分析し，なにがどう変わったのかを知ろうというのである．現状では，それを可能にする完全な方法はない．長期にわたる継続調査では，同じ言語表現でも内包する意味の変化があり，新しいアイデアの分析法の創案が必要となる．

しかし，目下のところは，暮らし方意識の未知の次元を模索する吟味調査が，どしどし行われることが重要だと考える．

国民性調査の “人の暮らし方” の質問は，1978 年の最年少世代で「趣味に合った暮らし」が 50 %を越えた．6 個のうちの特定の回答肢が過半数を占めるようでは，質問の妥当性を問われても仕方がない．

国民性調査のこの質問の原型は戦前にあった．そこで使用される回答肢の「金持ちになる」や「名をあげる」は克苦勉励による立身出世で，伝統的価値観に裏打ちされている．また，「どこまでも清く正しくくらす」や「社会のため一身を捧げる」は，明らかに禁欲と奉仕を美徳とする戦前型の価値である．

では，大きく伸びた他の二つはどうか.「趣味」は，「金や名誉を考えずに，……」が示すように，世俗的価値に対立こそしているが，結局は古い価値と同じ次元上の意識である点で変わりがないようにみえる．同様に「のんきにクヨクヨしないで暮らす」は，“クヨクヨしないで” がいみじくも表しているように，逃避となぐさめが含まれ，その裏には古い価値指向が潜んでいるように思える．これら二つも，消極的な側に立つが，伝統的価値を色濃く残している．

これらの回答肢は，過去はともかくとして，経済が成長し，いわゆる “脱物質化” 社会に近づくと，内容がそぐわなくなるのは否定できない．新しい価値の方向を探し出す努力が望まれる．早い話が，「のんきに楽しく暮らす」であったら，すでにみた戦後日本の暮らし方の数字の動きも大いに変わっていたかもしれないのである．

# 3. 外的基準のある多変量解析 II—判別分析と関連技法

## 3.1 判別分析

### 3.1.1 判別の問題

いくつかのグループが混じっている母集団からランダムに抽出した対象が，これらのグループのどれに属しているかを判別しようとするのを判別の問題という．実際場面ではしばしばこの種の問題が発生する．たとえば，いろいろな病的兆候から具体的な病名を推定する場合である．このとき，一つの兆候から判断するのでなく，全兆候を考慮して総合的に診断する．すなわち多変数を同時的に扱うことになる．

一般に判別分析では，あらかじめ，どのグループに属するかが明確に知られているサンプルが有する変数（$X_1, X_2, \cdots, X_n$）の値（$x_{i1}, x_{i2}, \cdots, x_{in}$）を観測し，これを判別のために有効な変数（$Y_1, Y_2, \cdots, Y_m$）に変換しておく．$Y_j$（$j=1, 2, \cdots, m$）を判別関数という．

$$Y_j = f(X_1, X_2, \cdots, X_n) \qquad (j=1, 2, \cdots, m)$$

判別関数 $Y_j$ の具体的な形が求められたならば，次にどのグループに属するか不明のサンプルについて，そのサンプルの（$x_{i1}, x_{i2}, \cdots, x_{in}$）の値より $Y_j$（$j=1, 2, \cdots, m$）を計算し，$Y_j$ の値をみて，そのサンプルは本来どのグループに属するものかを判定する．

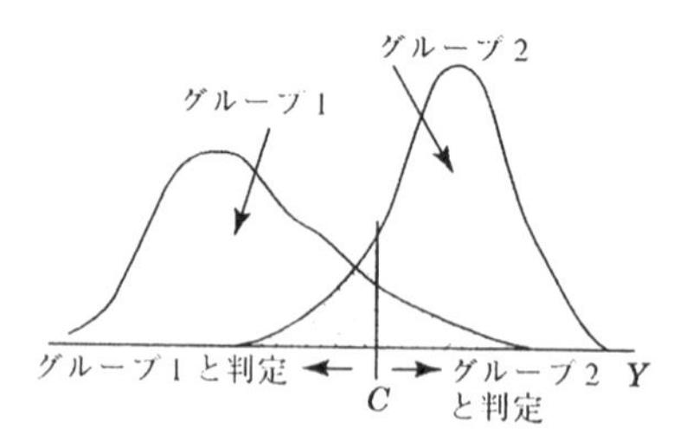

図 3.1　グループ 2 個の場合における判別（斜線部分は誤判定の割合）

たとえば，一定値 $C$ を基準にとり，$Y_j<C$ ならばグループ 1，$Y_j>C$ ならばグループ 2 などと判定する．

もちろん判別には誤りが伴う．たとえば本来グループ 1 と判定されるべきものが誤ってグループ2とされたり，逆に本来グループ2に属するものが，グループ1と誤認される危険を含んでいる．

そこで初めに判別関数をつくるとき，判別の成功率が最大となるような形を選んでおく．また高い成功率が得られるような変数群（$X_1, X_2, \cdots, X_n$）を使用する．

### 3.1.2　線型判別関数

判別のための変数 $Y_j$ （$j=1, 2, \cdots, m$）と観測変数（$X_1, X_2, \cdots, X_n$）の関係を次式

$$Y_j=\beta_{1j}X_1+\beta_{2j}X_2+\cdots+\beta_{nj}X_n \qquad (j=1, 2, \cdots, m)$$

のように1次式の形で考える場合を線型判別関数という．$\beta_{1j}, \beta_{2j}, \cdots$ などのパラメータは既知サンプルから決定する．

一般にグループ数 $S$，観測変数が $n$ 個のとき（$S, n \geqq 2$），判別変数 $Y$ は（$S-1$）個または $n$ 個のどちらか小さい方の数だけ求めることができる．

$$m=\min(S-1, n)$$

たとえば，グループ数2，観測変数2とすれば，$Y$ は1種類だけ得られる．またグループ数3，観測変数5とすれば，$Y$ は2種類求めることができる．

$Y$ が多種類得られる場合でも，実際の判別に，それら全部を使う必要はない．効率のよい代表的なものの1種，2種を用いれば十分な場合が多い．

### 3.1.3　判別効果の測度

判別分析では，既知のサンプルの観測変数の値からグループ判別の的中率(判別に成功する比率)を最大にするように判別関数 $Y$ の具体的なパラメータを求める．

しかし，最大化すべきものとして的中率を直接扱うことはいろいろと困難が伴う．数式的表現や計算法が複雑すぎる場合が多い．

そこで，通常は的中率と関係の深い別の測度を代用することがよく行われる．

判別の測度として，よく利用されるものを挙げてみると，

1）　グループ数2個のとき：グループ1に属するサンプルの割合を $\pi_1$，グループ2の割合を $\pi_2$ とする($\pi_1+\pi_2=1$)．また，結果的な判別変数 $Y$ に関して，グループ1についてのみの平均と分散を $m_{Y_1}, s_{Y_1}{}^2$ とする．同様にグループ2

について $m_{Y_2}, s_{Y_2}{}^2$ とする．

$$G=\frac{(m_{Y_1}-m_{Y_2})^2}{\pi_1 s_{Y_1}{}^2+\pi_2 s_{Y_2}{}^2} \quad (1)$$

$$G'=\frac{(m_{Y_1}-m_{Y_2})^2}{(s_{Y_1}+s_{Y_2})^2} \quad (2)$$

2)　一般の場合：第 $l$ グループの割合を $\pi_l$ $(l=1,2,\cdots,S,\ \sum_l \pi_l=1)$，その平均，分散を $m_{Y_l}, s_{Y_l}{}^2$．全グループ通じての平均，分散を $m_Y, s_Y{}^2$ とするとき，

$$\eta^2=\sum_{l=1}^{S}\pi_l(m_{Y_l}-m_Y)^2/s_Y{}^2$$

等が使われる．$\eta^2$ はいわゆる相関比(correlation ratio)の２乗である．上の $G$ は $\eta^2$ と等価である．すなわち $\eta^2$ の最大化は $G$ の最大化に等しい．

### 3.1.4　相関比の２乗 $\eta^2$ の最大化(判別関数の求め方)

一般にグループ数が２個以上の場合の判別関数の求め方について扱う．

各グループを $G_r1, G_r2, \cdots, G_rS$ とする．観測変数として $(X_1, X_2, \cdots, X_n)$ を用いる．判別変数 $Y$ を，

$$Y=\beta_1X_1+\beta_2X_2+\cdots+\beta_nX_n \qquad (\text{ただし，}\beta_1,\beta_2,\cdots,\beta_n\text{ は重み係数})$$

とする．このとき相関比の２乗 $\eta^2$ は，

$$\eta^2=\sum_{l=1}^{S}\pi_l(m_{Y_l}-m_Y)^2/s_Y{}^2=\frac{Y\text{ の between の分散}}{Y\text{ の全体の分散}}$$

ただし，$\pi_l$ はグループ $G_rl$ の相対度数$(\sum_l \pi_l=1)$，$m_{Y_l}$ は $Y$ の平均，$m_Y$ は全グループを通じての平均，$s_Y{}^2$ は同じく分散である．

$\eta^2$ を最大にする重み係数 $\beta_1, \beta_2, \cdots, \beta_n$ を求める．

グループ所属が既知のサンプルの値より $\eta^2$ を次のように表現する．

〔層間(between)分散〕　　グループ $G_rl$ 別の変数 $X_j$ $(j=1,2,\cdots,n)$ の平均を $\bar{x}_j{}^{(l)}$，全体における $X_j$ の平均を $\bar{x}_j$ とする．また，グループ $G_rl$ ごとのサンプル数を $n_l$，全サンプル数を $N$ とする．

$$\pi_l=n_l/N \qquad \left(\sum_{l=1}^{S}n_l=N\right)$$

ここで，

$$d_{jl}=\bar{x}_j{}^{(l)}-\bar{x}_j \qquad \begin{pmatrix} j=1,2,\cdots,n \\ l=1,2,\cdots,S \end{pmatrix}$$

を $jl$ 要素とする行列 $\boldsymbol{D}$ を定義し，$\pi_l$ を第 $l$ 要素とする対角行列を $\boldsymbol{\pi}$ とすると，$X_j$ のグループ平均に関する分散共分散行列 $\boldsymbol{B}$ は，

$$\boldsymbol{D}=\begin{bmatrix} d_{11} & d_{12}\cdots d_{1S} \\ d_{21} & d_{22}\cdots d_{2S} \\ d_{31} & d_{32}\cdots d_{3S} \\ \vdots & \vdots \quad \vdots \\ d_{n1} & d_{n2}\cdots d_{nS} \end{bmatrix}$$

$$\boldsymbol{B}=\boldsymbol{D\pi D'}$$

$$\boldsymbol{\pi}=\begin{bmatrix} \frac{n_1}{N} & & O \\ & \frac{n_2}{N} & \\ O & & \ddots \frac{n_S}{N} \end{bmatrix}$$

したがって，重み $\beta_1,\beta_2,\cdots,\beta_n$ を要素とする列ベクトルを $\boldsymbol{\beta}$ とすると，$Y$ の層間分散は，

$$\boldsymbol{\beta' B\beta}$$

と書ける．なお，$\boldsymbol{B}$ の $jk$ 要素 $b_{jk}$ は，$b_{jk}=\frac{1}{N}\sum_l n_l d_{jl}d_{kl}$ となっている．

〔全体における分散〕　$Y$ の全体における分散は，変数 $X_j$（$j=1,2,\cdots,n$）に関する全サンプルを通じての分散共分散行列を $\boldsymbol{T}$ として

$$\boldsymbol{\beta' T\beta}$$

以上より相関比の2乗 $\eta^2$ は

$$\eta^2=\frac{\boldsymbol{\beta' B\beta}}{\boldsymbol{\beta' T\beta}}\left(=\frac{\sum_j\sum_k b_{jk}\beta_j\beta_k}{\sum_j\sum_k \hat{s}_{jk}\beta_j\beta_k}\right), \qquad \boldsymbol{T}=\begin{bmatrix} \hat{s}_{11} & \hat{s}_{12}\cdots\hat{s}_{1n} \\ \hat{s}_{21} & \hat{s}_{22}\cdots\hat{s}_{2n} \\ \vdots & \vdots \ \ddots \ \vdots \\ \hat{s}_{n1} & \hat{s}_{n2}\cdots\hat{s}_{nn} \end{bmatrix}$$

（ただし $\hat{s}_{jj}$ は $\hat{s}_j{}^2$（分散）を意味する．）

となる．

$\eta^2$ の最大化は，$Y$ の全分散を固定した条件下で行う．すなわち，$\eta^2$ の式の分母を一定にする．

$$\boldsymbol{\beta' T\beta}=s_Y{}^2=1$$

なる条件下で $\eta^2$ を最大にする重みベクトル $\boldsymbol{\beta}$ を決める．$\lambda$ をラグランジュの未定乗数として，

$$L=\boldsymbol{\beta' B\beta}-\lambda(\boldsymbol{\beta' T\beta}-1)$$

とおき，

$$\frac{\partial L}{\partial \boldsymbol{\beta}}=\boldsymbol{0}$$

より条件式を導く．この結果は次の形の固有方程式で示される．

$$\boldsymbol{B\beta}=\lambda\boldsymbol{T\beta}$$

これを解いて，最大の固有値 $\lambda_1$ に応ずる固有ベクトルとして $\boldsymbol{\beta}$ を求めればよい．上式は，

$$\boldsymbol{T}^{-1}\boldsymbol{B}\boldsymbol{\beta}=\lambda\boldsymbol{\beta}$$

のように変形される．これは一般の固有方程式である．計算上はこの式を用いる．なお，$\boldsymbol{T}, \boldsymbol{B}$ は対称行列だが $\boldsymbol{T}^{-1}\boldsymbol{B}$ は対称行列でない．

$\lambda$ の複数個の解のうち，最大のものを $\lambda_1$ とし，$\lambda_1$ に対応する固有ベクトル $^*\boldsymbol{\beta}'=(^*\beta_1, ^*\beta_2, \cdots, ^*\beta_n)$ をとれば，それが $\eta^2$ を最大にする重み係数である．

実際，

$$\eta^2=\frac{^*\boldsymbol{\beta}'\boldsymbol{B}\,^*\boldsymbol{\beta}}{^*\boldsymbol{\beta}'\boldsymbol{T}\,^*\boldsymbol{\beta}}=\lambda_1$$

がいえるから，$\eta_{\max}{}^2=\lambda_1$ である．

もしも，$s_Y{}^2=1$ を満足するように重みの寸法条件を調整するならば，

$$\boldsymbol{\beta}=^*\boldsymbol{\beta}/\sqrt{^*\boldsymbol{\beta}'\boldsymbol{T}\boldsymbol{\beta}}$$

のように行えばよい．このとき，$s_Y{}^2=\boldsymbol{\beta}'\boldsymbol{T}\boldsymbol{\beta}=1$ となる．

このようにして得られた $Y$ はグループ判別上最も効率のよい変数である．しかし，相関比の2乗 $\eta^2$ が十分大きくないときは，別に判別のための変数 $Y_2$ を求めるのが効果的である．

第2判別変数 $Y_2$ は先の $Y$（以下これを $Y_1$ と記す）と同じでは意味がないから，$Y_1$ と $Y_2$ は独立の条件の下でこれを行う．先の $Y_1$ のほかに

$Y_2=\alpha_1X_1+\alpha_2X_2+\cdots+\alpha_nX_n$　　（ただし $\boldsymbol{\alpha}'=(\alpha_1, \alpha_2, \cdots, \alpha_n)$ は重み係数）

として，共分散 $s_{Y_1Y_2}=0$ の条件（$\boldsymbol{\alpha}'\boldsymbol{T}\boldsymbol{\beta}=0$ の条件）をおき，$Y_1, Y_2$ に対応する二つの相関比の2乗 $\eta_1{}^2, \eta_2{}^2$ の積 $\eta^2$ を測度としてこれを最大にする $\boldsymbol{\beta}, \boldsymbol{\alpha}$ を求める．

$$\eta^2=\eta_1{}^2\cdot\eta_2{}^2=\left(\frac{\boldsymbol{\beta}'\boldsymbol{B}\boldsymbol{\beta}}{\boldsymbol{\beta}'\boldsymbol{T}\boldsymbol{\beta}}\right)\left(\frac{\boldsymbol{\alpha}'\boldsymbol{B}\boldsymbol{\alpha}}{\boldsymbol{\alpha}'\boldsymbol{T}\boldsymbol{\alpha}}\right)$$

$\lambda$ および $\mu$ をラグランジュの未定乗数として，$L$ を次のようにおく．

$$L=(\boldsymbol{\beta}'\boldsymbol{B}\boldsymbol{\beta})(\boldsymbol{\alpha}'\boldsymbol{B}\boldsymbol{\alpha})-\lambda\{\boldsymbol{\beta}'\boldsymbol{T}\boldsymbol{\beta}\cdot\boldsymbol{\alpha}'\boldsymbol{T}\boldsymbol{\alpha}-1\}-\mu\boldsymbol{\alpha}'\boldsymbol{T}\boldsymbol{\beta}$$

$\dfrac{\partial L}{\partial \boldsymbol{\beta}}=\boldsymbol{0}$，$\dfrac{\partial L}{\partial \boldsymbol{\alpha}}=\boldsymbol{0}$ より条件式は，

$$\boldsymbol{B}\boldsymbol{\beta}=\frac{\lambda}{\eta_2{}^2}\boldsymbol{T}\boldsymbol{\beta}+\frac{\mu}{\boldsymbol{\alpha}'\boldsymbol{B}\boldsymbol{\alpha}}\boldsymbol{T}\boldsymbol{\alpha} \quad (3)$$

$$\boldsymbol{B}\boldsymbol{\alpha}=\frac{\lambda}{\eta_1{}^2}\boldsymbol{T}\boldsymbol{\alpha}+\frac{\mu}{\boldsymbol{\beta}'\boldsymbol{B}\boldsymbol{\beta}}\boldsymbol{T}\boldsymbol{\beta} \quad (4)$$

（３）式の両辺に左から$\boldsymbol{\beta}'$を乗ずると，$\boldsymbol{\beta}'\boldsymbol{B}\boldsymbol{\beta}=\frac{\lambda}{\eta_2{}^2}\boldsymbol{\beta}'\boldsymbol{T}\boldsymbol{\beta}$が得られる．これより，

$$\lambda=\eta_1{}^2\cdot\eta_2{}^2$$

がわかる．

次いで，（３）式の両辺に左から$\boldsymbol{\alpha}'$を，（４）式の両辺に同じく$\boldsymbol{\beta}'$を乗ずると，

$$\boldsymbol{\alpha}'\boldsymbol{B}\boldsymbol{\beta}=\mu/\eta_2{}^2, \qquad \boldsymbol{\beta}'\boldsymbol{B}\boldsymbol{\alpha}=\mu/\eta_1{}^2$$

よって，

$$\mu/\eta_2{}^2=\mu/\eta_1{}^2$$

より，$\eta_1{}^2 \neq \eta_2{}^2$とすると，$\mu=0$がいえる．$\lambda, \mu$を（３），（４）式に適用すると，

$$\boldsymbol{B}\boldsymbol{\beta}=\eta_1{}^2\boldsymbol{T}\boldsymbol{\beta}, \qquad \boldsymbol{B}\boldsymbol{\alpha}=\eta_2{}^2\boldsymbol{T}\boldsymbol{\alpha}$$

いずれも同じ固有方程式となる．したがって，それぞれの固有方程式の最大固有値に相当する$\boldsymbol{\beta}$と$\boldsymbol{\alpha}$を求めればよいのであるが，$\eta^2=\eta_1{}^2\cdot\eta_2{}^2$であるので，$\eta^2$を最大にするには，$\eta_1{}^2 \neq \eta_2{}^2$，$\boldsymbol{\alpha}'\boldsymbol{T}\boldsymbol{\beta}=0$を考慮して，

$$\boldsymbol{B}\boldsymbol{x}=\lambda\boldsymbol{T}\boldsymbol{x}$$

なる固有方程式の最大固有値と２番目に大きい固有値をとり，それぞれの固有ベクトルをとればよい．

これら二つの固有値が$\eta_1{}^2, \eta_2{}^2$を与えることはもちろんである．

$s_{Y_1}{}^2=s_{Y_2}{}^2=1$とするには，得られたベクトルにより，次のように調整する．

$$\boldsymbol{\beta}={}^*\boldsymbol{\beta}/\sqrt{{}^*\boldsymbol{\beta}'\boldsymbol{T}{}^*\boldsymbol{\beta}}, \qquad \boldsymbol{\alpha}={}^*\boldsymbol{\alpha}/\sqrt{{}^*\boldsymbol{\alpha}'\boldsymbol{T}{}^*\boldsymbol{\alpha}}$$

第３，第４，… の判別のための変数，$Y_3, Y_4, \cdots$ を求める場合も上と同様である．固有値の大きい順にとれば，それらが相関比の２乗$\eta_3{}^2, \eta_4{}^2, \cdots$ に対応し，それぞれの固有ベクトルが重み係数ベクトルとなる．

これらの判別変数$Y_3, Y_4, \cdots$ などは相互に独立な関係となっている．

変数$Y$の数は先に述べたように，グループ数を$S$，観測変数の数を$\boldsymbol{n}$とするとき，最大限（$S-1$）個と$\boldsymbol{n}$個のうち少ない数の方だけ得ることができる．しかし実用的には，そのうちの$\eta^2$の大きいもののみを採択すれば十分なことが多いであろう．

### 3.1.5 判別の仕方

計算の結果得られた判別関数を用いて実際にどのように判別を行えばよいか，次にその問題をとりあげる．判別のための変数が1種，すなわち$Y_1$のみの場合についてみる．

判別は，$Y$軸上に基準点を，グループの数より一つ少ない数だけ設定し，基準点で，区切られた領域を用いて行う．すなわち，各領域をグループと対応させ，その領域に含まれるサンプルは，その領域のグループに属すると判定する．

本来，各グループは$Y$軸上で峻別されているわけでなく，分布は相互に重なり合っている．この重なりの程度だけ誤判定の危険をおかすことは配慮しなければならない．したがって，誤判定の割合が可能な限り小さく——つまり的中率が与えられた条件のなかで最大になるように，基準点を設定するのが望ましいのである．

以下記号を次のように使用する．

$f_1(Y), f_2(Y)$：各グループの$Y$に関する密度関数$\left(\int_{-\infty}^{\infty} f_l(Y)dY=1\right)$

$\pi_1, \pi_2$：各グループの相対度数$(\sum_l \pi_l=1)$

$C_1, C_2$：各グループの領域（$R_1, R_2, \cdots$）を定める判別の基準点

**1) グループ比率$\pi_l$が既知のとき**

各グループの構成比$\pi_1, \pi_2, \cdots$が既知のときは，任意のサンプル$Y_i$が，

$$\max\{\pi_1 f_1(Y), \pi_2 f_2(Y), \cdots, \pi_S f_S(Y)\} = \pi_k f_k(Y)$$

という領域$R_k$に属するとき，グループ$k$に属すると判断する．このときが誤りの割合が最も小さい．

判別の効率は的中率$P$で計算される．$P$が高いほど精度がよい．

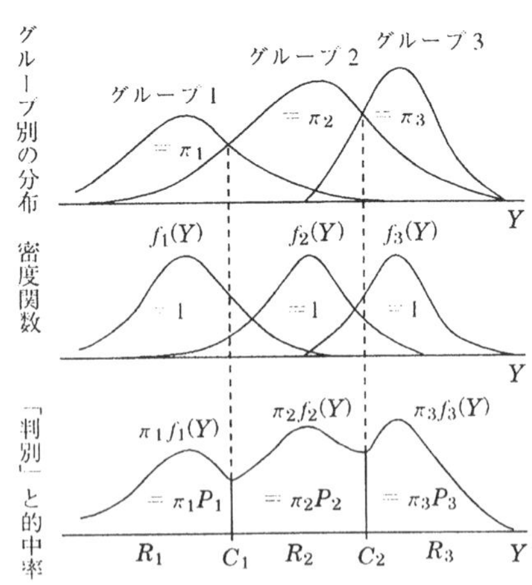

積である.

判別の基準点 $C_l$ は,

$$\pi_l f_l(C_l)=\pi_{l+1} f_{l+1}(C_l) \qquad (l=1,2,\cdots,S-1)$$

となるような点を選ぶ.

例として，2グループでそれぞれが正規分布している場合について示すと，

$$f_1(Y)=\frac{1}{\sqrt{2\pi}\sigma_1}e^{-\frac{(y-m_1)^2}{2\sigma_1^2}}$$

$$f_2(Y)=\frac{1}{\sqrt{2\pi}\sigma_2}e^{-\frac{(y-m_2)^2}{2\sigma_2^2}}$$

（ただし，$m_1, m_2$ はそれぞれのグループの平均，$\sigma_1^2, \sigma_2^2$ は分散）

正しく判別される割合(的中率) $P$ は，基準点を $C$ として，

$$P=\pi_1\int_{-\infty}^{C} f_1(Y)dY+\pi_2\int_{C}^{\infty} f_2(Y)dY$$

$P$ を最大にする $C$ の値は，$P$ の極値条件 $\dfrac{\partial P}{\partial C}=0$ より，

$$\pi_1 f_1(C)=\pi_2 f_2(C)$$

すなわち，

$$\frac{\pi_1}{\sigma_1}e^{-\frac{(C-m_1)^2}{2\sigma_1^2}}=\frac{\pi_2}{\sigma_2}e^{-\frac{(C-m_2)^2}{2\sigma_2^2}}$$

これより $C$ を求めることができる．$C$ は次式の解である.

$$\left(\frac{1}{\sigma_1^2}-\frac{1}{\sigma_2^2}\right)C^2+2\left(\frac{m_2}{\sigma_2^2}-\frac{m_1}{\sigma_1^2}\right)C+\left(\frac{m_1^2}{\sigma_1^2}-\frac{m_2^2}{\sigma_2^2}\right)-2L=0$$

$$\text{ただし，}L=\log\left(\frac{\pi_1}{\pi_2}\ \frac{\sigma_2}{\sigma_1}\right)$$

的中率 $P$ は，この $C$ により，

$$P=\pi_1\frac{1}{\sqrt{2\pi}}\int_{-\infty}^{\left(\frac{C-m_1}{\sigma_1}\right)} e^{-\frac{t^2}{2}}dt+\pi_2\frac{1}{\sqrt{2\pi}}\int_{\left(\frac{C-m_2}{\sigma_2}\right)}^{\infty} e^{-\frac{t^2}{2}}dt$$

### 2) グループ比率 $\pi_l$ が未知のとき

判別の実際場面では母集団における構成比 $\pi_1, \pi_2, \cdots$ が未知の場合が多い．この場合には，上の方式は使えない.

しかし，$\pi_1, \pi_2, \cdots$ がどう異なっても，少なくとも $P_0$ 以上の的中率が確保されるという意味での min-max 解がある．これは，判別の基準点を $C_1, C_2, \cdots$ とすると，

$$\int_{-\infty}^{C_1} f(Y)dY = \int_{C_1}^{C_2} f(Y)dY = \cdots$$
$$= \int_{C_{S-1}}^{\infty} f(Y)dY = P_0$$

が成立つような領域区分である．すなわち，各グループのそれぞれの領域の面積が等しい($=P_0$)ようにすればよい．

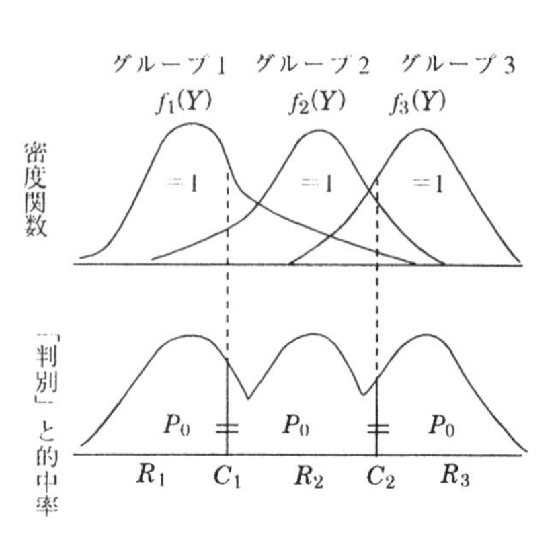


図 3.3

的中率 $P$ は，$\pi_1, \pi_2, \cdots$ のいかんにかかわらず，

$$\pi_1 P_0 + \pi_2 P_0 + \cdots + \pi_S P_0 = P_0$$

がいえるから，$P=P_0$ である．

2グループ正規分布の場合を例にとると，

$$\frac{1}{\sqrt{2\pi}\sigma_1}\int_{-\infty}^{C} e^{-\frac{(Y-m_1)^2}{2\sigma_1^2}} dY = \frac{1}{\sqrt{2\pi}\sigma_2}\int_{C}^{\infty} e^{-\frac{(Y-m_2)^2}{2\sigma_2^2}} dY$$

より，判別の基準点 $C$ は

$$C=(m_1\sigma_2+m_2\sigma_1)/(\sigma_1+\sigma_2)$$

として得られる．またこのときの的中率 $P=P_0$ は，次のようになる．

$$P=\frac{1}{\sqrt{2\pi}}\int_{-\left(\frac{m_2-m_1}{\sigma_1+\sigma_2}\right)}^{\infty} e^{-\frac{t^2}{2}} dt$$

一般の場合で，この解を求めるには，次のように図上で行うと便利である．

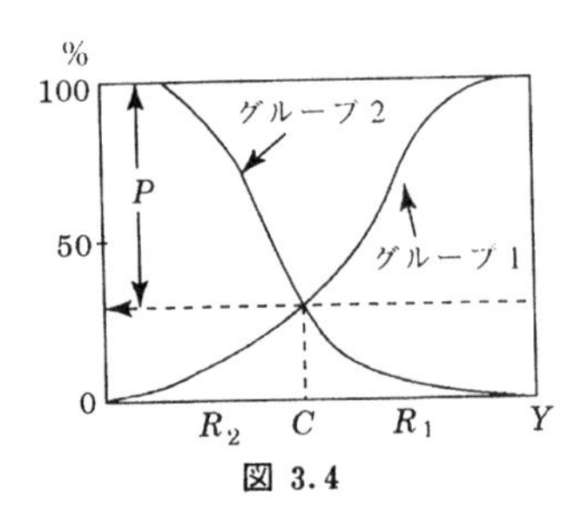


図 3.4

グループ2個の場合でいうと，グループ1のサンプルについて $Y$ 軸の左側から累積分布をつくり，グループ2のサンプルについては右側から累積分布をつくる．

この両曲線の交点に対する $Y$ が求める $C$ である．またこのときの的中率は，この交点を横にたどったときの値(比率)と100％の差である．

以上の特定の変数 $Y$ に関して，グループ所属不明のサンプルを判別する仕方は，判別変数 $Y$ でなくとも，一般の変数に関していえることである．

### 3.1.6 グループ数2個の場合の判別関数の求め方

グループ数2個のときは，判別変数 $Y$ は1種類求めることができる．

これはすでに述べたように相関比の2乗 $\eta^2$ を最大化することにより得られ，計算的には固有方程式の最大固有値とその固有ベクトルを求めればよい．

しかし，この場合，方程式

$$\boldsymbol{B}\boldsymbol{\beta}=\lambda\boldsymbol{T}\boldsymbol{\beta} \qquad \left(\begin{array}{l}\boldsymbol{\beta}\text{は重み係数のベクトル,}\\ \boldsymbol{B}\text{はグループ間分散共分散行列,}\\ \boldsymbol{T}\text{は全体の分散共分散行列}\end{array}\right)$$

における行列 $\boldsymbol{B}$ のランクが1であることから，計算は簡単になり，$\boldsymbol{\beta}$ は連立一次方程式の解として求めることができる．

グループ1の相対度数を $\pi_1$, $Y$ の平均を $m_{Y_1}$，観測変数 $X_j$ $(j=1,2,\cdots,n)$ の平均を $\bar{x}_j^{(1)}$ とし，グループ2のそれぞれを $\pi_2, m_{Y_2}, \bar{x}_j^{(2)}$ とする．全体の平均を $m_Y$, $X_j$ に関しては $\bar{x}_j$，分散を $\hat{s}_j^2$，共分散 $\hat{s}_{jk}$ としておく．重みのベクトルを $\boldsymbol{\beta}'=(\beta_1,\beta_2,\cdots,\beta_n)$，ベクトル $\boldsymbol{d}$ を次のように定義する．

$$\boldsymbol{d}=\begin{bmatrix}\bar{x}_1^{(1)}-\bar{x}_1^{(2)}\\ \bar{x}_2^{(1)}-\bar{x}_2^{(2)}\\ \bar{x}_3^{(1)}-\bar{x}_3^{(2)}\\ \vdots\\ \bar{x}_n^{(1)}-\bar{x}_n^{(2)}\end{bmatrix}, \qquad \boldsymbol{T}=\begin{bmatrix}\hat{s}_1^2 & \hat{s}_{12}\cdots\hat{s}_{1n}\\ \hat{s}_{21} & \hat{s}_2^2\cdots\hat{s}_{2n}\\ \vdots & \vdots\ \ddots\ \vdots\\ \hat{s}_{n1} & \hat{s}_{n2}\cdots\hat{s}_n^2\end{bmatrix}$$

グループ数2個の場合の相関比の2乗 $\eta^2$ は，

$$\eta^2=\pi_1\pi_2(m_{Y_1}-m_{Y_2})^2/s_Y^2=\pi_1\pi_2\frac{\boldsymbol{\beta}'\boldsymbol{d}\boldsymbol{d}'\boldsymbol{\beta}}{\boldsymbol{\beta}'\boldsymbol{T}\boldsymbol{\beta}}$$

ここで，$s_Y^2=\boldsymbol{\beta}'\boldsymbol{T}\boldsymbol{\beta}=1$ の条件をつけて $\lambda$ を未定乗数として，次の $L$ の極値条件 $\dfrac{\partial L}{\partial \boldsymbol{\beta}}=\boldsymbol{0}$ をとる．

$$L=\pi_1\pi_2\boldsymbol{\beta}'\boldsymbol{d}\boldsymbol{d}'\boldsymbol{\beta}-\lambda(\boldsymbol{\beta}'\boldsymbol{T}\boldsymbol{\beta}-1)$$

$\dfrac{\partial L}{\partial \boldsymbol{\beta}}=\boldsymbol{0}$ より，

$$\pi_1\pi_2\boldsymbol{d}\boldsymbol{d}'\boldsymbol{\beta}=\lambda\boldsymbol{T}\boldsymbol{\beta}$$

この式から，$\lambda=\eta^2$ がわかる．また，$\pi_1\pi_2(\boldsymbol{d}'\boldsymbol{\beta})^2=\lambda(\boldsymbol{\beta}'\boldsymbol{T}\boldsymbol{\beta})$．したがって，上式は $\boldsymbol{\beta}'\boldsymbol{T}\boldsymbol{\beta}=1$ の条件下で，次のように書ける($\lambda\neq0$)．

$\boldsymbol{d}'\boldsymbol{\beta}=\left(\dfrac{\lambda}{\pi_1\pi_2}\right)^{1/2}$ であるから，$\pi_1\pi_2\boldsymbol{d}\boldsymbol{d}'\boldsymbol{\beta}=\lambda\boldsymbol{T}\boldsymbol{\beta}$ に代入すれば，

$$\left(\frac{\pi_1\pi_2}{\lambda}\right)^{1/2}\boldsymbol{d}=\boldsymbol{T\beta} \quad \text{または} \quad \boldsymbol{d}=\boldsymbol{T}\left(\frac{\lambda}{\pi_1\pi_2}\right)^{1/2}\boldsymbol{\beta}$$

$\left(\frac{\lambda}{\pi_1\pi_2}\right)^{1/2}$ は，ベクトル $\boldsymbol{\beta}$ を定数倍する働きをしているだけなので，方程式 $\pi_1\pi_2\boldsymbol{dd'\beta}=\lambda\boldsymbol{T\beta}$ を満たす $\boldsymbol{\beta}$ は，この定数を考えなくてよい．したがって，実際の計算は次のようにすればよい．

まず，連立一次方程式

$$\boldsymbol{d}=\boldsymbol{T\beta^*}$$

より，

$$\boldsymbol{\beta^*}=\boldsymbol{T}^{-1}\boldsymbol{d}$$

を得れば，それが解となる．これを $s_Y^2=1$ に基準化した重みに変えるには，

$$\boldsymbol{\beta}_0=\boldsymbol{\beta^*}/\sqrt{\boldsymbol{\beta^{*\prime}T\beta^*}}$$

相関比の2乗 $\eta^2$ は，これらの結果を用いて計算できる．

$\pi_1\pi_2\boldsymbol{dd'\beta^*}=\lambda\boldsymbol{T\beta^*}$，$\boldsymbol{\beta^*}=\boldsymbol{T}^{-1}\boldsymbol{d}$ より $\pi_1\pi_2\boldsymbol{dd'T}^{-1}\boldsymbol{d}=\lambda\boldsymbol{d}$ がいえる．$\pi_1\pi_2(\boldsymbol{dd'})\boldsymbol{d'T}^{-1}\boldsymbol{d}=\lambda(\boldsymbol{d'd})$ であるから

$$\lambda=\eta^2=\pi_1\pi_2\boldsymbol{d'T}^{-1}\boldsymbol{d}$$

となる．また，上式で $\boldsymbol{T}^{-1}\boldsymbol{d}$ を $\boldsymbol{\beta^*}$ に置き換えれば

$$\eta^2=\pi_1\pi_2\boldsymbol{d'\beta^*}$$

によって $\boldsymbol{\beta^*}$ を用いて計算することもできる．

さらに，$\pi_1\pi_2\boldsymbol{dd'\beta}_0=\lambda\boldsymbol{T\beta}_0$，$\boldsymbol{\beta}_0'\boldsymbol{T\beta}_0=1$ より

$$\lambda=\eta^2=\pi_1\pi_2(\boldsymbol{d'\beta}_0)^2$$

となり，$\boldsymbol{\beta}_0$ を用いて計算できる．

以上をまとめると次のようになる．

$$\eta^2=\pi_1\pi_2\boldsymbol{d'T}^{-1}\boldsymbol{d}=\pi_1\pi_2\boldsymbol{d'\beta^*}=\pi_1\pi_2(\boldsymbol{d'\beta}_0)^2$$

## 3.2　数量化 II 類

### 3.2.1　判別分析型の数量化

この方法はいわゆる判別分析(判別関数)を定性的要因を用いる場合に拡張したものであるといえる．すなわち外的基準が分類(グループ)で与えられている

とき，定性的な要因のカテゴリーに数値 $x_{jk}$（$j$は要因，$k$はその要因の中のカテゴリー）を対応させる．それらの‘和’の形で，グループの差をよく判別できるように $x_{jk}$ の数量化を行うのである．

この場合，判別効率の測度としては相関比の2乗 $\eta^2$ を考え，これが最大になるように $x_{jk}$ を決定する．

たとえば，外的基準として‘職場に満足しているグループ’と‘不満足なグループ’とがあるとしよう．これら両グループの一人一人について，別に調査に対する回答や個人属性に関するデータが得られているとする．調査項目や属性項目が判別に使われる説明要因である．

これら説明要因側の各項目の回答カテゴリーに一定の数値 $x_{jk}$ が存在するとみなす．ついで，各個人の得点（判別得点）をその個人が選んだ（あるいは該当する）カテゴリーの重み（$x_{jk}$）の総和で定義するとして，この得点（$Y$ で表す）に関して，グループ間差異が最大となるように‘重み’を決定する（カテゴリーに $x_{jk}$ なる数量を対応させる）のである．

これができれば，算出された‘重み’の大きさ，および方向を比較してどのような回答項目，属性項目が各グループ（一般に二つ以上）の差異に効いているか——「満足」と「不満足」の差異に効いているか，を判定することができる．

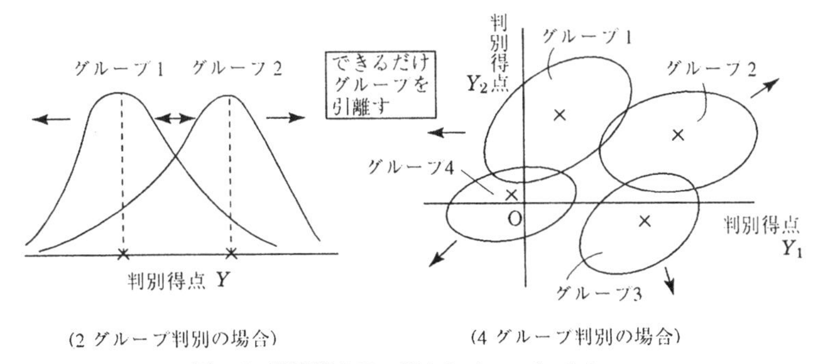


**図 3.5** 判別得点 $Y$ に関するグループの分布

また，全体としてグループがどの程度分離しうるかを相関比の2乗 $\eta^2$ で評価することができ，$\eta^2$ が十分高ければ，新しいサンプル（個人）がどのグループに属するとみなせるか，推定を行うことができる．

表 3.1

| 要因 | カテゴリー | 数量化後の数値 | |
|---|---|---|---|
| 1 | $c_{11}$<br>$c_{12}$<br>$\vdots$<br>$c_{1k_1}$ | $x_{11}$<br>$x_{12}$<br>$\vdots$<br>$x_{1k_1}$ | $X_1$ |
| 2 | $c_{21}$<br>$c_{22}$<br>$\vdots$<br>$c_{2k_2}$ | $x_{21}$<br>$x_{22}$<br>$\vdots$<br>$x_{2k_2}$ | $X_2$ |
| | $\vdots$ | $\vdots$ | |
| $j$ | $c_{j1}$<br>$c_{j2}$<br>$\vdots$<br>$c_{jk_j}$ | $x_{j1}$<br>$x_{j2}$<br>$\vdots$<br>$x_{jk_j}$ | $X_j$ |
| | $\vdots$ | $\vdots$ | |
| $r$ | $c_{r1}$<br>$c_{r2}$<br>$\vdots$<br>$c_{rk_r}$ | $x_{r1}$<br>$x_{r2}$<br>$\vdots$<br>$x_{rk_r}$ | $X_r$ |

### 3.2.2 数量化の計算

記号を次のように約束する.

$j$ ：説明要因($j=1, 2, \cdots, r$)

$k$ ：要因 $j$ におけるカテゴリー($k=1, 2, \cdots, k_j$)

$i$ ：サンプル

$n$ ：サンプルの総数

$t$ ：グループ別 ($t=1, 2, \cdots, S$)

$x_{jk}$：要因 $j$，カテゴリー $k$ に対応する数値

$$\delta_{i(jk)}=\begin{cases}1\cdots\text{サンプル } i \text{ が要因 } j \text{ のカテゴリー } k \\ \quad\text{に該当するとき,} \\ 0\cdots\text{そうでないとき.}\end{cases}$$

各要因 $j$ のカテゴリーは，すべての場合を尽くし，かつ相互に独立のものとする．すなわち，サンプル $i$ は一つの要因のなかでは，一つのカテゴリーにしか該当しない．そしてどれにも該当しないということはないとする．すなわち，

$$\sum_{k=1}^{kj}\delta_{i(jk)}=1 \qquad (j=1, 2, \cdots, r)$$

$$\sum_{j=1}^{r}\sum_{k=1}^{kj}\delta_{i(jk)}=r$$

各サンプルの判別のための得点を $Y_i$ とする．$Y_i$ を次の形で定義する.

$$Y_i=\sum_{j=1}^{r}\sum_{k=1}^{kj}\delta_{i(jk)}x_{jk}$$

この $Y_i$ に関して全サンプル $n$ 個の分散を $s_T{}^2$，グループ平均の分散(層間分散)を $s_B{}^2$ とし，相関比の2乗 $\eta^2$,

$$\eta^2=s_B{}^2/s_T{}^2$$

を考えて，この $\eta^2$ が最大になるよう $x_{jk}$ を求める．この考え方は一般の判別分析の場合と同様である．判別分析では，基本構造を $Y_i=\sum_j \beta_j x_{ij}$ で考えるが，数量化の場合では，$\beta_j$ (重み)が $x_{jk}$ ($k=1, 2, \cdots, k_j$) に，$x_{ij}$ が $\delta_{i(jk)}$ に当たっている.

相関比の2乗$\eta^2$の最大化は次のようになる.

まず最大化される量$\eta^2$を$\delta_{i(jk)}, x_{jk}$を用いて表現する. 次に$\eta^2$を最大にする$x_{jk}$を$Y_i$の全体の分散$s_T{}^2$が一定であるとの条件の下で解く.

全分散$s_T{}^2$は次のように表現できる.

$$
\begin{aligned}
s_T{}^2 &= \frac{1}{n}\sum_i (Y_i - \bar{Y})^2 = \frac{1}{n}\sum_i Y_i{}^2 - (\bar{Y})^2 \\
&= \frac{1}{n}\sum_i \Bigl(\sum_j \sum_k \delta_{i(jk)} x_{jk}\Bigr)^2 - \frac{1}{n^2}\Bigl(\sum_i \sum_j \sum_k \delta_{i(jk)} x_{jk}\Bigr)^2 \\
&= \sum_j \sum_k \sum_l \sum_m \left\{ \frac{\sum_i \delta_{i(jk)}\delta_{i(lm)}}{n} - \frac{(\sum_i \delta_{i(jk)})(\sum_i \delta_{i(lm)})}{n^2} \right\} x_{jk} x_{lm} \\
&= \sum_j \sum_k \sum_l \sum_m \{ f(jk, lm)/n - g(jk)g(lm)/n^2 \} x_{jk} x_{lm}
\end{aligned}
$$

$$
\text{ただし,}\quad \begin{cases} f(jk, lm) = \sum_i \delta_{i(jk)}\delta_{i(lm)} \\ g(jk) = \sum_i \delta_{i(jk)}, \quad g(lm) = \sum_i \delta_{i(lm)} \end{cases}
$$

数量化の計算において基礎となるデータは, この$f(jk, lm), g(jk)$などである. この$f(jk, lm)$の行列は, 調査などにおける, いわゆる総クロス集計表にほかならない (§2.3 数量化Ⅰ類の p. 73 参照のこと). また$g(jk)$を要素とするベクトルは全サンプルについての単純集計のベクトルに当たる.

層間分散$s_B{}^2$は,

$$
s_B{}^2 = \sum_{t=1}^{S} \frac{n_t}{n} (\bar{Y}_t - \bar{Y})^2
$$

(ここで, $n_t$ $(t=1, 2, \cdots, S)$ はグループ$t$に属するサンプルの数, $\bar{Y}_t$はグループ$t$の$Y_i$の平均である.) グループ$t$に属するサンプルに関する$g(jk)$を, $g_t(jk)$と記すことにすると,

$$
(\bar{Y}_t - \bar{Y}) = \sum_j \sum_k \left( \frac{g_t(jk)}{n_t} - \frac{g(jk)}{n} \right)
$$

よって,

$$
s_B{}^2 = \sum_j \sum_k \sum_l \sum_m \sum_t \frac{n_t}{n} \left\{ \frac{g_t(jk)}{n_t} - \frac{g(jk)}{n} \right\} \left\{ \frac{g_t(lm)}{n_t} - \frac{g(lm)}{n} \right\} x_{jk} x_{lm}
$$

さて, 相関比の2乗$\eta^2$の最大化を$s_T{}^2 = 1$の条件下で図るには, $\lambda$をラグランジュの未定乗数として,

$$
L = s_B{}^2 - \lambda (s_T{}^2 - 1)
$$

とおき，

$$\frac{\partial L}{\partial x_{jk}}=0 \qquad (j=1,2,\cdots,r\ ;\ k=1,2,\cdots,k_j)$$

より条件式をつくる．

$x_{jk}$ を要素とする $\sum_j^r k_j$ 次の縦ベクトルを $\boldsymbol{x}$，また行列 $\boldsymbol{F}$ の $jk$ 行 $lm$ 列の要素を $f^*(jk,lm)$ とし，行列 $\boldsymbol{H}$ の $jk$ 行 $lm$ 列の要素を $h^*(jk,lm)$ とする．

$$f^*(jk,lm)=\left\{\frac{f(jk,lm)}{n}-\frac{g(jk)g(lm)}{n^2}\right\}$$

$$h^*(jk,lm)=\sum_t \frac{n_t}{n}\left\{\frac{g_t(jk)}{n_t}-\frac{g(jk)}{n}\right\}\left\{\frac{g_t(lm)}{n_t}-\frac{g(lm)}{n}\right\}$$

これより，

$$L=\boldsymbol{x}'\boldsymbol{H}\boldsymbol{x}-\lambda(\boldsymbol{x}'\boldsymbol{F}\boldsymbol{x}-1)$$

ここで，$\dfrac{\partial L}{\partial \boldsymbol{x}}=\boldsymbol{0}$ とおけば，

$$\boldsymbol{H}\boldsymbol{x}=\lambda\boldsymbol{F}\boldsymbol{x}$$

なる固有方程式が得られる．

この固有方程式の $\lambda$ の 0 以外の解のうちから，最大の固有値 $\lambda_1$ をとれば，それが最大の $\eta^2$ となる．それに応ずる固有ベクトル $\boldsymbol{x}$ が求める要因・カテゴリーの数値となる．

しかし，実際に計算する場合，行列 $\boldsymbol{F}$ のランクが落ちている（行列式 $|\boldsymbol{F}|=0$）ため，このままでは計算できない．そこで行列 $\boldsymbol{F}$ および $\boldsymbol{H}$ と，さらに $\boldsymbol{x}$ より，各要因 $j$ のなかのどれかのカテゴリーに対応する‘行’と‘列’の要素を除外し，縮小行列 $\boldsymbol{F}^0, \boldsymbol{H}^0$，縮小ベクトル $\boldsymbol{x}^0$ をつくる．これらにつき，次の固有方程式を考えて

$$\boldsymbol{H}^0\boldsymbol{x}^0=\lambda\boldsymbol{F}^0\boldsymbol{x}^0 \qquad (|\boldsymbol{F}^0|\neq 0)$$

とする．この解 $\boldsymbol{x}^0$ と，除かれた $\boldsymbol{x}$ の要素を 0 として合わせたものが，$\boldsymbol{x}'\boldsymbol{F}\boldsymbol{x}\neq 0$ の条件における $\boldsymbol{H}\boldsymbol{x}=\lambda\boldsymbol{F}\boldsymbol{x}$ の解となることが知られている（$\lambda$ も同等）．計算にはこれを利用する．

各要因 $j$ のなかの一つのカテゴリー（たとえば第 1 カテゴリー）を 0 とし，

$$x_{11}=0, \quad x_{21}=0, \quad x_{31}=0, \quad \cdots, \quad x_{r1}=0$$

とする．次いで，これらのカテゴリーに対応する‘行’および‘列’を抹消した

$\boldsymbol{F}^0, \boldsymbol{H}^0, \boldsymbol{x}^0$ をつくって

$$\boldsymbol{H}^0\boldsymbol{x}^0=\lambda\boldsymbol{F}\boldsymbol{x}^0, \qquad \boldsymbol{F}^{0\,-1}\boldsymbol{H}^0\boldsymbol{x}^0=\lambda\boldsymbol{x}^0$$

を計算すればよい(縮小行列，ベクトルをつくるとき，数量化Ⅰ類と異なって，どの要因からも1カテゴリーを除くのは，今回は行列要素から期待値を引いたものを取扱っているからである).

### 3.2.3 判別を多次元で行うとき

以上は判別に利用する得点 $Y^{(1)}$ が1種類の場合である．もし，最大化された相関比の2乗 $\eta^2$ が十分高くないときは，2種類以上の得点 $Y^{(2)}, Y^{(3)}, \cdots$ を考え，それに対応する $\eta_{(2)}{}^2, \eta_{(3)}{}^2, \cdots$ を相関比として，これらの積

$$Q=\eta_{(1)}{}^2\cdot\eta_{(2)}{}^2\cdot\eta_{(3)}{}^2\cdot\cdots$$

を最大にする $\boldsymbol{x}_1, \boldsymbol{x}_2, \boldsymbol{x}_3, \cdots$ を求める．

もちろん，ベクトルは相互に独立($\boldsymbol{x}_p'\boldsymbol{F}\boldsymbol{x}_q=0$, $p\neq q$)とする．

このときは，先の固有方程式

$$\boldsymbol{H}^0\boldsymbol{x}^0=\lambda\boldsymbol{F}^0\boldsymbol{x}^0$$

の固有値 $\lambda$ の大きい順に固有ベクトルを求めればよいことがいえる．固有値の大きさの順に相関比の2乗 $\eta_{(1)}{}^2, \eta_{(2)}{}^2, \cdots$ が対応する．

### 3.2.4 グループ数が2個のとき

一般に，外的基準のグループ数が $S$ 個のとき，$(S-1)$ 個まで判別に用いる変数 $Y$ を求めることができる．

グループ数が2個のときは，既述の計算法によらなくても，次のような簡単な形で $Y$ を得ることができる．

ベクトル $\boldsymbol{d}$ の要素 $d_{jk}$ を

$$d_{jk}=\left\{\frac{g_1(jk)}{n_1}-\frac{g_2(jk)}{n_2}\right\}$$

とし，各要因 $j$ のなかの一つのカテゴリーを落とした縮小ベクトルを $\boldsymbol{d}^0$ とする．同時に対応する行あるい列を除いた $\boldsymbol{F}^0, \boldsymbol{x}^0$ を用いて

$$\boldsymbol{F}^0\boldsymbol{x}^0=\boldsymbol{d}^0$$

を考えれば，この解 $\boldsymbol{x}^0$ が求める解となる．このとき相関比の2乗 $\eta^2$ は，

$$\eta^2=\frac{n_1n_2}{n^2}\boldsymbol{d}^{0\,\prime}\boldsymbol{F}^{0\,-1}\boldsymbol{d}^0$$

となる.

### 3.2.5 計算例

以下，簡単な計算例をあげる．グループ数3個，要因3個(延べカテゴリー数7)として，判別変量は2種求めるものとする.

〔データ〕 初めの要因間，および要因×グループのクロス表(実数)を次のとおりとする.

| カテゴリー | | 要因1 (1) | 要因1 (2) | 要因2 (1) | 要因2 (2) | 要因3 (1) | 要因3 (2) | 要因3 (3) | グループの別 1 | グループの別 2 | グループの別 3 |
|---|---|---|---|---|---|---|---|---|---|---|---|
| 要因1 | (1) | 35 | 0 | 24 | 11 | 13 | 15 | 7 | 13 | 17 | 5 |
| | (2) | 0 | 20 | 9 | 11 | 5 | 8 | 4 | 7 | 3 | 10 |
| 要因2 | (1) | 24 | 9 | 33 | 0 | 11 | 17 | 5 | 12 | 13 | 8 |
| | (2) | 11 | 11 | 0 | 22 | 7 | 6 | 9 | 8 | 7 | 7 |
| 要因3 | (1) | 13 | 5 | 11 | 7 | 18 | 0 | 0 | 8 | 7 | 3 |
| | (2) | 15 | 8 | 17 | 6 | 0 | 23 | 0 | 8 | 7 | 8 |
| | (3) | 7 | 4 | 5 | 9 | 0 | 0 | 14 | 4 | 6 | 4 |

| グループ別サンプル数 $n_t$ | 20 | 20 | 15 |
|---|---|---|---|

サンプル総数 $n=55$

〔縮小行列〕 各要因のなかの最終カテゴリーを抹消する.

$$\begin{bmatrix} 35 & 24 & 13 & 15 \\ 24 & 33 & 11 & 17 \\ 13 & 11 & 18 & 0 \\ 15 & 17 & 0 & 23 \end{bmatrix} \qquad \begin{bmatrix} 13 & 17 & 5 \\ 12 & 13 & 8 \\ 8 & 7 & 3 \\ 8 & 7 & 8 \end{bmatrix}$$

〔計算式〕 $\boldsymbol{H}^0\boldsymbol{x}^0=\lambda\boldsymbol{F}^0\boldsymbol{x}^0$ をつくる.

$$\begin{bmatrix} .042 & -.009 & .013 & -.015 \\ -.009 & .002 & .003 & -.003 \\ .013 & .003 & .007 & -.005 \\ -.015 & -.003 & -.005 & .005 \end{bmatrix} \begin{bmatrix} x_{11}^0 \\ x_{21}^0 \\ x_{31}^0 \\ x_{32}^0 \end{bmatrix} = \lambda \begin{bmatrix} .231 & .055 & .028 & .007 \\ .055 & .240 & .004 & .058 \\ .028 & .004 & .220 & -.137 \\ .007 & .058 & -.137 & .243 \end{bmatrix} \begin{bmatrix} x_{11}^0 \\ x_{21}^0 \\ x_{31}^0 \\ x_{32}^0 \end{bmatrix}$$

〔数量化の結果〕 計算の結果は次のようにまとめられる．$x_{12}^0=x_{22}^0=x_{33}^0=0$ を含めて，

| | | $\boldsymbol{x}_1$ | $\boldsymbol{x}_2$ |
|---|---|---|---|
| 1 | (1) | 1.936 | −.275 |
| | (2) | .0 | .0 |
| 2 | (1) | .188 | −.364 |
| | (2) | .0 | .0 |
| 3 | (1) | −.158 | 2.688 |
| | (2) | −.845 | 1.281 |
| | (3) | .0 | .0 |
| | | $\lambda_1=.208$ | $\lambda_2=.016$ |

以上の結果から，求める判別得点$Y^{(1)}, Y^{(2)}$に対応する要因カテゴリーの値$x_{jk}{}^{(1)}, x_{jk}{}^{(2)}$を求めよう．

まず，$g(jk)$を各要因カテゴリーに該当する度数，$x_{jk}{}^0$を，縮小行列，縮小ベクトルによる計算結果，$\bar{x}_j{}^0$を各要因のなかで各個に求めた平均値

$$\bar{x}_j{}^0=\sum_{k=1}^{k_j} g(jk)x_{jk}{}^0/n$$

とする．

これらの値を用いて，

$$x_{jk}=x_{jk}{}^0-\bar{x}_j{}^0 \qquad (j=1,2,\cdots,r\,;\,k=1,2,\cdots,k_j)$$

のように調整すれば，$Y$の全平均$\bar{Y}$が0となる．しかも，縮小行列，縮小ベクトルをつくるとき，どのカテゴリーを抹消するかの恣意性とは無関係に決まる数値で一般性がある．また，この調整値$x_{jk}$は，その平均$\bar{x}_j$が

$$\bar{x}_j=\sum_{k=1}^{k_j} g(jk)x_{jk}/n=0$$

であり，符号の向きにより，そのカテゴリーの効き方($Y$に対する寄与)を理解しやすい．“範囲”は各要因のなかでの最高値と最低値の差である．

以上を表にまとめると次のようになる．

| 要因 | カテゴリー | $g(jk)$ | $Y^{(1)}$ | | | | $Y^{(2)}$ | | | |
|---|---|---|---|---|---|---|---|---|---|---|
| | | | $x_{jk}{}^0$ | $\bar{x}_j{}^0$ | $x_{jk}{}^{(1)}$ | 範囲 | $x_{jk}{}^0$ | $\bar{x}_j{}^0$ | $x_{jk}{}^{(2)}$ | 範囲 |
| 1 | (1) | 35 | 1.936 | 1.232 | **.704** | 1.936 | −.275 | −.175 | **−.100** | .275 |
| | (2) | 20 | .0 | | **−1.232** | | .0 | | **.175** | |
| 2 | (1) | 33 | .188 | .113 | **.075** | .188 | −.364 | −.218 | **−.146** | .364 |
| | (2) | 22 | .0 | | **−.113** | | .0 | | **.218** | |
| 3 | (1) | 18 | −.158 | −.405 | **.247** | .845 | 2.688 | 1.415 | **1.273** | 2.688 |
| | (2) | 23 | −.845 | | **−.440** | | 1.281 | | **−.134** | |
| | (3) | 14 | .0 | | **.405** | | .0 | | **−1.415** | |

$\eta_{(1)}{}^2=.208$　$(\eta_{(1)}=.456)$　　　$\eta_{(2)}{}^2=.016$　$(\eta_{(2)}=.127)$

〔サンプル得点の分布〕 得られた要因カテゴリー値を用いて，個々のサンプルについて判別得点を算出できる．もちろん判別得点は $Y^{(1)}, Y^{(2)}$ の 2 種類が得られる．これらのグループごとの分布を調べると下のようになる．

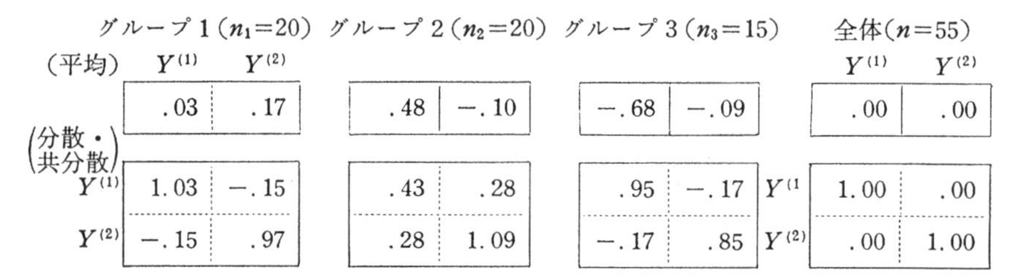

| | グループ 1 ($n_1=20$) | | グループ 2 ($n_2=20$) | | グループ 3 ($n_3=15$) | | 全体 ($n=55$) | |
|---|---|---|---|---|---|---|---|---|
| (平均) | $Y^{(1)}$ | $Y^{(2)}$ | | | | | $Y^{(1)}$ | $Y^{(2)}$ |
| | .03 | .17 | .48 | −.10 | −.68 | −.09 | .00 | .00 |
| (分散・共分散) $Y^{(1)}$ | 1.03 | −.15 | .43 | .28 | .95 | −.17 | 1.00 | .00 |
| $Y^{(2)}$ | −.15 | .97 | .28 | 1.09 | −.17 | .85 | .00 | 1.00 |

個々のサンプルの値を $Y^{(1)}, Y^{(2)}$ の平面上に点として示すことができる．しかし，ここでは，それを行わず，チェビシェフ不等式確率 50 %以上の確率楕円をもって図示してみると，図 3.6 のようになる．分離の程度は低い．これは相関比の 2 乗 $\eta^2$ の低さから予想できる．

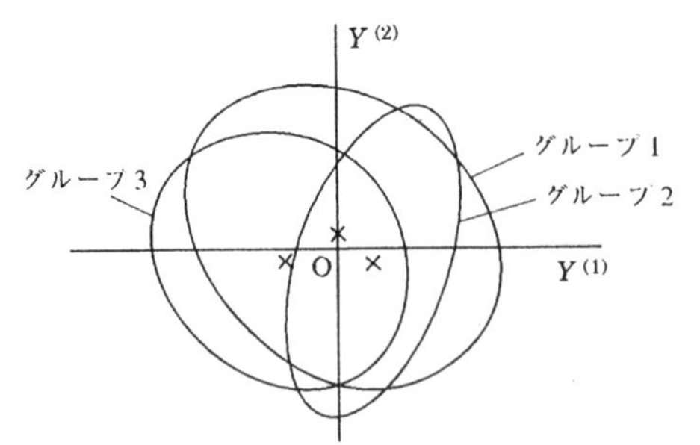


**図 3.6**　チェビシェフ不等式確率 50%の楕円（×印は平均）

楕円パラメータ（確率 50%）

| | （長軸） | （短軸） | （角度 $\theta$） |
|---|---|---|---|
| グループ 1 | 2.15 | 1.84 | −39.2° |
| グループ 2 | 2.19 | 1.14 | 69.8° |
| グループ 3 | 2.08 | 1.70 | −37.0° |

# 付. 数量化思想をみる

## 1)　簡単な例

数量化の最も基本的な特徴をはっきりさせるために，最初にごく簡単な例を挙げてみよう．表 3.2 は，熱海市民の防災意識調査〔1981（昭和 56）年 3 月〕で使用した二つの質問のクロス集計である．質問は，大地震発生の警戒宣言が出た場合(Q 20)と実際に起きた場合(Q 27)について，落ちついて行動できるかどうかの‘自信’を聞いており，回答の選択肢(カテゴリー)は，次の四つである．

自信がある　やや自信がある　あまり自信がない　まったく自信がない

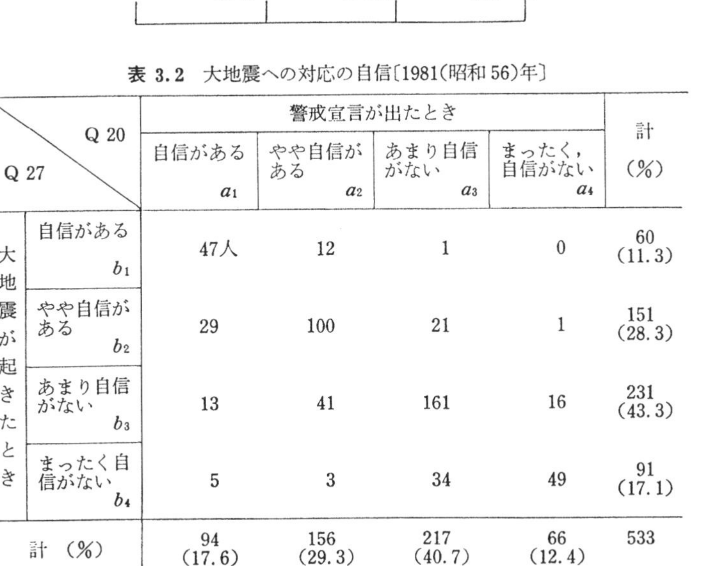

表 3.2　大地震への対応の自信〔1981(昭和 56)年〕

| Q 27 ＼ Q 20 | | 警戒宣言が出たとき 自信がある $a_1$ | やや自信がある $a_2$ | あまり自信がない $a_3$ | まったく，自信がない $a_4$ | 計 (%) |
|---|---|---|---|---|---|---|
| 大地震が起きたとき | 自信がある $b_1$ | 47人 | 12 | 1 | 0 | 60 (11.3) |
| | やや自信がある $b_2$ | 29 | 100 | 21 | 1 | 151 (28.3) |
| | あまり自信がない $b_3$ | 13 | 41 | 161 | 16 | 231 (43.3) |
| | まったく自信がない $b_4$ | 5 | 3 | 34 | 49 | 91 (17.1) |
| 計 (%) | | 94 (17.6) | 156 (29.3) | 217 (40.7) | 66 (12.4) | 533 |

表 3.2 をみると，両質問への回答は密接に関連している．この場合，関連の強さを表す指標としてカイ 2 乗統計量など各種の連関係数が使える．また，これらのカテゴリーには順序があるから，各種の順位相関係数を算出できる．ちなみに，よく使われるケンドールの順位相関タウ $b$ は 0.67 で，この種のデータとしては高い値を示す．

もっと大胆に扱うならば，通常の相関係数を求めることもできる．すなわち，四つのカテゴリーの配列の基底に‘自信’の強弱に関する連続的な分布が潜むと考えて，「自信がある」から「まったく自信がない」まで1点，2点，3点，4点を与えて計算する．この相関係数は0.71である．このように，順序のあるカテゴリーに便宜的な点数を与えて量的変数のごとく計算する例は，少なくない．大ざっぱな判断の目安としては，これも役立つ．しかし，疑問が残るのは当然である．すなわち，各カテゴリーの点数を1点，2点，3点と等間隔に与えるのは，これでよいのか．等間隔であるという保証はなにもない．もしも，カテゴリーの値として1点，2点，… 以外を仮定すれば，相関係数はさまざまに異なってくるだろう．

では一体，相関係数をどこまで大きくすることができるか．それは，各カテゴリーの数値がどんな値のときか．次にそれを調べてみる．質問Q20のカテゴリーの値を $a_1, a_2, \cdots$ とし，Q27のカテゴリーを $b_1, b_2, \cdots$ とする．いずれも未知の値である．これら未知の値を用い，表3.2のクロス集計を相関度数表とみれば，相関係数 $R$ を具体的に表現できるから，この $R$ を最大にするような $a_1, a_2, \cdots,\ b_1, b_2, \cdots$ を計算で解いてみる．もちろん，$a$ や $b$ に関する平均と分散を固定しないと，解が定まらないから，それぞれ平均0，分散1として算計する．

結果は図3.7のようになる．図3.7では，求めたカテゴリーの値の間隔が目に見えるようにしてある．かくして，最大の相関係数は，0.72であることがわかった．先の0.71を上回るとはいえ，差は僅少である．

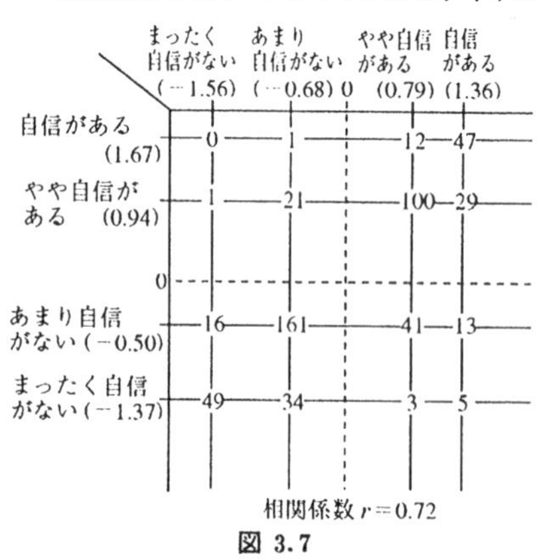

図 3.7

さて，この結果で大事なことは，まず，カテゴリーの数値をどう変えようと，これ以上の相関係数は得られないことである．換言すれば，相関係数を最大化しても，それが小さな値に終わる場合に，両質問の回答は本来的に関連が弱いと結論できることである．次に，全体的な関連の度合いだけでなく，カテゴリー相互の近い遠いの関係が同時に明らかになるという点である．たとえば，図

3.7で，Q20もQ27も「やや自信がある」と「あまり自信がない」の間隔が，他に比べてやや大きい．回答者全体が，'自信あり'と'自信なし'の2グループに大別される傾向が認められる．第三に，この計算のなかでは，カテゴリーが順序的か名義的かの区別がないことである．ここでは，たまたま順序のあるカテゴリーを扱った．しかし，この計算は，順序のない名義的カテゴリーに対して一般的に適用できるのである．むしろ，両項目が名義的なカテゴリーの場合にこそ，関連をみるのに役立つ．

**2)　関係の図示**

もうひとつ，例を挙げよう．表3.3は，日本人の国民性調査〔1978（昭和53）年〕のなかで，どういう暮らし方を望むかを質問した結果である．6種の暮らし方を提示して，そのいずれかを選んでもらった．

表 3.3　人の望む暮らし方の6タイプ（1978年）

| | 金持ちになる $C_1$ | 名をあげる $C_2$ | 趣味に合ったくらし $C_3$ | のんきにくらす $C_4$ | 清く正しく $C_5$ | 社会のため $C_6$ |
|---|---|---|---|---|---|---|
| 男（851人） | 136人 | 23 | 339 | 157 | 107 | 89 |
| 女（1058人） | 147 | 17 | 456 | 282 | 111 | 45 |
| 全体（1909人） | 283 | 40 | 795 | 439 | 218 | 134 |

表3.3のクロス集計表から，男女とも「趣味に合ったくらし」，「のんきにくらす」と回答する人が多いが，全体的にみれば男と女では多少の差異がみられる．たとえば，「社会のために」，「名をあげる」は，人数としては少ないが男の方が女より多い．

男女の回答傾向をはっきりみるために，ここで判別分析の考えを入れて，次のことを試みる．いま，男と女の暮らし方の好みを分ける軸があると仮定する．この連続的な軸の上に六つの暮らしのタイプが存在し，その位置は「金持ちになる」が$C_1$，「名をあげる」が$C_2$，… 等々であるとする．かくして，軸上に男と女が，分布していることになった．では，両者の分布はどのくらい離れているのか．相関比を計算してみればよいのだが，暮らし方の6タイプは，もともと順序のあるカテゴリーではないから，$C_1, C_2, \cdots$ に対して，勝手に1,2,… などと数値を仮定する計算はできない．

そこで先の例と同様に，相関比を最大にするカテゴリーの数値$C_1, C_2, \cdots$を決めることにする．相関比の2乗$\eta^2$は，次式で表される．

$$\eta^2=\frac{N_1N_2}{N^2}\cdot\frac{(\bar{x}_1-\bar{x}_2)^2}{S^2}$$

ここで，$\bar{x}_1$と$\bar{x}_2$はそれぞれ男と女の平均値，$N_1$は男の，$N_2$は女の総人数，$N$は男女を合わせた全人数，$S^2$は男女を合わせた全分散である．

$\bar{x}_1$と$\bar{x}_2$を具体的に書けば，

$$\bar{x}_1=(136C_1+23C_2+\cdots+89C_6)/851$$
$$\bar{x}_2=(147C_1+17C_2+\cdots+45C_6)/1058$$

となる．さて全体1909人の総平均$\bar{x}$を0とし，分散$S^2$を1に固定して，相関比を最大化する未知の数値$C_1, C_2, \cdots$を計算すると，図3.8のようになった．

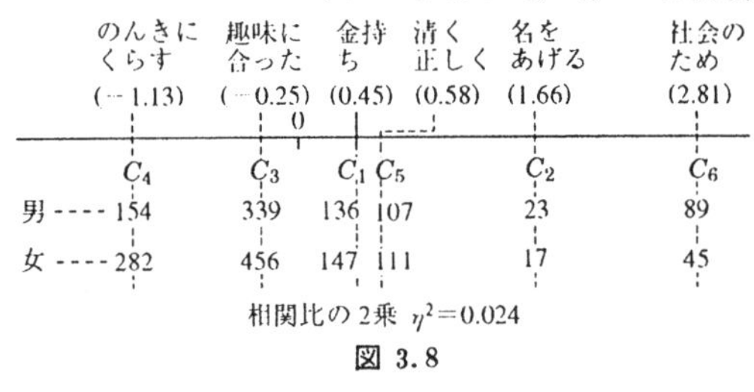


図 3.8

最大化された$\eta^2$は0.024であった．男の平均$\bar{x}_1$は0.17，女の平均$\bar{x}_2$は−0.14で，その差は小さい．この質問に関する限り，暮らし方の好みの分布は，男が女よりややプラス側に偏っているという程度にとどまる．しかし，図3.8の$C_1, C_2, \cdots$の値が，男女のわずかな差を見事に画き出していることに注目しなければならない．

以上，二つの例による相関比最大化は，林知己夫の考案になる数量化理論における多くの方法の中で，“クロス集計表の数量化”とよぶ計算によっている．

### 3） 数量を与えること

数量化とは，対象の質的な特性に数量を付与することをいう．調査データでいえば，質問項目の各カテゴリーの数値を決めることである．

なぜ，数量化するのか．それは，数量表現によって，状態を明瞭かつ客観的に把握でき，われわれの判断・思考を容易にするからである．また，数量であれば，既存のさまざまな数理的操作の適用が可能になる．結果としてカテゴリーのままでは発見しにくいデータの特徴を取出すことができる．さきの表3.2で，順序のあるカテゴリーに，あらかじめ1点，2点，… と割付けるのも，この効用のためである．実際，人格(パーソナリティ)や態度の研究では，多くの質問をこの仕方で得点化し，因子分析などの多変量解析法を利用している．一概に悪いとはいえない.

順序を数量のようにみなすことで，得るものが多いのは確かである．しかし，代償として得点化の恣意性に目をつぶらなくてはならない．時と場合によっては，これは致命傷になる.

質的な特性に数値を与えるには，なんらかの合理的な根拠と手続きが要求される．いわゆる数量化理論の全部に通じる優れた着想は，データ全体の反応のパターンに注目して，だれもが容易に理解できる統計的指標――たとえば，相関係数，相関比――を結果的に最大化するという手順を介して数値を決定するところにある．いまでは，当たりまえのことのように理解されているが，通常われわれが行う相関係数や相関比の算出手順を，鮮やかに逆転してみせたことに，実は数量化理論の最大のポイントがあると，私は思う.

ふつう，人は相関係数を求めるといえば，データが最初から数量である場合しか思いつかない．数量化理論は，それを見事に打破ってみせたのである．それは，“コロンブスの卵”の話のように，簡単なことであった．もう，かなり以前のことであるが，私はその発想を初めて目にしたときの驚きと感動を，いまも忘れることができない．当時，学生としてデータ処理に従事していた私の，もやもやしていた欠乏感を一挙に吹飛ばすものであった.

質的なものを数量化するという行為に限れば，その歴史は古い．なかでも心理学の分野では，人間の知能，パーソナリティ，社会的態度といった特徴の計量を目指す尺度化(scaling)の問題が長く続いている．表3.2のような順序カテゴリーの間隔をどう決めるかという問題ひとつに限っても，いろいろ試みがあった．たとえば，態度の分布が正規分布をなすと仮定して，各カテゴリーの度数に比例するように正規曲線下の面積を分割し，その区間平均値をカテゴリーの数値とする方法(リッカート法)や，もっと複雑に考えて各人の回答は自己の態度値とカテゴリーの境界との一対比較判断であるとみなし，かつ判断が確率的に変動するというモデルに基づいて数値を決める方法(カテゴリー判断の法則による方法)などがある．数値化の根拠を求める苦しい努力であった.

これらに共通している特徴は，当面のデータ以外のところから，その根拠を持込もうとしたことである．しかし，それは不確かな仮定やモデルの導入にとどまった．それに対して林の数量化理論は，そのような仮定やモデルを含まない．いわば，データ自身に内部特徴を語らせようという形式になっている．その意味で，まことに単純・素朴であるといわねばならない．

**4）識別中心の考え方**

数量化理論の長所は，不確かな仮定やモデルを排したことにあるが，そればかりではない．このとき，量的な変数群の分析に用いられる多変量解析と同様に，多くの項目の同時的な分析を可能にした．また，技法によっては，主成分分析や判別分析のような多次元処理――換言すれば，カテゴリーに1個の数値だけでなく，数種類の数値(ベクトル)を対応させること――ができる．後者は，表3.2のような2項目のクロス集計でも可能である．次に，その実例を簡単に紹介しておこう．集計表の形で提供された官公庁の統計資料などを検討する場合には，便利である．

対象とする集計表は，東京都23区別の産業別就業人口である．これより，産業別就業人口からみた各区の個性を眺めたい．産業別は，国勢調査の13区分を8区分に統合する．したがって，クロス集計表は，“23区×8産業”である．

表3.2で行ったように，‘区’と‘産業’の相関係数 $R$ を最大にする数量化の計算を行ってみると，$R=0.19$ となった．この値は小さくて‘区’と‘産業’の結びつきがはっきりしない．そこで算出したカテゴリー，すなわち‘区’や‘産業’の数値を，ひとまず脇に置いて，もう1組の数値を算出することにする．

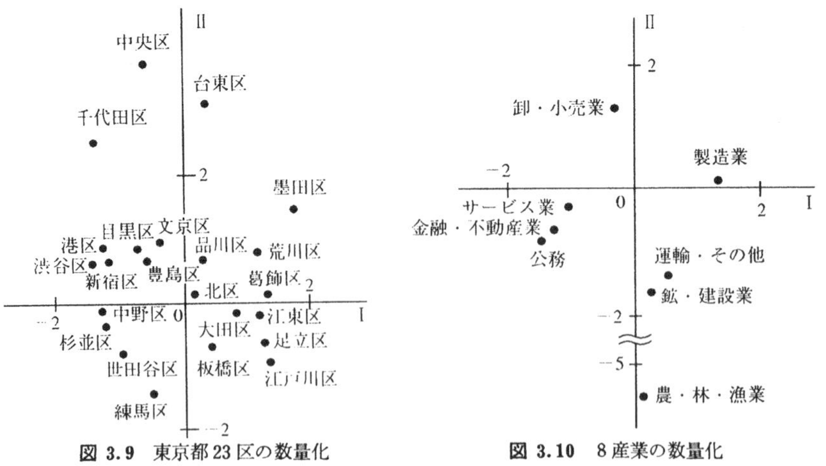


図 3.9　東京都23区の数量化　　　図 3.10　8産業の数量化

方法は，再び相関係数最大化であるが，このとき最初の数値とは無相関であるという制約条件を課して行う．結果は $R=0.10$ で，無論，最初の $R$ より小さい．しかし，2 種の数値で各区，各産業の特徴はよく浮かんでくる．図 3.9 は，各区に付与された 2 種の数値(1 次元目と 2 次元目)を横軸と縦軸にとって，23 区を示してある．図の上で，近くに位置する区ほど，産業別就業人口の構成が似ている区どうしである．地理的に隣接する区が，図 3.9 の上でも群をなしているのが認められる．図 3.10 は，同様に 8 産業を表したものである．図 3.9 と図 3.10 は，次元ごとに相関しているから，両図を重ねれば，各区はどの産業が他区に比べて多いかの特徴を読取ることができる．

これらの図でわかるように，多次元的な処理によって，数量化理論は問題とする個々の対象の識別に大きな効果を上げている．

### 5) 数量化の功績

以上のようにみてくると，数量化の本質は，不確かな仮定やモデルによらず(つまり，偏見にとらわれず)，データ全体を眼下に置いて局所的な特徴を浮き彫りにする立場であり，特徴が希薄ならば，それがよく出るようにする発見的な立場であることが，よくわかる．また，‘数量’は結果的な記述であると同時に，その内容を認識するための出発点にもなっている．

数量化理論が，わが国のデータ解析の現場に登場してすでに久しい．そして，世の中にもたらした功績は大きいものがある．しかし，それは数量化 I 類，II 類，… といった個々の技法の効用に限られるものではなく，データの見方，データの扱い方に強い指針を提示したことにあると，私は思っている．その指針に従えば，数量化の技法はほかにもいろいろ考え出すことが可能になる．事実あちこちに新しい技法開発の試みがある．

数量化理論は，やはり‘方法’より‘理論’の語がふさわしいが，もっとふさわしい語は‘思想’ではないか，と思っている．

# 4. 外的基準のない多変量解析 I—主成分分析と関連技法

## 4.1 主成分分析 I—イントロダクション

主成分分析は，多変数データがもつ情報を縮約的に表現するための統計的手法である．

### 4.1.1 軸の回転による新変数の生成

図 4.1 は，20 人の生徒の「英語」$x_1$ と「数学」$x_2$ の成績の相関図である．相関は 0.71 で，一方の成績がよければ他方もよい，という傾向がおおまかに認められる．

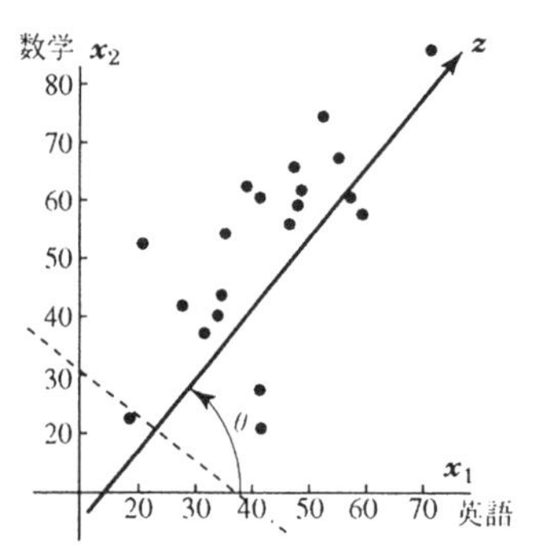


図 4.1 「英語」と「数学」の成績の関係

そこで，二つの成績 $x_1$ と $x_2$ を一つの代表値に縮約することを図ってみたい．

いま，図 4.1 の矢印の方向に新しい軸 $z$ を設ける．この $z$ に沿って各生徒の位置を計測して，それを変数 $z$ の値としてみよう．このとき，$z$ の値が大きいほど $x_1$ と $x_2$ の両方の値が概して高い，という意味で，$z$ は個々の生徒の特徴を一つの値で代表しているといえる．もちろん，これは大まかにいっての話である．現に，全生徒は $z$ 軸の方向に一直線に並ばないで，それとは直交する方向でさまざまに変動している．この変動が無視できる程度であれば，$z$ 一つで $x_1$ と $x_2$ の両方を代表させてもよいであろう．

主成分分析は，このように多くの変数を縮約する新しい変数の生成を行うものである．

さて，図 4.1 の新変数 $z$ は $x_1$ と $x_2$ の重みづけ合成値として具体的に求められる．すなわち，重みを $w_1, w_2$ として，

$$z = w_1 x_1 + w_2 x_2$$

と簡単な形で表される．これは，よく知られた座標軸の回転の問題で，回転の基点を $x_1=0$, $x_2=0$ にして角度 $\theta$ だけ $x_1$ 軸と $x_2$ 軸を回転した新しい座標値 $(z_1, z_2)$ が，

$$\begin{bmatrix} z_1 \\ z_2 \end{bmatrix} = \begin{bmatrix} \cos\theta & \sin\theta \\ -\sin\theta & \cos\theta \end{bmatrix} \begin{bmatrix} x_1 \\ x_2 \end{bmatrix}$$

となることから，図 4.1 の $z$ が

$$z = x_1 \cos\theta + x_2 \sin\theta = w_1 x_1 + w_2 x_2$$

であることが，すぐ了解できる．なお，ここで $\theta$ の大きさに関係なく，

$$w_1{}^2 + w_2{}^2 = \cos^2\theta + \sin^2\theta = 1$$

であることを注意しておこう．

主成分分析は，一般に $p$ 個（$p \geqq 2$）の変数からなる代表的な変数 $z$ を，

$$z = w_1 x_1 + w_2 x_2 + \cdots + w_p x_p \qquad (\text{ただし，} w_1{}^2 + w_2{}^2 + \cdots + w_p{}^2 = 1)$$

の形で求めるが，図 4.1 の例のように，$p$ 次元の空間に散布するデータの特徴を‘よく代表する’軸を適切な回転で見出すことにほかならない．かくして代表変数を求める問題は，具体的な重み $w_1, w_2, \cdots$（換言すれば回転の方向）をどういう基準で求めるのか，にかかってくる．

### 4.1.2 代表変数の意味

**1.** まず，新変数の‘代表性’の意味を分散の最大化—すなわち個体の識別効果を最大にすること—と考える場合を示そう．これは，変数 $x_1, x_2, \cdots$ の重み $w_1, w_2, \cdots$ を結果的な $z$ の分散 $s^2(z)$ が最大になるように決めるものである．ただし，分散 $s^2(z)$ は，重み $w_1, w_2, \cdots$ の寸法条件を固定しなければ，‘最大’が定まらない．そこで $w_1{}^2 + w_2{}^2 + \cdots + w_p{}^2 = 1$ の条件下での最大化を図るのである．

**問題 1** 変数 $x_1, x_2$ の平均，分散，共分散が

| | 平均 | 分散 | 共分散 |
|---|---|---|---|
| $x_1$ : | $\bar{x}_1 = 43.25$ | $s_1{}^2 = 168.09$ | $s_{12} = s_{21} = 152.69$ |
| $x_2$ : | $\bar{x}_2 = 51.85$ | $s_2{}^2 = 275.43$ | |

のとき，これより $z$ の分散 $s^2(z)$ が最大となる重み $w_1, w_2$ を求めよ．

$$z = w_1 x_1 + w_2 x_2 \qquad (\text{ただし，} w_1{}^2 + w_2{}^2 = 1)$$

**解答** 最大化する量 $s^2(z)$ は，次のように書ける．

$$s^2(z)=w_1{}^2s_1{}^2+2w_1w_2s_{12}+w_2{}^2s_2{}^2$$

$s^2(z)$ の最大化は，$w_1, w_2$ に条件が付いていることに留意して，ラグランジュの未定乗数法を利用する．$\lambda$ を未定乗数として，次の $L$ を $w_1, w_2$ で偏微分して0とおく．

$$L=s^2(z)-\lambda(w_1{}^2+w_2{}^2-1)$$

$$\frac{\partial L}{\partial w_1}=2w_1s_1{}^2+2w_2s_{12}-2\lambda w_1=0 \qquad (1)$$

$$\frac{\partial L}{\partial w_2}=2w_1s_{12}+2w_2s_2{}^2-2\lambda w_2=0 \qquad (2)$$

（1），（2）式より，$\lambda$ と $w_1, w_2$ を求めれば，それが解である．（1），（2）式を行列で表現する．

$$\begin{bmatrix} s_1{}^2-\lambda & s_{12} \\ s_{21} & s_2{}^2-\lambda \end{bmatrix}\begin{bmatrix} w_1 \\ w_2 \end{bmatrix}=\begin{bmatrix} 0 \\ 0 \end{bmatrix} \qquad (3)$$

（3）式の連立方程式で，自明の解 $w_1=0$, $w_2=0$ 以外の解があるとすれば，係数行列の行列式について，

$$\begin{vmatrix} s_1{}^2-\lambda & s_{12} \\ s_{21} & s_2{}^2-\lambda \end{vmatrix}=0 \qquad (4)$$

が成立する．ここで $\boldsymbol{S}$ を (2×2) の分散共分散行列，$\boldsymbol{w}$ を重みベクトルとすると，

$$\boldsymbol{S}=\begin{bmatrix} s_1{}^2 & s_{12} \\ s_{21} & s_2{}^2 \end{bmatrix}, \qquad \boldsymbol{w}=\begin{bmatrix} w_1 \\ w_2 \end{bmatrix}$$

（3），（4）式における $\lambda$ は $\boldsymbol{S}$ の固有値，$\boldsymbol{w}$ は $\lambda$ に対応する固有ベクトルである．

さて，（4）式から固有値 $\lambda$ を求めよう．

$$\begin{aligned}\begin{vmatrix} s_1{}^2-\lambda & s_{12} \\ s_{21} & s_2{}^2-\lambda \end{vmatrix} &=(s_1{}^2-\lambda)(s_2{}^2-\lambda)-s_{12}{}^2 \\ &=\lambda^2-(s_1{}^2+s_2{}^2)\lambda+s_1{}^2s_2{}^2-s_{12}{}^2 \\ &=0\end{aligned}$$

実際に数値を入れると，

$$\lambda^2-[168.09+275.43]\lambda+(168.09)(275.43)-(152.69)^2=0$$

$$\lambda^2-443.52\lambda+22982.79=0$$

これより，$\lambda$ の解は2個得られる．

$$\lambda_1=383.60, \qquad \lambda_2=59.91$$

ところで（3）式に左からベクトル $[w_1, w_2]$ を乗じて整理すると，

$$w_1^2s_1^2+2w_1w_2s_{12}+w_2^2s_2^2=\lambda(w_1^2+w_2^2)$$

が得られる．これは，

$$\boldsymbol{w}'\boldsymbol{S}\boldsymbol{w}=\lambda\boldsymbol{w}'\boldsymbol{w}$$

と書いてもよい．いずれにしても制約条件 $w_1^2+w_2^2=1$ を考慮すると

$$s^2(z)=\boldsymbol{w}'\boldsymbol{S}\boldsymbol{w}=\lambda \qquad (5)$$

がいえるから，最大の $s^2(z)$ は最大の $\lambda$，すなわち $\lambda_1=383.60$ に相当することがわかる．

そこで，$\lambda_1$ を（3）式に代入して $w_1, w_2$ を求めればよい．

固有ベクトル $\boldsymbol{w}'=[w_1, w_2]$ の計算は，仮に $w_1=1$ として $w_2=1.4115$ を解き，次いでこの仮の解を $w_1^*$, $w_2^*$ として，$w_1^2+w_2^2=1$ となる最終的な解 $w_1$, $w_2$ を導けばよい．

$$w_1=w_1^*/\sqrt{w_1^{*2}+w_2^{*2}}=1/\sqrt{1^2+(1.4115)^2}$$
$$=0.5780$$
$$w_2=w_2^*/\sqrt{w_1^{*2}+w_2^{*2}}=1.4115/\sqrt{1^2+(1.4115)^2}$$
$$=0.8160$$

かくして，分散 $s^2(z)$ 最大の $z$ は次式で与えられる．

$$z=0.5780x_1+0.8160x_2$$ （解答終）

以上は，簡単な2変数の場合であったが，考え方と解法は一般に $p$ 個の多変数の場合に対しても全く同等である．$(p\times p)$ の共分散行列を $\boldsymbol{S}$，単位行列を $\boldsymbol{I}$，$p$ 次の重みベクトルを $\boldsymbol{w}$ として，

$$[\boldsymbol{S}-\lambda\boldsymbol{I}]\boldsymbol{w}=\boldsymbol{0}, \text{または} \quad \boldsymbol{S}\boldsymbol{w}=\lambda\boldsymbol{w} \qquad (6)$$

を解いて，最大固有値 $\lambda$ とその固有ベクトルを採択すればよい．

**2.** ‘代表性’のもう一つの意味は，新変数 $z$ と個々の変数 $x$ の相関係数 $r(x;z)$ を考え，これらを $p$ 個の変数全体にわたって高い値にすることである．

そのため，相関係数 $r(x_j;z)$ $(j=1,2,\cdots,p)$ の2乗和を代表効率 $Q$ として，$Q$ を最大化する重みベクトル $\boldsymbol{w}$ を求める．

$$Q=\sum_{j}^{p}r^2(x_j;z)$$

この最大化を一般的に述べてみよう．まず，各変数 $x_j$ と $z$ の相関係数を書いてみる．

$$r(x_j;z)=\sum_{k}^{p}r_{jk}s_kw_k/s(z) \qquad (j=1,2,\cdots,p)$$

ここで $r_{jk}$ は $x_j$ と $x_k$ の相関係数，$s_k$ は変数 $x_k$ の標準偏差である．

$$r^2(x_j;z)=\sum_{k}\sum_{l}r_{jk}r_{lj}s_kw_ks_lw_l/s^2(z)$$

したがって $Q$ は，

$$Q=\sum_{j}^{p}r^2(x_j;z)=\sum_{k}\sum_{l}(\sum_{j}r_{jk}r_{lj})(s_kw_k)(s_lw_l)/s^2(z)$$

これを行列で表現するために，

$$\boldsymbol{R}=\begin{bmatrix} 1 & r_{12}\cdots r_{1p} \\ r_{21} & 1\cdots r_{2p} \\ \cdots & \cdots \\ r_{p1} & r_{p2}\cdots 1 \end{bmatrix}, \qquad \boldsymbol{v}=\begin{bmatrix} v_1 \\ v_2 \\ \vdots \\ v_p \end{bmatrix}=\begin{bmatrix} s_1w_1 \\ s_2w_2 \\ \vdots \\ s_pw_p \end{bmatrix}$$

としておく．$\boldsymbol{v}$ の要素は重みベクトル $\boldsymbol{w}$ の各要素にその標準偏差を乗じたものである．これらを用いると，

$$Q=\boldsymbol{v}'\boldsymbol{R}'\boldsymbol{R}\boldsymbol{v}/s^2(z)=\boldsymbol{v}'\boldsymbol{R}\boldsymbol{R}\boldsymbol{v}/s^2(z)$$

一方，$s^2(z)$ は，

$$s^2(z)=\boldsymbol{w}'\boldsymbol{S}\boldsymbol{w}=\boldsymbol{v}'\boldsymbol{R}\boldsymbol{v}$$

であるから，結局，代表効率 $Q$ は $\boldsymbol{R}$ と $\boldsymbol{v}$ により，

$$Q=\boldsymbol{v}'\boldsymbol{R}^2\boldsymbol{v}/\boldsymbol{v}'\boldsymbol{R}\boldsymbol{v} \qquad (7)$$

と書ける．

さて，$Q$ を最大化する解は，実は $\boldsymbol{R}$ の最大固有値 $\lambda_1$ の固有ベクトルであることが次のようにして容易に理解できる．

いま，$\boldsymbol{R}$ の任意の固有値を $\lambda$ とし，その固有ベクトルを $\boldsymbol{y}$ とする．

$$\boldsymbol{R}\boldsymbol{y}=\lambda\boldsymbol{y}$$

このとき，両辺に $\boldsymbol{y}'\boldsymbol{R}$ を乗じると，

$$\boldsymbol{y}'\boldsymbol{R}^2\boldsymbol{y}=\lambda\boldsymbol{y}'\boldsymbol{R}\boldsymbol{y}$$

したがって，$\boldsymbol{y}'\boldsymbol{R}\boldsymbol{y}\neq 0$ である限り，

$$\lambda=\boldsymbol{y}'\boldsymbol{R}^2\boldsymbol{y}/\boldsymbol{y}'\boldsymbol{R}\boldsymbol{y}$$

であるから，最大の固有値$\lambda_1$を選べば，（7）式よりそれが最大の$Q$であり，$\lambda_1$に対応する固有ベクトルが求める$\boldsymbol{v}$である．

なお，$x_1, x_2, \cdots, x_p$に与える重みベクトル$\boldsymbol{w}$は，$\boldsymbol{v}$の要素を各変数の標準偏差で割ればよい．また$\boldsymbol{w}'\boldsymbol{w}=1$と寸法調整しておくとよい．

**問題2**　問題1において，$x_1$と$x_2$の相関係数$r_{12}=r_{21}=0.71$として，$Q$を最大にする重み$w_1, w_2$を求めよ．

$$Q=r^2(x_1;z)+r^2(x_2;z)$$

**解答**　まず，$\boldsymbol{R}$の固有値を求める．

$$|\boldsymbol{R}-\lambda\boldsymbol{I}|=\begin{bmatrix}1-\lambda & r_{12}\\ r_{21} & 1-\lambda\end{bmatrix}=(1-\lambda)^2-r_{12}{}^2=0$$

よって，

$$\lambda_1=1+r_{12}=1+0.71=1.71$$
$$\lambda_2=1-r_{12}=1-0.71=0.29$$

最大固有値$\lambda_1$の固有ベクトル$\boldsymbol{v}$は，$v_1=v_2=c$（$c$は0でない任意の数）である．$\boldsymbol{v}$は，$v_1{}^2+v_2{}^2=1$のように$c$を選ぶとしよう．また，もとの変数に適用する重みベクトル$\boldsymbol{w}$は，$\boldsymbol{v}$の要素を対応する標準偏差$s_1, s_2$で割ればよい．なお，$\boldsymbol{w}$も最終的には$\boldsymbol{w}'\boldsymbol{w}=1$のように寸法調整を加えておこう．

$$\boldsymbol{v}=\begin{bmatrix}v_1\\ v_2\end{bmatrix}=\begin{bmatrix}1/\sqrt{2}\\ 1/\sqrt{2}\end{bmatrix}=\begin{bmatrix}0.707\\ 0.707\end{bmatrix}$$

$$\boldsymbol{w}^*=\begin{bmatrix}w_1{}^*\\ w_2{}^*\end{bmatrix}=\begin{bmatrix}v_1/s_1\\ v_2/s_2\end{bmatrix}=\begin{bmatrix}0.707/12.97\\ 0.707/16.60\end{bmatrix}$$

$$=\begin{bmatrix}0.0545\\ 0.0426\end{bmatrix}$$

$$\underset{(\text{基準化})}{\boldsymbol{w}}=\begin{bmatrix}w_1\\ w_2\end{bmatrix}=\begin{bmatrix}w_1{}^*/\sqrt{w_1{}^{*2}+w_2{}^{*2}}\\ w_2{}^*/\sqrt{w_1{}^{*2}+w_2{}^{*2}}\end{bmatrix}=\begin{bmatrix}0.7879\\ 0.6159\end{bmatrix}$$

代表効率$Q$を最大にする$z$は，結局，

$$z=0.7879x_1+0.6159x_2$$

となる．　　　　　　　　　　　　　　　　　　　　　　　　　（解答終）

この重み$w_1, w_2$は問題1における$w_1, w_2$と値が異なっていることに注意し

たい．ちなみに，問題1と2における解から，図4.1の $x_1$ 軸と $z$ 軸の最適な角度 $\theta$ を比較してみると，次のように異なっている．

$s^2(z)$ の最大化　$\cos\theta=0.5780 \rightarrow \theta=54.7°$

$Q$ の最大化　$\cos\theta=0.7879 \rightarrow \theta=38.0°$

主成分分析では，代表変数 $z$ を主成分 (principal component) とよんでいる．本項 (§4.1.2) では，$p$ 個の変数から主成分 $z$ を生成する場合の‘代表性’の意味を2種類考えた．そのどちらを採択するかで現実に得られる重みの値は異なる．しかし，個々の変数 $x_1, x_2, \cdots$ を最初に分散1に基準化し，基準化した変数だけを終始一貫して検討の対象にするのであれば，‘代表性’の意味をどちらにとっても結果は同じ解になる．

一般に主成分分析の実際場面では，計測単位の質が異なる変数群を扱うことが多い．そのため最初の計測単位にこだわらず，標準偏差を単位とする基準化変数を用いることが広く行われている．このときは相関行列 $\boldsymbol{R}$ は同時に分散共分散行列 $\boldsymbol{S}$ でもあるから，両様の意味を兼備した代表変数が得られる．

### 4.1.3　二つ以上の成分の算出

以下では，相関行列 $\boldsymbol{R}$ と分散共分散行列 $\boldsymbol{S}$ が等しい基準化変数の場合に限って述べることにする．

§4.1.2では，データを最も効率よく合成圧縮する主成分を一つだけ求めた．そして代表効率の指標は $\boldsymbol{R}$ (または $\boldsymbol{S}$) の最大固有値であった．しかし，この値が小さければ，その代表性は十分でない．実際，多くの変数を扱うときは，一つでは不十分なことがしばしばある．その場合には，第2，第3，… の主成分 $z_2, z_3, \cdots$ を求めることが必要になる．次に，その求め方を述べよう．

$p$ 個の変数が基準化変数ならば，§4.1.2の **2.** における $\boldsymbol{v}$ と $\boldsymbol{w}$ の2種類の区別は不必要である．そこで，$\boldsymbol{w}=\boldsymbol{v}$ として，$Q$ 最大化の考え方の延長で説明しよう．

いま，第1主成分 $z_1$ に加えて第2主成分 $z_2$ を求めるとする．ここで，$z_1$ と $z_2$ の変数 $x_j$ に対する重相関係数 $r(x_j; z_1, z_2)$ $(j=1,2,\cdots,p)$ を考え，これの2乗和を $Q_2$ とする．

$$Q_2=\sum_{j}^{p} r^2(x_j; z_1, z_2)$$

この $Q_2$ の最大化問題を解くことにしよう．ただし，新たな $z_2$ が先の $z_1$ と大同小異では意味がないから，$\boldsymbol{w}_1$ と $\boldsymbol{w}_2$ を $z_1, z_2$ の重みベクトルとして，

$$\boldsymbol{w}_1'\boldsymbol{R}\boldsymbol{w}_2=0 \qquad (z_1 \text{ と } z_2 \text{ の相関が } 0)$$

なる直交条件の下で，これを行う．この直交条件から，

$$Q_2=\sum_j^p r^2(x_j;z_1,z_2)=\sum_j^p r^2(x_j;z_1)+\sum_j^p r^2(x_j;z_2)$$
$$=Q+\sum_j^p r^2(x_j;z_2)$$

は容易にわかる．右辺の $Q$ は $\boldsymbol{R}$ の最大固有値 $\lambda_1$ に等しい．また，(7) 式より

$$\sum_j^p r^2(x_j;z_2)=\boldsymbol{w}_2'\boldsymbol{R}^2\boldsymbol{w}_2/\boldsymbol{w}_2'\boldsymbol{R}\boldsymbol{w}_2$$

したがって，$\boldsymbol{R}$ の２番目に大きい固有値を $\lambda_2$ とすると，

$$\sum_j^p r^2(x_j;z_2)=\lambda_2$$

となって，$\lambda_2$ に対応する固有ベクトルが $\boldsymbol{w}_2$ になる．

第３主成分 $z_3$ 以下も同様の論法を反復して，主成分相互間の直交条件を考慮した重相関係数の２乗和，

$$\sum_j^p r^2(x_j;z_1,z_2,\cdots)$$

を最大にすることを行えば，結局 $\boldsymbol{R}$ の固有値を大きい順に採択して，それらの固有ベクトルを重みとすればよいことがいえる．

これは，$z_1, z_2, \cdots$ の分散 $s^2(z_1), s^2(z_2), \cdots$ の和を考え，$z$ 相互間の相関が０の条件で最大化するとしても同じである．このときも $\boldsymbol{R}$ の固有値を大きい順に採用すればよい．

**問題３**　表4.1は，「英語」，「数学」，「国語」，「社会」の４教科の成績相互の相関行列である．もとの変数は基準化変数であるとし，これより主成分を２個以上求めよ．

**表4.1**　教科成績間の相関行列

| 教　科 | 英　語 $x_1$ | 数　学 $x_2$ | 国　語 $x_3$ | 社　会 $x_4$ |
|---|---|---|---|---|
| 英　語 $x_1$ | 1.0000 | 0.7096 | 0.1955 | 0.0303 |
| 数　学 $x_2$ | 0.7096 | 1.0000 | −0.0041 | −0.2157 |
| 国　語 $x_3$ | 0.1955 | −0.0041 | 1.0000 | 0.5816 |
| 社　会 $x_4$ | 0.0303 | −0.2157 | 0.5816 | 1.0000 |

主成分相互は，その代表性において，どう異なるか．

**解答**　固有値，固有ベクトルの計算は，コンピュータの力を借りよう．結果は次のとおり．

$$\lambda_1=1.7366,\quad \lambda_2=1.6189,\quad \lambda_3=0.3951,\quad \lambda_4=0.2494$$

$$\boldsymbol{w}_1=\begin{bmatrix}0.7005\\0.6992\\0.1147\\-0.0854\end{bmatrix}\quad \boldsymbol{w}_2=\begin{bmatrix}0.1029\\-0.1311\\0.6927\\0.7017\end{bmatrix}$$

$$\boldsymbol{w}_3=\begin{bmatrix}0.2082\\-0.0099\\-0.7120\\0.6705\end{bmatrix}\quad \boldsymbol{w}_4=\begin{bmatrix}-0.6748\\0.7028\\0.0051\\0.2253\end{bmatrix}$$

ただし，固有ベクトル（重みベクトル）は，$\boldsymbol{w}'\boldsymbol{w}=1$ のように寸法調整してある．　（解答終）

一般に $\boldsymbol{R}$ が正値定符号（$\boldsymbol{x}'\boldsymbol{R}\boldsymbol{x}>0$）なら，変数の数 $p$ まで，非負値定符号（$\boldsymbol{x}'\boldsymbol{R}\boldsymbol{x}\geqq 0$）なら，$\boldsymbol{R}$ のランク数まで正の固有値とその固有ベクトルを得ることができる（これは $\boldsymbol{S}$ についても同じ）．

結局，主成分分析は $\boldsymbol{R}$ を次のように分解することにほかならないのである．

$$\boldsymbol{R}=\boldsymbol{P}\boldsymbol{\Lambda}\boldsymbol{P}' \tag{8}$$

ただし，

$$\boldsymbol{P}=[\boldsymbol{w}_1, \boldsymbol{w}_2, \cdots, \boldsymbol{w}_r]=\begin{bmatrix}w_{11} & w_{12} & \cdots & w_{1r}\\ w_{21} & w_{22} & \cdots & w_{2r}\\ \vdots & \vdots & & \vdots\\ w_{p1} & w_{p2} & \cdots & w_{pr}\end{bmatrix}$$

$$\boldsymbol{\Lambda}=\begin{bmatrix}\lambda_1 & & & O\\ & \lambda_2 & & \\ & & \ddots & \\ O & & & \lambda_r\end{bmatrix}$$

行列 $\boldsymbol{P}$ は重みベクトル $\boldsymbol{w}$ を列ベクトルとする行列で，$\boldsymbol{P}'\boldsymbol{P}=\boldsymbol{I}$（$r$ 次の単位行列）である．また，$\boldsymbol{\Lambda}$ は正の固有値 $\lambda$ を要素とする対角行列である．$r$ は正

固有値の数 ($r \leqq p$).

さて，基準化変数の場合，$\boldsymbol{R}$ の固有値 $\lambda$ は主成分の分散をも意味していた．したがって，変数の数だけの主成分が算出されても，データの縮約という目的に限れば，最初の変数(基準化変数)の分散がすべて1であるから，分散 $\lambda$ が1以下の第3，第4主成分は，個体の識別に関して個々の変数より劣ることになり，‘代表変数’の資格に欠ける．4教科の成績の縮約に成功したのは，第1，第2主成分であるといえる．

各主成分の相対的な代表効率は，$\lambda_1, \lambda_2, \cdots$ の総和が $\boldsymbol{R}$ のトレース ($\mathrm{tr}\,\boldsymbol{R}$) に一致し，それは変数の数 $p$ であるから，

$$\lambda/\mathrm{tr}\,\boldsymbol{R}=\lambda/p$$

で示すことができる．

$$\left.\begin{array}{ll}(\text{第 1 主成分}) & \lambda_1/p=1.7366/4=0.44\\ (\text{第 2 主成分}) & \lambda_2/p=1.6189/4=0.41\end{array}\right\}0.85$$

$$(\text{第 3 主成分})\quad \lambda_3/p=0.3951/4=0.10$$

$$(\text{第 4 主成分})\quad \lambda_4/p=0.2494/4=0.06$$

これより，第1，第2の二つの主成分で全変動の85%を代表していることがわかる．

### 4.1.4 各主成分と変数との関係

算出した主成分どうしの内容的な差異は，主成分ともとの変数 $x$ との相関係数を比較することで明らかになる．

**問題 4** 問題3の各主成分ともとの変数 $x_j$ ($j=1,2,3,4$) の相関係数を求めよ．

**解答** 特定の主成分 $z$ と変数 $x_j$ の相関係数 $r(x_j;z)$ を要素とするベクトルを $\boldsymbol{a}$ とすると，

$$\boldsymbol{a}=\boldsymbol{R}\boldsymbol{w}/s(z)=\boldsymbol{R}\boldsymbol{w}/\sqrt{\boldsymbol{w}'\boldsymbol{R}\boldsymbol{w}}=\lambda\boldsymbol{w}/\sqrt{\lambda}=\sqrt{\lambda}\,\boldsymbol{w}$$

である．すなわち $z$ と各変数との相関係数は，重みベクトル $\boldsymbol{w}$ の要素をそれぞれ $\sqrt{\lambda}$ 倍して簡単に求まる(表4.2)．

また，このとき，

$$\boldsymbol{a}'\boldsymbol{a}=\lambda\boldsymbol{w}'\boldsymbol{w}=\lambda$$

が成り立っていることがわかる.

表4.2から，第1主成分は「英語」と「数学」との相関が高く，それらに共通な能力を，第2主成分は「国語」と「社会」に共通する能力をよく代表していることがわかる.　(解答終)

表4.2 主成分と教科の相関係数(主成分負荷量)

| 教科＼主成分 | $z_1$ ($\boldsymbol{a}_1$) | $z_2$ ($\boldsymbol{a}_2$) | $z_3$ ($\boldsymbol{a}_3$) | $z_4$ ($\boldsymbol{a}_4$) |
|---|---|---|---|---|
| 英　語 | 0.923 | 0.131 | 0.131 | −0.337 |
| 数　学 | 0.921 | −0.167 | −0.006 | 0.351 |
| 国　語 | 0.151 | 0.881 | −0.448 | 0.003 |
| 社　会 | −0.112 | 0.893 | 0.421 | 0.112 |

主成分と各変数の相関係数のベクトル $\boldsymbol{a}$ を並べた行列 $\boldsymbol{A}$ (表4.2に相当)はふつう負荷量行列とよばれる.

$$\boldsymbol{A}=[\boldsymbol{a}_1, \boldsymbol{a}_2, \cdots, \boldsymbol{a}_r]=\begin{bmatrix} a_{11} & a_{12} \cdots & a_{1r} \\ a_{21} & a_{22} \cdots & a_{2r} \\ a_{p1} & a_{p2} \cdots & a_{pr} \end{bmatrix}$$

一般に（8）式から,

$$\boldsymbol{R}=\boldsymbol{P\Lambda P'}=(\boldsymbol{P\Lambda}^{1/2})(\boldsymbol{\Lambda}^{1/2}\boldsymbol{P'})=\boldsymbol{AA'}$$

がいえる. したがって

($x_j$ の負荷量の2乗和)

$$a_{j1}{}^2+a_{j2}{}^2+\cdots+a_{jr}{}^2=r_{jj}=1$$

($x_j$ と $x_k$ の負荷量の積和)

$$a_{j1}a_{k1}+a_{j2}a_{k2}+\cdots+a_{jr}a_{kr}=r_{jk}$$

が直ちに理解できる.

**問題5**　表4.2を利用し，第1主成分，第2主成分の負荷量に関する変数相互の親近性を図で表せ.

**解答**　横軸に第1主成分 $z_1$ の，縦軸に第2主成分 $z_2$ の負荷量を目盛るとすると，各変数は図4.2のように示される.

図4.2の原点Oから各点へ向かうベクトルは変数ベクトルとよばれる. 変

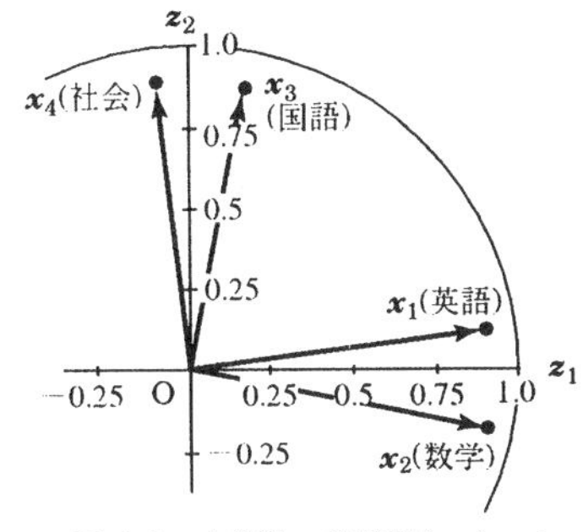


**図4.2**　4教科の負荷量($z_1$ と $z_2$)

数ベクトルは，各変数の負荷量の2乗和が1であることから，半径1の円の内部に位置する(全主成分の変数ベクトルの空間を考えるときのみ，変数ベクトルは長さ1となり，変数を表す'点'は半径1の多次元球面の上に位置する).

図4.2では，2次元の空間で，「英語」と「数学」の距離が近く，しかもベクトルの長さが1に近く，主成分との関係からみて，両者がよく似ていることを示している.「国語」と「社会」についても同様である.　(解答終)

### 4.1.5　各変数を主成分の和で表す

いままで，主成分 $z$ を個々の変数 $x_1, x_2, \cdots$ の重みづけ合成値として考えてきたが，逆に各変数 $x$ は主成分 $z_1, z_2, \cdots$ の重みづけ合成値として表されることを示そう.

いま，$(p\times p)$ の $\boldsymbol{R}$ が正値定符号の場合として，$p$ 個の成分が得られたとし，全主成分 $z$ と全変数 $x$ に関する行ベクトルを $^*\boldsymbol{z}, {}^*\boldsymbol{x}$ としよう.

$$^*\boldsymbol{z}=[z_1, z_2, \cdots, z_p], \qquad {}^*\boldsymbol{x}=[x_1, x_2, \cdots, x_p]$$

このとき，$^*\boldsymbol{z}$ は $^*\boldsymbol{x}$ と重み行列を $\boldsymbol{P}$ として，

$$^*\boldsymbol{z}={}^*\boldsymbol{x}\boldsymbol{P}$$

で表される．実際，この関係で個体ごとの主成分の値が算出される．さて，両辺に右から $\boldsymbol{P}^{-1}$ を乗じて，$\boldsymbol{P}$ が正規直交行列で $\boldsymbol{P}^{-1}=\boldsymbol{P}'$ であることに注意すると，

$$^*\boldsymbol{x}={}^*\boldsymbol{z}\boldsymbol{P}^{-1}={}^*\boldsymbol{z}\boldsymbol{P}'$$

と表せるのが容易にわかる．かくして，任意の変数 $x_j$ は，

$$x_j=w_{j1}z_1+w_{j2}z_2+\cdots+w_{jp}z_p$$

のように，$z$ の合成値として，しかも $z$ の算出に使用する重みを用いて表現されることがいえる.

主成分分析では，このように個々の変数 $x_j$ の内容を各主成分に分解して示すことも可能である.

ただし，どの主成分がどの程度，変数 $x_j$ に寄与しているかの評価のために

は，$z$ の分散が相互に異なるので重み $w_{ji}$ を直接比較することはできない．そこで主成分そのものを基準化してみよう．

$z$ の分散は固有値 $\lambda$ であったから，各 $z_i$ を

$$F_i = z_i / \sqrt{\lambda_i} \qquad (i=1, 2, \cdots, p)$$

とすると，$F_i$ は分散 1 に基準化した成分である．この $F$ を用いるとすると，

$$\begin{aligned} x_j &= (w_{j1}\sqrt{\lambda_1})F_1 + (w_{j2}\sqrt{\lambda_2})F_2 + \cdots + (w_{jp}\sqrt{\lambda_p})F_p \\ &= a_{j1}F_1 + a_{j2}F_2 + \cdots + a_{jp}F_p \end{aligned} \qquad (9)$$

と書ける．$F_i$ の分散はすべて 1 であるから，重みの $a_{ji}$ は効きの大小比較を可能にしてくれる．しかも，$a_{ji}$ は先に示したように $x_j$ と主成分 $z_i$ の相関係数そのものであり，各主成分の変数 $x_j$ への寄与の様相を知る上で，ますます好都合である．

なお，( 9 ) 式は因子分析のモデルときわめてよく似ており，重要な関係である．

主成分分析は，数ある多変量解析の手法のなかで最も基本的な方法である．そして興味深い性質をいろいろともっている．手法の説明の仕方にしても，決して一様ではない．それだけに，多変数データの構造を調べる上に有効な道具であり，いろいろな現象領域で活用されている．

## 4.2 主成分分析 II —方法の詳細

### 4.2.1 主成分分析のねらい

主成分分析とは $p$ 種の変数 $x_1, x_2, \cdots, x_p$ よりなる組データが存在するとき，それらの組データ全体をよく代表するような重みづけ合成値 $z^{(1)}, z^{(2)}, \cdots$ を求めることである．変数 $x_j$ に与える重みを $w_j$ とするとき，$z^{(s)}$ は，

$$z^{(s)} = w_1{}^{(s)}x_1 + w_2{}^{(s)}x_2 + \cdots + w_p{}^{(s)}x_p \qquad (s=1, 2, \cdots ; s \leqq p)$$

ここで，$(s)$ は第 $s$ 番目の合成値の意味である．結局，主成分分析は各個別変数に適用する重み $(w_1{}^{(1)}, w_2{}^{(1)}, \cdots, w_p{}^{(1)})$，$(w_1{}^{(2)}, w_2{}^{(2)}, \cdots, w_p{}^{(2)})$，$\cdots$ を算出することに帰着する．

この場合，データ全体をよく代表するという意味を次の二通りの意味で用いる．

(1) 個々の対象の識別の効果を最大にする．

合成値 $z^{(1)}$ を結果的な $z^{(1)}$ の分散 $s_{z^{(1)}}{}^2$ が最大になるような重み $w_j{}^{(1)}$ $(j=1, 2, \cdots, p)$ を求めることにより定める.

ここで，最大化する量 $Q$（代表効率）を，次のように定義する.

$$Q \equiv s_{z^{(1)}}{}^2 = \boldsymbol{w}_1{}'\boldsymbol{C}\boldsymbol{w}_1$$

ただし，$\boldsymbol{w}_1{}' = \{w_1{}^{(1)}, w_2{}^{(1)}, \cdots, w_p{}^{(1)}\}$；$\boldsymbol{C}$ は $p$ 種の変数 $x_j$ の分散共分散行列である.

$$\boldsymbol{C} = \begin{bmatrix} s_1{}^2 & s_{12} \cdots s_{1p} \\ s_{21} & s_2{}^2 \cdots s_{2p} \\ \vdots & \vdots \ddots \vdots \\ s_{p1} & s_{p2} \cdots s_p{}^2 \end{bmatrix}$$

合成値を 2 種類以上考える場合は，$z^{(1)}$ のほかに $z^{(2)}$, $z^{(3)}, \cdots$ を考え，それらが相互に独立という条件の下でそれぞれが最大分散となるような $z$ を求める.

このように‘代表性’ということを個々の対象の識別効果と考えたのが基準 $Q$ である. もちろん $Q$ は‘重み’の寸法条件を固定しなければ‘最大’が定まらないから，$\sum_{j=1}^{p} w_j{}^{(s)2} = 1$ $(s=1, 2, \cdots)$ として最大化を行う.

(2) 結果的な合成値が個別変数のそれぞれと高い相関を示すようにする.

‘代表性’のもう一つの意味は, 合成値 $z^{(1)}$ と個別変数 $x_j$ の相関係数 $r(x_j; z^{(1)})$ を考えて，これを極力高くするということである.

これらの相関係数の 2 乗和を代表効率 $Q$ として，

$$Q = \sum_{j=1}^{p} r^2(x_j; z^{(1)})$$

この $Q$ を最大にする重み $w_j{}^{(1)}$ $(j=1, 2, \cdots, p)$ を求め，$z^{(1)}$ を定める.

$z^{(2)}$ 以下も合わせて求めたいときは，上の考え方を一般化して，個別変数 $x_j$ と，$z^{(1)}, z^{(2)}, \cdots$ との重相関係数 $r(x_j; z^{(1)}, z^{(2)}, \cdots)$ の 2 乗和を考えて，これを $Q$ とし，

$$Q = \sum_{j=1}^{p} r^2(x_j; z^{(1)}, z^{(2)}, \cdots)$$

これを，$z^{(1)}, z^{(2)}, \cdots$ の相互の相関は 0 の条件下で最大化するように，$z^{(1)}, z^{(2)}, \cdots$ を求める.

‘代表性’についての意味 (1), (2) は，もし個別変数 $x_j$ がすべて分散 1 に基準化されているとすれば，結果的に同じ解となる.

主成分分析を使う実際場面では，単位の質の異なる各種個別変数を扱うことが多く，そのため各変数を基準化された変数として用いることが多い. したが

ってこのような場合には，上の(1),(2)の両様の意味を兼備した合成値 $z^{(1)}$, $z^{(2)}$, … が得られる.

各変数の単位の質が同じで，かつそれらの分散 ($s_j^2$) のちがいを考慮した分析を行いたい場合は代表性の意味を(1)に限定して解を求めることになる.

### 4.2.2 重みベクトルの決定—代表効率 Q の最大化

ここでは(2)の意味の代表効率 $Q$，すなわち合成値 $z^{(1)}$ と個別変数 $x_j$ との相関係数 $r(x_j;z^{(1)})$ の2乗和を最大化する計算について扱う.

まず，合成値 $z^{(1)}$ と変数 $x_j$ の相関係数 $r(x_j;z^{(1)})$ の2乗和 $Q$ を表現してみる.

$z^{(1)}$ と $x_j$ の相関係数は $\bar{x}_j=0$ として，

$$r(x_j;z^{(1)})=\frac{1}{s_{z^{(1)}}}\sum_k w_k^{(1)}s_k r_{kj} \qquad (j=1,2,\cdots,p\ ;\ k=1,2,\cdots,\ p)$$

ここで，$r_{kj}$ は変数 $x_k$ と $x_j$ の相関係数である. $r(x_j;z^{(1)})$ を2乗すれば,

$$r^2(x_j;z^{(1)})=\frac{1}{s_{z^{(1)}}{}^2}\sum_k\sum_l r_{kj}r_{lj}s_k s_l w_k^{(1)}w_l^{(1)} \qquad (k,l=1,2,\cdots,p)$$

したがって，$Q$ は

$$Q=\sum_{j=1}^{p}r^2(x_j,z^{(1)})=\frac{1}{s_{z^{(1)}}{}^2}\sum_k\sum_l(\sum_j r_{kj}r_{lj})s_k s_l w_k^{(1)}w_l^{(1)}$$

行列で表現すれば,

$$Q=\boldsymbol{w}_1'\boldsymbol{D}_s\boldsymbol{R}\cdot\boldsymbol{R}\boldsymbol{D}_s\boldsymbol{w}_1/s_{z^{(1)}}{}^2=\boldsymbol{w}_1'\boldsymbol{D}_s\boldsymbol{R}^2\boldsymbol{D}_s\boldsymbol{w}_1/s_{z^{(1)}}{}^2$$

ただし，$\boldsymbol{R}$ は，変数 $x_j$ ($j=1,2,\cdots,p$) 間の相関行列，$\boldsymbol{D}_s$ は各変数 $x_j$ の標準偏差 $s_j$ を対角要素とする対角行列である.

$$\boldsymbol{R}=\begin{bmatrix}1 & r_{12}\cdots r_{1p}\\ r_{21} & 1\ \cdots\ r_{2p}\\ \vdots & \vdots\ \ddots\ \vdots\\ r_{p1} & r_{p2}\cdots\ 1\end{bmatrix},\qquad \boldsymbol{D}_s=\begin{bmatrix}s_1 & & O\\ & s_2 & \\ O & & \ddots\ s_p\end{bmatrix}$$

一方，$s_{z^{(1)}}{}^2$ は,

$$s_{z^{(1)}}{}^2=\boldsymbol{w}_1'\boldsymbol{C}\boldsymbol{w}_1=\boldsymbol{w}_1'\boldsymbol{D}_s\boldsymbol{D}_s^{-1}\boldsymbol{C}\boldsymbol{D}_s^{-1}\boldsymbol{D}_s\boldsymbol{w}_1=\boldsymbol{w}_1'\boldsymbol{D}_s\boldsymbol{R}\boldsymbol{D}_s\boldsymbol{w}_1$$

よって $Q$ は

$$Q=\boldsymbol{w}_1'\boldsymbol{D}_s\boldsymbol{R}^2\boldsymbol{D}_s\boldsymbol{w}_1/\boldsymbol{w}_1'\boldsymbol{D}_s\boldsymbol{R}\boldsymbol{D}_s\boldsymbol{w}_1$$

ここで，$\boldsymbol{D}_s\boldsymbol{w}_1$ で表されるベクトルを改めて $^*\boldsymbol{w}_1$ とおくと $Q$ は

$$Q={}^*\boldsymbol{w}_1'\boldsymbol{R}^2\,{}^*\boldsymbol{w}_1/{}^*\boldsymbol{w}_1'\boldsymbol{R}\,{}^*\boldsymbol{w}_1$$

で表される．$\boldsymbol{D}_s\boldsymbol{w}_1$ とおくことは変数 $x_j$ を以後基準化変数として扱うことであり，すべての変数 $x_j$ がはじめから基準化されている（$s_j^2=1$）と考えることと同義である．

$Q$ は $z^{(1)}$ が個別変数 $x_j$ に対して有する代表性の効率を表すものであり，計算の目的はこの $Q$ を最大化する ${}^*\boldsymbol{w}_1$ を求めることにほかならない．

$x_j$ がはじめから基準化変数であれば，ベクトル ${}^*\boldsymbol{w}_1$ の要素 $w_j$ がそのまま $x_j$ にかかる重みとなる．

$x_j$ がもともと基準化変数でなく，基準化前のなまの $x_j$ に対する重みを知りたいときは，$\boldsymbol{D}_s\boldsymbol{w}_1$ を改めて ${}^*\boldsymbol{w}_1$ とおいたことの逆を行い，

$$\boldsymbol{w}_1=\boldsymbol{D}_s^{-1}\,{}^*\boldsymbol{w}_1$$

とすれば重みベクトル $\boldsymbol{w}_1$ が得られる．

**1) 第1合成値 $z^{(1)}$ の算出**

まず第1合成値(第1成分) $z^{(1)}$ (以下単に $z$ と記す)を求めるとして，$Q$ の最大化は次のようにする．$x_j$ を基準化された変数として扱う（以後 $\boldsymbol{w}_1$ と ${}^*\boldsymbol{w}_1$ の区別をしない）．

$$Q=\boldsymbol{w}_1'\boldsymbol{R}^2\boldsymbol{w}_1/\boldsymbol{w}_1'\boldsymbol{R}\boldsymbol{w}_1$$

これを $\boldsymbol{w}_1'\boldsymbol{R}\boldsymbol{w}_1=C$ の条件の下に最大化する($C$ は任意の数，$C>0$)．

$\lambda$ をラグランジュ(Lagrange)の未定乗数として，

$$L=\boldsymbol{w}_1'\boldsymbol{R}^2\boldsymbol{w}_1-\lambda(\boldsymbol{w}_1'\boldsymbol{R}\boldsymbol{w}_1-C)$$

とおき，$\dfrac{\partial L}{\partial \boldsymbol{w}_1}=\boldsymbol{0}$ とおけば，

$$\boldsymbol{R}^2\boldsymbol{w}_1-\lambda\boldsymbol{R}\boldsymbol{w}_1=\boldsymbol{0}$$

これより，

$$\boldsymbol{R}^2\boldsymbol{w}_1=\lambda\boldsymbol{R}\boldsymbol{w}_1$$

ここで $|\boldsymbol{R}|\neq 0$ とすれば，次の固有方程式が得られる*)．

$$\boldsymbol{R}\boldsymbol{w}_1=\lambda\boldsymbol{w}_1$$

*) $|\boldsymbol{R}|=0$ ならば $\boldsymbol{w}'\boldsymbol{R}\boldsymbol{w}\neq 0$ の条件の下で $\boldsymbol{R}\boldsymbol{w}=\lambda\boldsymbol{w}$ の解を求めればよいことが示されている．

ところで，

$$\boldsymbol{w}_1{}'\boldsymbol{R}^2\boldsymbol{w}_1=\lambda\boldsymbol{w}_1{}'\boldsymbol{R}\boldsymbol{w}_1, \qquad \lambda=Q$$

であるから，

$$\boldsymbol{R}\boldsymbol{w}_1=\lambda\boldsymbol{w}_1$$

の最大固有値 $\lambda_1$ が最大の $Q$ となり，$\lambda_1$ に応ずる固有ベクトル $\boldsymbol{w}$ が求める重みとなる．

いま，$\lambda_1$ の固有ベクトルの寸法条件を $\boldsymbol{w}_1{}'\boldsymbol{w}_1=1$ と決めれば，

$$\boldsymbol{R}\boldsymbol{w}_1=\lambda_1\boldsymbol{w}_1$$

より

$$s_{z^{(1)}}{}^2=\boldsymbol{w}_1{}'\boldsymbol{R}\boldsymbol{w}_1=\lambda_1=Q_{\max}=\left\{\sum_{j=1}^{p}r^2(x_j;z^{(1)})\right\}_{\max}$$

がいえる．

**2)　合成値 $z^{(1)}$ と $x_j$ の相関係数(因子負荷量)**

合成値 $z^{(1)}$ ともとの変数 $x_j$ との相関係数 $r(x_j;z^{(1)})$ については，$\boldsymbol{r}$ を相関係数のベクトルとすると，

$$\boldsymbol{r}=\frac{1}{s_{z^{(1)}}}\boldsymbol{R}\boldsymbol{w}_1=\frac{\boldsymbol{R}\boldsymbol{w}_1}{\sqrt{\boldsymbol{w}_1{}'\boldsymbol{R}\boldsymbol{w}_1}}=\frac{\lambda_1\boldsymbol{w}_1}{\sqrt{\lambda_1}}=\sqrt{\lambda_1}\boldsymbol{w}_1$$

がいえる．すなわち，$\boldsymbol{w}_1$ の要素をそれぞれ $\sqrt{\lambda_1}$ 倍すればよい．このとき，$\boldsymbol{r}'\boldsymbol{r}=\lambda_1\boldsymbol{w}_1{}'\boldsymbol{w}_1=\lambda_1=Q_{\max}$ が成立っていることがわかる．

なお $\boldsymbol{r}$ を**因子負荷量**ともよぶ．

先に求めた重み $\boldsymbol{w}_1$ は $p$ 種のデータを最も効率よく合成圧縮するための重みであり，それによる合成値は $z^{(1)}$ である．代表効率を表す指標は $\lambda_1$ である．もし，この値が十分に高い値とならなかったときは，第 2，第 3，… の合成値 $z^{(2)}$，$z^{(3)}$，… を求める．

**3)　第 2 合成値以下の重みベクトルの決定**

$z^{(1)}$ の場合と同様にして，重み $w_1{}^{(2)}, w_2{}^{(2)}, \cdots, w_p{}^{(2)}$ を用いて合成値 $z^{(2)}$ をつくる．

$$z^{(2)}=w_1{}^{(2)}x_1+w_2{}^{(2)}x_2+\cdots+w_p{}^{(2)}x_p$$

そして先の $z^{(1)}$ と合わせて，もとの変数 $x_j$ との重相関係数 $r(x_j\,;\,z^{(1)}, z^{(2)})$ を考え，

$$Q_2=\sum_{j=1}^{p}r^2(x_j\,;\,z^{(1)}, z^{(2)}) \qquad (j=1, 2, \cdots, p)$$

を最大化するよう，重み $w_1^{(2)}, w_2^{(2)}, \cdots, w_p^{(2)}$ を求めることにする．重みのベクトルを $\boldsymbol{w}_2$ とする．

ただし，重みベクトル $\boldsymbol{w}_2$ が先の $\boldsymbol{w}_1$ と同じになっては意味がないから，

$$\boldsymbol{w}_1'\boldsymbol{R}\boldsymbol{w}_2=0$$

の直交条件の下にこれを行う．すなわち $\boldsymbol{w}_2$ は $\boldsymbol{w}_1$ と全く無相関なものとする．この直交条件から，

$$Q_2=\sum_{j=1}^{p} r^2(x_j\,;\,z^{(1)}, z^{(2)})=\sum_{j=1}^{p} r^2(x_j;z^{(1)})+\sum_{j=1}^{p} r^2(x_j;z^{(2)})$$

$$=Q+\sum_{j=1}^{p} r^2(x_j;z^{(2)})$$

ところで，

$$\sum_{j=1}^{p} r^2(x_j;z^{(2)})=\boldsymbol{w}_2'\boldsymbol{R}^2\boldsymbol{w}_2/\boldsymbol{w}_2'\boldsymbol{R}\boldsymbol{w}_2$$

したがって，先と同様にして相関行列 $\boldsymbol{R}$ の 2 番目に大きい固有値 $\lambda_2$ が $\sum r^2(x_j;z^{(2)})$ となり，これに対応する固有ベクトルが $\boldsymbol{w}_2$ になる．

以下，同様の論法を反復して次々に重みベクトル相互間の直交条件を考慮して重相関係数の 2 乗和

$$\sum_j \gamma^2(x_j\,;\,z^{(1)}, z^{(2)}, \cdots) \qquad (j=1, 2, \cdots, p)$$

を最大にすることを行えば，結局 $\boldsymbol{R}$ の固有値の大きい順に，それに対応する固有ベクトルを求めればよいことになる．

$\boldsymbol{R}$ が正値定符号($\boldsymbol{x}'\boldsymbol{R}\boldsymbol{x}>0$)であれば，変数の数 $p$ まで，$\boldsymbol{R}$ が非負値定符号($\boldsymbol{x}'\boldsymbol{R}\boldsymbol{x}\geqq 0$)であれば，正固有値の数まで，相互に独立な重みベクトルを得ることができる．

全固有値($\lambda>0$ のもの)の数を $r$ とすると，

$$\sum_j^{p} r^2(x_j\,;\,z^{(1)}, z^{(2)}, \cdots, z^{(r)})=\sum_s^{r}\sum_j^{p} r^2(x_j;z^{(s)})=\sum_s^{r}\lambda_s=\mathrm{tr}(\boldsymbol{R})=p$$

よって，$\lambda_s/p$ は，各段階における合成値 $z$ の代表効率の割合になる．

### 4.2.3 対象 $i$ についての合成値 $z$ の算出

計算により重みベクトル $\boldsymbol{w}_s$ が得られたら，それを用いて個々の対象(サンプル) $i$ について，変数の観測値 $x_{ij}$ ($j=1, 2, \cdots, p$) を合成したときの代表値を算出することができる．

もちろん，この対象ごとの代表値(以下主成分得点)は主成分別にベクトルとして得られることになる．すなわち $(z_i^{(1)}, z_i^{(2)}, \cdots, z_i^{(p)})$ となる．

各主成分別の得点 $z_i^{(s)}$ は，

$$z_i^{(s)}=\sum_{j=1}^{p} w_j^{(s)} x_{ij}$$

で求められる．この場合の $x_{ij}$ は，平均 0 に基準化された値であるから，基準化される前の粗値を使うとすれば，その平均を $\bar{x}_j$，分散を $\hat{s}_j^2$ として，

$$z_i^{(s)}=\sum_{j=1}^{p} w_j^{(s)}\left(\frac{x_{ij}-\bar{x}_j}{\hat{s}_j}\right) \qquad \left(\sum_j w_j^{(s)}\cdot w_j^{(s)}=1\right)$$

このとき，もちろん $z^{(s)}$ の分散は固有値 $\lambda_s$ と一致する．

もとの変数の数 $p$ が大きいときは，$s_{z^{(s)}}{}^2$ が数値上大きくなって不便なことが多い．その場合，$s_{z^{(s)}}{}^2$ が各主成分の代表効率$(\lambda_s/p)$となるように寸法調整を行うのが便利である．それには，次のようにすればよい．

$$z_i^{(s)}=\frac{1}{\sqrt{p}}\sum_j w_j^{(s)}\left(\frac{x_{ij}-\bar{x}_j}{\hat{s}_j}\right)$$

もしも，主成分得点 $z^{(s)}$ の分散を 1 にするには(基準化変数にするには)，

$$z_i^{(s)}=\frac{1}{\sqrt{\lambda_s}}\sum_j w_j^{(s)}\left(\frac{x_{ij}-\bar{x}_j}{\hat{s}_j}\right)$$

対象の主成分得点 $z_i^{(s)}$ は，もし $\lambda_s$ が小さいならば，対象間をよく識別しないこと，また変数 $x_j$ $(j=1,2,\cdots,p)$ に対する代表性が小さいことを意味するから，そのような $z^{(s)}$ は分析の目的に反することになる．そのような主成分は捨てるのが妥当である．

### 4.2.4　因子分析モデルとの関係

いま，それぞれ異なる $r$ 個の $\lambda_1, \lambda_2, \cdots, \lambda_r$ とそれに対応する $r$ 種の重みベクトルが得られたとする．重みベクトルを $\boldsymbol{w}_1, \boldsymbol{w}_2, \cdots, \boldsymbol{w}_r$ とする．ただし $\boldsymbol{w}_s'\boldsymbol{w}_s=1$ $(s=1,2,\cdots,r)$ とする．このとき，行列 $\boldsymbol{A}, \boldsymbol{\Lambda}$ を用いて，

$$\boldsymbol{A}=\{\boldsymbol{w}_1, \boldsymbol{w}_2, \cdots, \boldsymbol{w}_r\}=\begin{bmatrix} w_1^{(1)} & w_1^{(2)} & \cdots & w_1^{(r)} \\ w_2^{(1)} & w_2^{(2)} & \cdots & w_2^{(r)} \\ \vdots & \vdots & & \vdots \\ w_p^{(1)} & w_p^{(2)} & \cdots & w_p^{(r)} \end{bmatrix}, \qquad \boldsymbol{\Lambda}=\begin{bmatrix} \lambda_1 & & O \\ & \lambda_2 & \\ O & & \ddots \ \lambda_r \end{bmatrix}$$

次の，

$$\boldsymbol{A}'\boldsymbol{R}\boldsymbol{A}=\boldsymbol{\Lambda}$$

の関係が得られる．$\boldsymbol{R}$ は相関行列である．また $\boldsymbol{A}'\boldsymbol{A}=\boldsymbol{I}$ である．

$s$ 番目の合成値 $z^{(s)}$ の分散は $\lambda_s$ であるが，もしこれの分散を1にする場合には上式の変形，

$$(\boldsymbol{A}\boldsymbol{\Lambda}^{-1/2})'\boldsymbol{R}(\boldsymbol{A}\boldsymbol{\Lambda}^{-1/2})=\boldsymbol{I}$$

から容易にわかるように，重みベクトルとして $\boldsymbol{A}\boldsymbol{\Lambda}^{-1/2}$ を用いればよい．

すなわち，分散1に基準化した合成値 $z_i^{(s)}$ のベクトル $\boldsymbol{z}_i^*$ ともとの変数に関するベクトル $\boldsymbol{x}_i$ とにおいて，

$$\boldsymbol{z}_i^*=(\boldsymbol{A}\boldsymbol{\Lambda}^{-1/2})'\boldsymbol{x}_i,\qquad \boldsymbol{z}_i^*=\begin{bmatrix} z_i^{(1)} \\ z_i^{(2)} \\ \vdots \\ z_i^{(r)} \end{bmatrix},\qquad \boldsymbol{x}_i=\begin{bmatrix} x_{i1} \\ x_{i2} \\ \vdots \\ x_{ip} \end{bmatrix}\left(\begin{matrix}\text{ただし,} \\ \bar{x}_j=0 \\ \hat{s}_j^2=1\end{matrix}\right)$$

$$(j=1,2,\cdots,p)$$

ここで $r=p$ の場合とすると，$\boldsymbol{A}$ は直交行列（$\boldsymbol{A}'\boldsymbol{A}=\boldsymbol{A}\boldsymbol{A}'=\boldsymbol{I}$）で，このとき，$\boldsymbol{x}_i$ を $\boldsymbol{z}_i^*$ で表すには，$(\boldsymbol{A}\boldsymbol{\Lambda}^{1/2})$ を左から乗じて，

$$(\boldsymbol{A}\boldsymbol{\Lambda}^{1/2})\boldsymbol{z}_i^*=(\boldsymbol{A}\boldsymbol{\Lambda}^{1/2})(\boldsymbol{A}\boldsymbol{\Lambda}^{-1/2})'\boldsymbol{x}=\boldsymbol{x}$$

すなわち

$$x_{ij}=\sqrt{\lambda_1}w_j^{(1)}z_i^{(1)}+\sqrt{\lambda_2}w_j^{(2)}z_i^{(2)}+\cdots+\sqrt{\lambda_p}w_j^{(p)}z_i^{(p)}$$

$$(i=1,2,\cdots,N\,;\ j=1,2,\cdots,p)$$

$z_i^{(s)}$ にかかる係数は，$z^{(s)}$ と $x_j$ の相関係数にほかならない．この係数をいま改めて $a_{js}$（$a_{js}=\sqrt{\lambda_s}w_j^{(s)}$，$s=1,2,\cdots,p$）で表せば，

$$x_{ij}=a_{j1}z_i^{(1)}+a_{j2}z_i^{(2)}+\cdots+a_{jp}z_i^{(p)}$$

この $a_{js}$ は因子分析のモデルにおける因子負荷量にほかならず，主成分分析の結果得られた $a_{js}$ は，そのまま因子分析法における，いわゆる主因子解の結果にほかならない．

### 4.2.5 幾何学的観点からの説明

主成分分析には種々の説明の仕方がある．しかしどれをとっても結局は同様なところに落ちつく．ここでは幾何学的観点からする説明をとりあげる．

いま，$p$ 種の変量をもつ $n$ 個の観測値が存在するとする．各観測値 $i$ の変数 $x_j$ についての値を $x_{ij}$ で表すとして，これは次のように基準化されているとする．

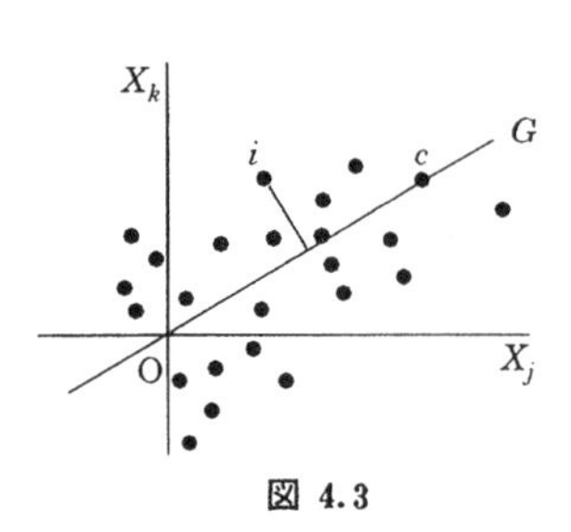

図 4.3

$$\sum_{i=1}^{n} x_{ij}=0, \qquad \frac{1}{n}\sum_{i=1}^{n} x_{ij}^2=1$$
$$(j=1,2,\cdots,p)$$

各観測値 $i$ を $p$ 次元空間における座標点と考えて図 4.3 のように $n$ 個の点が原点の周りに，ある方向性をもったまとまりとして散在しているとする．

いま，この点群の間を通る 1 本の直線を一般的に

$$\frac{X_1-c_1}{l_1}=\frac{X_2-c_2}{l_2}=\frac{X_3-c_3}{l_3}=\cdots=\frac{X_p-c_p}{l_p} \qquad (1)$$

とする．ただし $l_j$ $(j=1,2,\cdots,p)$ は方向余弦，すなわち $G$ が $X_j$ 軸となす角を $\theta_j$ とするとき，$\cos\theta_j$ である．もちろん $\sum_j l_j^2=1$．$c$ は $G$ 上の任意の一点とする．$c_1, c_2, \cdots, c_p$ はその座標を表す．

$n$ 個の点より，この直線 $G$ に至る距離の平方和を $Q$ とする．$Q$ は次のようになる．

$$Q=\sum_i^n\left\{\sum_j^p(x_{ij}-c_j)^2-\left\{\sum_j^p l_j(x_{ij}-c_j)\right\}^2\right\}$$

$Q$ が上式のように表せることは，次のようにして理解することができる．

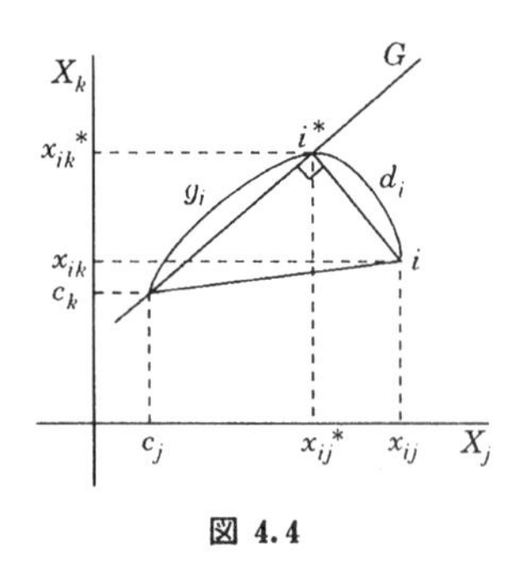

図 4.4

図 4.4 において点 $i$ から $G$ への垂線の足を $i^*$ とする．$c$ と $i^*$ の距離を $g_i$, $i$ と $i^*$ の距離を $d_i$ とすると，$d_i^2$ は，

$$\begin{aligned}d_i^2&=\sum_j(x_{ij}-x_{ij}^*)^2\\&=\sum_j\{(x_{ij}-c_j)-(x_{ij}^*-c_j)\}^2\\&=\sum_j(x_{ij}-c_j)^2+\sum_j(x_{ij}^*-c_j)^2\\&\quad-2\sum_j(x_{ij}-c_j)(x_{ij}^*-c_j)\end{aligned}$$

一方，方向余弦 $l_j$ を用いれば，$(x_{ij}^*-c_j)=l_j g_i$，また，$g_i^2$ は，

$$g_i^2=\sum_j(x_{ij}^*-c_j)^2, \text{ かつ } \quad d_i^2=\sum_j(x_{ij}-c_j)^2-g_i^2$$

したがって，

$$g_i^2=g_i\sum_j l_j(x_{ij}-c_j)$$

以上より，

$$d_i^2=\sum_j(x_{ij}-c_j)^2-(\sum_j l_j(x_{ij}-c_j))^2$$

$i$ のすべてについて $\sum$ をとれば，

$$Q=\sum_i d_i^2=\sum_i\{\sum_j(x_{ij}-c_j)^2-(\sum_j l_j(x_{ij}-c_j))^2\}$$

この $Q$ を最小にするような直線 $G$ を点群を代表する直線とする．すなわち，最小2乗的な意味で，点群にフィットする $G$ を求めることを考える．

まず，$\dfrac{\partial Q}{\partial c_j}=0$ とおくと，

$$\sum_i(x_{ij}-c_j)=\sum_i\{l_j\sum_k l_k(x_{ik}-c_k)\} \qquad (j=1,2,\cdots,p)$$

$\sum_i x_{ij}=0$ だから上式は，

$$c_j/l_j=\sum_k l_k c_k=\text{一定}$$

したがって（1）式から，直線 $G$ は定点を通ることがわかる．つまり直線が通る一点を原点として一般性を失わず，$c_1=c_2=\cdots=c_p=0$ とする．

次に $\sum_j l_j^2=1$ の条件があるから，$Q$ を最小にする $l_j$ は $\mu$ をラグランジュの未定乗数として，

$$L=Q-\mu(\sum_j l_j^2-1)$$

とおき $\dfrac{\partial L}{\partial l_j}=0$ $(j=1,2,\cdots,p)$ より条件式を導く．これは

$$\sum_k(\sum_i x_{ij}x_{ik})l_k=\mu l_j \qquad (j=1,2,\cdots,p)$$

$\mu=n\lambda$ として行列表現をとることにし，相関行列を $\boldsymbol{R}$，方向余弦を $\boldsymbol{l}$ とすると，

$$\boldsymbol{R}\boldsymbol{l}=\lambda\boldsymbol{l}$$

$\lambda$ $(\lambda\geqq 0)$ は相関行列 $\boldsymbol{R}$ の固有値，$\boldsymbol{l}$ は $\lambda$ に対応する固有ベクトルである．$\lambda$ と $Q$ の関係は，

$$Q=np-\mu=n(p-\lambda)$$

なぜならば，

$$\sum_k(\sum_i x_{ij}x_{ik})l_k=\mu l_j$$

の両辺に $l_j$ をかけ $j$ について和をとれば,

$$\sum_i(\sum_k l_k x_{ik})^2=\mu$$

一方, $Q$ は,

$$Q=\sum_i\sum_j x_{ij}^2-\sum_i(\sum_k l_k x_{ik})^2$$

であるから,

$$Q=np-\mu=n(p-\lambda)$$

が得られる.

以上より, $Q$ を最小にするには $\boldsymbol{R}$ の固有値のうち最大の $\lambda$ をとればよく,それに対応するベクトル $\boldsymbol{l}$ $(\boldsymbol{l}'\boldsymbol{l}=1)$ を勾配係数ベクトルとして $p$ 次元空間の原点を通る直線 $G$ を選べば, 目的にかなう直線となる.

原点から軸 $G$ 上の一点までの距離を $g_i$ (軸 $G$ に関する点 $i$ の座標)とすると, $g_i$ は直線の方程式の標準形として, 次式で示される.

$$g_i=\sum_j l_j x_{ij}$$

この式が合成変数を表しており, 観測値 $i$ の因子得点に当たるものである.

直線 $G$ を求めた後, $G$ の周囲にはまだ $(p-\lambda_1)$ の残差が存在する. この残差分散を最小にし, かつ先に求めた $G$ と直交するような軸 $G^1$ を考える.

$G^1$ の方向余弦を ${}^1l_j$ $(j=1,2,\cdots,p)$ とすると,

$$\sum_j {}^1l_j^2=1, \qquad \sum_j l_j {}^1l_j=0$$

この直線における残差分散は結局, $\boldsymbol{Rl}=\lambda\boldsymbol{l}$ の先に得た $\lambda_1$ とは異なる固有値として得られ, それに対応するベクトル $\boldsymbol{l}_2$ が方向余弦を示す $(\boldsymbol{l}_2'\boldsymbol{l}_2=1)$.

$$\boldsymbol{l}_2'=({}^1l_1,{}^1l_2,\cdots,{}^1l_p)$$

$\boldsymbol{R}$ の固有値を大きさの順に $\lambda_1>\lambda_2>\cdots>\lambda_p$ とすれば, $\boldsymbol{R}$ のトレースは $p$ であるから,

$$p=\lambda_1+\lambda_2+\cdots+\lambda_p$$

第2に大きい固有値 $\lambda_2$ を選べば, $G^1$ による残差分散は,

$$(p-\lambda_1)-\lambda_2$$

で最小となる. 第3軸以下も同様に考えて, $\boldsymbol{R}$ の固有値を大きい順に採択すればよい.

$\boldsymbol{R}$ のランクが $p$ より小さい ${}^1p$ のときは $(p-{}^1p)$ 個の $\lambda$ はゼロとなる．これは分析上意味をもたず不要になる．

主成分分析とは $p$ 次元空間における $n$ 個の点のバラツキを最小にするように，次々に軸を求めていく——すなわち，その方向へ回転していく方法であるといえる．行列 $\boldsymbol{L}$ を，

$$\boldsymbol{L}=\{\boldsymbol{l}_1, \boldsymbol{l}_2, \cdots, \boldsymbol{l}_p\}$$

とする．$\boldsymbol{l}_s$ $(s=1,2,\cdots,p)$ は先の固有ベクトルに当たるもので，$\boldsymbol{L}$ は直交行列 $(\boldsymbol{L}'\boldsymbol{L}=\boldsymbol{T})$ とする．

$(n\times p)$ の観測値行列を $\boldsymbol{X}$，同じく変換後行列を $\boldsymbol{G}$ とすると，

$$\boldsymbol{G}=\boldsymbol{X}\boldsymbol{L}$$

変換後の分散共分散行列は

$$\frac{1}{n}\boldsymbol{G}'\boldsymbol{G}=\frac{1}{n}\boldsymbol{L}'\boldsymbol{X}'\boldsymbol{X}\boldsymbol{L}=\boldsymbol{L}'\boldsymbol{R}\boldsymbol{L}=\begin{bmatrix}\lambda_1 & & O\\ & \lambda_2 & \\ O & & \ddots \ \lambda_p\end{bmatrix}$$

つまり，主成分分析は空間全体を直交回転し，相互に直交する変数 $G_1, G_2, \cdots$ を得る手続きである．

また固有値 $\lambda$ は軸 $G$ の周囲の残差分散最小に対応しているが，同時に軸 $G$ に沿っての分散そのものであり，各段階での最大分散である．

**問1**　変数 $x_1$ と $x_2$ はいずれも平均0，分散1である．両者の相関係数は0.5である．

| 相関 | $(x_1)$ | $(x_2)$ |
|---|---|---|
| $(x_1)$ | 1.00 | .50 |
| $(x_2)$ | .50 | 1.00 |

これに主成分分析を施し，$x_1$ と $x_2$ の重みづけ合成値 $z$，

$$z=w_1x_1+w_2x_2$$

に関して，分散最大のものを求めよ．ただし，$w_1{}^2+w_2{}^2=1$．分散最小の場合は，どうなるか．

## 4.3　数量化 III 類

### 4.3.1　同時分類型の数量化

数量化Ⅲ類は，同時分類型の数量化の方法といわれている．個々の対象(たとえば個人)が個々の項目に対して示す反応の型に着目して，これらの‘型’を分類整理することにより，各項目の意味を，同時に行われた他の項目への反応を

手掛りとして明らかにすることをねらっている．また同時に，その対象(個人)がどのような反応傾向の持ち主であるか，に関して，集団全体を類型グループに細分することができる．

これらのねらいは主成分分析，因子分析と共通しているが，特徴はこれを質的(定性的)項目への反応パターンに関して行うことである．

仮定として「反応特性の似かよった人々(対象)は，同じ意味内容の項目を選択し，逆に意味的に同種の項目は同種の反応特性の人々によって選択される」と考える．

このことから，対象としての個人，および項目のそれぞれについて反応パターンの似たものどうしを集めるに当たり，'個人'×'項目' の行列全体を配慮することになる．

行列全体を配慮して相互に似たものを集める，という操作を図で示すと図4.5のようなものとなる．

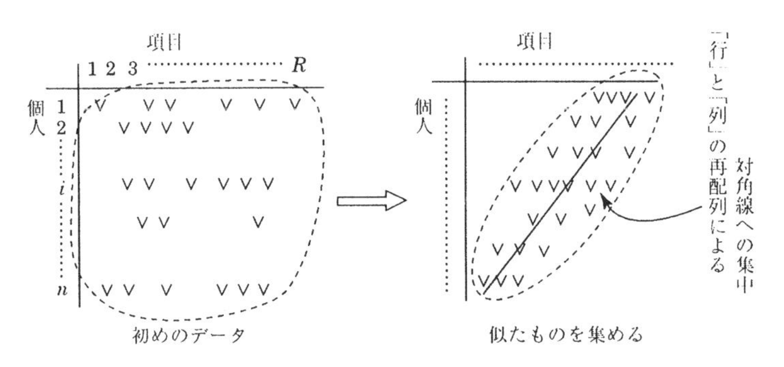


図 4.5

すなわち，'行' と '列' のならべかえを行って，反応(∨)が極力対角線に集中するようにすれば，結果的に得られた行列において，隣合った個人あるいは項目は，内容的に似ており，離れた個人，あるいは項目は似ていない(逆の傾向)とみなすことができる．

数量化Ⅲ類の基本的な考え方は，これを数値操作的に実行しようとすることにある．

すなわち，項目 $j$ と個人 $i$ にそれぞれ $x_j, y_i$ という数量を対応させるとして，$x$ と $y$ の相関係数 $r$ を考える．この $r$ を最大化するという手順を踏んで，結果的に分類測度としての $x_j, y_i$ を決定するのである．

### 4.3.2 $^1r$ の最大化，$x_j$ の求め方

まず相関係数 $^1r$ を $x_j, y_i$ などを用いて表現し，次いでそれを最大化する条件を導く．

**1) 記号の定義**

$$\delta_i(j)=\begin{cases}1\cdots\text{個人 } i \text{ が項目 } j \text{ に反応するとき}\\0\cdots\text{そうでないとき}\end{cases}$$

$m_i$：個人 $i$ が反応した項目総数，$m_i=\sum_j^R \delta_i(j)$

$n$：個人の総数

$R$：項目総数

以上より $x$ および $y$ の分散 $s_x{}^2, s_y{}^2$，$x$ と $y$ との共分散 $s_{xy}$ は，

$$s_y{}^2=\frac{1}{\bar{m}n}\sum_i m_i y_i{}^2-\left[\frac{1}{\bar{m}n}\sum_i m_i y_i\right]^2$$

$$\bar{m}=\sum_i m_i/n$$

$$s_x{}^2=\frac{1}{\bar{m}n}\sum_i\sum_j \delta_i(j)x_j{}^2-\left[\frac{1}{\bar{m}n}\sum_i\sum_j \delta_i(j)x_j\right]^2$$

$$s_{xy}=\frac{1}{\bar{m}n}\sum_i\sum_j x_j y_i \delta_i(j)-\left[\frac{1}{\bar{m}n}\sum_i m_i y_i\right]\left[\frac{1}{\bar{m}n}\sum_i\sum_j \delta_i(j)x_j\right]$$

**2) $^1r$ の最大化と $x_j$ の求め方**

$x$ と $y$ との相関係数は，上の $s_x{}^2, s_y{}^2, s_{xy}$ を用いて，

$$^1r=\frac{s_{xy}}{s_x s_y}$$

この $^1r$ を最大化する条件は，

$$\frac{\partial\, ^1r}{\partial x_k}=0 \quad (\text{イ}) \qquad \frac{\partial\, ^1r}{\partial y_l}=0 \quad (\text{ロ}) \qquad \begin{pmatrix}k=1,2,\cdots,j,\cdots,R\\ l=1,2,\cdots,i,\cdots,n\end{pmatrix}$$

より得られる．

（イ）式を展開すると，

$$\frac{\partial\, ^1r}{\partial x_k}=\left[\left[\frac{\partial s_{xy}}{\partial x_k}\right]s_x s_y-\left[\frac{\partial s_x}{\partial x_k}\right]s_{xy}s_y\right]\Big/ s_x{}^2 s_y{}^2=0$$

これを解き，$\dfrac{\partial s_x{}^2}{\partial x_k}=2s_x\dfrac{\partial s_x}{\partial x_k}$ であることと $^1r=\dfrac{s_{xy}}{s_x s_y}$ であることを用いて

$$\frac{\partial s_{xy}}{\partial x_k}={}^1r\frac{s_y}{2s_x}\left[\frac{\partial s_x{}^2}{\partial x_k}\right]$$

$\dfrac{\partial s_{xy}}{\partial x_k}$ と $\dfrac{\partial s_x{}^2}{\partial x_k}$ を計算して代入すると

$$\sum_i^n\delta_i(k)y_i-\frac{1}{\bar{m}n}\left[\sum_i^n m_iy_i\right]\left[\sum_i^n\delta_i(k)\right]$$

$$={}^1r\frac{s_y}{s_x}\left[\sum_i^n\delta_i(k)x_k-\frac{1}{\bar{m}n}\left[\sum_i^n\sum_j^R\delta_i(j)x_j\right]\left[\sum_i^n\delta_i(k)\right]\right] \qquad (1)$$

同様に（ロ）式を展開すると，

$$\frac{\partial {}^1r}{\partial y_l}=\left[\left[\frac{\partial s_{xy}}{\partial y_l}\right]s_xs_y-\left[\frac{\partial s_y}{\partial y_l}\right]s_{xy}s_x\right]\Big/s_x{}^2s_y{}^2=0$$

$$\frac{\partial s_{xy}}{\partial y_l}={}^1r\frac{s_x}{2s_y}\left[\frac{\partial s_y{}^2}{\partial y_l}\right]$$

$$\frac{1}{m_l}\sum_j^R\delta_l(j)x_j-\frac{1}{\bar{m}n}\sum_i\sum_j\delta_i(j)x_j={}^1r\frac{s_x}{s_y}\left[y_l-\frac{1}{\bar{m}n}\sum_i m_iy_i\right]$$

この式に $\delta_l(k)$ を乗じて $\sum_l$ をとると，

$$\sum_l\sum_j\frac{\delta_l(j)\delta_l(k)}{m_l}x_j-\frac{1}{\bar{m}n}[\sum_l\delta_l(k)][\sum_i\sum_j\delta_i(j)x_j]$$

$$={}^1r\frac{s_x}{s_y}\left[\sum_l\delta_l(k)y_l-\frac{1}{\bar{m}n}[\sum_l\delta_l(k)][\sum_i m_iy_i]\right] \qquad (2)$$

（2）式の右辺に（1）式を代入すると

$$\sum_i\sum_j\frac{\delta_i(j)\delta_i(k)}{m_i}x_j-\frac{1}{\bar{m}n}[\sum_i\delta_i(k)][\sum_i\sum_j\delta_i(j)x_j]$$

$$={}^1r^2\left[\sum_i\delta_i(k)x_k-\frac{1}{\bar{m}n}[\sum_i\sum_j\delta_i(j)x_j][\sum_i\delta_i(k)]\right]$$

ここで

$$h_{jk}=a_{jk}-b_{jk} \qquad (j,k=1,2,\cdots,R)$$

$$a_{jk}=\sum_i\frac{\delta_i(j)\delta_i(k)}{m_i}$$

$$b_{jk}=\frac{1}{\bar{m}n}[\sum_i\delta_i(j)][\sum_i\delta_i(k)]$$

$$d_k=\sum_i\delta_i(k)$$

とすれば，

$$\sum_j h_{jk}x_j={}^1r^2[d_kx_k-\sum_j b_{jk}x_j]$$

$d_k$ は項目 $k$ に反応した個人の数に等しいことに注意.

ここで,

$$f_{jk}=\begin{cases}-b_{jk} & (j\neq k \text{のとき})\\ d_k-b_{jk} & (j=k \text{のとき})\end{cases}$$

とすると,

$$\sum_j h_{jk}x_j={}^1r^2\sum_j f_{jk}x_j \qquad (k=1,2,\cdots,R)$$

行列の記法を用い $\boldsymbol{H}=\{h_{jk}\}$, $\boldsymbol{F}=\{f_{jk}\}$ とすれば,

$$\boldsymbol{Hx}={}^1r^2\boldsymbol{Fx}$$

この方法のねらいから, $x$ の平均はどうでもよいから, 任意の $x$ を0とおいて上の固有方程式を解く. その最大固有値(${}^1r^2$)に応ずる固有ベクトル $\boldsymbol{x}$ を求めれば, その要素が各項目の数値 $x_j$ となる.

実際の計算の場合, 総平均0, すなわち,

$$\bar{x}=\frac{1}{\bar{m}n}\sum_j\sum_i\delta_i(j)x_j=0$$

とおくと, 上式は

$$\sum_j a_{jk}x_j={}^1r^2d_kx_k \qquad (k=1,2,\cdots,R) \qquad (3)$$

これを $\bar{x}=0$ の条件の下で解く. 実際 ${}^1r^2\neq1$ とすると,

$$\bar{m}n\bar{x}=\sum_k d_kx_k=0$$

となるから, この式を満足する解は必ず $\bar{x}=0$ を満足していることが示される.

ところで(3)式の $x_k$ $(k=1,2,\cdots,R)$ の値が, すべて一定の値 $c$ である(ただし $c\neq0$)とすれば,

$$\begin{aligned}(3)\text{式の左辺}&=\sum a_{jk}\{c\}=c\sum a_{jk}=c\sum\{\sum\delta_i(j)\times\delta_i(k)/m_i\}\\ &=c\sum\{\sum\delta_i(j)\}\times\delta_i(k)/m_i=c\{m_i\}\times\{\sum\delta_i(k)\}/m_i\\ &=c\sum\delta_i(k)=c\times d_k\end{aligned}$$

$$(3)\text{式の右辺}={}^1r^2d_k\times c={}^1r^2(c\times d_k)$$

となるから,

$${}^1r^2=1$$

であれば,(3)式の関係式が必ず成り立つ. 詳しい考察は省略するが,(3)式で表される固有方程式は, $a_{jk}$ や $d_k$ がどのような値をとろうと, 必ず「最大固有値1」と「要素がすべて一定値である固有ベクトル」をもつことを示すこ

とができる.

ところで数量化の結果，相関係数の値が1で，$R$ 個の項目に与えられる数量がすべて等しくなる，ということは妙なことである．どうしてこのようなことが起こるのであろうか．詳細には触れないが，実は「$x$ の平均を0とおく」(前ページ中段)という制約条件から由来しているのである．このような制約条件をつけることによって固有方程式の形がより単純になって便利になる．しかし，その見返りとして余分な固有値1が出てくるのである.

数量化Ⅲ類の計算を行うときには，最大固有値1の場合を除いて，2番目に大きい固有値とそれに対応する固有ベクトルを求めて，その結果から考察を進めていかなければならない.

(3) 式を改めて書けば,

$$\sum_j\left[\sum_i\frac{\delta_i(j)\delta_i(k)}{m_i}\right]x_j={}^1r^2\left[\sum_i\delta_i(k)\right]x_k\qquad(k=1,2,\cdots,R)$$

ここで,

$$x_k=\frac{z_k}{\sqrt{d_k}}$$

とすると,

$$\sum_j g_{jk}z_j={}^1r^2z_k\qquad(k=1,2,\cdots,R)\qquad(4)$$

ただし

$$g_{jk}=\frac{a_{jk}}{\sqrt{d_k}\sqrt{d_j}}=\sum_i\frac{\delta_i(j)\delta_i(k)}{m_i}\Big/\sqrt{(\sum_i\delta_i(k))(\sum_i\delta_i(j))}$$

$\boldsymbol{G}=\{g_{jk}\}$ とすれば，(4) 式は次のように書ける.

$$\boldsymbol{Gz}={}^1r^2\boldsymbol{z}$$

### 4.3.3 個人(対象)の数値 $y_i$ の求め方

$y_i$ は得られた $x_j$ の値によって次のように表されることが (ロ) 式(p. 137)を微分した式からわかる.

$$y_i=\frac{s_y}{{}^1rs_x}\left\{\frac{1}{m_i}\sum_j\delta_i(j)x_j\right\}+\frac{1}{\bar{m}n}\sum_i m_iy_i$$

$\dfrac{s_y}{{}^1rs_x}=1$；$\dfrac{1}{\bar{m}n}\sum_i m_iy_i=\bar{y}=0$ と考えれば,

$$y_i=\frac{1}{m_i}\sum_j\delta_i(j)x_j\qquad(5)$$

個人 $i$ が反応した項目 $j$ の値 $x_j$ の平均として $y_i$ が求められる.

なお，参考までに最大固有値1の場合に，個人(対象)の値がどうなるかについて触れておこう．項目の値 $x_j$ $(j=1,2,\cdots,R)$ が一定値 $c$ であるとき，$y_i$ $(i=1,2,\cdots,n)$ の値もすべて一定値 $c$ となることは，(5) 式の関係から明らかであろう.

### 4.3.4 多次元の場合の $r, x_j, y_i$ の計算

もしも ${}^1r$ が十分に大きくない場合は，さらに相互独立の次元をつけ加えて，$({}^2r, {}^2x_j, {}^2y_i)$，$({}^3r, {}^3x_j, {}^3y_i)$，… といった多次元の数値を対応させる．いま，2次元目までの数値を求めることにし，この計算を以下に示す.

2次元目の値として，

項目に　$u_j$　$(j=1,2,\cdots,R)$

個人に　$v_i$　$(i=1,2,\cdots,n)$

を対応させるとすると，${}^2r$ は，分散，共分散をそれぞれ $s_u{}^2, s_v{}^2, s_{uv}$ として，

$${}^2r=\frac{s_{uv}}{s_u s_v}$$

$u_j$ と $v_i$ は $x_j, y_i$ と同じものでは意味がないから，それらは相互に独立，

$$\sum_i\sum_j \delta_i(j)x_j u_j=0$$

の条件下にあるものとして，

$$r={}^1r\cdot{}^2r$$

なる測度を考え，これが最大になるよう，$x_j, u_j, y_i, v_i$ を計算する.

$\mu$ をラグランジュの未定乗数として，

$$Q_1={}^1r\,{}^2r-\mu\left[\sum_k\sum_i \delta_i(k)x_k u_k\right]$$

とおき，

$$\frac{\partial Q_1}{\partial x_k}=0 \qquad (イ)$$

$$\frac{\partial Q_1}{\partial y_l}=0 \qquad (ロ)$$

$$\frac{\partial Q_1}{\partial u_k}=0$$

$$\frac{\partial Q_1}{\partial v_l}=0$$

より条件式を導く.

（イ）式の展開は,

$$\frac{\partial Q_1}{\partial x_k}=\frac{\partial^1 r}{\partial x_k}{}^2r+\frac{\partial^2 r}{\partial x_k}{}^1r-\mu[\sum_i \delta_i(k)u_k]=0$$

ここで

$${}^2r\frac{\partial^1 r}{\partial x_k}=\left[\left(\frac{\partial r_{xy}}{\partial x_k}\right)s_x s_y-\left(\frac{\partial s_x}{\partial x_k}\right)s_{xy}s_y\right]\frac{{}^2r}{s_x{}^2 s_y{}^2}$$

$${}^1r\frac{\partial^2 r}{\partial x_k}=0$$

したがって, ${}^1r$ 単独の最大化に際しての（イ）式の展開と同様にして

$$\sum_i \delta_i(k)y_i-\frac{1}{\bar{m}n}(\sum_i m_i y_i)(\sum_i \delta_i(k))$$

$$={}^1r\frac{s_y}{s_x}\left[\sum_i \delta_i(k)x_k-\frac{1}{\bar{m}n}[\sum_i\sum_j \delta_i(j)x_j][\sum_i \delta_i(k)]\right]$$

$$+\frac{1}{{}^2r}\mu s_x s_y[\sum_i \delta_i(k)u_k]$$

（ロ）式の展開は

$$\frac{\partial Q_1}{\partial y_l}=\frac{\partial^1 r}{\partial y_l}{}^2r+\frac{\partial^2 r}{\partial y_l}{}^1r-\mu[\sum_i \delta_i(k)u_k]=0$$

$${}^2r\frac{\partial^1 r}{\partial y_l}=\left[\left(\frac{\partial s_{xy}}{\partial y_l}\right)s_x s_y-\left(\frac{\partial s_y}{\partial y_l}\right)s_{xy}s_x\right]\frac{{}^2r}{s_x{}^2 s_y{}^2}$$

$${}^1r\frac{\partial^2 r}{\partial y_l}=0$$

$$\frac{\partial[\mu(\sum_i \delta_i(k)u_k)]}{\partial y_l}=0$$

よって

$$\frac{1}{m_l}\sum_j \delta_l(j)x_j-\frac{1}{\bar{m}n}\sum_i\sum_j \delta_i(j)x_j={}^1r\frac{s_x}{s_y}-\left[y_l-\frac{1}{\bar{m}n}\sum_i m_i y_i\right]$$

さらに

$$\sum_l\sum_j \frac{\delta_l(j)\delta_l(k)}{m_l}x_j-\frac{1}{\bar{m}n}[\sum_l \delta_l(k)][\sum_i\sum_j \delta_i(j)x_j]$$

$$={}^1r\frac{s_x}{s_y}\left[\sum_l \delta_l(k)y_l-\frac{1}{\bar{m}n}[\sum_l \delta_l(k)][\sum_i m_i y_i]\right]$$

（イ）の展開より,

$$\sum_i\sum_j\frac{\delta_i(j)\delta_i(k)}{m_i}x_j-\frac{1}{\bar{m}n}[\sum_i\delta_i(k)][\sum_i\sum_j\delta_i(j)x_j]$$

$$={}^1r^{\,2}\left[\sum_i\delta_i(k)x_k-\frac{1}{\bar{m}n}[\sum_i\sum_j\delta_i(j)x_j][\sum_i\delta_i(k)]\right]$$

$$+\frac{{}^1r}{{}^2r}\mu s_x{}^2[\sum_i\delta_i(k)u_k]$$

これを行列記法で表せば，$u_j$ のベクトルを $\boldsymbol{u}$ として

$$\boldsymbol{Hx}=\frac{r^2}{{}^2r^{\,2}}\boldsymbol{Fx}+\mu\frac{{}^1r}{{}^2r}s_x{}^2\boldsymbol{Fu}$$

同様にして

$$\boldsymbol{Hu}=\frac{r^2}{{}^1r^{\,2}}\boldsymbol{Fu}+\mu\frac{{}^2r}{{}^1r}s_u{}^2\boldsymbol{Fx}$$

を導くことができる．

ここで $(\boldsymbol{Hx},\boldsymbol{u})$，$(\boldsymbol{Hu},\boldsymbol{x})$ を考えると，

$$(\boldsymbol{Hx},\boldsymbol{u})=\frac{r^2}{{}^2r^{\,2}}\boldsymbol{u'Fx}+\mu\frac{{}^1r}{{}^2r}s_x{}^2\boldsymbol{u'Fu}$$

$$=\mu\frac{{}^1r}{{}^2r}s_x{}^2s_u{}^2$$

この関係は，$\boldsymbol{u'Fx}=0$, $\boldsymbol{u'Fu}=s_u{}^2=\sum_k\sum_l\delta_i(k)u_k{}^2$ を利用している．同様にして，

$$(\boldsymbol{Hu},\boldsymbol{x})=\frac{r^2}{{}^1r^{\,2}}\boldsymbol{x'Fu}+\mu\frac{{}^2r}{{}^1r}s_u{}^2\boldsymbol{x'Fx}$$

$$=\mu\frac{{}^2r}{{}^1r}s_x{}^2s_u{}^2$$

ここで，$(\boldsymbol{Hx},\boldsymbol{u})=(\boldsymbol{Hu},\boldsymbol{x})$，${}^1r\neq{}^2r$ を考慮すると，$\mu=0$ がわかる．したがって

$$\boldsymbol{Hx}=\frac{r^2}{{}^2r^2}\boldsymbol{Fx}={}^1r^{\,2}\boldsymbol{Fx}$$

$$\boldsymbol{Hu}=\frac{r^2}{{}^1r^2}\boldsymbol{Fu}={}^2r^{\,2}\boldsymbol{Fu}$$

それぞれの固有方程式の最大固有値に相当する $\boldsymbol{x}$ と $\boldsymbol{u}$ を求めればよい．

$r={}^1r\cdot{}^2r$ であるので $r$ を最大にするのには，${}^1r$ と ${}^2r$ がそれぞれ最も大きくなればよい．これは $\boldsymbol{x}\neq\boldsymbol{u}$，$(\boldsymbol{Fx},\boldsymbol{u})=0$ を考慮すれば，

表 4.3

| 項目 $j$ | | 1 | 2 | 3 | 4 | 5 | 6 | 7 | 8 | $m_i$ |
|---|---|---|---|---|---|---|---|---|---|---|
| 個人 $i$ | 1 | 0 | 0 | 1 | 0 | 1 | 1 | 1 | 0 | 4 |
| | 2 | 1 | 0 | 1 | 1 | 1 | 1 | 0 | 0 | 5 |
| | 3 | 0 | 0 | 0 | 0 | 1 | 1 | 1 | 1 | 4 |
| | 4 | 1 | 1 | 1 | 0 | 0 | 0 | 0 | 0 | 3 |
| | 5 | 0 | 0 | 1 | 1 | 1 | 1 | 0 | 0 | 4 |
| | 6 | 0 | 1 | 1 | 1 | 0 | 1 | 0 | 0 | 4 |
| | 7 | 0 | 0 | 0 | 1 | 1 | 1 | 1 | 1 | 5 |
| | 8 | 1 | 1 | 0 | 0 | 0 | 0 | 0 | 0 | 2 |
| | 9 | 0 | 1 | 1 | 1 | 0 | 0 | 0 | 0 | 3 |
| | 10 | 0 | 0 | 0 | 1 | 0 | 1 | 1 | 0 | 3 |
| | 11 | 0 | 0 | 1 | 1 | 0 | 1 | 1 | 0 | 4 |
| | 12 | 1 | 0 | 1 | 1 | 0 | 0 | 0 | 0 | 3 |
| | 13 | 1 | 1 | 1 | 0 | 0 | 0 | 0 | 0 | 3 |
| | 14 | 0 | 0 | 1 | 0 | 1 | 1 | 0 | 0 | 3 |
| | 15 | 0 | 0 | 0 | 1 | 0 | 1 | 0 | 1 | 3 |
| $d_j$ | | 5 | 5 | 10 | 9 | 6 | 10 | 5 | 3 | 53 <br> ‖ <br> $\bar{m}n$ |

$$\boldsymbol{Hx}=r^2\boldsymbol{Fx}$$

の最も大きい固有値，その次に大きい固有値をそれぞれ ${}^1r^2, {}^2r^2$ とし，それぞれの固有ベクトルをとればよいことになる．

2次元以上の場合も同様に考えればよく，先の固有方程式 $\boldsymbol{Hx}=r^2\boldsymbol{Fx}$ の固有値 $r^2$ の大きい順に固有ベクトルを求めればよいことがいえる．固有値の大きさの順に，${}^1r^2, {}^2r^2, {}^3r^2, \cdots, {}^Rr^2$ となる．また個人の数値 $v_i$ の算出法，および実際の計算方法も，すでにのべた1次元の場合と同様に行えばよい．

### 4.3.5 計算例

項目数 8，個人数 15 の場合として簡単な計算例を以下に示す．反応パターンを表す行列は下のとおり．表 4.3 において1は個人 $i$ が反応した項目，0は反応しない項目を表す．$m_i, d_j$ は行，列の計．

これより，行列 $\boldsymbol{G}$ をつくる．$\boldsymbol{G}$ の $jk$ 要素 $g_{jk}$ は，

$$g_{jk}=\sum_i \frac{\delta_i(j)\delta_i(k)}{m_i} \Bigg/ \sqrt{d_j d_k}$$

次いで固有方程式，

$$\boldsymbol{Gz}=r^2\boldsymbol{z}$$

を解く．

その結果，固有値として大きい順に，

$$r^2=1.000$$
$$r^2=\ .611$$
$$r^2=\ .210$$
$$\vdots$$

が得られる．このうち，$r^2=1.000$ を除き，次に大きい固有値が ${}^1r^2$，その次が ${}^2r^2$ となる．

項目の数値 ${}^1\boldsymbol{x}, {}^2\boldsymbol{x}$ は，これらに対応する固有ベクトル ${}^1\boldsymbol{z}, {}^2\boldsymbol{z}$ を用いて次式に

より算出する．

$z'z=1$ として，$x$ の要素 $x_j$ $(j=1,2,\cdots,R)$ は，

$$x_j=z_j\sqrt{\frac{\bar{m}n}{d_j}}=z_j\sqrt{\frac{53}{d_j}}$$

で得られる．

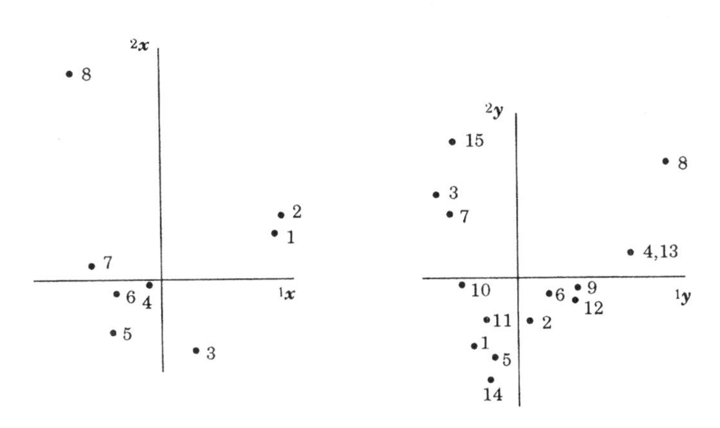


図 4.6 項目の数値 $({}^1x,{}^2x)$

図 4.7 個人(対象)の数値 $({}^1y,{}^2y)$

表 4.4 $G$ の要素値

| | 1 | 2 | 3 | 4 | 5 | 6 | 7 | 8 |
|---|---|---|---|---|---|---|---|---|
| 1 | .370 | | | | | | | |
| 2 | .233 | .350 | | | | | | |
| 3 | .170 | .177 | .287 | | | | | |
| 4 | .080 | .087 | .170 | .276 | | | | |
| 5 | .037 | .050 | .133 | .088 | .247 | | | |
| 6 | .028 | .035 | .153 | .191 | .191 | .215 | | |
| 7 | .000 | .000 | .071 | .128 | .128 | .181 | .257 | |
| 8 | .000 | .000 | .000 | .106 | .106 | .143 | .116 | .261 |

（対角線上側省略）

表 4.5 項目の数値 $({}^1x,{}^2x)$

| 項目 | $d_i$ | ${}^1x$ | ${}^2x$ |
|---|---|---|---|
| 1 | 5 | 1.704 | .682 |
| 2 | 5 | 1.792 | .953 |
| 3 | 10 | .502 | −1.098 |
| 4 | 9 | −.180 | −.052 |
| 5 | 6 | −.754 | −.808 |
| 6 | 10 | −.681 | −.236 |
| 7 | 5 | −1.080 | .220 |
| 8 | 3 | −1.385 | 3.127 |

$\bar{x}=\sum_j d_j x_j/\bar{m}n=0$

$s_x{}^2=\sum_j d_j x_j{}^2/n\bar{m}=1$

個人の数値 ${}^1y,{}^2y$ は得られた項目数値 ${}^1x,{}^2x$ を用いて次式で算出する．

$${}^1y_i=\frac{1}{m_i}\sum_j\delta_i(j)\,{}^1x_j$$

しかし，これによると，既述のように，

表 4.6 個人(対象)の数値 $({}^1y, {}^2y)$

| | $m_i$ | ${}^1y$ | ${}^2y$ |
|---|---|---|---|
| 1 | 4 | −.644 | −1.048 |
| 2 | 5 | .151 | −.659 |
| 3 | 4 | −1.247 | 1.256 |
| 4 | 3 | 1.705 | .390 |
| 5 | 4 | −.356 | −1.196 |
| 6 | 4 | .458 | −.236 |
| 7 | 5 | −1.043 | .982 |
| 8 | 2 | 2.236 | 1.783 |
| 9 | 3 | .901 | −.144 |
| 10 | 3 | −.827 | −.049 |
| 11 | 4 | −.460 | −.636 |
| 12 | 3 | .864 | −.340 |
| 13 | 3 | 1.705 | .390 |
| 14 | 3 | −.397 | −1.557 |
| 15 | 3 | −.957 | 2.064 |

$\bar{y}=\sum_i m_i y_i/\bar{m}n=0$

$s_y^2=\sum_i m_i y_i^2/\bar{m}n=1$

$$\frac{s_y}{{}^1r s_x}=1, \qquad s_x=1$$

としたことから，$s_y={}^1r$ となる．

一般的には $s_y$ についても 1 としておく方が都合のよいことが多い．そこで，ここでは，

$${}^1y_i=\frac{1}{m_i}\sum_j \delta_i(j)\,{}^1x_j\Big/{}^1r$$

として算出する．${}^2y_i$ についても同様である．

数値 $({}^1y, {}^2y)$ の似ている個人は相互に項目反応パターンが似かよっていることを示す．

また，項目についても，数値 $({}^1x, {}^2x)$ の似ているものは，その含む意味内容が類似しているといえる．

## 4.4 数量化 IV 類

### 4.4.1 グルーピングの問題

この方法は，$n$ 個の対象が存在し，なんらかの尺度でそれら相互の類似度(親近度)の強いものは近くに，弱いものは遠くになるように，各対象の相対的位置づけを行うのがねらいである．

すなわち，対象 2 個ずつに関して個別に与えられた親疎の情報を総合して，お互いの位置関係が一目でわかるような数値を対象に付与しようとする．

似たような目的をもつ方法は，ほかにもいろいろある．たとえば主成分分析，因子分析は，対象相互の類似度を相関係数あるいは共分散でとらえて同様なことを行うものである．しかし，ここにおける方法は，類似度の決め方をもっと自由にしたものであり，その意味でより一般的な方法である．むしろ，主成分分析，因子分析はこの方法の特殊ケースと考えることもできる．

応用としてはソシオメトリー(sociometry)における対人選好マトリックスに適用して集団内の構造分析を行う――など，いろいろな場合がある．“外的基準がない場合の数量化”の方法のひとつで，また“$e_{ij}$ 型数量化”の方法ともいわれる．

### 4.4.2 モデルの概要

表 4.7 類似度 $e_{ij}$ の行列

| 対象 | 1 | 2 | 3 … $j$ … $n$ |
|---|---|---|---|
| 1 | $e_{11}$ | $e_{12}$ | $e_{13}\cdots e_{1j}\cdots e_{1n}$ |
| 2 | $e_{21}$ | $e_{22}$ | $e_{23}\cdots e_{2j}\cdots e_{2n}$ |
| 3 | $e_{31}$ | $e_{32}$ | $e_{33}\cdots e_{3j}\cdots e_{3n}$ |
| $i$ | $e_{i1}$ | $e_{i2}$ | $e_{i3}\cdots e_{ij}\cdots e_{in}$ |
| $n$ | $e_{n1}$ | $e_{n2}$ | $e_{n3}\cdots e_{nj}\cdots e_{nn}$ |

出発点となるデータは対象間類似度の行列である．類似度 $e_{ij}$ はどのような測度をもってきてもよい．ただし，次のように約束する．

$e_{ij}$：対象 $i$ と $j$ の親近度．$e_{ij}$ が大であるほど $i$ と $j$ は親しい(類似性が高い)と想定する．$i \neq j$．$e_{ii}$ は存在しなくてよい．

もし $e_{ij} \neq e_{ji}$ ならば，$(e_{ij}+e_{ji})/2$ を改めて $e_{ij}, e_{ji}$ とおく．すなわち，以下対称性 $e_{ij}=e_{ji}$ が成り立つものとする．

対象の個数を一般に $n$ 個とする．これらの対象 $i$ に付与する数値を $x_i$ $(i=1,2,\cdots,n)$ と記すことにする．

$e_{ij}$ が大であればあるほど，$x_i$ と $x_j$ との距離は小となるように，座標となる数量 $x$ を決めるのがモデルの要点である．

ここで，基準 $Q$ を，

$$Q=-\sum_i\sum_j e_{ij}(x_i-x_j)^2 \qquad (i,j=1,2,\cdots,n)$$

とし，$\sum_i x_i^2=1$ の条件下でこれを最大にする $x_i$ を求める．

$\lambda$ をラグランジュの未定乗数として，

$$L=-\sum_i\sum_j e_{ij}(x_i-x_j)^2-\lambda\Big(\sum_i x_i^2-1\Big)$$

$\dfrac{\partial L}{\partial x_i}=0$ $(i=1,2,\cdots,n)$ より条件式を導くと，

$$-\sum_j e_{ij}(x_i-x_j)-\lambda x_i=0 \qquad (i=1,2,\cdots,n)$$

$$-x_i\sum_{\substack{j\\(j\neq i)}} e_{ij}+\sum_{\substack{j\\(j\neq i)}} e_{ij}x_j=\lambda x_i \qquad (i=1,2,\cdots,n)$$

これを行列の表現に移せば，

$$\boldsymbol{A}\boldsymbol{x}=\lambda\boldsymbol{x}$$

となる．この固有方程式を解けば $x_i$ $(i=1,2,\cdots,n)$ が得られる．

$$\boldsymbol{A}=\begin{bmatrix} -\sum_j e_{1j} & e_{12} & e_{13}\cdots e_{1n} \\ e_{21} & -\sum_j e_{2j} & e_{23}\cdots e_{2n} \\ \vdots & \vdots & \vdots \\ e_{n1} & e_{n2} & \cdots\cdots -\sum_j e_{nj} \end{bmatrix}, \qquad \boldsymbol{x}=\begin{bmatrix} x_1 \\ x_2 \\ \vdots \\ x_n \end{bmatrix}$$

行列 $\boldsymbol{A}$ の対角要素は，非対角要素 $e_{ij}$ $(i \neq j)$ の和のマイナス値である．上の固有方程式の解，最大固有値 $\lambda_1$ に対応する固有ベクトル ${}^1\boldsymbol{x}$ の要素 ${}^1x_i$ $(i=1, 2, \cdots, n)$ が対象間の距離を1次元上に表す数値である．これが，$Q$ を最大にする値であることは次のようにして示すことができる．上式より，

$$\lambda = \boldsymbol{x}'\boldsymbol{A}\boldsymbol{x} \qquad (\text{ただし } \boldsymbol{x}'\boldsymbol{x}=1)$$

これは次のように書くことができる．

$$\begin{aligned}\lambda &= -\sum_i \left(\sum_j e_{ij}x_i^2 - \sum_j e_{ij}x_ix_j\right) \qquad (j \neq i)\\ &= -\sum_i\sum_j e_{ij}x_i^2 + \sum_i\sum_j e_{ij}x_ix_j \qquad (j \neq i)\\ &= -\frac{1}{2}\sum_i\sum_j e_{ij}(x_i - x_j)^2 = Q/2\end{aligned}$$

よって，最大の $\lambda$ をとれば，その固有ベクトルが求める解である．

### 4.4.3 計算上の留意事項

上の固有方程式の計算を行うに当たり，次の事項に留意する必要がある．

(1) 固有値は一般に正とは限らない．

$e_{ij}$ $(i \neq j)$ がすべて $\geqq 0$ のときは，$\lambda$ はすべて $\lambda \leqq 0$ である．$e_{ij} \gtreqless 0$ のときは，$\lambda$ は正負両方となる．

(2) $\boldsymbol{A}$ のランクは少なくとも一つ落ちている．固有値を大小順に求めていくときは $\lambda=0$ に出会うことになる．

したがって，少なくとも欲する解(固有値)までは $\lambda \geqq 0$ となっているように，初めの要素を変換しておく方が便利である．

すなわち，$c>0$ なる任意の定数をとり，$(e_{ij}-c)$ をつくり，すべての $(e_{ij}-c)$ が負になるようにして，$\boldsymbol{A}$ の要素(これを $a_{ij}$ とする)を，

$$a_{ij} = e_{ij} - c$$

$$a_{ii} = -\sum_{\substack{j\\(j \neq i)}} a_{ij} = -\sum_{\substack{j\\(j \neq i)}} e_{ij} + (n-1)c$$

とすれば，$\lambda$ は常に正となる．

定数 $c$ を加える操作を行っても，求める固有ベクトルには関係ない．ただし $c$ をあまり大きくとると収束計算時間が長くなる．

$e_{ij}$ に定数 $c$ を加えても $\boldsymbol{x}$ に影響はないことは次のようにしてわかる．新しい $(e_{ij}-c)$ を前の $e_{ij}$ と考えて式をつくったものとしよう．

$$Q' = -\sum_i \sum_j (e_{ij} - c)(x_i - x_j)^2$$
$$= -\sum_i \sum_j e_{ij}(x_i - x_j)^2 + c\sum_i \sum_j (x_i - x_j)^2$$
$$= Q - 2c\sum_i \sum_j x_i x_j + 2cn\sum_i x_i^2$$

ここで $\lambda''$ をラグランジュの乗数として $\sum_i x_i^2 = 1$ の条件をつけ,

$$L'' = Q - 2c\sum_i \sum_j x_i x_j - (\lambda'' - 2cn)(\sum_i x_i^2 - 1)$$

として, $\dfrac{\partial L''}{\partial x_i} = 0$ $(i = 1, 2, \cdots, n)$ とおくと,

$$-2\sum_j e_{ij}(x_i - x_j) - 2c\sum_j x_j = (\lambda'' - 2cn)x_i \qquad (i = 1, 2, \cdots, n)$$

これの両辺を $i$ について足し合わせると,

$$-2\sum_i \sum_j e_{ij} x_i + 2\sum_i \sum_j e_{ij} x_j - 2cn\sum_j x_j = (\lambda'' - 2cn)(\sum_i x_i)$$

となる. $\lambda'' \fallingdotseq 0$ と考えると, この式から,

$$\sum_j x_j = 0$$

が成立つことがわかる. したがって $\lambda = \lambda'' - 2cn$ とおけば, 上式は,

$$-\sum_j e_{ij}(x_i - x_j) = \lambda x_i \qquad (i = 1, 2, \cdots, n)$$

この式は先にみたように $Q$ を最大にする式である. したがって, $Q''$ と考えて計算し, 固有値の最大値 $\lambda_1''$ に対するベクトル $\boldsymbol{x}$ をとれば $Q$ を最大にするベクトルと同じになる.

以上の説明は, すべて条件 $\sum_j x_j^2 = 1$ として扱ったが, $Q$ あるいは $Q''$ を最大にする $\boldsymbol{x}$ は, 必ず $\sum_j x_j = 0$ を満足することから, 条件として,

$$s_x^2 = \frac{1}{n}\sum_j x_j^2 = 1$$

を考えても同じ解となる. このときは, 上の固有ベクトル $\boldsymbol{x}$ を,

$$\boldsymbol{x}'\boldsymbol{x} = n$$

のように寸法を調整すればよい.

### 4.4.4 2次元以上の分類数量($^2\boldsymbol{x}, {}^3\boldsymbol{x}, \cdots$)

いままでは, $Q$ を最大にする数量 $x_i$ を対象 $i$ に与えることを行ってきたが, 一般に多次元の数量を対象に付与することができる. この考え方を以下に簡単にあげておこう.

(1) 対象 $i$ に $(x_i, y_i)$，対象 $j$ に $(x_j, y_j)$ なる数量を対応させるものとして，$i$ と $j$ の間のユークリッドの距離 $d_{ij}$，

$$d_{ij}{}^2=(x_i-x_j)^2+(y_i-y_j)^2$$

を考える．一方，全体の測度として，次の $G$，

$$G=-\sum_i\sum_j e_{ij}\{(x_i-x_j)^2+(y_i-y_j)^2\}$$

をとり，これを直交条件 $(\boldsymbol{x}, \boldsymbol{y})=0$ の下で最大にすることにする．なお条件として，$(\boldsymbol{x}, \boldsymbol{x})=(\boldsymbol{y}, \boldsymbol{y})=1$ を加える．$\boldsymbol{A}$ は1次元の場合の固有方程式における対称行列である．

このとき，その解は，

$$\boldsymbol{A}\boldsymbol{x}=\lambda\boldsymbol{x}, \qquad \lambda=-\sum_i\sum_j e_{ij}(x_i-x_j)^2$$

$$\boldsymbol{A}\boldsymbol{y}=\mu\boldsymbol{y}, \qquad \mu=-\sum_i\sum_j e_{ij}(y_i-y_j)^2$$

となる．したがって，$\boldsymbol{x}$ と $\boldsymbol{y}$ とは直交，かつ $\boldsymbol{x}\fallingdotseq\boldsymbol{y}$ とすれば，一般に $\boldsymbol{x}$ と $\boldsymbol{y}$ の組合せは $n(n-1)/2$ 個あるが，

$$G=\lambda+\mu$$

であるから，最大固有値 $\lambda_1$ と第二に大きい値 $\lambda_2$ をとればよい．その固有ベクトルがそれぞれ $\boldsymbol{x}$ と $\boldsymbol{y}$ になる．

2次元以上の数量を求める場合も全く同様で，固有値の大きい順に固有ベクトルをとれば，それが求める数量 ${}^1\boldsymbol{x}, {}^2\boldsymbol{x}, {}^3\boldsymbol{x}, \cdots$ となる．

(2) $x_i$ と $y_i$ の関係を一般化し，距離を

$$\alpha^2(x_i-x_j)^2+\beta^2(y_i-y_j)^2$$

で与える場合も同様である．

(3) $G$ として，$x$ に関する $G$，すなわち

$$G_x=-\sum_i\sum_j e_{ij}(x_i-x_j)^2$$

と，$y$ に関する $G$，すなわち

$$G_y=-\sum_i\sum_j e_{ij}(y_i-y_j)^2$$

を考えて，

$$G=G_x\cdot G_y$$

を $\boldsymbol{x}\fallingdotseq\boldsymbol{y}$, $(\boldsymbol{x}, \boldsymbol{y})=0$ の条件下で最大にすることを考えれば，$G_x\fallingdotseq G_y$ なる限り，

上のものと全く同様な結果を得る．

### 4.4.5 類似性の測度 $e_{ij}$

対象間の類似性(親近性)の測度 $e_{ij}$ はどんな種類のものでも許される．定性的特性の場合，よく使われるのが項目に対する反応の一致度を $e_{ij}$ とする仕方である．

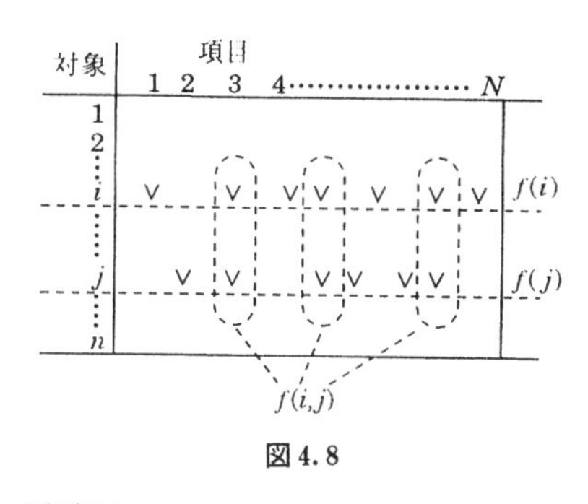


図 4.8

いま，$f(i,j)$ を $i,j$ がともに該当する項目の数とする．また，$f(i), f(j)$ をそれぞれの項目反応数，$N$ を項目の数とする．$i$ と $j$ について両者が確率的に独立であれば，$i$ と $j$ の該当項目が一致する確率は，

$$f(i)f(j)/N^2$$

である．一致項目数 $f(i,j)$ は二項分布して，その平均は，

$$f(i)f(j)/N$$

分散は，

$$N\frac{f(i)f(j)}{N^2}\left(1-\frac{f(i)f(j)}{N^2}\right)$$

ここで，

$$e_{ij}=\frac{f(i,j)-\dfrac{f(i)f(j)}{N}}{\sqrt{\dfrac{Nf(i)f(j)}{N^2}\left(1-\dfrac{f(i)f(j)}{N^2}\right)}} \qquad (i,j=1,2,\cdots,n)$$

なる測度を考えると，これは $i,j$ がそれぞれ独立に反応すると仮定したとき，平均的に起こると期待される頻度に比べ，どれほどへだたっているか(分散一定としたとき)の測度である．これが0であれば，$i,j$ は独立であり，大きければ，同じ項目に該当しやすい，すなわち関連が深いということになる．この $e_{ij}$ で $i$ と $j$ の一致度すなわち結合の強度とみなす．

このような $e_{ij}$ が $i,j$ に関して，幾種類か得られるときは，それらを平均して新たに $e_{ij}$ とすればよい．

### 4.4.6 計算例

簡単な計算例を次に挙げる．A, B, C, D, …, J の 10 人からなる集団における親和-反発の関係を示したものが表 4.8 である．数字は，親和-反発の程度を表すもので，次のような尺度に沿っているとする．

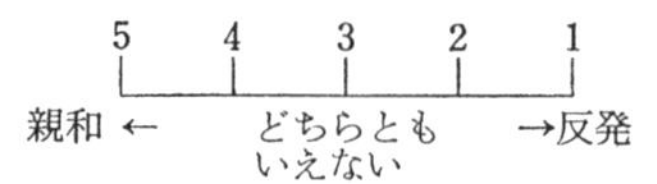


表 4.8

| | A | B | C | D | E | F | G | H | I | J |
|---|---|---|---|---|---|---|---|---|---|---|
| A | — | 1 | 4 | 2 | 4 | 5 | 4 | 4 | 2 | 2 |
| B | 1 | — | 1 | 3 | 4 | 2 | 4 | 4 | 4 | 3 |
| C | 4 | 1 | — | 3 | 2 | 5 | 4 | 3 | 2 | 4 |
| D | 2 | 3 | 3 | — | 1 | 2 | 3 | 4 | 2 | 1 |
| E | 4 | 4 | 2 | 1 | — | 4 | 3 | 2 | 1 | 1 |
| F | 5 | 2 | 5 | 2 | 4 | — | 4 | 3 | 1 | 1 |
| G | 4 | 4 | 4 | 3 | 3 | 4 | — | 4 | 3 | 2 |
| H | 4 | 4 | 3 | 4 | 2 | 3 | 4 | — | 3 | 2 |
| I | 2 | 4 | 2 | 2 | 1 | 1 | 3 | 3 | — | 3 |
| J | 2 | 3 | 4 | 1 | 1 | 1 | 2 | 2 | 3 | — |

表 4.9 各軸とも $\boldsymbol{x}$ の分散は 1，軸間共分散は 0

| | ${}^1\boldsymbol{x}$ | ${}^2\boldsymbol{x}$ | ${}^3\boldsymbol{x}$ |
|---|---|---|---|
| A | −.191 | −.162 | −.078 |
| B | .056 | .107 | .291 |
| C | −.017 | −.111 | −.269 |
| D | −.129 | .671 | −.454 |
| E | −.409 | −.409 | .328 |
| F | −.287 | −.185 | −.116 |
| G | −.084 | .015 | .011 |
| H | −.053 | .136 | −.026 |
| I | .382 | .342 | .636 |
| J | .733 | −.403 | −.323 |
| 平均 | 0. | 0. | 0. |

分類のための変量を 3 種類（${}^1\boldsymbol{x}, {}^2\boldsymbol{x}, {}^3\boldsymbol{x}$）求める．その結果は表 4.9 のようになる．

${}^1\boldsymbol{x}, {}^2\boldsymbol{x}$ に関して各人の位置を図示したのが図 4.9 である．図から，D, E, I, J は集団の中で孤立的であり相互に反発しあっていること，A, C, F と B との対立などの模様をくみとることができる．

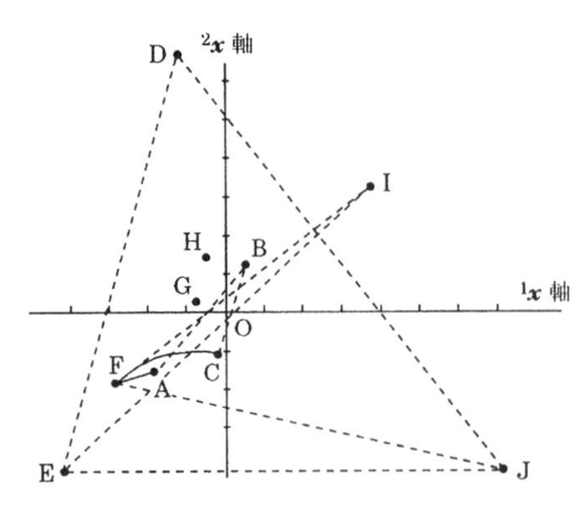


図 4.9 実線は強い親和関係(5)，点線は強い反発関係(1)の存在を示す．

## 付. 似ているものの図示
### —多次元尺度解析法の話—

最近は各方面で統計データ処理が盛んである．それにつれて新しい分析技法が次々に実用化されている．“データに基づいて考える” という態度や“データを深く分析する”という習慣が広まるのは，よいことである．しかし，そこにはある種の危険がないわけではない．たとえば，データの加工過剰である．集めたデータの特質や精度を考えないで，すぐに複雑な分析モデルを用いる困った風潮が一部に見られる．それにはコンピュータが気軽に利用できる最近の事情も手伝っているのだが，これではいたずらに加工過多に陥るばかりで，データがもつ大事な情報が消されてしまう心配がある．分析では，まずできる限りデータを損なわないよう配慮して，次にデータの基本的な特徴を上手に抽出することが大切である．

そこでここでは，そのような分析法の一つである多次元尺度解析法の考え方を紹介することにしよう．これは，多くの対象について対象相互の類似や差異，つまり関連の強弱を分析するための方法であるが，実際に行う内容は対象間の“似ている・似ていない”の全体像を空間上に図示して見せるということである．しかし，データの特徴をあるがままの素朴な形で描き出し，そこにどんな要因が関与しているか，われわれが知識や洞察を働かして考える上で，大いに役立ってくれる．いろいろなタイプのデータに適用することができて便利な方法である．しかも，“‘図示’が全貌把握や大局判断にとっていかに有効であるかということ”，“データの加工処理よりも分析者の英知による発見こそ重要であること”，“加工過剰にしないためにこそコンピュータを駆使すべきこと”など，データ処理に関係する人たちにとって教訓的であり，含蓄に富んだ方法といえる．

多次元尺度解析法の考え方をソシオメトリーの人工的なデータを例に説明しよう．ソシオメトリーでは集団内の成員の親和・反発の関係を扱う．先に“似ている・似ていない”と述べたが，ここでは「似ているもの」イコール「親和」，「似ていないもの」イコール「反発」と考える．多次元尺度解析法のねらいは，仲のよいものどうしが近くに，仲のわるいものどうしが遠くになるよう，親和・反発の関係を空間上の距離関係に置き換えることにある．

今，8人の生徒 A, B, …, G, H がいるとする．そして，各生徒は他の生徒一人一人が共同作業の相手として好ましいか，そうでないかを問われるとする．回答の結果は，表 4.10 のようであったとしよう．表 4.10 は回答した生徒を縦行で，好ましさを評定された生徒を横列で表し，回答の内容を5段階に分けて記号で示す.

◎：「ぜひとも，いっしょにやりたい」……5

○：「いっしょにやりたい」…………………4

空白：「どちらでもよい」……………………3

×：「いっしょにやりたくない」……………2

キ：「絶対にいっしょにはやりたくない」…1

**表 4.10**　ソシオメリックなデータ

| | | 評定された生徒 | | | | | | | |
|---|---|---|---|---|---|---|---|---|---|
| | | A | B | C | D | E | F | G | H |
| 生徒 | A | — | × | | | ◎ | ◎ | × | ○ |
| | B | | — | キ | | ○ | | ○ | × |
| | C | ○ | キ | — | ○ | × | | | × |
| | D | | | | — | × | × | ◎ | キ |
| | E | ○ | ○ | × | | — | ◎ | | ○ |
| | F | ◎ | × | × | × | ◎ | — | | ○ |
| | G | | | × | ◎ | × | × | — | キ |
| | H | ○ | × | × | キ | ○ | ◎ | × | — |

**表 4.11**　親近性のデータ

| | A | B | C | D | E | F | G | H |
|---|---|---|---|---|---|---|---|---|
| A | — | 5 | 7 | 6 | 9 | 10 | 5 | 8 |
| B | 5 | — | 2 | 6 | 8 | 5 | 7 | 4 |
| C | 7 | 2 | — | 7 | 4 | 5 | 5 | 4 |
| D | 6 | 6 | 7 | — | 5 | 4 | 10 | 2 |
| E | 9 | 8 | 4 | 5 | — | 10 | 5 | 8 |
| F | 10 | 5 | 5 | 4 | 10 | — | 5 | 9 |
| G | 5 | 7 | 5 | 10 | 5 | 5 | — | 3 |
| H | 8 | 4 | 4 | 2 | 8 | 9 | 3 | — |

表 4.10 から，C は仲間の多くからきらわれていること，H は A, E, F から好かれている反面，他の仲間からはきらわれていること，などが読み取れる.

さて，多次元尺度解析法の計算では生徒 2 人ずつの間の‘親近度’を定義する必要がある．ところで表 4.10 をみると，たとえば A は B に対して「×」なのに B は A に対して「空白」であるというように，両者のくいちがいが存在する．つまり，表 4.10 は対角線の上と下とが非対称である．けれどもよくみると，くいちがいは 1 段階のずれで，2 段階以上離れた大きな相違はない(実際のソシオメトリーのデータでも大きな相違はないのが普通である)．そこで◎からキまで 5, 4, 3, 2, 1 の段階点を与え，A と B のペアの親近度として「×」と「空白」の段階点を加えた値を使用することにする．A と B の親近度は 2+3=5 となる．表 4.11 は表 4.10 からこのようにして生徒相互の親近度を求めたものである．これで計算の準備ができた.

次は，表 4.11 の親近度の高い生徒どうしが近くに，低い生徒どうしが遠くになるように少数次元の空間に全生徒を配置する計算である．ここで注意すべきは親近度の大きさそのものを結果的な距離に反映させることを意図していないことである．もともと表4.11の数値は親近性の強さを比例的に表す量ではない．たとえば，(A, B) のペアは5，(A, F) は10といっても，(A, F) の仲のよさが (A, B) の‘2倍’ではないのである．大ざっぱに仲のよさの順序を示す便宜的な値でしかない．そこで，表4.11の親近度の大小順が結果的な空間距離の大小順と一致するような空間配置を目指すのである．一般に，生徒 $i$ と $j$ の親近度を $e_{ij}$，結果の空間での距離を $d_{ij}$ で表すと

$$e_{ij} \geqq e_{ki} \geqq \cdots \geqq \cdots \quad \text{のとき，} \quad d_{ij} \leqq d_{ki} \leqq \cdots \leqq \cdots$$

となるようにする．等号 (=) を付したのは，$e_{ij}=e_{ki}$ のとき必ず $d_{ij}=d_{ki}$ にするのは，実際問題として困難なので，$e$ または $d$ に同順位があったとき，相手の $d$ または $e$ の値が等しくなくてもよいように制約条件をゆるめているためである．

さて，この目的のため数多い方法の中からクラスカル(Kruskal)が考案した方法を使うことにする．一般に親近関係の空間配置の計算では，結果がうまくいったかどうかを判定する基準が必要である．クラスカルの方法では，この基準としてストレス(stress)とよぶ測度を使う．ストレスを $S$ で表すと，$S$ は次のように定義される．

$$S^2=\sum_i\sum_j(d_{ij}-\hat{d}_{ij})^2/\sum_i\sum_j(d_{ij}-\bar{d})^2$$

($\bar{d}$ は $d_{ij}$ の平均)

ここで，$d_{ij}$ は生徒 $i$ と $j$ の結果的な距離である．$\hat{d}_{ij}$ は，$d_{ij}$ と $e_{ij}$ の大小順がどのくらい合致しているかを比較するための量で，いわば $e_{ij}$ の代理物に当たる．これについては，少し説明を要する．

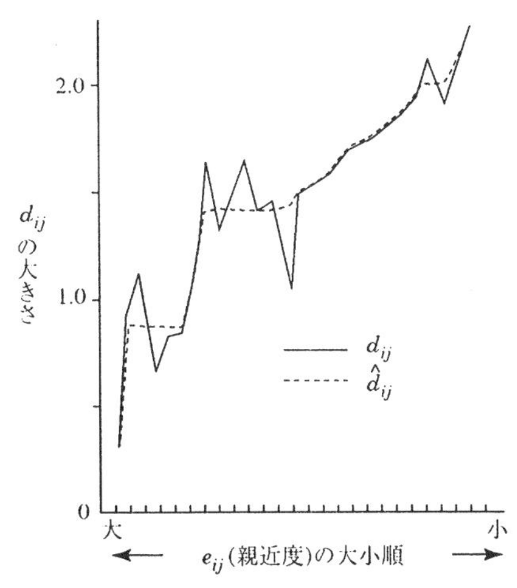


**図 4.10**　$d_{ij}$ と $\hat{d}_{ji}$（クラスカルの方法）

図4.10は，縦軸で $d_{ij}$ の大きさを表し，それらを $e_{ij}$ の大小順に横に並べたものである．もしも，結果が $e_{ij}$ の大小順に完全に合致していれば，$d_{ij}$ の大きさを表す線は図4.10のような上下振動

をしないで，横軸に沿って単調な右上がりの線になるはずである．図 4.10 の点線は，この理想的な状態の $d_{ij}$ に当たるもので，これが $\hat{d}_{ij}$ を意味する．具体的にいえば，

$$\hat{d}_{ij}<\hat{d}_{ki} \text{ ならば，} e_{ij}\geqq e_{ki}$$

となる制約条件の下で，移動平均を算出するような仕方で $d_{ij}$ を平滑化した量が $\hat{d}_{ij}$ である．結果の $d_{ij}$ とデータの $e_{ij}$ の数値とは直接比較ができない．そこで，大小順という基本特徴に関して $e_{ij}$ と同等な $\hat{d}_{ij}$ を代理して，$d_{ij}$ の理想的な状態からのずれを評価しようというのが $S$ のねらいである．もしも，$e_{ij}$ と $d_{ij}$ の大小順が完全に合致したとすると，すべての $d_{ij}$ について，$d_{ij}=\hat{d}_{ij}$ となる．このとき，$S=0$ である．結果がデータに適合していないと，その分だけ $S$ は大きな値になる．

さて，われわれは $S$ を基準にして計算するわけであるが，実際には多くの場合，次元数の少ない空間で $S$ を 0 にすることは困難である．そこで，可能な限り $S$ を 0 に近づけることにして，そのときの結果を採択することにする．

計算の手順は，はじめの仮の空間配置を少しずつ反復修正して $S$ を小さくしていくという，試行錯誤に似た様式である．反復手順のあらましは，次のようになる．もちろん，コンピュータにやってもらう．

(1) まず最初に次元数を仮定して，その空間に全生徒を適当に散らばらせる(たとえば，2 次元の空間，つまり平面，とすると横と縦の座標値をランダムに選んで 8 人の生徒それぞれの位置を決めてやる)．

(2) 座標値から距離 $d_{ij}$ を算出して親近度 $e_{ij}$ の大小順に配列する．さらに，$\hat{d}_{ij}$ を求める．

(3) ストレス $S$ を算出する．$S$ が 0，または十分満足できる小さな値ならば，計算はそこで終了である．そうでなければ (4) へ進む (計算開始の直後は，当然 (4) へいくことになる．しかし，反復による改善が進めば $S$ は小さくなっている)．

(4) 生徒の位置をその近傍で少しだけ動かすとして，どの方向が $S$ を小さくする方向かを計算する(この計算は，各生徒，各次元ごとに $S$ を偏微分することに当たる)．

(5) 全生徒を (4) で求めた方向に少しだけ移動して，新しい空間配置をつ

くる．移動の幅はあらかじめ決めておく．移動が終わったら，手順の (2) へもどる．

こうして (2)〜(5) の手順を反復するわけであるが，$S$はしだいに小さくなり，ついには0に近い値になるだろう．そうなれば，計算は終わりで，そのときの空間配置が求めていた配置となるのである．空間の次元数を変えたいときは，計算を最初の (1) からやり直す．

この計算手順は一般に最急勾配法とよばれている．あたかも，足もとをみて，最も急な斜面を探しながら谷底($S$の最小値)に到達するのに似ているので，この名があるのだろう．

なお，この計算手順で，いくら反復しても$S$が大きな値のまま変化しないことがある．これは，最初に仮定した次元数では，それが$S$の最小値でこれ以下の結果を得るのは無理なのか，本当はもっと小さい$S$が存在するのに，真の‘谷底’でなく途中の小さな‘穴’にはまり込んだのか，のいずれかの理由による．前者の場合は，反復を打切り，次元数を増して同じ計算をすればよい．一般に空間の次元数を増せば$S$は小さくなる．後者の場合は深刻である．決定的な対策はなく，出発点の仮配置をいろいろ変えて試してみるしかない．

さて，表4.11のデータの結果は図4.11のとおりである．$e_{ij}=e_{ki}$ のとき $d_{ij} \neq d_{ki}$ であることを許しているが，2次元の空間で$S=0$となり，所期の目的を達成できた．図4.11から，8人の生徒の小集団には，Fを中心にした (A, E, F, H) の小グループと，DとGの2人組の小グループが存在することがわかる．一方，BとCはいずれも孤立状態におかれている様子がわかる．

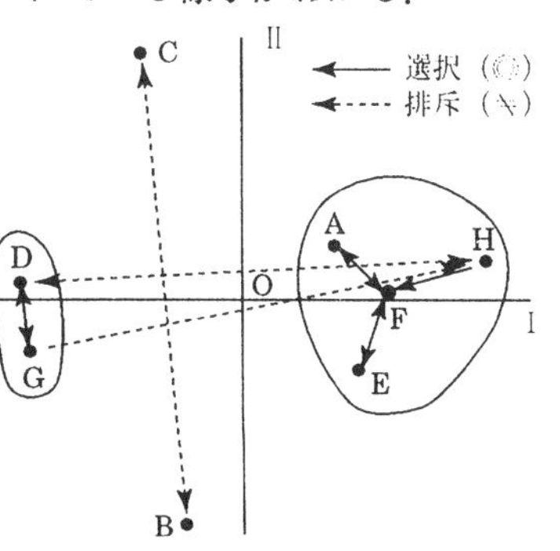

図4.11　8人の生徒の親近関係

こうしたことは表4.10や表4.11だけでもよくながめれば理解できることかもしれない．しかし，図4.11が明確に全貌を写し出していることが重要である．実際，40人や50人のクラスの場合，表4.10や表4.11だけでは部分的な特徴の把握はできても，クラス全体の親和・反発の大局的な傾向をとらえることは困難である．その点，この方法による図示は生徒数が多いとき，その威力を発揮する．こうして，大局をつかんだうえで，もう一度表 4.10 や表 4.11 にもどって細かく部分を検討すれば，いっそうよくデータを理解できるし，“なにがそうさせているか”の原因もおのずと浮かんでこようというものである．なお，図 4.11 のように生徒数が少ない場合には，図の上でソシオグラムを描いでみると，全体の構図と部分の情報を同時に示すことができて効果的である．

計算例をもう一つ挙げておこう．図 4.12 は地域特性の類似・差異に関して，東京都の 23 区を図示したものである．特性とは，1975（昭和 50）年国勢調査における各区の産業別就業人口構成比である．産業の区分は「農業」から「公務」までの 13 区分である．今，$i$ 区の産業区分 $k$ の構成比(%)を $P_{ik}$ として，$i$ 区，$j$ 区の差異度 $D_{ij}$ を次式で定義する．

$$D_{ij}=\sum_{k}|P_{ik}-P_{jk}|$$

$D_{ij}$ は両区の産業構成が全く同等のとき 0 となり，異なるほど値が大きくなる．差異を表す測度として妥当性を欠くとは思えないので，これを使ってみる．$D_{ij}$ は“差異度”であるが，類似度の「大小順」を差異度の「小大順」と読みかえれば，先の例と同じように図示の計算ができる．

結果は図 4.12 でみるとおりである．2 次元の空間で $S=0.11$，3 次元とすると $S=0.06$ になる．両者に大差がないので，図 4.12 は 2 次元の場合を掲げた．

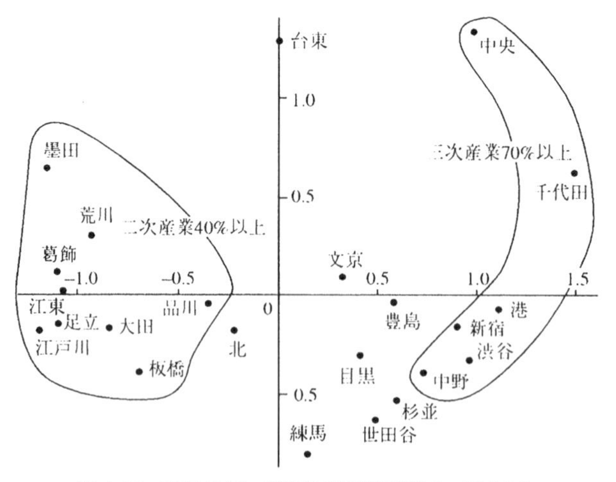


図 4.12　東京 23 区の類似性（産業別就業人口構成比）

一見してわかるように，三次産業就業者の多い千代田区・中央区・港区などと，製造業の多い下町の各区とが右と左に配置されている．縦方向では卸売・小売業の多い台東区・中央区・千代田区などと，その他の区が大別されている．都区内としては「農業」の多い練馬区・世田谷区・江戸川区・足立区が，卸売・小売地域と対称的に離れている．地理的に近い区どうしが，図の上でも近い距離にあるのは興味深い結果の一つである．統計表をながめただけでは，つかみにくい全体的な特徴が，これでよくわかるといえよう．

クラスカルの方法によく似た方法は，ほかにもいろいろある．これらは，データと結果の適合性の評価基準やアルゴリズムなど細かい点で異なるが，“$e_{ij}$の大小順を$d_{ij}$の大小順で再現する”というねらいは同じである．これらは一般にノンメトリック(非計量的)な手法とよばれている．また，$D_{ij}$の大きさを忠実に$d_{ij}$で再現しようとするメトリックな手法がある．これは，データの$D_{ij}$が最初からユークリッド距離の条件を満足する数値でなければならず，適用できる親近度や差異度の種類が制限される．たとえば，図4.12の東京23区の図示に使った$D_{ij}$はユークリッド距離でないので，メトリックな手法は適用できない．ノンメトリックな手法は，この欠点を克服したもので，親近度・差異度を任意に選べるので広範囲に利用できる．親近性の空間図示には，ほかにもさまざまなアイデアに基づく方法がある．たとえば，林の数量化Ⅳ類とよぶ方法は最終的な距離と親近性データ全体との関係について，ある数値基準を立て，これを最適化するという形で対象の座標を求める．

では，これら多くの方法を含めた多次元尺度解析の主要な特色は何だろうか．これらは共通して“データの親近性関係を空間上に図示しているにすぎない”といえるのだが，それは次のことを意味している．

まず，最終的な数値が直接に新事実を教えてくれるのではなく，事態の理解のヒントが得られる，ということである．したがって，分析者の役割は重要である．図示結果から真に役立つ情報をくみ上げる優れたセンスが要求されているのである．

次に，データの加工過剰を警戒して，分析を素朴な観察のレベルにとどめている，ということである．多くの事象のなかには計測が困難なもの，計測が可能でもあらい形でしか測れないものがある．こうした柔らかいデータの場合，数値がもつ情報に過度な期待はもてない．無理な分析は何も得られないばかりか誤った結論に達する危険すらある．この点，これらの方法は大事な特徴が漏れ落ちないよう気を配りながら，その分，複雑な計算をやっているのである．

こうみると，多次元尺度解析法は‘図示’という一見もの足りない分析法のようでいて，実は“賢い分析法”であり，教育分野のように人間を扱うために慎重できめ細かい検討が望まれる領域には好適な方法であるといえるのではないだろうか．

# 5. 外的基準のない多変量解析 II

## 5.1 因子分析

### 5.1.1 因子分析について

因子分析は，一つの現象について多側面の観測を行い，それらから現象の奥に潜んでいる基本的な因子構造を見出し，現象の本質的理解に役立てることを意図している.

具体的には，多種の観測変数間の関係をそれらに共通する少数個の潜在変数(いわゆる因子)によって説明する方法といえる.

変数相互間の分散共分散行列または相関行列から出発し，潜在因子の数，因子が各変数に関与する程度(いわゆる因子負荷量)を明らかにし，それらにより各変数の含む意味合いなどを考察する.

### 5.1.2 因子分析における構造模型

いろいろな模型があるが，それらはサーストン(Thurstone)の多因子モデルにほぼ包含されていると考えられるので，以下，多因子モデルに従う.

**1) 基本式**

$n$ 個の変数 $(X_1, X_2, \cdots, X_n)$ は $m$ 個($m \leqq n$)の因子 $(F_1, F_2, \cdots, F_m)$ および各 $X_j$ に固有の因子 $(U_1, U_2, \cdots, U_n)$ の一次結合で表される.

$$\left.\begin{aligned} X_1 &= a_{11}F_1 + a_{12}F_2 + \cdots + a_{1m}F_m + b_1U_1 \\ &\vdots \\ X_j &= a_{j1}F_1 + a_{j2}F_2 + \cdots + a_{jm}F_m + b_jU_j \\ &\vdots \\ X_n &= a_{n1}F_1 + a_{n2}F_2 + \cdots + a_{nm}F_m + b_nU_n \end{aligned}\right\} \qquad (1)$$

(1) ここで，$F_1, F_2, \cdots, F_m$ を共通因子(common factor)，$U_1, U_2, \cdots, U_n$ を固有因子(unique factor)とよぶ.

(2) $U_j$ は変数をさらに増加すると新しく共通因子になるとみられる部分

$(S_j)$ と誤差 $(E_j)$ よりなり，

$$b_jU_j=c_jS_j+e_jE_j \qquad (j=1,2,\cdots,n)$$

と仮定される．$S_j$ は特殊因子(specific factor)とよばれる．

しかし，一般に因子分析モデルについて考察を進める場合に，特殊因子を分離して扱うことは困難なため，一括して固有因子 $U_j$ として扱うのが通例である．

(3) 係数 $a_{jk}, b_j$ を因子負荷量とよぶ．これらを $(n\times m)$，$(n\times n)$ の行列形式にしたものを共通因子負荷量行列($\boldsymbol{A}$)，固有因子負荷量行列($\boldsymbol{B}$)と名づける．

$$\boldsymbol{A}=\begin{bmatrix} a_{11} & a_{12}\cdots a_{1m} \\ a_{21} & a_{22}\cdots a_{2m} \\ \vdots & \vdots \quad\ \vdots \\ a_{n1} & a_{n2}\cdots a_{nm} \end{bmatrix}, \qquad \boldsymbol{B}=\begin{bmatrix} b_1 & & O \\ & b_2 & \\ O & & \ddots\ b_n \end{bmatrix}$$

**2)　制　約**

$n$ 個の変数に関する $n$ 次元の観測値ベクトルを $\boldsymbol{x}$，共通因子の $(n\times 1)$ のベクトルを $\boldsymbol{f}$，固有因子の $(n\times 1)$ のベクトルを $\boldsymbol{u}$ とすると，(1) の式は，

$$\boldsymbol{x}=\boldsymbol{A}\boldsymbol{f}+\boldsymbol{B}\boldsymbol{u}$$

と書ける．この構造式に関し，以下の制約を加える．

(1) 一般性を失わず，すべての変数の平均(期待値)を 0 とする．

$$E(\boldsymbol{f})=E(\boldsymbol{x})=E(\boldsymbol{u})=\boldsymbol{0}$$

(2) 共通因子ベクトル $\boldsymbol{f}$ の各要素変数の分散は 1，同様に固有因子ベクトル $\boldsymbol{u}$ の各要素の分散も 1 とする．

(3) 共通因子ベクトル $\boldsymbol{f}$ と固有因子ベクトル $\boldsymbol{u}$ は統計的に独立．また $\boldsymbol{u}$ の各要素は相互に独立．

$$E(\boldsymbol{f}\boldsymbol{u}')=0, \qquad E(\boldsymbol{u}\boldsymbol{u}')=\boldsymbol{I}$$

以上のほかに次の特別の仮定を用意する．

(4) 共通因子ベクトル $\boldsymbol{f}$ の各要素変数は相互に独立．すなわち，

$$E(\boldsymbol{f}\boldsymbol{f}')=\boldsymbol{\Phi}$$

$\boldsymbol{\Phi}=\boldsymbol{I}$(単位行列)の仮定を加えた場合の共通因子を直交(orthogonal)因子，この制限を置かないとき斜交(oblique)因子とよんで区別する．

### 3) 観測変数間の分散共分散行列

観測変数間の $(n\times n)$ の分散共分散行列を $\boldsymbol{C}$ とすると，以上の諸制約から，

$$\begin{aligned}\boldsymbol{C}&=E(\boldsymbol{xx}')=E[(\boldsymbol{Af}+\boldsymbol{Bu})(\boldsymbol{Af}+\boldsymbol{Bu})']\\&=\boldsymbol{A\Phi A}'+\boldsymbol{BB}'\end{aligned}$$

のように表される．

$\boldsymbol{A\Phi A}'$ はランク $m$ の行列で，構造模型の共通部分のみの分散共分散行列である．$\boldsymbol{BB}'$ は対角行列で，その要素は $b_j^2$ $(j=1,2,\cdots,n)$ である．

(1) 行列 $\boldsymbol{A\Phi A}'$ の対角要素を共通性(communality)，対角行列 $\boldsymbol{BB}'$ の要素を固有性(uniqueness)とよんでいる．

(2) 観測変数 $X_j$ が分散1の基準化変数であれば，$\boldsymbol{C}$ は相関行列 $\boldsymbol{R}$ であり，

$$\boldsymbol{R}=\boldsymbol{A\Phi A}'+\boldsymbol{BB}'$$

(3) 直交共通因子であれば，$\boldsymbol{\Phi}=\boldsymbol{I}$ であるから，上の関係は簡単となり，

$$\boldsymbol{C}=\boldsymbol{AA}'+\boldsymbol{BB}' \quad (\text{または } \boldsymbol{R}=\boldsymbol{AA}'+\boldsymbol{BB}')$$

一般には，この直交モデルが多く用いられる．

### 4) 共通性 $h_j^2$，因子負荷量

分散共分散行列 $\boldsymbol{C}$ の要素 $c_{jk}$ $(j,k=1,2,\cdots,n)$ は，因子分析のモデルにより次のように表される．

$$c_{jk}=\sum_s\sum_t r(F_s,F_t)a_{js}a_{kt} \qquad (j\neq k \text{ のとき})$$

$$c_{jj}=\sum_s\sum_t r(F_s,F_t)a_{js}a_{jt}+b_j^2 \qquad (j=k \text{ のとき})$$

($r(F_s,F_t)$ は因子間の相関係数)

ここで，$j=k$ のとき $c_{jj}$ の第1項は共通性で，これを慣用的に $h_j^2$ で表す．すなわち，

$$h_j^2=c_{jj}-b_j^2$$

$\boldsymbol{C}$ でなく相関行列であれば，$h_j^2=1-b_j^2$ である．

(1) 以上は一般に斜交因子の場合を含めた場合であって，直交因子であれば，$\boldsymbol{C}$ の要素 $c_{jk}$ に関して，

$$c_{jk}=\sum_s a_{js}a_{ks} \qquad (j\neq k \text{ のとき})$$

$$c_{jj}=\sum_s a_{js}^2+b_j^2 \qquad (j=k \text{ のとき})$$

$$h_j^2=\sum_s a_{js}^2$$

がいえる．

(2) 変数 $X_j$ の固有因子部分を除いた共通因子に関する部分のみの値を $Z_j$ とする．

$$Z_j = a_{j1}F_1 + a_{j2}F_2 + \cdots + a_{jm}F_m \qquad (j=1,2,\cdots,n)$$

この $Z_j$ の分散 $V(Z_j)$，および $Z_j$ と $X_j$ の共分散 $\mathrm{cov}(X_j, Z_j)$ は，

$$V(Z_j) = \mathrm{cov}(Z_j, X_j) = h_j^2$$

また変数 $X_j$ が基準化変数 $(V(X_j)=1)$ であれば，$X_j$ と $Z_j$ の相関係数は，

$$r(X_j, Z_j) = \mathrm{cov}(X_j, Z_j)/\sqrt{V(X_j)V(Z_j)} = h_j^2/h_j = h_j$$

**5) 観測変数と共通因子との相関**

観測変数 $X_j$ と共通因子 $F_s$ との共分散は，一般に，

$$\mathrm{cov}(X_j, F_s) = \sum_t r(F_s, F_t)a_{jt} = a_{js} + \sum_{t(\neq s)} r(F_s, F_t)a_{jt}$$

もし，$X_j$ が基準化 $(V(X_j)=1)$ されていれば，

$$r(X_j, F_s) = \sum_t r(F_s, F_t)a_{jt} = a_{js} + \sum_{t(\neq s)} r(F_s, F_t)a_{jt}$$

直交共通因子ならば，

$$\mathrm{cov}(X_j, F_s) = a_{js}$$

となり，因子負荷量 $a_{js}$ と一致する．$X_j$ が基準化変数ならば，

$$r(X_j, F_s) = \mathrm{cov}(X_j, F_s) = a_{js}$$

となって負荷量 $a_{js}$ は観測変数 $X_j$ と因子 $F_s$ との相関係数と一致している．

斜交共通因子の場合は，因子負荷量 $a_{js}$ の行列——すなわち，構造模型におけるウエイト係数の行列——と，観測変数と因子との相関(基準化されているとき)，または共分散(そうでないとき)を表す行列とは区別される．

$$\begin{bmatrix} a_{11} & a_{12}\cdots a_{1m} \\ a_{21} & a_{22}\cdots a_{2m} \\ \vdots & \vdots \quad\ \vdots \\ a_{n1} & a_{n2}\cdots a_{nm} \end{bmatrix} (=\boldsymbol{A}), \qquad \begin{bmatrix} r(X_1,F_1) & r(X_1,F_2)\cdots r(X_1,F_m) \\ r(X_2,F_1) & r(X_2,F_2)\cdots r(X_2,F_m) \\ \vdots & \vdots \quad\ \vdots \\ r(X_n,F_1) & r(X_n,F_2)\cdots r(X_n,F_m) \end{bmatrix}$$

(因子負荷量)　　(相関係数，$X_j$ 基準化変数)

この前者は因子パターン(factor pattern)，後者は因子構造(factor structure)の呼称がある．

この区別は，直交因子の場合，両者同じであるので必要ない．互いに相関する斜交因子を求める場合は，その結果を必ず上のように二つの行列の形で整

理する．斜交因子では，その他，因子間の相関表$(r(F_1, F_2), r(F_1, F_3)$など$)$を作成する．

### 5.1.3 共通因子と固有因子

因子分析の考え方を，簡単な例で示そう．今，ある学校の三つの教科の成績を変数 $X_1, X_2, X_3$ で表し，各変数はいずれも平均0，分散1に基準化されているとする．

さて，$X_1, X_2, X_3$ は，実は各生徒がもっている相互に独立な未知の因子 $F, U_1, U_2, U_3$ から構成されていると仮定してみる．これらの因子もすべて平均0，分散1の基準化変数とする．このとき因子分析では，次のように $X_1, X_2, X_3$ は $F$ や $U$ の一次結合で与えられるとみなす．

$$
\begin{aligned}
X_1 &= a_1F + b_1U_1 \\
X_2 &= a_2F + \quad b_2U_2 \\
X_3 &= a_3F + \qquad b_3U_3
\end{aligned}
\tag{2}
$$

すなわち，個々の変数 $X_j$ は，すべての変数に共通に含まれる因子 $F$ と，その変数にしか関係しない因子 $U_j$ との合成値であると考えるのである．ここで $a_j$ や $b_j$ は $F$ や $U$ に対する重みで，因子負荷量とよばれる．また，$F$ を共通因子(common factor)，$U_j$ を固有因子(unique factor)とよぶ．

ここで，（2）式のような関係を認めると，一般に変数 $X_j$ と $X_k$ $(j \neq k)$ の相関係数 $r_{jk}$ は，

$$
\begin{aligned}
r_{jk} &= E(X_jX_k) \\
&= a_ja_kE(F^2) + a_jb_kE(FU_k) + a_kb_jE(FU_j) + b_jb_kE(U_jU_k) \\
&= a_ja_k
\end{aligned}
$$

となるのが，直ちにわかる．なぜなら，先の諸仮定より $E(F^2)=1$，$E(FU_k) = E(FU_j) = E(U_jU_k) = 0$ であるからである．同様に自分自身との相関係数 $r_{jj}$ は，

$$
\begin{aligned}
r_{jj} &= a_j^2E(F^2) + 2a_jb_jE(FU_j) + b_j^2E(U_j^2) \\
&= a_j^2 + b_j^2 = 1
\end{aligned}
$$

となり，一般に相関行列は次のように $a$ と $b$ だけで表すことができる．

$$\begin{bmatrix} 1 & r_{12} & r_{13} \\ r_{21} & 1 & r_{23} \\ r_{31} & r_{32} & 1 \end{bmatrix} = \begin{bmatrix} a_1^2+b_1^2 & a_1a_2 & a_1a_3 \\ a_2a_1 & a_2^2+b_2^2 & a_2a_3 \\ a_3a_1 & a_3a_2 & a_3^2+b_3^2 \end{bmatrix} \qquad (3)$$

因子分析では，観測された相関行列から（3）式の右辺の $a, b$ を算出し，（2）式に示すような関係を具体的に明らかにすることをねらっている．

**問題 1**　三つの教科成績 $X_1, X_2, X_3$ の相関行列が表 5.1 のとき，これが（3）式の関係にあると仮定して，$a_j, b_j$ $(j=1,2,3)$ を算出せよ．

**表 5.1**　三つの教科成績の相関

| 教　科 | $X_1$ | $X_2$ | $X_3$ |
|---|---|---|---|
| $X_1$ | 1. | −0.5525 | −0.6120 |
| $X_2$ | −0.5525 | 1. | 0.4680 |
| $X_3$ | −0.6120 | 0.4680 | 1. |

**解答**　まず，$a_j^2=1-b_j^2$ $(j=1,2,3)$ とおいて，（3）式を書き換えてみる．

$$\begin{bmatrix} a_1^2 & r_{12} & r_{13} \\ r_{21} & a_2^2 & r_{23} \\ r_{31} & r_{32} & a_3^2 \end{bmatrix} = \begin{bmatrix} a_1a_1 & a_1a_2 & a_1a_3 \\ a_2a_1 & a_2a_2 & a_2a_3 \\ a_3a_1 & a_3a_2 & a_3a_3 \end{bmatrix}$$

$$= \begin{bmatrix} a_1 \\ a_2 \\ a_3 \end{bmatrix} [a_1 \ a_2 \ a_3] \qquad (4)$$

これより，左辺の行列のランクは 1 である．したがって，この行列における任意の 2 次の小行列式の値は 0 であるから，

$$\begin{bmatrix} a_1^2 & r_{13} \\ r_{21} & r_{23} \end{bmatrix}=0, \qquad \begin{bmatrix} r_{21} & a_2^2 \\ r_{31} & r_{32} \end{bmatrix}=0, \qquad \begin{bmatrix} r_{12} & r_{13} \\ r_{32} & a_3^2 \end{bmatrix}=0$$

の関係より，$a_1, a_2, a_3$ を求める．

$$a_1^2 \cdot r_{23} - r_{21} \cdot r_{13} = 0$$

$$a_1^2 = r_{12} \cdot r_{13} / r_{23} = (-0.5525)(-0.6210)/0.4680$$

$$=0.7225$$

$$a_1 = \pm\sqrt{0.7225} = \pm 0.85$$

同様にして，

$$a_2 = \pm 0.65, \qquad a_3 = \pm 0.72$$

ところで，表5.1でみるように，$r_{12}=a_1a_2<0$，$r_{13}=a_1a_3<0$，$r_{23}=a_2a_3>0$であるから，求める解は2種類で，

$$(a_1=-0.85,\ a_2=0.65,\ a_3=0.72)$$

または，

$$(a_1=0.85,\ a_2=-0.65,\ a_3=-0.72)$$

である．この両者は因子$F$の正負の方向をどう選ぶかだけの差で，本質的に同等である．

$b_j$ ($j=1,2,3$) は，$a_j^2+b_j^2=1$ より簡単に求まる．$b_j$は正負両様の値となる．

$$b_1=\pm 0.5268,\ b_2=\pm 0.7599,\ b_3=\pm 0.6940 \qquad \text{(解答終)}$$

この例の3変数の場合は，正確な$a$や$b$の値を計算することができた．しかし，一般に変数が多い場合は，(2) 式で仮定した構造モデルがデータに適合していない限り，(3) 式の関係を完全に満足する解は得られない．

### 5.1.4 因子分析の計算

因子分析における計算は，観測値の分散共分散行列$\boldsymbol{C}$（あるいは相関行列$\boldsymbol{R}$）から出発し，$\boldsymbol{A}, \boldsymbol{B}$あるいは因子構造などの値を算出することであるが，仮定される変数が観測変数の数を越えるため，一意に値を決定することはできない．よって，これらの諸量は推定によって求めることになる．

通常は共通因子に関心がおかれ，固有因子については考察しない．計算の初めに固有性$b_j^2$を推定し，共通性$h_j^2$を算出して，これを行列$\boldsymbol{C}$あるいは$\boldsymbol{R}$の対角要素と入れ換えたもの——非負定符号行列——を分解して負荷量行列$\boldsymbol{A}$を求める．もっとも，これにはいろいろ変形手順があるが，基本的に共通因子を問題にする点に変わりはない．

このとき，共通性$h_j^2$を入れたはじめの行列のランクが因子の数となるが，因子パターンあるいは因子構造の模様の決め方には任意性が残る．したがって分析の目的に照らして，妥当な，あるいは合理的な解を採択することになる．

これらの計算は，観測値を基礎に行うことはいうまでもない．

$n$個の変数 $(X_1, X_2, \cdots, X_n)$ に対する$n$次元の観測値ベクトルを，観測の数$N$個だけ‘行’に配した $(N\times n)$ のデータ行列を$\boldsymbol{X}$，それに対応して共通因子の $(N\times m)$ の行列を$\boldsymbol{F}$，固有因子 $(N\times n)$ の行列を$\boldsymbol{U}$とおき，改めて構造

式を書くと，

$$\boldsymbol{X}=\boldsymbol{F}\boldsymbol{A}+\boldsymbol{U}\boldsymbol{B}$$

となる．$\boldsymbol{F}$ はもちろん未知であるが，$\boldsymbol{A}$ などが得られたときは，$\boldsymbol{i}$ 番目の観測対象について具体的に共通因子の値を推定する($\boldsymbol{F}$ を推定する)ことも実際問題としては重要である．

### 5.1.5 因子の幾何学的意味

因子分析の構造模型の意味をよりよく理解するため，その幾何学的特徴について見てみよう．

(1) 簡単化のため変数２個 $(X_1, X_2)$ で共通因子１個の場合をとりあげる．構造模型は，

$$X_1=a_1F+b_1U_1$$
$$X_2=a_2F+b_2U_2$$

もちろん $F, U_1, U_2$ は統計的に独立．また，各変数は平均 0，分散 1 に基準化されているとする．変数 $(X_1, X_2)$ の観測値データ行列を $\boldsymbol{X}=[\boldsymbol{X}_1\ \ \boldsymbol{X}_2]$ とし，それにならって因子 $F, U_1, U_2$ のベクトル $\boldsymbol{F}, \boldsymbol{U}_1, \boldsymbol{U}_2$ を定義する．

$$\boldsymbol{X}=\begin{bmatrix} x_{11} & x_{12} \\ x_{21} & x_{22} \\ \vdots & \vdots \\ x_{i1} & x_{i2} \\ \vdots & \vdots \\ x_{N1} & x_{N2} \end{bmatrix},\quad \boldsymbol{X}_1=\begin{bmatrix} x_{11} \\ x_{21} \\ \vdots \\ x_{i1} \\ \vdots \\ x_{N1} \end{bmatrix},\quad \boldsymbol{X}_2=\begin{bmatrix} x_{12} \\ x_{22} \\ \vdots \\ x_{i2} \\ \vdots \\ x_{N2} \end{bmatrix},$$

$$\boldsymbol{F}=\begin{bmatrix} F_1 \\ F_2 \\ \vdots \\ F_i \\ \vdots \\ F_N \end{bmatrix},\quad \boldsymbol{U}_1=\begin{bmatrix} U_{11} \\ U_{21} \\ \vdots \\ U_{i1} \\ \vdots \\ U_{N1} \end{bmatrix},\quad \boldsymbol{U}_2=\begin{bmatrix} U_{12} \\ U_{22} \\ \vdots \\ U_{i2} \\ \vdots \\ U_{N2} \end{bmatrix}$$

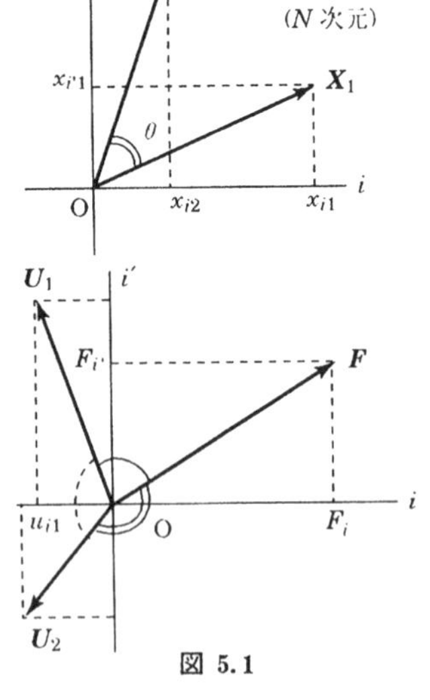


図 5.1

行列 $\boldsymbol{X}$ の各行を軸として，２個の変数を表せば，図 5.1 のように $\boldsymbol{X}_1, \boldsymbol{X}_2$ は原点よりの方向ベクトルとして表すことができる．ベクトルの長さ $\|\boldsymbol{X}_1\|$, $\|\boldsymbol{X}_2\|$ と，それら２本のベクトルの交角 $\theta$ は，

$$\|\boldsymbol{X}_1\|=\sqrt{\sum_i x_{i1}^2}=\sqrt{N}$$

$$\|\boldsymbol{X}_2\| = \sqrt{\sum_i x_{i2}{}^2} = \sqrt{N}$$

$$\cos\theta = \frac{(\boldsymbol{X}_1, \boldsymbol{X}_2)}{\|\boldsymbol{X}_1\|\cdot\|\boldsymbol{X}_2\|} = \frac{\sum_i x_{i1}x_{i2}}{N}$$

$$= r(X_1, X_2) \quad (\text{相関係数})$$

(2) 同様にして，同じ空間の中に因子 $F, U_1, U_2$ を位置づけてみると，ベクトルの長さは，

$$\|\boldsymbol{F}\| = \|\boldsymbol{U}_1\| = \|\boldsymbol{U}_2\| = \sqrt{N}$$

また，それぞれの交角 $\theta$ は，モデルの前提により，

$$\theta_{FU_1} = \theta_{FU_2} = \theta_{U_1U_2} = \pi/2 \quad (\text{直交})$$

すなわち，これら3本のベクトルは直交している．

(3) 同じ空間の中にある5本のベクトルをそのまま $1/\sqrt{N}$ に縮小して以下長さ1と考えることにする．

以上の前準備より，5本のベクトルの相対的な関係を立面図にすると図5.2のようになる．5本のベクトルの長さはそれぞれ1である．図で，$\boldsymbol{F}$, $\boldsymbol{U}_1, \boldsymbol{U}_2$ の直交座標系の中で，$\boldsymbol{X}_1$ は長さ $\boldsymbol{a}_1$ と $\boldsymbol{b}_1$，$\boldsymbol{X}_2$ は長さ $\boldsymbol{a}_2$ と $\boldsymbol{b}_2$ のそれぞれ2本のベクトルに分解されている．

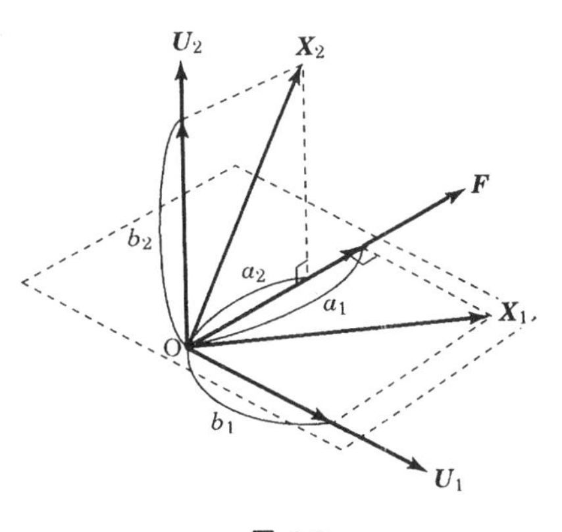


図 5.2

なぜなら，$X_1 = a_1F + b_1U_1$ より，

$$\|\boldsymbol{X}_1\|^2 = a_1{}^2\|\boldsymbol{F}\|^2 + b_1{}^2\|\boldsymbol{U}_1\| + 2a_1b_1(\boldsymbol{F}, \boldsymbol{U}_1)$$

$$\|\boldsymbol{X}_1\|^2 = 1 = a_1{}^2 + b_1{}^2 \quad (= h_1{}^2 + b_1{}^2)$$

同様に

$$\|\boldsymbol{X}_2\|^2 = 1 = a_2{}^2 + b_2{}^2 \quad (= h_2{}^2 + b_2{}^2)$$

(4) 以上のことは，一般的に観測変数 $X$ が3個以上，共通因子が2個以上のときにもいえる．

すなわち，因子分析では，変数ベクトルが張る全体の空間を，共通因子空間

(この例では1次元)と固有因子空間(この例では $\boldsymbol{U}_1$ と $\boldsymbol{U}_2$ でつくられる空間(平面))とに分けて考えるのであり，それらの空間の中での変数ベクトルの位置づけを明らかにすることをねらっている.(具体的には，上の $a_1, a_2, b_1, b_2$ (座標値)を求めることをねらう). 特に共通因子空間におけるベクトルの布置関係を中心に扱うのである.

共通因子空間における変数ベクトルの全長 $h_j$ は，

$$h_j=\sqrt{1-b_j{}^2}\leqq 1$$

である. この例では，共通因子が1個であるから $h_j$ が $a_j$ そのものであるが，一般には，ベクトル $h_j$ が2個以上の共通因子 $F_1, F_2, \cdots$ の軸によって分解されることになる.

(5) 一般に2個以上の共通因子空間を考える場合には '直交' と '斜交' の区別を必要とする. 共通因子に関する部分を $Z_j$ とし，

$$Z_j=X_j-b_jU_j=\sum_s a_{js}F_s$$

とする. 共通因子部分 $Z_j$ のベクトルを $\boldsymbol{Z}_j$ とすると，その長さ $\|\boldsymbol{Z}_j\|$ は $h_j$ である.

直交の場合，共通性 $h_j{}^2$ は，$h_j{}^2=a_{j1}{}^2+a_{j2}{}^2+\cdots+a_{jm}{}^2$ である.

図5.3からわかるように，2本のベクトル $\boldsymbol{Z}_1, \boldsymbol{Z}_2$ に対し，共通因子負荷量 $(a_{11}, a_{12})$，$(a_{21}, a_{22})$ はその座標を与えている.

一般に $(a_{j1}, a_{j2}, \cdots, a_{jm})$ は，ベクトル $\boldsymbol{Z}_j$ の $m$ 次元直交座標系における位置を表す.

次に，$\boldsymbol{Z}_j$ と $\boldsymbol{Z}_k$ の交角を $\phi_{jk}$ とすると，一般に

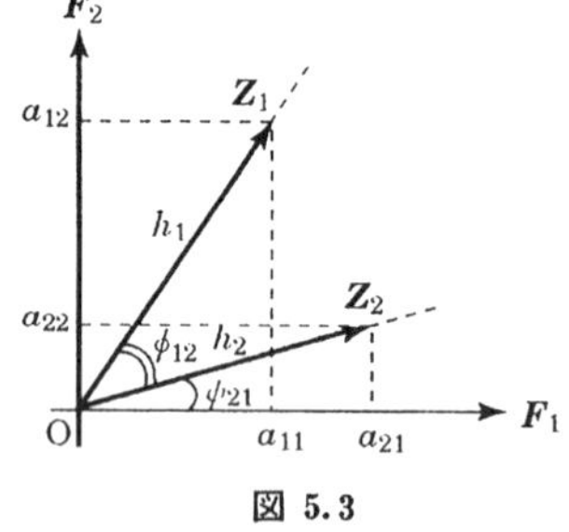


図 5.3

$$\cos\phi_{jk}=\frac{(\boldsymbol{Z}_j, \boldsymbol{Z}_k)}{h_jh_k}=\frac{\sum_s a_{js}a_{ks}}{h_jh_k}$$

よって $r(X_j, X_k)=h_jh_k\cos\phi_{jk}$ がいえる. また，$\boldsymbol{Z}_j$ と $\boldsymbol{F}_s$ の交角を $\psi_{js}$ とすると，次の関係がいえる.

$$\cos\psi_{js}=\frac{(\boldsymbol{Z}_j, \boldsymbol{F}_s)}{h_j}=\frac{a_{js}}{h_j}, \qquad r(Z_j, F_s)=h_j\cos\psi_{js}=a_{js}=r(X_j, F_s)$$

斜交の場合はやや複雑である. $a_{js}$ は斜交座標系での値である.

軸 $F_s$ と $F_t$ のなす角を $\theta_{st}$ とすると，2因子 $F_s$ と $F_t$ の相関 $r(F_s, F_t)$ は

$$r(F_s, F_t) = \cos\theta_{st}$$

で与えられる．

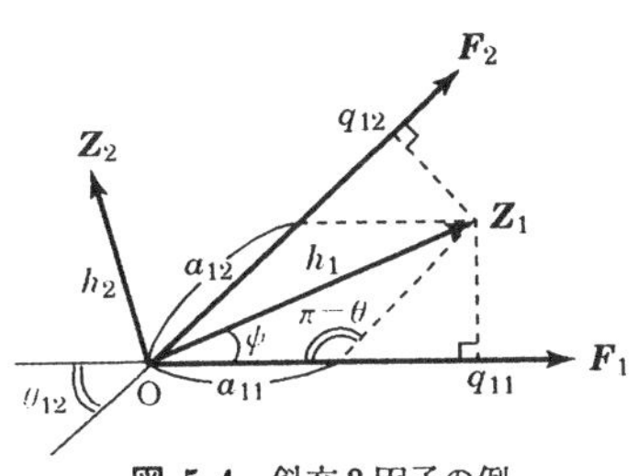


図 5.4　斜交2因子の例

ベクトル $\boldsymbol{Z}_j$ の長さ $\|\boldsymbol{Z}_j\|$ は $h_j$ で一般に，

$$\|\boldsymbol{Z}_j\|^2 = h_j^2 = \sum_s \sum_t r(F_s, F_t) a_{js} a_{jt}$$

図5.4の2因子の例でいえば，

$$\|\boldsymbol{Z}_1\|^2 = h_1^2 = a_{11}^2 + a_{12}^2 + 2a_{11}a_{12}\cos(\pi-\theta) = a_{11}^2 + a_{12}^2 + 2a_{11}a_{12}\, r(F_1, F_2)$$

（ここで，$\cos(\pi-\theta) = \cos\theta$ であることに注意せよ）

となっている．

次に，$\boldsymbol{Z}_j$ と $\boldsymbol{F}_s$ のなす角を $\psi_{js}$ とし，$\boldsymbol{Z}_j$ の $\boldsymbol{F}_s$ への垂線の足を $q_{js}$ とするとき $q_{js}$ の意味をみよう．図5.4で，

$$q_{j1} = h_j \cos\psi = a_{j1} + a_{j2}\cos\theta_{12}$$

一方，$r(X_j, F_s) = \sum_t r(F_s, F_t) a_{jt}$ であるから，この場合

$$r(X_j, F_1) = a_{j1} + a_{j2} r(F_1, F_2) = a_{j1} + a_{j2}\cos\theta$$

よって，$r(X_j, F_1) = q_{j1}$ がいえる．

斜交因子では $a_{js}$ と $q_{js}$ の区別が必要であるが，直交因子では両者は同じものである．$a_{js}$ の行列を因子パターン，$q_{js}$ の行列を因子構造とよぶことは既述の通りである．斜交因子では $q_{js}$ は $\leqq 1$ であるが，$a_{js}$ は1を越えることがある．

## 5.2　因子抽出の方法1―主因子解法と最尤法

### 5.2.1　主因子解法について

主因子解法は，各因子の抽出に際して相関行列または残差行列の共通性に対する寄与が最大になるように(負荷量の2乗和が最大になるように)因子を求める方法である．したがって，少数の因子で効率のよい結果を挙げることができる．

一方，固有方程式を解く計算を伴うため，手計算はまず不可能である．セントロイド解法など簡易な方法の結果から主因子解法の結果に近似させる方法もある．

主因子解法はいわゆる主成分分析の計算と形の上で同じである．

### 5.2.2　主因子解法の原理

因子負荷量 $a_{j1}$ $(j=1,2,\cdots,n)$ を負荷量の2乗和 $(\sum_j a_{j1}^2)$ から共通性の和 $(\sum_j h_j^2)$ に占める割合が最大になるように決めるのがこの方法の骨子である．第2因子以下についても同様で残差共通性の総和に対して占める寄与が最大になるよう次々に $a_{js}$ を求めていく．

これによって因子抽出の各段階において常に最大の量の分散を抽出できるわけで，抽出効率の点からいえば他のいかなる解法よりも優る．

**1)　第1因子負荷量 $a_{j1}$ の計算**

$$Q_1=\sum_j a_{j1}^2 \qquad (j=1,2,\cdots,n)$$

とおき，$Q_1$ を $n(n+1)/2$ 通りの条件

$$r_{jk}=\sum_s a_{js}a_{ks} \qquad (j=1,2,\cdots,n,\ k=1,2,\cdots,n)$$

の下に最大にする $a_{j1}$ を求める．

$\mu_{jk}$ $(=\mu_{kj})$ をラグランジュの乗数として，

$$2L=Q_1-\sum_j\sum_k \mu_{jk}(\sum_s a_{js}a_{ks}) \tag{5}$$

とおき，$a_{js}$ で微分して0とおく．

$$\begin{cases} \dfrac{\partial L}{\partial a_{j1}}=a_{j1}-\sum_k \mu_{jk}a_{k1}=0 \qquad (s=1) & (6) \\ \dfrac{\partial L}{\partial a_{js}}=-\sum_k \mu_{jk}a_{ks}=0 \qquad (s\neq 1) & (7) \end{cases}$$

$\delta_{1s}$ を $s=1$ のとき1，$s\neq 1$ のとき0の値をとるものとすれば，(6)，(7)式は

$$\delta_{1s}a_{j1}-\sum_k \mu_{jk}a_{ks}=0 \tag{8}$$

(8)式に $a_{j1}$ を乗じて $j$ について和をとる．

$$\delta_{1s}\sum_j a_{j1}^2-\sum_j\sum_k \mu_{jk}a_{j1}a_{ks}=0 \tag{9}$$

(6)式より $\sum_j \mu_{jk}a_{j1}=a_{k1}$ であり，$\sum_j a_{j1}^2=\lambda_1$ $(=Q_1)$ とおけば，

$$\delta_{1s}\lambda_1-\sum_k a_{k1}a_{ks}=0 \tag{10}$$

(10)式に $a_{js}$ を乗じ，$s$ について和をとれば，

$$a_{j1}\lambda_1-\sum_k a_{k1}(\sum_s a_{js}a_{ks})=0$$

結局,

$$\sum_k r_{jk}a_{k1}-\lambda_1 a_{j1}=0 \qquad (j=1,2,\cdots,n)$$

行列の記法で示せば,

$$\boldsymbol{R}\boldsymbol{a}_1=\lambda_1\boldsymbol{a}_1$$

ただし,$\boldsymbol{R}$ は相関行列の対角項に $h_j^2$ $(j=1,2,\cdots,n)$ が入っている行列である.また $\boldsymbol{a}_1$ は第1因子負荷量ベクトルである.

この固有方程式を解けば,最大固有値 $\lambda_1$ が求めている $Q_1$ $(=\sum_j a_{j1}^2)$ となり,それに対応する固有ベクトルの第 $j$ 要素が $a_{j1}$ となる.

もちろん $\sum_j a_{j1}^2=\lambda_1$ とならねばならないから,計算上仮に得られた固有ベクトルの要素を $\alpha_{j1}$ として,$a_{j1}$ を次式で求めればよい.

$$a_{j1}=\alpha_{j1}\sqrt{\frac{\lambda_1}{\sum_j \alpha_{j1}^2}}$$

**2) 第2因子以下の抽出**

第1因子負荷量 $a_{j1}$ が求められたら,残差行列 ${}^{(2)}\boldsymbol{R}$ を次のようにして求める.

$${}^{(2)}\boldsymbol{R}=\boldsymbol{R}-\boldsymbol{a}_1\boldsymbol{a}_1'$$

${}^{(2)}\boldsymbol{R}$ の要素 ${}^{(2)}r_{jk}$ は,

$${}^{(2)}r_{jk}=r_{jk}-a_{j1}a_{k1}=\sum_{s=2}^{m}a_{js}a_{ks}$$

第2因子負荷量 $a_{j2}$ は,$\boldsymbol{R}$ の代わりに ${}^{(2)}\boldsymbol{R}$ について第1因子負荷量 $a_{j1}$ の算出と全く同様にして求めることができる.

第3因子以下についても同じで,次々に残差行列を求め,それについて第1因子と同じ仕方で $a_{js}$ を求めればよい.

残差行列の全要素はしだいに小さくなり,ついにはゼロとなる(もちろん,これには,初めの共通性 $h_j^2$ が正しく推定されているという前提がある).

実際には,ゼロに至る前に,残差が無視できる程度に減少したところで因子抽出を打切るのである.

この手続きは実は $\boldsymbol{R}$ の固有値を大きい順に求め,その固有ベクトルを求めることにほかならないことがわかっている.

### 5.2.3　‘解’の性質

(1) 固有ベクトルの性質から各因子の負荷量の間には直交性が存在する．すなわち，

$$\boldsymbol{a}_s'\boldsymbol{a}_t=\sum_j^n a_{js}a_{jt}=0 \qquad (s\neq t)$$

また共通性 $h_j^2$ が1であれば，抽出全因子数を $\boldsymbol{m}$ として

$$\sum_{s=1}^m\left(\sum_j a_{js}^2\right)=\sum_{s=1}^m \lambda_s=\sum_s\sum_j h_j^2=n$$

であり，通常 $m=n$ で残差行列が0となる．$h_j^2$ が1以下のときは，$\boldsymbol{R}$ が非負定符号性を保持している限り $m<n$ であり，$\lambda_s\geqq 0$ $(s=1,2,\cdots,m)$ である．

計算途中で負の $\lambda_s$ が生じた場合は $\boldsymbol{R}$ が非負定符号性を満足していないことになる．これは $h_j^2$ の過小推定が原因である．

(2) 共通性 $h_j^2$ を1として行う主因子解法は主成分分析の計算と全く同じである．$\boldsymbol{w}_s=\{w_{js}\}$ を第 $s$ 成分(第 $s$ 因子)におけるウエイトベクトルとすれば，

$$\sum_j w_{js}^2=1, \qquad w_{js}=a_{js}/\sqrt{\lambda_s}$$

とおいて，原変数 $X_j$ (平均0，分散1とする)として，いわゆる成分得点を $\boldsymbol{Z}_s$ で示すと，

$$Z_s=w_{1s}X_1+w_{2s}X_2+\cdots+w_{ns}X_n \qquad (s=1,2,\cdots,m)$$

である．$Z_s$ は平均0，分散は $\lambda_s$ となる．

さらに

$$w_{js}^*=\frac{w_{js}}{\sqrt{\lambda_s}}=\frac{a_{js}}{\lambda_s}, \qquad \sum_j w_{js}^{*2}=1/\lambda_s$$

として，

$$Z_s^*=w_{1s}^*X_1+w_{2s}^*X_2+\cdots+w_{ns}^*X_n \qquad (s=1,2,\cdots,m)$$

とすれば，$Z_s^*$ は平均0，分散1となり，因子分析における慣用的表現を用いれば因子得点 $F_s$ にほかならない．

もちろん，各成分得点(因子得点)間は無相関である．すなわち，

$$r_{Z_sZ_t}=r_{Z_s^*Z_t^*}=r_{F_sF_t}=0 \qquad (s\neq t,\ s,t=1,2,\cdots,m)$$

### 5.2.4　共通性 $h_j^2$ について

主因子解法は，計算の初めに，共通性 $h_j^2$ の正確な推定値が得られていることが前提となっている．

実際には，この推定がむずかしく，これを誤ると，前述のように行列の非負

定符号性を損なうなど分析自体を無意味にしてしまう．

一般に多く行われている初期共通性 $h_j^2$ の推定は，計算が簡易であるセントロイド法などの結果を利用するものである．あらかじめ，ある数の因子を抽出し(やや多目にとる)，これより逆算して共通性 $h_j^2$ をつくり，これを相関行列 $\boldsymbol{R}$ の対角要素に代入し主因子解法をスタートさせる．

やや厳密な手順としては，Lawley らの最尤推定法により，ユニークに定まる固有性 $u_j^2=1-h_j^2$ の推定値から，$h_j^2$ $(=1-u_j^2)$ を得る方法がよい．しかし，この推定自体が相当量の計算を伴って実用的ではない．

これよりやや簡単な計算ですむものとしては，反復収束を行う手順がある．

これは，初めに共通性 $h_j^2$ の推定値を 1，あるいは $\boldsymbol{H}^2=\boldsymbol{I}-(\mathrm{diag}\,\boldsymbol{R}^{-1})^{-1}$ として主因子解法を行う(ただし $\boldsymbol{H}^2$ は共通性 $h_j^2$ を要素とする対角行列，$\boldsymbol{I}$ は単位行列，$\mathrm{diag}\,\boldsymbol{R}^{-1}$ は相関行列の逆行列の対角要素からのみなる行列である)．主因子解の結果から，共通性 $h_j^2$ の新しい推定値を得，これを再び代入して主因子解法をやり直す．この手順を反復し，共通性 $h_j^2$ が必要な精度以内に収束するまで計算する．

**問題 2**　四つの変数 $X_1, X_2, X_3, X_4$ に関する表 5.2 の相関行列から因子パターンを計算せよ．ただし，各変数の共通性は既知であり，その値は表 5.2 の対角要素に与えられている．

**表 5.2**　4 変数の相関行列 $\boldsymbol{R}_0$ (対角要素は共通性)

| 変数 | $X_1$ | $X_2$ | $X_3$ | $X_4$ |
|---|---|---|---|---|
| $X_1$ | (0.7306) | −0.6200 | −0.6228 | 0.3870 |
| $X_2$ | −0.6200 | (0.9850) | 0.5580 | 0.2490 |
| $X_3$ | −0.6228 | 0.5580 | (0.5328) | −0.2928 |
| $X_4$ | 0.3870 | 0.2490 | −0.2928 | (0.9316) |

表 5.2 について主因子解法による解を計算しよう．$\boldsymbol{R}_0$ の固有値は，

$$\lambda_1=2.01535,\quad \lambda_2=1.16464,\quad \lambda_3=0.0,\quad \lambda_4=0.0$$

となり，2 個の共通因子が得られる．

$$\begin{bmatrix} a_{11} \\ a_{21} \\ a_{31} \\ a_{41} \end{bmatrix} = \overset{\text{因子}F_1}{\begin{bmatrix} 0.8433 \\ -0.8263 \\ -0.7260 \\ 0.3074 \end{bmatrix}},\qquad \begin{bmatrix} a_{12} \\ a_{22} \\ a_{32} \\ a_{42} \end{bmatrix} = \overset{\text{因子}F_2}{\begin{bmatrix} -0.1397 \\ -0.5498 \\ 0.0761 \\ -0.9149 \end{bmatrix}}$$

主因子解法とセントロイド法では，算出された因子パターンの値が表面上異なっているが，一方の解を適当に回転すれば，両者の結果は合致する．

因子分析の実際場面では，算出した負荷量を因子の意味づけが容易となる方向に回転して，最終的な結果とするのがふつうである．回転方向を決める原理としては，それぞれの変数が一つの因子にのみ高い負荷をもつようにするバリマックス回転，あらかじめ仮定した因子パターンにできるだけ接近させるプロクラステス回転などがよく利用される．

## 5.3　因子抽出の方法 2 —セントロイド解法

### 5.3.1　セントロイド(重心)法

因子分析におけるいろいろな解法のうちでもセントロイド法は計算が容易であるという意味できわめて実用的な方法である．

因子抽出効率の上からも主因子解法と比べてそれほど遜色がなく，条件次第によっては非常によい一致を示す．コンピュータが普及した今日でも，この方法の価値は減じていない．

### 5.3.2　セントロイド法の原理

因子抽出の計算において因子空間における変数ベクトルの布置の重心を通るように次々に因子を決めていく．

この方式により，以下のように大幅に計算が容易になる．

**1)　第1因子の抽出**

因子分析の基本モデルから相関係数を $r_{jk}$ $(j,k=1,2,\cdots,n)$，因子負荷量を $a_{js}$ $(s=1,2,\cdots,m)$ として次の関係が示される．

$$r_{jk}=\sum_s a_{js}a_{ks}$$

$$\sum_j r_{jk}=\sum_j\sum_s a_{js}a_{ks}=\sum_s\Big(a_{ks}\sum_j a_{js}\Big)\cdots\text{相関行列の列和}$$

$$\sum_k\sum_j r_{jk}=\sum_k\sum_j\Big(\sum_s a_{js}a_{ks}\Big)=\sum_s\Big(\sum_j a_{js}\Big)^2\cdots\text{行列全体の和}$$

ところで，変数ベクトルの端点の‘重心’の座標は，一般に，

$$\left(\frac{1}{n}\sum_j a_{j1},\ \frac{1}{n}\sum_j a_{j2},\ \cdots,\ \frac{1}{n}\sum_j a_{jm}\right)$$

で与えられる．いま，ここで第1因子をこの重心を通る軸に選ぶとすると，重

心の座標は,

$$\left(\frac{1}{n}\sum_j a_{j1}, 0, 0, \cdots, 0\right)$$

このとき, $\sum_j r_{jk}$, $\sum_j \sum_k r_{jk}$ は簡単となり,

$$\sum_j r_{jk} = a_{k1}(\sum_j a_{j1}), \qquad \sum_k \sum_j r_{jk} = (\sum_j a_{j1})^2$$

したがって,第1因子負荷量 $a_{k1}$ は次式で与えられる.

$$a_{k1} = \sum_j r_{jk} / \sqrt{\sum_j \sum_k r_{jk}} \qquad (k=1, 2, \cdots, n)$$

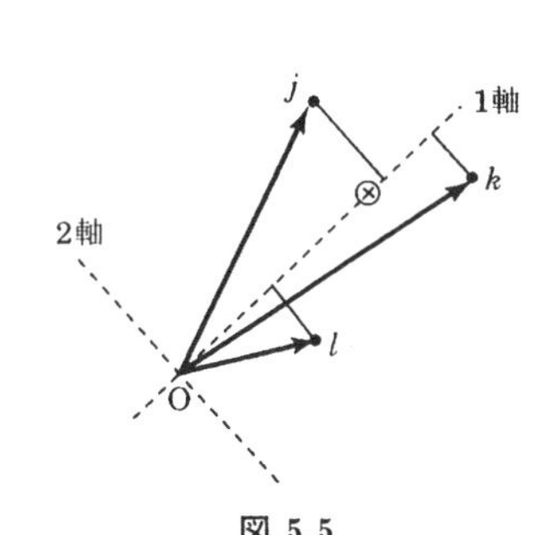

図 5.5

すなわち,$a_{k1}$ は相関行列の列和に比例した値となる.なお相関行列は positive semi-definite (非負定符号)であるから,

$$\sum_j \sum_k r_{jk} \geqq 0$$

である.

### 2) 第2因子以下の抽出

第2因子負荷量 $a_{k2}$ は初めの相関行列 $\boldsymbol{R}$ より,第1因子に依存する部分を除いた行列 ${}^{(2)}\boldsymbol{R}$ (第1因子残差行列)について,第1因子の場合と同じ方法を適用すればよい.ただし,この場合,次に示すように符号反転の処理が必要である.

残差行列 ${}^{(2)}\boldsymbol{R}$ は第1因子負荷量ベクトルを $\boldsymbol{a}_1$ として,

$${}^{(2)}\boldsymbol{R} = \boldsymbol{R} - \boldsymbol{a}_1 \boldsymbol{a}_1'$$

で得られる.${}^{(2)}\boldsymbol{R}$ の $j, k$ 要素 ${}^{(2)}r_{jk}$ は,${}^{(2)}r_{jk} = r_{jk} - a_{j1}a_{k1}$.

この残差行列においては,残差変数ベクトルの重心は原点(ゼロ)となっており,第1因子と同じ方式は使えない.実際,

$$\sum_j \sum_k {}^{(2)}r_{jk} = \sum_j \sum_k r_{jk} - \sum_j \sum_k a_{j1}a_{k1} = (\sum_j a_{j1})^2 - (\sum_j a_{j1})^2 = 0$$

であり上の式は使えない.

そこで便宜的に若干の変数について符号反転を行う.符号反転は,$\sum_j \sum_k {}^{(2)}r_{jk}$ を0にしないための処理であるが,それだけでなく因子の抽出効率を高めるという積極的な意味と関連している.

いま,変数 $k$ について符号を反転した場合を改めて $k^*$ とすると,

$$ {}^{(2)}r_{jk^*}=\begin{cases}-{}^{(2)}r_{jk} & (j\neq k,\ j=1,2,\cdots,n)\\ {}^{(2)}r_{jk} & (j=k)\end{cases} $$

$k$ のほかに変数 $l$ についても符号反転したとすれば，それを $l^*$ で表すとして，

$$ {}^{(2)}r_{jl^*}=\begin{cases}-{}^{(2)}r_{jl} & (j\neq k,l)\\ {}^{(2)}r_{jl} & (j=k,l)\end{cases} $$

このような $r_{jk^*}, r_{jl^*}$ を用いて第1因子抽出と同じ手続きで，第2因子負荷量を求める．ただし，符号反転した変数については，符号を復元する．

$k^*, l^*$ を反転した変数とすれば，

$$ a_{k2}=-a_{k^*2} $$

$$ a_{l2}=-a_{l^*2} $$

### 3) 符号反転

符号反転を行う場合の負荷量算出式を一般的に表すと次のようになる．

初めに符号ベクトル $\boldsymbol{v}$ を定義する．

$$ \boldsymbol{v}'=\{v_1, v_2, \cdots, v_n\} $$

$\boldsymbol{v}$ の要素 $v_j$ は $+1$ または $-1$ の2通りの値しかとらないもので，

$$ v_j=\begin{cases}1\cdots\text{変数 } j \text{ を符号反転しないとき}\\ -1\cdots\text{変数 } j \text{ を符号反転するとき}\end{cases} $$

とする．

このとき，反転後の残差行列の要素(これを ${}^{(2)}r_{jk^*}$ で表す)は，

$$ {}^{(2)}r_{jk^*}={}^{(2)}r_{jk}v_jv_k $$

第2因子負荷量 $a_{k2}$ は次のとおりである．$a_{k2^*}$ を符号復元前の値とすると，

$$ a_{k2^*}=\sum_j {}^{(2)}r_{jk^*}\Big/\sqrt{\sum_j\sum_k {}^{(2)}r_{jk^*}}=v_k\sum_j {}^{(2)}r_{jk}v_j\Big/\sqrt{\sum_j\sum_k {}^{(2)}r_{jk}v_jv_k} $$

ここで $a_{k2}$ は，

$$ a_{k2}=v_ka_{k2^*} $$

であるから，結局

$$ a_{k2}=\sum_j {}^{(2)}r_{jk}v_j\Big/\sqrt{\sum_j\sum_k {}^{(2)}r_{jk}v_jv_k}\qquad (k=1,2,\cdots,n) $$

行列の記法で示せば，

$$ \boldsymbol{a}_2=\frac{{}^{(2)}\boldsymbol{R}\boldsymbol{v}}{\sqrt{\boldsymbol{v}'{}^{(2)}\boldsymbol{R}\boldsymbol{v}}}\qquad (\text{ただし } \boldsymbol{v}'{}^{(2)}\boldsymbol{R}\boldsymbol{v}>0 \text{ が条件}) $$

以上のことは，第3因子以下の計算についても全く同様であり，一般に第 $s$ 因子負荷量 $\boldsymbol{a}_s$ は，

$$\boldsymbol{a}_s=\frac{{}^{(s)}\boldsymbol{R}\boldsymbol{v}_s}{\sqrt{\boldsymbol{v}_s'{}^{(s)}\boldsymbol{R}\boldsymbol{v}_s}} \qquad (\boldsymbol{v}_s'{}^{(s)}\boldsymbol{R}\boldsymbol{v}_s>0)$$

ここで，${}^{(s)}\boldsymbol{R}$ は第 $(s-1)$ 因子残差行列であり，$\boldsymbol{v}_s$ は符号ベクトルである．

なお，第1因子抽出の場合も全くこの一般式に含まれるもので，符号反転を行わないということは，$\boldsymbol{v}$ の要素がすべて $+1,\cdots$ すなわちベクトル $\boldsymbol{1}$ の場合に相当する．

$$\boldsymbol{a}_1=\frac{\boldsymbol{R1}}{\sqrt{\boldsymbol{1}'\boldsymbol{R1}}}$$

したがって，もしも $\boldsymbol{1}'\boldsymbol{R1}$ $(=\sum_j\sum_k r_{jk})$ が0であれば，第2因子以下の場合と同様に，$\boldsymbol{1}$ でない $\boldsymbol{v}$ を用いればよいのである．

符号ベクトル $\boldsymbol{v}$ は因子抽出の各段階で適宜定めて行うわけであるが，これの決め方が実際には大切である．すなわち因子抽出と密接に関係しているのである(§5.3.3，5.3.4参照)．一般に符号反転後の重心が原点から離れていればいるほど，因子抽出の効率が高いといえる．

### 5.3.3　符号反転と因子抽出効率

一般に因子抽出の効率を最大にするには，各段階で

$$Q_1=\sum_j a_{js}{}^2=\boldsymbol{a}_s'\boldsymbol{a}_s$$

が最大になるように $\boldsymbol{a}_s$ を決定すればよい．実際，主因子解法とはこれを行うことにほかならない．

セントロイド法はもともと抽出の効率よりも算出法の簡易性を第一として考えられた方法である．しかし§5.3.2で述べた符号反転を適切に行うことにより，抽出の効率をも高くすることができる．

ただし，この場合の抽出効率の測度は，上に挙げた $Q_1$ ではなく，

$$Q_2=\sum_j |a_{js}|$$

である．

因子分析のねらいはなるべく少数個の因子に高い‘負荷量’を与えることにあるから，$Q_2$ が妥当な測度であることは自明であろう．

セントロイド法で得られる軸(原点と重心を結ぶ軸)は，与えられた変数ベク

トル(反転した場合は，反転後ベクトル)の布置に関して，重心を通らぬほかのいかなる軸よりも $\sum_j |a_{js}|$ が大きくなる軸である．

一方，その軸における重心の座標(原点からの距離)は，

$$\sum_j |a_{js}|/n$$

である．したがって，重心が原点から離れていればいるほど，大きな $Q_2$ が得られることになる．符号反転はこれを利用して反転後の仮重心と原点との距離を最大にするように反転するのが効果的であるといえる．$Q_2$ が最大となるような反転すべき変数の組を求めて，それらについて反転処理をして負荷量を計算すればよい．

符号反転は，もともと第2因子以下の計算において‘解’を存在させるための工夫であるが，ほかにも上の意味の抽出効果を高めるという機能を与えることができる．したがって通常，符号反転を行う必要がない第1因子抽出の場合でも，符号反転により抽出効果を高めることが望ましい．

因子抽出の各段階で結果的に $\sum_j |a_{js}|$ を最大にするには，符号反転により仮重心を原点からできるだけ遠ざければよい．

符号ベクトル $\boldsymbol{v}$ の要素 $v_j$ $(j=1, 2, \cdots, n)$ を

$$v_j=\begin{cases} -1 \cdots \text{変数 } j \text{ を反転するとき} \\ \ \ 1 \cdots \text{変数 } j \text{ を反転しないとき} \end{cases}$$

として，

$$Q_2=\sum_j v_j a_{js}$$

が最大になるように $v_j$ を適用すればよいのである．

行列の記法を用いると，$\boldsymbol{a}_s$ を第 $s$ 因子負荷量ベクトル，${}^{(s)}\boldsymbol{R}$ を因子抽出の対象となる行列とすると，

$$Q_2=\sum_j v_j a_{js}=\boldsymbol{v}'\boldsymbol{a}_s=\frac{\boldsymbol{v}'{}^{(s)}\boldsymbol{R}\boldsymbol{v}}{\sqrt{\boldsymbol{v}'{}^{(s)}\boldsymbol{R}\boldsymbol{v}}}=\sqrt{\boldsymbol{v}'{}^{(s)}\boldsymbol{R}\boldsymbol{v}}$$

したがって，いま $\boldsymbol{v}'{}^{(s)}\boldsymbol{R}\boldsymbol{v}$ を最大にする符号ベクトル $\boldsymbol{v}$ を探せばよいことがいえる．この最適ベクトル $\boldsymbol{v}$ を求める方法を次項で示す．

### 5.3.4　最適符号ベクトルの決定法

$\boldsymbol{v}'{}^{(s)}\boldsymbol{R}\boldsymbol{v}$ を最大にする符号ベクトル $\boldsymbol{v}$ をどう決めればよいか．

表現を簡単にするために ${}^{(s)}\boldsymbol{R}$ および $\boldsymbol{a}_s$ の添字 (s) を省略し，$\boldsymbol{R}, \boldsymbol{a}$ とのみ表す.

まず，記号を次のように定める.

$$\boldsymbol{r}：\boldsymbol{R} \text{ の対角要素 } r_{jj}=0 \text{ の相関行列}$$

$$\boldsymbol{D}_R：\text{対角要素 } r_{jj} \text{ の対角行列}$$

これより相関行列 $\boldsymbol{R}$ は次のように表される.

$$\boldsymbol{R}=\boldsymbol{r}+\boldsymbol{D}_R$$

いま最大にすべき量 $(Q_2)^2$ を，

$$(Q_2)^2=\boldsymbol{v}'\boldsymbol{R}\boldsymbol{v}$$

とすれば，因子負荷量 $\boldsymbol{a}$ は次のようになる.

$$\boldsymbol{a}=\boldsymbol{R}\boldsymbol{v}/\sqrt{\boldsymbol{v}'\boldsymbol{R}\boldsymbol{v}}=\boldsymbol{R}\boldsymbol{v}/Q_2$$

さて，

$$(Q_2)^2=\boldsymbol{v}'(\boldsymbol{r}+\boldsymbol{D}_R)\boldsymbol{v}=\boldsymbol{v}'\boldsymbol{r}\boldsymbol{v}+\boldsymbol{v}'\boldsymbol{D}_R\boldsymbol{v}$$

右辺第2項 $\boldsymbol{v}'\boldsymbol{D}_R\boldsymbol{v}$ は $\boldsymbol{v}$ の内容いかんにかかわらず一定であり，その値は $\boldsymbol{D}_R$ の対角要素の和となる．そこで上式の第1項のみに着目するとして，

$$L=\boldsymbol{v}'\boldsymbol{r}\boldsymbol{v}$$

とおいて，この $L$ を最大にすることを考える.

$\boldsymbol{v}^*$ を $L$，すなわち $Q_2$ を最大にするベクトルと考えて，

$$\boldsymbol{w}^*=\boldsymbol{r}\boldsymbol{v}^*$$

とおき，この最適なベクトルに対する $i$ 番目の近似ベクトルを $\boldsymbol{w}_{(i)}, \boldsymbol{v}_{(i)}$ で表すとする．またこのときの $L$ を $L_i$ とする.

$$\boldsymbol{w}_{(i)}=\boldsymbol{r}\boldsymbol{v}_{(i)}, \qquad L_i=\boldsymbol{v}_{(i)}'\boldsymbol{r}\boldsymbol{v}_{(i)}$$

いま，$\boldsymbol{v}_{(i)}$ と $\boldsymbol{w}_{(i)}$ の $k$ 番目の要素の符号を逆転するとして新しいベクトル

$$\boldsymbol{v}_{(i+1)}=(\boldsymbol{v}_{(i)}-2\boldsymbol{e}_k v_{(i)k})$$

を得る．$\boldsymbol{e}_k$ は単位ベクトル，$v_{(i)k}$ は $\boldsymbol{v}_{(i)}$ の $k$ 番目の要素である.

$$\boldsymbol{e}_k'=(0, 0, \cdots, \underset{(k\text{番目})}{1}, \cdots, 0)$$

したがって，

$$\begin{aligned}L_{i+1}&=(\boldsymbol{v}_{(i)}'-2\boldsymbol{e}_k'v_{(i)k})\boldsymbol{r}(\boldsymbol{v}_{(i)}-2\boldsymbol{e}_k v_{(i)k})\\&=\boldsymbol{v}_{(i)}'\boldsymbol{r}\boldsymbol{v}_{(i)}-2\boldsymbol{e}_k'v_{(i)k}\boldsymbol{r}\boldsymbol{v}_{(i)}-2\boldsymbol{v}_{(i)}'\boldsymbol{r}\boldsymbol{e}_k v_{(i)k}+4\boldsymbol{e}_k'v_{(i)k}\boldsymbol{r}\boldsymbol{e}_k v_{(i)k}\end{aligned}$$

よっていま，

$\boldsymbol{r}_k$：$\boldsymbol{r}$ の第 $k$ 列の要素よりなるベクトル

$r_{kk}$：$\boldsymbol{r}$ の $k$ 行 $k$ 列の要素(これは $\boldsymbol{r}$ の定義より $r_{kk}=0$)

とすると，

$$L_{i+1}=\boldsymbol{v}_{(i)}'\boldsymbol{r}\boldsymbol{v}_{(i)}-2\boldsymbol{r}_k'\boldsymbol{v}_{(i)}\cdot v_{(i)k}-2\boldsymbol{v}_{(i)}'\boldsymbol{r}_k+r_{kk}$$

と書ける．この式の右辺の第 2・3 項はスカラーでかつ等しい．

また

$$\boldsymbol{v}_{(i)}'\boldsymbol{r}_k=\boldsymbol{r}_k'\boldsymbol{v}_{(i)}=w_{(i)k}$$

である．したがって，

$$L_{i+1}=\boldsymbol{v}_{(i)}'\boldsymbol{r}\boldsymbol{v}_{(i)}-4w_{(i)k}\cdot v_{(i)k}=L_i-4w_{(i)k}\cdot w_{(i)k}$$

$\boldsymbol{v}_{(i)}$ の $k$ 番目の要素の符号と $\boldsymbol{w}_{(i)}$ の $k$ 番目の要素の符号がちがっているとすれば，

$$L_{i+1}=L_i+4w_{(i)k}>L_i$$

したがって，最適符号ベクトル $\boldsymbol{v}^*$ を求めるとき，$\boldsymbol{w}$ の要素と $\boldsymbol{v}$ の要素で符号の逆なもののうち最大のものを選んでその $\boldsymbol{v}$ の要素の符号反転を行うとして，これをくり返せば，$L_i$ は 1 回の符号反転で可能な最大の量だけ増加していくことになる．

これをくり返して，$\boldsymbol{v}_{(i)}$ と $\boldsymbol{w}_{(i)}$ の要素相互で異符号のものが一つもなくなったならば，$L$ の最大化が終了し，$\boldsymbol{v}^*$ が得られたことになる．

### 5.3.5　共通性の問題

セントロイド解法を行うときは，共通性 ($h_j^2$) はあらかじめ既知のものとして行う．実際には初めに適当な推定値を当てるのであるが，このとき推定が過小となると，$\boldsymbol{R}$ や ${}^{(s)}\boldsymbol{R}$ の非負定符号性が損なわれる結果となって具合いがわるい．

したがって，これを避ける方法の一つとして，残差行列を求めるたびに共通性 $h_j^2$ (この場合は残差共通性)の推定をくり返すという方法がよく行われている．共通性を 1 として行うときはこの心配はまずない．

また，共通性を 1 として出発し，セントロイド解法を用いて適当な数の因子を求め，それから結果的な共通性を算出し，それを改めて初めの相関行列に組入れ，再計算するという手順をくり返し，解が安定するまで行う方法もよく行われている．

前節表 5.2 の相関行列に，この方法を適用してみよう．対角要素を共通性 $h_j^2$ と置き換えた相関行列を $\boldsymbol{R}_0$ とする．

一般に，行列 $\boldsymbol{R}_0$ について，次の関係がある．

$$\begin{aligned}\sum_j r_{jk} &= \sum_j \sum_s a_{js} a_{ks} = \sum_s (a_{ks} \sum_j a_{js}) \\ \sum_j \sum_k r_{jk} &= \sum_j \sum_k (\sum_s a_{js} a_{ks}) = \sum_s (\sum_j a_{js})^2\end{aligned} \tag{11}$$

(11) 式では表記の便宜上，共通性 $h_j^2$ を $r_{jj}$ で示してある．

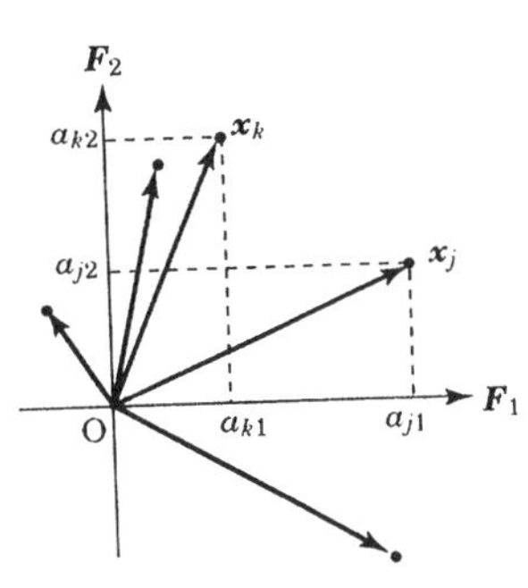

図 5.6　共通因子空間での変数の布置

さて，図 5.6 のような変数ベクトルの端点の重心(セントロイド)の座標は，一般に，

$$\left(\frac{1}{n}\sum_j a_{j1},\ \frac{1}{n}\sum_j a_{j2},\ \cdots,\ \frac{1}{n}\sum_j a_{jm}\right)$$

で与えられる．このとき因子 $F_1$ をこの重心を通る軸として選ぶのがセントロイド法である．$F_1$ が重心を通るとすれば，重心の座標は，

$$\left(\frac{1}{n}\sum_j a_{j1}, 0, 0, \cdots, 0\right)$$

となるから，(11) 式は以下のように簡単な形となる．

$$\sum_j r_{jk} = a_{k1}(\sum_j a_{j1}), \qquad \sum_j \sum_k r_{jk} = (\sum_j a_{j1})^2$$

したがって，因子 $F_1$ の負荷量 $a_{k1}$ は次式で求まる．

$$a_{k1} = \sum_j r_{jk} / \sqrt{\sum_j \sum_l r_{jl}} \qquad (k=1, 2, \cdots, n)$$

実際に，表 5.2 から $F_1$ の負荷量ベクトル $\boldsymbol{a}_1' = [a_{11}, a_{21}, \cdots, a_{n1}]$ を計算しよう．

$$\sqrt{\sum_j \sum_l r_{jl}} = \sqrt{2.4968} = 1.5801$$

$$\sum_j r_{j1} = -0.1252, \quad \sum_j r_{j2} = 1.1720,$$

$$\sum_j r_{j3} = 0.1752, \qquad \sum_j r_{j4} = 1.2748$$

$$\begin{bmatrix} a_{11} \\ a_{21} \\ a_{31} \\ a_{41} \end{bmatrix} = \begin{bmatrix} -0.1252/1.5801 \\ 1.1720/1.5801 \\ 0.1752/1.5801 \\ 1.2748/1.5801 \end{bmatrix} = \begin{bmatrix} -0.0792 \\ 0.7417 \\ 0.1109 \\ 0.8068 \end{bmatrix}$$

次に第2の因子 $F_2$ を求める．$F_2$ の負荷量の算出は，行列 $\boldsymbol{R}_0$ より因子 $F_1$ で説明される成分を除いた行列 ${}^{(1)}\boldsymbol{R}_0$（第1因子残差相関行列）について，先と同じ考え方を適用すればよい．ただし，この場合は‘符号反転’の処理が不可欠となる．

行列 ${}^{(1)}\boldsymbol{R}_0$ の要素 ${}^{(1)}r_{jk}$ は，既知となって $a_{j1}, a_{k1}$ を用いて簡単に算出できる．

$${}^{(1)}r_{jk}=r_{jk}-a_{j1}a_{k1} \qquad (j,k=1,2,\cdots,n)$$

この行列は，最初の共通因子空間より一つ次元の低い空間における各変数の残差ベクトルの布置を示している．

しかし，この空間の残差ベクトルの重心は原点(ゼロの位置)となっており，このままでは $F_1$ と同じ方式を使うことができない．実際，

$$\sum_j\sum_k {}^{(1)}r_{jk}=\sum_j\sum_k r_{jk}-\sum_j\sum_k a_{j1}a_{k1}$$
$$=(\sum_j a_{j1})^2-(\sum_j a_{j1})^2=0$$

で，先の算出法が使えないことは容易にわかる．

そこで便宜的に若干の変数の正負の向きを逆転してみる．今，適当な一つの変数 $x_l$ を符号反転して新たに $x_l{}^*$ と書くことにしよう．

$$x_l{}^*=-x_l$$

このとき，行列 ${}^{(1)}\boldsymbol{R}_0$ の変数 $x_l$ に関係した要素も符号が変わることになる．ただし，対角要素の符号は元のままである．

$${}^{(1)}r_{jl}{}^*=-{}^{(1)}r_{jl} \qquad (j\neq l \text{ のとき})$$

この新しい ${}^{(1)}\boldsymbol{R}_0$ によって，因子 $F_1$ と同じ手順で $F_2$ の負荷量を算出する．ただし符号反転した変数については，計算の最後で符号を $a_{l2}=-a_{l2}{}^*$ のように復元する．

表5.3の行列 ${}^{(1)}\boldsymbol{R}_0$ から，因子 $F_2$ の負荷量を計算してみよう．ただし，表

**表 5.3**　第1因子残差相関行列 ${}^{(1)}\boldsymbol{R}_0$

| 変数 | $x_1{}^*$ | $x_2$ | $x_3$ | $x_4$ | 行の和 |
|---|---|---|---|---|---|
| $x_1{}^*$ | 0.7243 | 0.5612 | 0.6140 | −0.4509 | 1.4486 |
| $x_2$ | 0.5612 | 0.4349 | 0.4758 | −0.3494 | 1.1225 |
| $x_3$ | 0.6140 | 0.4758 | 0.5205 | −0.3823 | 1.2280 |
| $x_4$ | −0.4509 | −0.3494 | −0.3823 | 0.2807 | −0.9019 |
| | | | | 全体の和 | 2.8972 |

5.3 は変数 $x_1$ の符号を反転した結果となっている.

行列 $^{(1)}\boldsymbol{R}_0$ の行の和と全体の和を用いて, $F_2$ の負荷量ベクトル $\boldsymbol{a}_2$ を算出すると, 次のようである.

$$\begin{bmatrix} a_{12}^* \\ a_{22} \\ a_{32} \\ a_{42} \end{bmatrix} = \begin{bmatrix} 1.4486/\sqrt{2.8973} \\ 1.1225/\sqrt{2.8973} \\ 1.2280/\sqrt{2.8973} \\ -0.9019/\sqrt{2.8973} \end{bmatrix} = \begin{bmatrix} 0.8511 \\ 0.6594 \\ 0.7215 \\ -0.5298 \end{bmatrix}$$

$$a_{12} = -a_{12}^* = -0.8511$$

第3因子以下の負荷量の計算も全く同じで, 次々に残差行列をつくり, 適当な符号反転を行えばよい. この例は共通因子が2個の場合で, 第2因子残差相関行列 $^{(2)}\boldsymbol{R}_0$ が0となるので $F_3$ 以下の抽出は不要である.

## 5.4 因子負荷量行列の回転

一般に因子分析の結果として得られる因子負荷量行列は, そこで採用した因子抽出の方法に依存して数値が算出されている.

そのため, 初めに得られた因子行列を回転して分析の目的上便利な形に整えることがしばしば行われる.

回転には, 直交回転のほか斜交回転がある. 通常, 多いのは直交回転の場合である.

因子負荷量行列の回転とは, 幾何学的にいえば, 各変数を示す点の布置を固定したまま原点のまわりの座標軸を回転することである.

直交回転とは, 変数の数 $n$, 因子数 $m$ の初めに得られた因子行列 $\boldsymbol{A}\,(n\times m)$ に適当な直交行列 $\boldsymbol{T}\,(m\times m)$ を適用し,

$$\boldsymbol{B} = \boldsymbol{AT}$$

なる直交変換を行うことにほかならない. 相関行列を $\boldsymbol{R}\,(n\times n)$ とすれば,

$$\boldsymbol{R} = \boldsymbol{AA}' = \boldsymbol{BT}'(\boldsymbol{BT}')' = \boldsymbol{BT}'\boldsymbol{TB}' = \boldsymbol{BB}'$$

であり, $\boldsymbol{B}$ もまた $\boldsymbol{R}$ の因子分解の一つの解である ($\boldsymbol{R}$ の対角要素は共通性 $h_j^2$).

斜交回転では, 通常初めの直交解因子負荷量行列 $\boldsymbol{A}\,(n\times m)$ に対し, 変数行列 $\boldsymbol{T}\,(m\times m)$ を, 次のように準備して適用する.

斜交因子相互の相関行列を $\boldsymbol{\Phi}\,(m\times m)$ とするとき,

$$\boldsymbol{\Phi}=\boldsymbol{T}'\boldsymbol{T}$$

となるような $\boldsymbol{T}$ を用い，負荷量行列(因子パターン) $\boldsymbol{B}$，相関構造行列 $\boldsymbol{P}$ を算出する．

$$\boldsymbol{P}=\boldsymbol{A}\boldsymbol{T}\quad\text{（相関構造）}$$

$$\boldsymbol{B}=\boldsymbol{A}(\boldsymbol{T}')^{-1}=\boldsymbol{P}(\boldsymbol{T}'\boldsymbol{T})^{-1}=\boldsymbol{P}\boldsymbol{\Phi}^{-1}\quad\text{（因子パターン）}$$

このとき，

$$\boldsymbol{R}=\boldsymbol{A}\boldsymbol{A}'=\boldsymbol{A}\boldsymbol{T}'^{-1}(\boldsymbol{T}'\boldsymbol{T})\boldsymbol{T}^{-1}\boldsymbol{A}'=\boldsymbol{B}\boldsymbol{\Phi}\boldsymbol{B}'\quad(=\boldsymbol{P}\boldsymbol{\Phi}^{-1}\boldsymbol{P})$$

である．

回転の目的にはいろいろなものがある．その主なものを挙げると，

(1) 因子の解釈を容易にするため，

(2) 他の研究者の結果との比較対照を容易にするため，

(3) あらかじめ存在する理論，仮説に対応させて検討するため，

(4) 主因子解に対する近似を行うため，

などである．

因子の解釈を容易にするという考え方は，因子分析のねらいが複雑なものの簡素化にある以上，当然出てくる発想である．

解釈の容易性を因子の布置の単純化によって果たそうというのがサーストン(Thurstone)による単純構造の考え方である．

サーストンのいう単純構造の基準――単純構造とよばれるものが備えていなければならない要件――とは次のようなものである．

行列を $\boldsymbol{B}\,(n\times m)$ で表すとすると，

(1) $\boldsymbol{B}$ の各行は少なくとも1個の0(ゼロ)要素をもつ．すなわち，どの変数も共通因子の総数よりも少ない因子で説明されるべきことを示す．

(2) $\boldsymbol{B}$ の各列は少なくとも $m$ 個の0(ゼロ)要素をもつ．

(3) 二つの列を比較するとき，いくつかの変数はいずれか一方の列に負荷をもち片方では0である．

(4) 共通因子数 $m$ が4以上のとき，二つの列の因子負荷量がともに0である変数がかなり多いこと．

単純構造の思想の初期においては，グラフ上での視察による回転が行われたが，やがて種々の客観的基準をもうけ，それに基づく回転の計算法が考案され

るようになった．バリマックス回転などがそれに当たる．

他の研究結果との比較，あらかじめ想定した理論，仮説との照合などの回転には，たとえば単純構造などへの回転により因子の解釈を通じて検討するという仕方のほかに，直接，どの程度合致しているか二つの行列を比較する回転がある．この場合，比較の対象となる行列が他の研究結果のこともあれば，理論，仮説が前提する特殊な布置をもつ行列のこともあるわけである．

主因子解への‘近似’としての回転は，きわめて実用的である．変数の数が多い場合，相関行列は大きいものとなり，固有値，固有ベクトルの計算の労力(時間)は急激に増大する．コンピュータ利用の場合でも軽視できない場合が多い．このようなとき，簡便解法(たとえばセントロイド法)により適当な数の因子抽出を行い，その因子行列を回転して直接主因子解で求められる行列に近いものを得るのである．もとの相関行列の性質にもよるが，通常この方法で非常によい近似が得られる．この場合でも固有値，固有ベクトルを求める計算が必要になるが，行列の次数が縮小しているので，計算は容易であろう．

その他，因子分析以外の解析法でも‘行列’の直交回転は，種々の場合に用いられる．それは，それらの解析モデルが，その一部に対称行列(非負定符号の)の分解——すなわち因子抽出 (factoring)——という手順を含む場合で，計算上仮に得られた行列を，そのモデルが要求する布置構造に変換するために行われる．そのような事例としては，たとえば潜在構造分析におけるグリーンの解法がある．

回転の具体的な技法そのものは因子負荷量行列の場合に限定されるものではなく，そのような回転が分析目的上意味をもちうるものであれば，どのような行列についても，一般的に適用できるものである．

回転法のタイプとしては，大別して，

(1) 特定の回転方向を初めから設定して，新しい座標系での数値を計算する場合，

(2) 回転後の新しい座標系での布置型について基準をもうけ，その基準を最もよく満たす方向を計算しつつ回転する場合，

がある．

ここで負荷量行列の回転(変換)の具体的な操作についてふれておこう．

直交回転で，通常よく行われるのは2因子ずつの組合せによる段階的回転である．回転前の行列を $\boldsymbol{A}$，回転後を $\boldsymbol{B}$ とし，直交変換行列を $\boldsymbol{T}$ とすれば，一般に

$$\boldsymbol{B}=\boldsymbol{AT}$$

が成り立つ．

因子2個の平面における回転は，$\boldsymbol{T}$ を

$$\boldsymbol{T}=\begin{bmatrix}\cos\theta & -\sin\theta \\ \sin\theta & \cos\theta\end{bmatrix}$$

とすることで得られる．ここで $\theta$ は回転の角度(時計の針と逆方向にとる)である．3次元以上の空間での回転は，2因子ずつを組合わせて順次平面での回転を行うことにより可能となる．3次元とすると，初めに，I-II因子平面で回転を行うと，

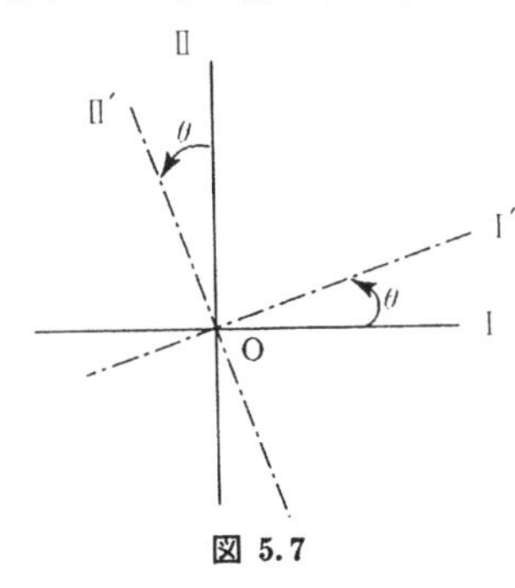

図 5.7

$$\boldsymbol{C}=\boldsymbol{AT}_{(\mathrm{I\,II})}$$

次に新しいIの因子(これをI′とする)とIIIの因子における平面での回転行列を $\boldsymbol{T}_{(\mathrm{I'III})}$ として，

$$\boldsymbol{D}=\boldsymbol{CT}_{(\mathrm{I'III})}$$

次に，それぞれ新しいII′,III′の平面について

$$\boldsymbol{B}=\boldsymbol{DT}_{(\mathrm{II'III'})}$$

で回転を終了する．

これをまとめて示せば，

$$\boldsymbol{B}=\boldsymbol{A}\cdot\boldsymbol{T}_{(\mathrm{I\,II})}\cdot\boldsymbol{T}_{(\mathrm{I'III})}\cdot\boldsymbol{T}_{(\mathrm{II'III'})}$$

すなわち，全体に関しての変換行列 $\boldsymbol{T}$ は，

$$\boldsymbol{T}=\boldsymbol{T}_{(\mathrm{I\,II})}\cdot\boldsymbol{T}_{(\mathrm{I'III})}\cdot\boldsymbol{T}_{(\mathrm{II'III'})}$$

となる．

$$\boldsymbol{T}_{(\mathrm{I\,II})}=\begin{bmatrix}\cos\theta_{12} & -\sin\theta_{12} & 0 \\ \sin\theta_{12} & \cos\theta_{12} & 0 \\ 0 & 0 & 1\end{bmatrix}$$

$$\downarrow$$

$$\boldsymbol{T}_{(\mathrm{I'III})}=\begin{bmatrix}\cos\theta_{13} & 0 & -\sin\theta_{13} \\ 0 & 1 & 0 \\ \sin\theta_{13} & 0 & \cos\theta_{13}\end{bmatrix}$$

$$\downarrow$$

$$\boldsymbol{T}_{(\mathrm{II'III'})}=\begin{bmatrix}1 & 0 & 0 \\ 0 & \cos\theta_{23} & -\sin\theta_{23} \\ 0 & \sin\theta_{23} & \cos\theta_{23}\end{bmatrix}$$

もしも，回転の方向に基準がもうけられており，以上の1巡回手続きによりその基準に達することができない場合には，同じ手順を反復し，逐次的に基準に向かって改良を進める．

改良の余地がなくなったら回転計算は終了となる．

## 5.5 バリマックス回転，コーティマックス回転

### 5.5.1 バリマックス基準

よく使われている回転基準で，サーストン(Thurstone)の単純構造の思想に沿ったものである．

この方法では因子構造の単純性を‘その因子負荷量の2乗の分散’で定義する．回転方向決定の基準として$V^*$を用い，これを最大にするように回転を行う．

$$V^*=\sum_s\left\{\frac{1}{n}\sum_j(a_{js}{}^2)^2-\left(\frac{1}{n}\sum_j a_{js}{}^2\right)^2\right\}$$

この$V^*$を粗バリマックス基準(raw varimax criterion)という．$j$は変数，$s$は因子を表し，$a_{js}$は第$s$因子における変数$j$の因子負荷量である．$n$は変数の数．

‘因子負荷量の2乗の分散’がなぜ単純構造に関係するのか，その論理的根拠はあまり明確でない．しかし経験上，この基準による回転が比較的よい‘単純構造’となることは事実である．

### 5.5.2 正規バリマックス基準

回転に当たって，回転角$\theta$の決定に対する各変数の寄与を同じにするために共通性$h_j{}^2$の相違を除去して行う場合を正規バリマックス(normal varimax)回転と称している．

この場合の正規バリマックス基準(normal varimax criterion) $V^\dagger$は，

$$V^\dagger=\sum_s\left\{\frac{1}{n}\sum_j(a_{js}{}^2/h_j{}^2)^2-\left[\frac{1}{n}\sum_j(a_{js}{}^2/h_j{}^2)\right]^2\right\}$$

すなわち，各変数ベクトルの長さ$h_j$を一様に1になるよう因子荷負量を比例拡大したことに当たり，その他は$V^*$と変わりない．

### 5.5.3 $V^*$, $V^\dagger$の最大化

正規バリマックス回転の場合は，計算の初めに因子負荷量行列の要素$a_{js}$をその変数の共通性$h_j$で除したものに変えておけば，後の計算は粗バリマックス回転と全く同じである．したがって，ここでは$V^*$の最大化について示すこ

とにする.

正規バリマックス回転では，$V^{\dagger}$ の最大化が完了し，回転後行列が得られたら，元の $h_j$ にもどるように各変数別に寸法調整($h_j$ を乗ずる)を行えば，回転後負荷量行列が求まるわけである.

$V^*$ の最大化は 2 因子ずつの組合せ回転により逐次 $V^*$ の値を増加させ最大値に収束させる方法が便利である.

回転を行う当面の 2 因子を $k, l$ で表すとすれば，

$$n^2V^*=\{n\sum_s\sum_j a_{js}{}^4-\sum_s[\sum_j a_{js}{}^2]^2\}$$
$$+\{n\sum_j a_{jk}{}^4-(\sum_j a_{jk}{}^2)^2+n\sum_j a_{jl}{}^4-(\sum_j a_{jl}{}^2)^2\}$$
$$(\text{ただし，}s\neq k, l)$$

ここで，右辺の第 1 項は，$k, l$ 平面の回転に関して不変な部分であるから，1 回の回転で $V^*$ を増加させるのに効くのは第 2 項である. よって第 2 項を改めて $V_{kl}{}^*$ とおき，これを最大にする回転角 $\theta_{kl}$ を求める. 以下，$\theta_{kl}$ の添字を省略し，単に $\theta$ とのみ表すことにする.

回転後の因子負荷量を $b_{jk}, b_{jl}$ とすれば ($k<l$),

$$b_{jk}=a_{jk}\cos\theta+a_{jl}\sin\theta$$
$$b_{jl}=a_{jl}\cos\theta-a_{jk}\sin\theta$$
$$V_{kl}{}^*=n\sum_j b_{jk}{}^4-(\sum_j b_{jk}{}^2)^2+n\sum_j b_{jl}{}^4-(\sum_j b_{jl}{}^2)^2$$

これより，

$$\frac{dV_{kl}{}^*}{d\theta}=0$$

によって条件式を導けばよい. これは，

$$n\sum_j\left\{b_{jk}{}^3\cdot\frac{db_{jk}}{d\theta}\right\}-[\sum_j b_{jk}{}^2]\left[\sum_j\left(b_{jk}\cdot\frac{db_{jk}}{d\theta}\right)\right]$$
$$+n\sum_j\left\{b_{jl}{}^3\cdot\frac{db_{jl}}{d\theta}\right\}-[\sum_j b_{jl}{}^2]\left[\sum_j\left(b_{jl}\cdot\frac{db_{jl}}{d\theta}\right)\right]=0$$

ここで，

$$\frac{db_{jk}}{d\theta}=b_{jl},\qquad \frac{db_{jl}}{d\theta}=-b_{jk}$$

を利用して整理すれば，

$$n\sum_j \{b_{jk}b_{jl}(b_{jk}{}^2-b_{jl}{}^2)\}-\{\sum_j b_{jk}b_{jl}\}\{\sum_j (b_{jk}{}^2-b_{jl}{}^2)\}=0 \qquad (*)$$

さらに，$a_{jk}, a_{jl}$ を用いて書き直せば，

$$b_{jk}b_{jl}=a_{jk}a_{jl}(\cos^2\theta-\sin^2\theta)-(a_{jk}{}^2-a_{jl}{}^2)\cos\theta\sin\theta$$

$$=a_{jk}a_{jl}\cdot\cos 2\theta-\frac{1}{2}(a_{jk}{}^2-a_{jl}{}^2)\sin 2\theta$$

$$b_{jk}{}^2=a_{jk}{}^2\cos^2\theta+a_{jl}{}^2\sin^2\theta+a_{jk}a_{jl}\sin 2\theta$$

$$b_{jl}{}^2=a_{jl}{}^2\cos^2\theta+a_{jk}{}^2\sin^2\theta-a_{jl}a_{jk}\sin 2\theta$$

$$b_{jk}{}^2-b_{jl}{}^2=(a_{jk}{}^2-a_{jl}{}^2)\cos 2\theta+2a_{jk}a_{jl}\sin 2\theta$$

また

$$\begin{cases} u_j=a_{jk}{}^2-a_{jl}{}^2 \\ v_j=2a_{jk}a_{jl} \end{cases}$$

とすれば，（＊）式の第１項は，

$$n\sum_j b_{jk}b_{jl}(b_{jk}{}^2-b_{jl}{}^2)$$

$$=n\sum_j\left\{\frac{1}{2}u_jv_j\cos^2 2\theta-\frac{1}{2}u_j{}^2\sin 2\theta\cdot\cos 2\theta\right.$$

$$\left.+\frac{1}{2}v_j{}^2\sin 2\theta\cdot\cos 2\theta-\frac{1}{2}u_jv_j\sin^2 2\theta\right\}$$

$$=\frac{n}{2}\{\cos 2\theta\sum_j v_j-\sin 4\theta\sum_j(u_j{}^2-v_j{}^2)/2\}$$

第２項は，

$$\{\sum_j b_{jk}b_{jl}\}\{\sum_j(b_{jk}{}^2-b_{jl}{}^2)\}$$

$$=\frac{1}{2}\{\cos 2\theta\sum_j v_j-\sin 2\theta\sum_j u_j\}\{\cos 2\theta\sum_j u_j+\sin 2\theta\sum_j v_j\}$$

$$=-\frac{1}{4}\sin 4\theta\{(\sum_j u_j)^2-(\sum_j v_j)^2\}+\frac{1}{2}\cos 4\theta(\sum_j u_j)(\sum_j v_j)$$

以上より整理すると，

$$2n\cos 4\theta\sum_j u_jv_j-n\sin 4\theta\sum_j(u_j{}^2-v_j{}^2)-2\cos 4\theta(\sum_j u_j)(\sum_j v_j)$$

$$+\sin 4\theta\{(\sum_j u_j)^2-(\sum_j v_j)^2\}=0 \qquad (イ)$$

したがって，

$$\tan 4\theta = \frac{\sin 4\theta}{\cos 4\theta} = \frac{2\{n\sum_j u_j v_j - (\sum_j u_j)(\sum_j v_j)\}}{n\sum_j (u_j{}^2 - v_j{}^2) - \{(\sum_j u_j)^2 - (\sum_j v_j)^2\}} \qquad (ロ)$$

これを $\theta$ について解き，$u_j, v_j$ を $a_{jk}, a_{jl}$ で表せば，

$\theta=$

$$\frac{1}{4}\tan^{-1}\left\{\frac{2\{n\sum_j (a_{jk}{}^2 - a_{jl}{}^2)(2a_{jk}a_{jl}) - \sum_j (a_{jk}{}^2 - a_{jl}{}^2)\sum_j (2a_{jk}a_{jl})\}}{n\sum_j [(a_{jk}{}^2 - a_{jl}{}^2)^2 - (2a_{jk}a_{jl})^2] - \{[\sum_j (a_{jk}{}^2 - a_{jl}{}^2)]^2 - [\sum_j (2a_{jk}a_{jl})]^2\}}\right\}$$

と書ける．

この $\theta$ は $V_{kl}{}^*$ の極値条件である．最大値の条件については，さらに第2次微分によって調べる必要がある．

先の式（イ）の左辺を $\theta$ で微分したものを $Q$ とし $Q<0$ とすればそれは最大値の条件である．

$$-2[n\sum_j u_j v_j - (\sum_j u_j)(\sum_j v_j)]\sin 4\theta$$
$$-[n\sum_j (u_j{}^2 - v_j{}^2) - \{(\sum_j u_j)^2 - (\sum_j v_j)^2\}]\cos 4\theta < 0$$

上式（ロ）の右辺の分子を $A$，分母を $B$ で表せば

$$A\sin 4\theta + B\cos 4\theta > 0 \qquad (ハ)$$

先の極値条件の式

$$A\cos 4\theta - B\sin 4\theta = 0 \qquad (ニ)$$

と合わせて最大値となるときの $A, B, Q$ の関係を調べる．（ニ）を（ハ）に代入すると，

$$\frac{A}{\sin 4\theta} > 0, \qquad \frac{B}{\cos 4\theta} > 0$$

したがって，

$A>0$ なら　$\sin 4\theta > 0$

$A<0$ なら　$\sin 4\theta < 0$

$B>0$ なら　$\cos 4\theta > 0$

$B<0$ なら　$\cos 4\theta < 0$

以上より $A, B$ の正負関係から $\theta$ の範囲は次のように定めればよい．

$A>0$，$B>0$　$0° < \theta < 22.5°$

$A>0$，$B<0$　$22.5° < \theta < 45°$

$$A<0,\ B>0 \qquad -22.5°<\theta<0°$$

$$A<0,\ B<0 \qquad -45°<\theta<-22.5°$$

### 5.5.4 回転計算

実際に回転を行う場合には，次のようにする．

回転角 $\theta$ は $-45°<\theta<45°$ の範囲で与えられる．図5.8のように，同じ $|A|/|B|$ の値に対してとりうる $\theta$ の値は4通りある．

既述のように求める解としての $\theta$ は $A,B$ の正負によって規定されている．

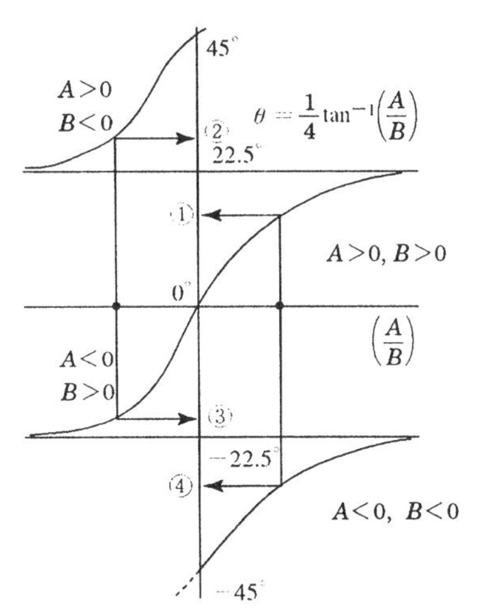


図 5.8

計算上，主値として

$$\phi=\frac{1}{4}\tan^{-1}\frac{|A|}{|B|}$$

が求められたら，$\theta$ は，

$A>0,\ B>0$ のとき　$\theta=\phi$　

$A>0,\ B<0$ のとき　$\theta=45°-\phi$　②

$A<0,\ B>0$ のとき　$\theta=-\phi$　③

$A<0,\ B<0$ のとき　$\theta=\phi-45°$　④

とする．なお，$A=0$ なら，$\theta=0°$，回転を行う必要はない．また $B=0$ なら $A>0$ のとき $\theta=22.5°$，$A<0$ のとき $\theta=-22.5°$．$A,B$ ともに0ならば，$\theta$ は不定であるから，次の因子組合せの回転に移る．

$\theta$ が決定したら $\cos\theta$ および $\sin\theta$ を求め，

$$b_{jk}=a_{jk}\cos\theta+a_{jl}\sin\theta$$

$$b_{jl}=-a_{jk}\sin\theta+a_{jl}\cos\theta$$

により新しい座標値を計算する．もちろん $k,l$ 因子以外についてはそのままである．また変化後の基準 $V^*$ を計算する．

表 5.4　$\theta$ と $\phi$ の関係

| $\theta$ | $A>0$ | $A=0$ | $A<0$ |
|---|---|---|---|
| $B>0$ | $\phi$ | $0°$ | $-\phi$ |
| $B=0$ | $22.5°$ | (不定) | $-22.5°$ |
| $B<0$ | $45°-\phi$ | $0°$ | $\phi-45°$ |

以上の手順を因子2個ずつの全組合せについて逐次的に行う．一般に回転させる因子数が $m$ であれば，この組合せの数は $m(m-1)/2$ 通りあるから，たとえば，因

子「1と2」,「1と3」, …,「1と $m$」,「2と3」,「2と4」, …,「$(m-1)$ と $m$」のように続ける.

この全組合せの組を'巡回'(cycle)とよび, 1巡回が終了したら再び先頭にもどって反復する.

バリマックス基準は, 回転を行うごとに, たとえ微量でも増加し, 減少することはないから, この手順の反復によりいつかは必ず収束する.

$V^*$ が安定(回転角が連続0)したら, 計算を終了する. 適当な収束判定定数を用意して各巡回ごとの $V^*$ の変化がこの値以下になったら計算を打切るようにするとよい.

最終的な変換行列 $\boldsymbol{T}$ は初めに単位行列 $\boldsymbol{I}$ $(m\times m)$ を用意して, 各回の変換行列 $\boldsymbol{T}_{kl}$ を次々に連乗していくことにより与えられる. すなわち

$$\boldsymbol{T}=\overbrace{\boldsymbol{I}\cdot\boldsymbol{T}_{12}\cdot\boldsymbol{T}_{13}\cdot\cdots\cdot\boldsymbol{T}_{kl}}^{1\text{巡目}}\cdot\cdots\cdot\overbrace{\boldsymbol{T}_{12}\cdot\boldsymbol{T}_{13}\cdot\cdots\cdot\boldsymbol{T}_{kl}}^{2\text{巡目}}\cdot\cdots$$

$$\boldsymbol{T}_{kl}=\begin{bmatrix} 1 & \cdots & 0 & \cdots & 0 & \cdots & 0 \\ 0 & \cdots & \cos\theta_{kl} & \cdots\ 0\ \cdots & -\sin\theta_{kl} & \cdots & 0 \\ 0 & \cdots & 0 & \cdots\ 1\ \cdots & 0 & \cdots & 0 \\ 0 & \cdots & \sin\theta_{kl} & \cdots\ 0\ \cdots & \cos\theta_{kl} & \cdots & 0 \\ 0 & \cdots & 0 & \cdots & 0 & \cdots & 1 \end{bmatrix}$$

### 5.5.5 コーティマックス基準

バリマックス基準と並んでサーストン(Thurstone)のいう"単純構造"を目指す基準であるが, 発生的にはバリマックス法より古い.

この基準($Q$ で表す)は次のようである.

$$Q=\frac{1}{mn}\sum_s\sum_j(a_{js}{}^2)^2-\left\{\frac{1}{mn}\sum_s\sum_j a_{js}{}^2\right\}^2$$

$j$ は変数, $s$ は因子の別を表す. $a_{js}$ は因子負荷量で, $n$ は変数の数, $m$ は因子の数である.

$Q$ は因子負荷量行列 $(n\times m)$ の各要素 $a_{js}$ の2乗の分散にほかならない. すなわち抽出全分散に対する寄与度の分散である. コーティマックス回転はこの $Q$ を最大にするよう行う回転である. $Q$ を粗コーティマックス基準(raw quartimax criterion)とよび, 以下に述べる正規コーティマックス基準と区別

する．

$Q$ とバリマックス基準 $V^*$ とのちがいは，

$$V^*=\frac{1}{n}\sum_s\sum_j(a_{js}^2)^4-\sum_s\left\{\frac{1}{n}\sum_j a_{js}^2\right\}^2$$

から明らかなように，$V^*$ が因子負荷量行列の各列(各因子)の $a_{js}^2$ の分散を決め，次にそれらの和を考えているのに対し，$Q$ は最初から因子間の区別を撤去して $a_{js}^2$ の分散を考えている．

現実のデータでコーティマックス回転を行ってみると，一二の因子に負荷が集中するといったケースが概して多い．それは因子間の垣根をはずしたことに起因している．

バリマックス回転では少数の因子に負荷が集中するということは少ない．単純構造という意味合いからすれば，バリマックス回転の方がそれにふさわしいようにみえる．事実，バリマックス回転がよく使われコーティマックス回転はあまり使われていない．

$Q$ の式の右辺第2項は，

$$\left\{\frac{1}{mn}\sum_s\sum_j a_{js}^2\right\}^2=\frac{1}{n}\sum_j h_j^2=\text{一定}$$

であるから，$Q$ を最大化することは，

$$Q^*=\sum_s\sum_j a_{js}^4$$

を最大化することと同義である．以下の計算手順は $Q^*$ の最大化の手順である．

### 5.5.6 正規コーティマックス回転

回転に際し，回転方向の決定に対する各変数の寄与を平等にしようとする場合の回転を，正規コーティマックス回転という．各変数の共通性 $h_j^2$ の差異を除去して行うのであって，この場合の基準 $Q'$ は，

$$Q'=\frac{1}{mn}\sum_s\sum_j(a_{js}^2/h_j^2)^2-\left\{\frac{1}{mn}\sum_s\sum_j(a_{js}^2/h_j^2)\right\}^2$$

$Q'$ は正規コーティマックス基準(normal quartimax criterion)とよばれる．

$Q$ と同様，$Q'$ の最大化は次の $Q^\dagger$ の最大化と同義である．

$$Q^\dagger=\sum_s\sum_j(a_{js}^2/h_j^2)^2$$

$Q^{\dagger}$ の最大化は計算の初めに因子負荷量行列の各要素 $a_{js}$ を $h_j$ で除しておけば，あとは $Q^*$ の最大化の手順と同じである．回転が終了したら，各要素を $h_j$ 倍して元に戻せばよい．

### 5.5.7 $Q^*$ の最大化

正規コーティマックス回転における基準 $Q^{\dagger}$ の最大化は $Q^*$ の最大化の手順と結局は同じであるから，ここでは $Q^*$ の最大化を扱う．

回転前因子負荷量行列を $\boldsymbol{A}=\{a_{js}\}$，回転後を $\boldsymbol{B}=\{b_{js}\}$ とする．また回転(変換)行列を $\boldsymbol{T}$ とする．

$$\boldsymbol{B}=\boldsymbol{AT} \qquad (\boldsymbol{T}'\boldsymbol{T}=\boldsymbol{I})$$

回転を2因子( $k$ と $l$ )の組合せにより逐次的に行うことにする．

$$b_{jk}=a_{jk}\cos\theta_{kl}+a_{jl}\sin\theta_{kl}$$

$$b_{jl}=-a_{jk}\sin\theta_{kl}+a_{jl}\cos\theta_{kl}$$

いま，$k$-$l$ 平面についてのみ回転を行うとすれば，そのときの基準 $Q_{kl}{}^*$ は，

$$Q_{kl}{}^*=\sum_j\{b_{jk}{}^4+b_{jl}{}^4\}$$

これを最大にする $Q_{kl}$ （以下単に $Q$ とのみ記す）を求めればよい．

$\dfrac{dQ_{kl}{}^*}{d\theta}=0$ とおくと，

$$\sum_j\left\{b_{jk}{}^3\left(\frac{db_{jk}}{d\theta}\right)+b_{jl}{}^3\left(\frac{db_{jl}}{d\theta}\right)\right\}=0$$

$\dfrac{db_{jk}}{d\theta}=b_{jl}$, $\dfrac{db_{jl}}{d\theta}=-b_{jk}$ であるから，

$$\sum_j(b_{jk}{}^3b_{jl}-b_{jl}{}^3b_{jk})=\sum_j(b_{jk}{}^2-b_{jl}{}^2)b_{jk}b_{jl}=0$$

ここで，

$$\begin{aligned}(b_{jk}{}^2-b_{jl}{}^2)&=(a_{jk}\cos\theta+a_{jl}\sin\theta)^2-(-a_{jk}\sin\theta+a_{jl}\cos\theta)^2\\&=(a_{jk}{}^2-a_{jl}{}^2)(\cos^2\theta-\sin^2\theta)+4a_{jk}a_{jl}\sin\theta\cos\theta\\&=(a_{jk}{}^2-a_{jl}{}^2)\cos 2\theta+2a_{jk}a_{jl}\sin 2\theta\end{aligned}$$

$$\begin{aligned}b_{jk}b_{jl}&=(a_{jk}\cos\theta+a_{jl}\sin\theta)(-a_{jk}\sin\theta+a_{jl}\cos\theta)\\&=(a_{jl}{}^2-a_{jk}{}^2)\sin\theta\cos\theta+a_{jk}a_{jl}(\cos^2\theta-\sin^2\theta)\\&=\frac{1}{2}(a_{jl}{}^2-a_{jk}{}^2)\sin 2\theta+a_{jk}a_{jl}\cos 2\theta\end{aligned}$$

したがって，

$$\sum_j (b_{jk}^2-b_{jl}^2)b_{jk}b_{jl}=\sum_j \left\{-\left[\frac{(a_{jk}^2-a_{jl}^2)^2-4a_{jk}^2a_{jl}^2}{4}\right]\sin 4\theta + (a_{jk}^2-a_{jl}^2)a_{jk}a_{jl}\cos 4\theta\right\}=0$$

よって，

$$\tan 4\theta=\frac{\sin 4\theta}{\cos 4\theta}=\frac{4\sum_j a_{jk}a_{jl}(a_{jk}^2-a_{jl}^2)}{\sum_j \{(a_{jk}^2-a_{jl}^2)^2-(2a_{jk}a_{jl})^2\}}$$

この $\theta$ は $Q_{kl}^*$ の極値条件である．

最大値条件は上式右辺の分子を $A$，分母を $B$ とするとき，

$$\frac{dQ_{kl}^*}{d\theta}=A\cos 4\theta-B\sin 4\theta=0$$

$$\frac{d^2Q_{kl}^*}{d\theta^2}=-B\cos 4\theta-A\sin 4\theta<0$$

となるので，$A, B$ の正負の関係より，$Q$ の範囲を，

$$A>0,\ B>0 \qquad 0°<\theta<22.5°$$
$$A>0,\ B<0 \qquad 22.5°<\theta<45°$$
$$A<0,\ B>0 \qquad -22.5°<\theta<0°$$
$$A<0,\ B<0 \qquad -45°<\theta<-22.5°$$

のように決める．計算上は主値として，

$$\phi=\frac{1}{4}\tan^{-1}\frac{|A|}{|B|}$$

が得られたら表5.5のように $\theta$ を求めればよい．

**表 5.5** $\theta$ と $\phi$ の関係

| $\theta$ | $A>0$ | $A=0$ | $A<0$ |
|---|---|---|---|
| $B>0$ | $\phi$ | 0° | $-\phi$ |
| $B=0$ | 22.5° | (不定) | −22.5° |
| $B<0$ | $45°-\phi$ | 0° | $\phi-45°$ |

(不定) は0°と同じ扱い．

実際の回転計算では，$k$-$l$ 平面での回転(2因子ごとの回転)を全組合せについてくり返せばよい．全組合せを1巡するごとに $Q^*$ を計算し，これの増加が認められなくなったら(収束判定定数以下になったら)終わりとする．

最終的な変換行列 $\boldsymbol{T}$ $(m\times m)$ は初めにその要素 $t_{kl}$ を

$$t_{kl}=\begin{cases}1 & (k=l,\ k,l=1,2,\cdots,m)\\ 0 & (k\neq l,\ k,l=1,2,\cdots,m)\end{cases}$$

とおき，1回の回転ごとに当該の $k$ と $l$ の列要素を，

$$t_{ik}^*=t_{ik}\cos\theta+t_{il}\sin\theta \qquad (i=1,2,\cdots,m)$$

$$t_{il}^* = -t_{ik}\sin\theta + t_{il}\cos\theta \qquad (i=1, 2, \cdots, m)$$

のように変換をくり返しておけば得られる．この場合，$\boldsymbol{T}$ の $k$ 列，$l$ 列以外の列はそのままにしておくのである．

## 5.6　因子得点

### 5.6.1　因子得点について

因子分析は多数の変数間の関係を少数個のパラメータ(いわゆる因子)によって記述することを意図した方法であり，その結果から変数間の相互類似性，内包する意味などを考察するのが通例である．

したがって，いわゆる因子負荷量(モデルが仮定する潜在的変数—因子—と観測変数との相関係数)の算出が終われば因子分析の当初の意図はいちおう満たされたことになる．

しかし，なお深く考察するために，データとしての個々のサンプルについて，そのサンプルについての因子の具体的な値を知ることができれば大いに有効であろう．

このような個々のサンプル(観察単位)に具体的に付与しうる形での因子の値を以下，因子得点とよぶことにする．もちろん，因子得点は因子別に因子の数だけ存在するわけで，個々のサンプルに対しては，因子別の因子得点を要素とするベクトルが対応することになる．

因子分析には潜在各因子の独立を前提とするモデルと因子間の相関を認める(すなわち独立でない)モデルがあり，前者にもとづく解を‘直交解’，後者を‘斜交解’という．後者における因子得点の議論は，前者に比しやや複雑である．

ここでは，まず‘直交解’の場合に限って因子得点の性質とその算出法について扱う．

### 5.6.2　因子分析モデルと因子得点

因子分析における基本型は次のように表される(多因子配列型による)．

$$X_j = a_{j1}F_1 + a_{j2}F_2 + \cdots + a_{jm}F_m + b_jU_j \qquad (j=1, 2, \cdots, n)$$

ただし，$X_j$ を観測変数，$F_l$ を未知共通因子 $(l=1, \cdots, m)$，$U_j$ を各変数 $X_j$ に固有の因子とする．係数 $a_{jl}, b_j$ はいわゆる因子負荷量である．

上式をサンプル $i$ $(i=1, 2, \cdots, N)$ に関して表現すれば，上式の各変数に添字

$i$ を付して,

$$x_{ij}=a_{j1}F_{1i}+a_{j2}F_{2i}+\cdots+a_{m}F_{mi}+b_jU_{jij}$$

となる. これを行列記法で表すとすれば,

$$\boldsymbol{X}=\boldsymbol{FA}'+\boldsymbol{UB}'$$

ただし,

$$\underset{(\text{データ行列})}{\boldsymbol{X}}=\begin{bmatrix} x_{11} & x_{12}\cdots x_{1n} \\ x_{21} & x_{22}\cdots x_{2n} \\ \vdots & \vdots \quad\;\; \vdots \\ x_{N1} & x_{N2}\cdots x_{Nn} \end{bmatrix},\qquad \underset{(\text{因子得点行列})}{\boldsymbol{F}}=\begin{bmatrix} F_{11} & F_{21}\cdots F_{m1} \\ F_{12} & F_{22}\cdots F_{m2} \\ \vdots & \vdots \quad\;\; \vdots \\ F_{1N} & F_{2N}\cdots F_{mN} \end{bmatrix}$$

$$\boldsymbol{U}=\begin{bmatrix} U_{11} & U_{21}\cdots U_{n1} \\ U_{12} & U_{22}\cdots U_{n2} \\ \vdots & \vdots \quad\;\; \vdots \\ U_{1N} & U_{2N} \quad U_{nN} \end{bmatrix},\qquad \underset{(\text{因子負荷量行列})}{\boldsymbol{A}}=\begin{bmatrix} a_{11} & a_{12}\cdots a_{1m} \\ a_{21} & a_{22}\cdots a_{2m} \\ \vdots & \vdots \quad\;\; \vdots \\ a_{n1} & a_{n2}\cdots a_{nm} \end{bmatrix},\qquad \boldsymbol{B}=\begin{bmatrix} b_1 & & O \\ & b_2 & \\ O & & \ddots\; b_n \end{bmatrix}$$

ここで, 観測変数間の $(n\times n)$ の相関行列を $\boldsymbol{R}$ とし, 各変数 $\boldsymbol{F},\boldsymbol{U},\boldsymbol{X}$ がそれぞれ平均0, 分散1に基準化されているものとして, かつ $\boldsymbol{F},\boldsymbol{U}$ のそれぞれの変数がすべて独立であることを仮定すると,

$$\boldsymbol{R}=\boldsymbol{AA}'+\boldsymbol{BB}'$$

となることは周知の事実である.

因子分析は所与の $\boldsymbol{R}$ から出発し, まず固有性部分である $\boldsymbol{BB}'$ を推定し, その部分を除いた行列 $\boldsymbol{R}^0$ をつくり $\boldsymbol{R}^0=\boldsymbol{AA}'$ となるよう $\boldsymbol{R}^0$ を分解して因子負荷量行列 $\boldsymbol{A}$ を求めるという手続きをふむのが通例である.

$$\boldsymbol{R}^0=\boldsymbol{R}-\boldsymbol{BB}',\qquad \boldsymbol{BB}'=\begin{bmatrix} b_1^2 & & O \\ & b_2^2 & \\ O & & \ddots\; b_n^2 \end{bmatrix}$$

$\boldsymbol{A}$ の算出においては, 各因子の具体的な数値 $F_{li},U_{ji}$ は不要であり, モデルの構造の中で仮定されているだけでよい.

しかし, 因子得点を具体的に算出するとなると話は異なってくる. 因子負荷量行列 $\boldsymbol{A},\boldsymbol{B}$ が既知であっても, 原理的には $n$ 個の変数 $X_j$ の観測値から $m$ 個の因子 $F_l$, $n$ 個の変数 $U_j$ の値を算出することはできない. 仮定された変数の数が観測変数の数を上回っているからである.

しかしながら, 数値 $F_l$ を求めることはできないが, $F_l$ を推定する方法は可

能である．それらはそれぞれの意味で合理的と思われるものである．

ところで，推定値としてではなく，そのものずばりで因子得点 $\boldsymbol{F}_l$ が求まる場合がある．

それは因子分析の基本モデルにおいて固有因子を一つも含まず，全部が共通因子の場合で，かつ因子行列 $\boldsymbol{A}$ のランクが $\boldsymbol{n}$，すなわち観測変数の数と同じときである．

このときモデルの前提から，

$$\boldsymbol{X}=\boldsymbol{F}\boldsymbol{A}', \qquad \boldsymbol{R}=\boldsymbol{A}\boldsymbol{A}'$$

$\boldsymbol{A}$ は正方でフルランクであるから逆行列が存在する．したがって，

$$\boldsymbol{F}=\boldsymbol{X}(\boldsymbol{A}')^{-1}=\boldsymbol{X}(\boldsymbol{A}^{-1})'$$

として因子得点行列が求まる．このとき，因子得点の分散共分散行列は，

$$\frac{1}{N}\boldsymbol{F}'\boldsymbol{F}=\boldsymbol{A}^{-1}\left(\frac{\boldsymbol{X}'\boldsymbol{X}}{N}\right)\boldsymbol{A}'^{-1}=\boldsymbol{A}^{-1}\boldsymbol{R}\boldsymbol{A}'^{-1}=(\boldsymbol{A}^{-1}\boldsymbol{A})(\boldsymbol{A}'\boldsymbol{A}'^{-1})=\boldsymbol{I}$$

であることが示される（$N$ はサンプル総数である）．

### 5.6.3　因子得点の推定法

**〔方法 I〕**

第一の方法はトンプソン（Thompson）によるもので真の因子別得点 $F_l$ の推定値 $\hat{F}_l$ を両者のずれの 2 乗和 $Q$,

$$Q=\sum_{i=1}^{N}(F_{li}-\hat{F}_{li})^2 \qquad (l=1,2,\cdots,m)$$

が最小になるように決めるのである．

この場合，推定値 $\hat{F}_{li}$ を

$$\hat{F}_{li}=\beta_{l1}x_{i1}+\beta_{l2}x_{i2}+\cdots+\beta_{ln}x_{in} \qquad \begin{pmatrix} l=1,2,\cdots,m \\ i=1,2,\cdots,N \end{pmatrix}$$

と考える．係数 $\beta_{l1},\beta_{l2},\cdots,\beta_{ln}$ がわかれば，粗データより簡単に $\hat{F}_{li}$ を計算することができる．

第 $l$ 因子に関する上の係数ベクトルを $\boldsymbol{\beta}_l$，因子得点ベクトルを $\boldsymbol{f}_l$ と記すことにする．$\boldsymbol{f}_l$ に対する推定値を $\hat{\boldsymbol{f}}_l$ とする．

$$\boldsymbol{\beta}_l'=(\beta_{l1},\beta_{l2},\cdots,\beta_{lj},\cdots,\beta_{ln})$$
$$\boldsymbol{f}_l'=(F_{l1},F_{l2},\cdots,F_{li},\cdots,F_{lN})$$

このとき最小にすべき量 $Q$ は，

$$Q=\sum_{i=1}^{N}(F_{li}-\hat{F}_{li})^2=(\boldsymbol{f}_l-\boldsymbol{X\beta})'(\boldsymbol{f}_l-\boldsymbol{X\beta})$$

$Q$ を最小にする係数ベクトル $\boldsymbol{\beta}_l$ を求めるため,

$$\frac{\partial Q}{\partial \boldsymbol{\beta}_l}=\boldsymbol{0}$$

として条件式を導くと,

$$\boldsymbol{X}'\boldsymbol{X}\boldsymbol{\beta}_0=\boldsymbol{X}'\boldsymbol{f}_l$$

両辺を $N$ で割れば,

$$\boldsymbol{R}\boldsymbol{\beta}_l=\boldsymbol{a}_l$$

ただし, $\boldsymbol{a}_l\,(=\boldsymbol{X}'\boldsymbol{f}_l/N)$ は観測変数と第 $l$ 因子との相関係数, すなわち第 $l$ 因子負荷量ベクトルである.

$$\boldsymbol{a}_l'=(a_{1l}, a_{2l}, \cdots, a_{nl})$$

結局, 係数ベクトル $\boldsymbol{\beta}_l$ は上の連立方程式を解いて,

$$\boldsymbol{\beta}_l=\boldsymbol{R}^{-1}\boldsymbol{a}_l$$

として求めることができ, 次いでこの $\boldsymbol{\beta}_l$ を用いて $Q$ を最小にするという意味での推定値 $\hat{F}_{li}$ $(i=1, 2, \cdots, N)$ を算出することができる. ここで $|\boldsymbol{R}|\neq 0$ が前提とされている.

すなわち, 第 $l$ 因子得点の推定値 $\hat{\boldsymbol{f}}_l$ は,

$$\hat{\boldsymbol{f}}_l=\boldsymbol{X}\boldsymbol{R}^{-1}\boldsymbol{a}_l$$

として計算できる.

以上をすべての因子に関して一般化すれば $\hat{\boldsymbol{F}}$ を $N\times m$ の推定因子得点行列, $\boldsymbol{A}$ を $n\times m$ の因子負荷量行列として

$$\hat{\boldsymbol{F}}=\boldsymbol{X}\boldsymbol{R}^{-1}\boldsymbol{A}$$

この分散共分散行列は,

$$\frac{1}{N}\hat{\boldsymbol{F}}'\hat{\boldsymbol{F}}=\frac{1}{N}(\boldsymbol{A}'\boldsymbol{R}^{-1}\boldsymbol{X}'\boldsymbol{X}\boldsymbol{R}^{-1}\boldsymbol{A})=\boldsymbol{A}'\boldsymbol{R}^{-1}\boldsymbol{A}$$

### 1) 推定値 $\hat{F}_l$ の精度

$\hat{F}_l$ の推定精度は, 真値 $F_l$ と推定値 $\hat{F}_l$ との相関係数(すなわち $F_l$ と観測変数 $X_j$ $(j=1, 2, \cdots, n)$ との重相関係数)で表すことができる.

この相関係数を $r_{F_l\hat{F}_l}$ とすると,

$$r_{F_l\hat{F}_l}=\mathrm{cov}(F_l, \hat{F}_l)/\sqrt{V(F_l)\cdot V(\hat{F}_l)}$$

ところで $F_l$ は平均 0，分散 1 に基準化された変数であること，また $\hat{F}_l$ は平均 0 であることに注意すれば，

$$\mathrm{cov}(F_l,\hat{F}_l)=\frac{1}{N}\boldsymbol{f}_l'\hat{\boldsymbol{f}}_l=\frac{1}{N}\boldsymbol{f}_l'\boldsymbol{X}\boldsymbol{R}^{-1}\boldsymbol{a}_l=\boldsymbol{a}_l'\boldsymbol{R}^{-1}\boldsymbol{a}_l$$

$$V(\hat{F}_l)=\frac{1}{N}\hat{\boldsymbol{f}}_l'\hat{\boldsymbol{f}}_l=\frac{1}{N}\{\boldsymbol{a}_l'\boldsymbol{R}^{-1}\boldsymbol{X}'\boldsymbol{X}\boldsymbol{R}^{-1}\boldsymbol{a}_l\}=\boldsymbol{a}_l'\boldsymbol{R}^{-1}\boldsymbol{a}_l$$

よって

$$r_{F_l\hat{F}_l}=\sqrt{V(\hat{F}_l)}\quad \text{または}\quad r_{F_l\hat{F}_l}{}^2=V(\hat{F}_l)$$

すなわち重相関係数（$r_{F_l\hat{F}_l}$）は $\hat{F}_l$ の標準偏差である．

なお，$r_{F_l\hat{F}_l}{}^2$ は $\boldsymbol{\beta}_l$ を用いれば，次のように書け，計算上便利である．

$$r_{F_l\hat{F}_l}{}^2\equiv V(\hat{F}_l)=\boldsymbol{\beta}_l'\boldsymbol{R}\boldsymbol{\beta}_l=\boldsymbol{\beta}_l'\boldsymbol{a}_l$$

以上を一般化して，$m$ 個の因子得点の推定値 $\hat{F}_l$（$l=1,2,\cdots,m$）に関する分散共分散行列（$m\times m$）を作れば，その対角要素は $m$ 個の重相関係数の 2 乗値を表す．先に示したように，これは，

$$\frac{1}{N}\hat{\boldsymbol{F}}'\hat{\boldsymbol{F}}=\boldsymbol{A}'\boldsymbol{R}^{-1}\boldsymbol{A}$$

これが単位行列 $\boldsymbol{I}$ に近ければ推定の精度がよいといえる．

**〔方法 II〕**

バートレット(Bartlett)による方法は，全観測変数にわたって固有因子得点の 2 乗和を最小にするのがねらいである．

これは，固有因子は観測値と仮定とのずれを説明するためにのみ導入されるべきもの，とするバートレットの主張に基づくものである．

いま，一つのサンプル $i$ に限定して考えるとする．サンプル $i$ の観測変数 $X_j$ の値 $x_{ij}$ はモデルより，

$$x_{ij}=a_{j1}F_{1i}+a_{j2}F_{2i}+\cdots+a_{jm}F_{mi}+b_jU_{ji}\qquad(j=1,2,\cdots,n)$$

よって，

$$U_{ji}=(x_{ij}-a_{j1}F_{1i}-a_{j2}F_{2i}-\cdots-a_{jm}F_{mi})/b_j$$

いま，全変数について $U_{ji}$ の 2 乗和をつくり，これを $Q_i$ とする．

$$Q_i=\sum_{j=1}^{n}U_{ji}{}^2=\sum_{j=1}^{n}\{(x_{ij}-a_{j1}\hat{F}_{1i}-a_{j2}\hat{F}_{2i}-\cdots-a_{jm}F_{mi})^2/b_j{}^2\}$$

この $Q_i$ を最小にするような推定値 $\hat{F}_{i1},\hat{F}_{i2},\cdots$ を求めようというのである．$Q_i$

を $\hat{F}_{li}$ $(l=1,2,\cdots,m)$ で偏微分して 0 とおけば，

$$\frac{\partial Q_i}{\partial \hat{F}_{li}}=2\sum_{j=1}^{n}\frac{a_{jl}}{b_j^2}(x_{ij}-a_{j1}\hat{F}_{1i}-a_{j2}\hat{F}_{2i}-\cdots-a_{jl}\hat{F}_{li}-a_{jm}\hat{F}_{mi})=0$$

$$(l=1,2,\cdots,m)$$

これより次の連立方程式を得ることができる．

$$\left(\sum_j \frac{a_{j1}^2}{b_j^2}\right)\hat{F}_{1i}+\left(\sum_j \frac{a_{j1}a_{j2}}{b_j^2}\right)\hat{F}_{2i}+\cdots+\left(\sum_j \frac{a_{j1}a_{jm}}{b_j^2}\right)\hat{F}_{mi}=\sum_j \frac{a_{j1}}{b_j^2}x_{ij}$$

$$\left(\sum_j \frac{a_{j2}a_{j1}}{b_j^2}\right)\hat{F}_{1i}+\left(\sum_j \frac{a_{j2}^2}{b_j^2}\right)\hat{F}_{2i}+\cdots+\left(\sum_j \frac{a_{j2}a_{jm}}{b_j^2}\right)\hat{F}_{mi}=\sum_j \frac{a_{j2}}{b_j^2}x_{ij}$$

$$\vdots$$

$$\left(\sum_j \frac{a_{jm}a_{j1}}{b_j^2}\right)\hat{F}_{1i}+\left(\sum_j \frac{a_{jm}a_{j2}}{b_j^2}\right)\hat{F}_{2i}+\cdots+\left(\sum_j \frac{a_{jm}^2}{b_j^2}\right)\hat{F}_{mi}=\sum_j \frac{a_{jm}}{b_j^2}x_{ij}$$

この連立一次方程式を解くことによって，$\hat{F}_{1i}, \hat{F}_{2i}, \cdots$ が得られる．

以上を行列表現することにし，全サンプル $i$ について表せば，

$$\hat{\boldsymbol{F}}\boldsymbol{A}'(\boldsymbol{B}\boldsymbol{B}')^{-1}\boldsymbol{A}=\boldsymbol{X}(\boldsymbol{B}\boldsymbol{B}')^{-1}\boldsymbol{A}$$

ただし，

$$\boldsymbol{B}\boldsymbol{B}'=\begin{bmatrix} b_1^2 & & O \\ & b_2^2 & \\ O & & \ddots \; b_n^2 \end{bmatrix}$$

したがって

$$\hat{\boldsymbol{F}}=\boldsymbol{X}(\boldsymbol{B}\boldsymbol{B}')^{-1}\boldsymbol{A}(\boldsymbol{A}'(\boldsymbol{B}\boldsymbol{B}')^{-1}\boldsymbol{A})^{-1}$$

計算に際しては，$\boldsymbol{B}\boldsymbol{B}'$ は得られていないので，残差相関行列の対角要素をもって当てる．すなわち，

$$b_j^2 \cong 1-\sum_{l=1}^{m}a_{jl}^2$$

として扱う．

$\hat{\boldsymbol{F}}$ の分散共分散行列は，

$$\frac{1}{N}\hat{\boldsymbol{F}}'\hat{\boldsymbol{F}}=(\boldsymbol{A}'(\boldsymbol{B}\boldsymbol{B}')\boldsymbol{A})^{-1}\boldsymbol{A}'(\boldsymbol{B}\boldsymbol{B}')^{-1}\boldsymbol{R}(\boldsymbol{B}\boldsymbol{B}')^{-1}\boldsymbol{A}(\boldsymbol{A}'(\boldsymbol{B}\boldsymbol{B}')^{-1}\boldsymbol{A})^{-1}$$

$$=\boldsymbol{I}+(\boldsymbol{A}'(\boldsymbol{B}\boldsymbol{B}')\boldsymbol{A})^{-1}$$

**〔方法 III〕**

この方法は，観測変数 $X_j$ とその推定値 $\hat{X}_j$ のずれの 2 乗和を最小にするような $\hat{F}_l$ を求める方法である．

因子分析のモデルより，サンプル $i$ の変数 $X_j$ の値 $x_{ij}$ は，

$$x_{ij} \cong a_{j1}\hat{F}_{1i}+a_{j2}\hat{F}_{2i}+\cdots+a_{jl}\hat{F}_{li}+\cdots+a_{jm}\hat{F}_{mi} \qquad (j=1,2,\cdots,n)$$

いま，この残差 $e_{ij}$ を次のように定義する．

$$e_{ij}=x_{ij}-(a_{j1}\hat{F}_{1i}+a_{j2}\hat{F}_{2i}+\cdots+a_{jl}\hat{F}_{li}+\cdots+a_{jm}\hat{F}_{mi}) \qquad (j=1,2,\cdots,n)$$

ここで，

$$Q_i=\sum_{j=1}^{n} e_{ij}{}^2=(\boldsymbol{x}_i-\hat{\boldsymbol{f}}_i\boldsymbol{A}')(\boldsymbol{x}_i-\hat{\boldsymbol{f}}_i\boldsymbol{A}')'$$

ただし

$$\begin{cases} \boldsymbol{x}_i=(x_{i1}, x_{i2}, \cdots, x_{ij}, \cdots, x_{in}) \\ \hat{\boldsymbol{f}}_i=(\hat{F}_{1i}, \hat{F}_{2i}, \cdots, \hat{F}_{li}, \cdots, \hat{F}_{mi}) \end{cases}$$

この $\boldsymbol{Q}_i$ の最小 2 乗解として，

$$\frac{\partial Q_i}{\partial \hat{\boldsymbol{f}}_i}=-2\boldsymbol{x}_i\boldsymbol{A}+2\hat{\boldsymbol{f}}_i\boldsymbol{A}'\boldsymbol{A}=\boldsymbol{0}$$

より，$\hat{\boldsymbol{f}}_i$ を求める．

$$\hat{\boldsymbol{f}}_i=\boldsymbol{x}_i\boldsymbol{A}(\boldsymbol{A}'\boldsymbol{A})^{-1}$$

これを全サンプルに関して一般化すれば，

$$\hat{\boldsymbol{F}}=\boldsymbol{X}\boldsymbol{A}(\boldsymbol{A}'\boldsymbol{A})^{-1}$$

この解は，結局，残差の行列を $\boldsymbol{E}=\{e_{ij}\}$ とするとき，残差の全分散 $\mathrm{tr}(\boldsymbol{E}\boldsymbol{E}')$，また $\mathrm{tr}(\boldsymbol{E}'\boldsymbol{E})$ を最小にする解となっている．

$\hat{\boldsymbol{F}}$ の分散共分散行列は

$$\begin{aligned}\frac{1}{N}\hat{\boldsymbol{F}}'\hat{\boldsymbol{F}} &=\frac{1}{N}(\boldsymbol{A}'\boldsymbol{A})^{-1}\boldsymbol{A}'\boldsymbol{X}'\boldsymbol{X}\boldsymbol{A}(\boldsymbol{A}'\boldsymbol{A})^{-1} \\ &=(\boldsymbol{A}'\boldsymbol{A})^{-1}\boldsymbol{A}'\boldsymbol{R}\boldsymbol{A}(\boldsymbol{A}'\boldsymbol{A})^{-1} \\ &=\boldsymbol{I}+(\boldsymbol{A}'\boldsymbol{A})^{-1}\boldsymbol{A}'\boldsymbol{R}_e\boldsymbol{A}(\boldsymbol{A}'\boldsymbol{A})^{-1}\end{aligned}$$

ただし，ここで $\boldsymbol{R}_e$ は残差相関行列である．

因子得点の推定方法については，以上のほかにもいろいろ考案されている．しかし，これが最良であるとする決め手はない．実際場面では，共通性が十分大のとき(結果的な共通性の意味で)にのみ推定を行うのがよいであろう．

# 付．因子分析法雑感

## 1）分析の特色

因子分析法の誕生はスピアマン(Spearman)の2因子モデルの登場にあるといわれている．このモデルが現れたのが1904年であるから，因子分析は誕生後，すでに90年以上を経過したことになる．この間，おびただしい因子分析法の理論的研究が生まれた．また，その応用的な研究となると，その数は限りないといってよい．

初期の因子分析の技法は，心理学者の知能研究と密着して考案されてきた．のちには，知能に限らず，パーソナリティ，社会的態度などへと範囲を拡張していくが，初期の多くの技法は，これらの心理的特性についての心理学的な理論考察という少々固苦しい議論を背景にしていた．その点では，多くの知能テストの得点を，1個の共通因子とそのテストだけに固有な因子とからなるとみた創始者スピアマンの2因子モデルも例外ではない．しかも，各技法は，実行可能な数学的な解法との妥協を図りながら登場してきたりするため，いささか理解にとまどうようなものも少なくなかった．

今日では，そのような実質科学との結びつきにこだわる因子分析モデルの議論は影を潜め，多変量解析の一種として，ごく一般的に使用される分析技術と化している．また，利用分野も当初の心理学に限らず，あらゆる分野の研究に拡大された．その一つの理由は，データ解析法やコンピュータの発達により，発想の自由が拡大し同時に多くの計算的困難が解決されたことで，逆に数理的な側面の比重が増したことにあると考えられる．たとえば，特定の問題の解明を，なにも因子分析法だけに依存しないで，多くの他の方法を併用して行うことができるというような事情が関係している．

因子分析法は，現在，データ解析の技術として広く一般に利用されている．しかし，そうはいっても，‘なま’のデータを扱う解析技術というものはその誕生や生い立ちから，全く離れてしまうことはできない．それなりの個性を残しており，利用のあり方を規定しているといわなければならない．

**多義的なデータ**　因子分析法の発展過程で見逃せない特徴の一つは，測定内容が多義的で，しばしば誤差の大きい変数の分析を指向してきたということであろう．人間の知能にせよ，パーソナリティにせよ，客観的な計測が困難なものであり，行動の個々の特徴に着目し，なんらかの便宜的な手段で計測したものがいわゆる"変量"であった．しかし，人間の行動は，ささいな外因，内因に影響されやすく変動に富んでいる．いきおい測定値は不純物や誤差を多く含むことになる．このことは研究の基本にかかわる大きな問題であり，心理学では，何回反復しても安定した数値が得られるという意味での測定値の信頼性(reliability)に関して，統計学の応用としてのテスト理論を発達させてきた．

実は，因子分析法はこのテスト理論ときわめて近い関係にある．また，生い立ちの歴史も平行しているのである．たとえば，スピアマンの2因子モデルは，各変数が1個の共通因子と固有因子からなると仮定し，$m$ 個の変数があれば，全体で $(m+1)$ 個の潜在的な因子が相互に独立であると仮定する．ところで，この固有因子は実際には誤差の成分と複合しており，しかも両者の分離が困難なため，共通因子を除いたあとの残差とみた方がむしろ当たっている．そうだとすると，個々の観測変数を真値(true score)と誤差の和からなるとするテスト理論の基本式と形式的に同等であり，観測変数と共通因子の分散を1とすれば，2因子モデルの共通性(因子負荷量の2乗)は，その観測変数の信頼性係数(真値分散と観測変数の分散比)にほかならない(この信頼性係数の定義を与えたのもスピアマンである)．また，変数全体では，テスト理論でいうコンジェネリックな真値(真値間の相関が1であるという関係を満足する真値)をもつことに当たっている．さらに，テスト作成では，多くの変数(ないしは項目)の値を加算して合成得点を求め，それを個人のテスト成績とすることがよく行われるが，合成得点の信頼性や妥当性の検討や評価には，因子分析法が古くから多種多様に利用されている．

これらの点から，因子分析は少々頼りない観測変数から妥当かつ信頼に足る情報をどう汲上げるかという側面において，テスト理論と同じ目標を共有していることがわかるのである．

**'解' の任意性**　一般的にいって因子分析の解は，決定的，不変的なものではない．数々の任意性がある．たとえば算出した因子を直交回転，斜交回転で自由に変えることは周知の事柄である．しかし，これは因子分析法のモデル構造によるものである．もっと大きな問題は，変数の組合せを変えれば，いくらでもちがった解が生み出せるという単純な事実であろう．その意味で，一つの分析結果は常に相対的なものでしかない．解に不変的なものを期待したければ，実質科学の理論的，実証的な他の情報を取込まなければならないし，なんらかの外的保証に基づいて，対象とする変数の構成を固定しなければならないであろう．

実をいえば，このような外枠を定めにくいからこそ，因子分析法を用いるようになったというのが，この技法を育ててきた研究分野の特徴であった．変数群の特定の構成を合理化しようとする議論のなかに，その事柄に関連するすべての変数の，いわば母集団を想定して，当該の変数群はそれから無作為抽出されたものとみなす，という考え方がある．それによって，当面の分析結果の代表性ないしは普遍性を保証したい，ということであろうが，勝手に想定しているだけで操作的な保証はない．この類の話は単なる神話にすぎないのである．

因子分析の任意性は，ほかにもある．先に，測定値の誤差変動が大きいと述べたが，さらにいえば，因子分析に依存することの多い研究領域では，もともと出発点の‘量的’な測定自体が不可能な場合が多く，そこでも種々の便法が使われているということである．たとえば，態度測定やイメージ測定などの質問紙でよく用いられる言語的な評定尺度がそれである．ある都市の印象が明るいか暗いかの質問(変数)で，「明るい—やや明るい—どちらでもない—やや暗い—暗い」の５段階のどれかを答えさせる．この順序尺度に便宜的に５—４—３—２—１と数値を割付け，このような形容詞相互の相関係数を算出して，因子分析を行う例が現在もしばしば存在する．ここでは，段階の幅を等しいと仮定する根拠は，通常なにもないのに，全く恣意的に計算が行われているのである．しかし，この場合といえども，全く無意味な計算をしているわけではない．あとの数量処理が可能なようにした分だけ，大筋としてはそれなりに妥当な情報の取得に役立っているといえよう．

### 2)　情報縮約と理解

因子分析法にみられるこれらの特徴が示唆しているものは，おそらく次のようなことであろう．すなわち，心理学を含めた人文科学や社会科学，あるいは生物科学のような複雑多様な対象を扱う分野では，多くの変数による総体的な把握でなければ問題の解明にならないこと，しかもその分析は常に探索的な色彩を帯びるものであること，そしてそこでは，扱う変数全体の表面的な多様性と変動性の裏に共通するものを要約的に観察することが重要であること，などである．

かくして，現状では因子分析的な方法に，その多くを依存せざるをえないというのが，これらの研究領域の“お家の事情”になっている．

では，このような方向から因子分析法を眺めると，その利用に際して留意しなければならないことは，どのようなことであろうか．

**理解しやすさ**　まず，因子分析による多変数データの要約は，当然のことながら理解しやすいものでなければならない．

因子分析は，データ全体の誤差やみかけ上の多様性を払いのけて，全体に潜んでいる安定した傾向を大ざっぱに取り出すことをねらってきたし，そこにこの方法の大きな効用があった．換言すれば，個々にみると何かよくわからない変数の内容を分析によって大局的に理解する——あるいは明瞭なイメージとしてとらえる——ことに，意義がある．そのためには，少々の恣意性には目をつぶってもきた．

したがって，よく定義されイメージも明確な変数群は，単純に相関の意味で似ている変数をグループ分けする目的の場合を除けば，因子分析法になじまない．たとえば，行政的な統計指標のように，個々に定義づけられ，その内容や用途に慣れているような変数群を分析する場合である．共通因子を媒介にして，その特徴を記述しようとすると，かえって状態がわかりにくくなる感じを避けられない．どんな変数群でも，形式的には分析可能であるが，おのずとそれにふさわしい変数群とそうでない変数群が存在することを留意しておく必要がある．

要約が，かえって理解を困難にするという事例は，複雑な技法や一般化の進んだ技法の分析結果では，しばしばみられる．たとえば，三相因子分析(three mode factor analysis)と総称される技法の場合がある．これは通常の因子分析が（個体×変数）のデータ行列を扱うのに対して，（個体×変数×測定時点）のように立体的な(三相の)データを扱うもので，タッカー(Tucker)のモデルや PARAFAC モデルなど，いろいろなものがある．要約としては高次(？)のものをねらっているが，この分析結果の理解は著しくむずかしいのが通例である．安易な利用は絶対に禁物である．比較的理解しやすいのは，三相のうちの二相が対称データの場合——たとえば，複数個の相関行列を積み上げた形のもの——で，INDSCAL（個人差を考慮した多次元尺度構成）は，この場合に当たる．

**図示の活用**　大局的理解を容易にすることと表裏の関係にあるが，因子分析では各変数の内部の関連を適切に読取ることが大切である．各変数の内包する意味は何か，重要であるかもしれない特徴は何か，など見落としのないように検討することは，大局判断にとっても，事後の研究のためにも必要である．それには，人間の視覚に訴える図示が最もよいといわれる．確かに分析結果の図示は，その目的のために効果的である．逆をいえば，このような変数間の関連を図示する技術が因子分析法にほかならないといってよい．

**コンサバティブな性質**　図示を活用するにしても，結果の適切な‘解釈’のためには，あらかじめその手段を準備しておくことが望ましい．因子分析法では，それが探索的な方法であるといっても，事前情報を全く欠く場合には，結果の理解に苦しむばかりか，時には誤った解釈におちいる危険がある．それを避けるには，各専門分野のそれまでの知識が大いにものをいってくる．そうした助けがなければ，せっかくの計算の価値も半減する．このことは，別のいい方をすると，前もって理解を助けるための変数を組込んでおかなければならないということを意味する．これは，一種のトートロジーかもしれない．よく世上で，「因子分析の結果は，いつも常識の範囲を出ていない」と批難されるが，この批難はある程度当たっているのである．

実際問題としては，内容をある程度理解できる変数群に，内容のよくわからない変数を少数だけ混ぜて分析し，未知の内容を明らかにしていくといった利用法は，賢いやり方かもしれない．いずれにしても，常識である程度予想できそうなことを，少しずつ，はっきりさせていくという，微速前進的な利用法が因子分析法に適しているし，また因子分析法に多くを頼っている研究領域の分析のあり方でもあろう．因子分析によって，“アッ”といわせるような新発見を期待するのは無理であるし，その意味で因子分析法の本質はコンサバティブなものであるように思える．

**回転の有効性**　因子分析法の探索的な性格と解の任意性に留意すれば，実際の場面で大事なことは，主因子法，最尤法などの因子抽出の技法よりも，結果的な因子パターンの回転技法の方が，はるかに効用が大きいといえる.

従来，直交と斜交を問わず，数多くの回転原理による回転技法が開発されているが，利用者はその代表的な技法のプログラムをいろいろと用意しておくとよい. 現状でよく使われる回転は，因子パターンの単純化を目指すバリマックス回転である. 確かに，この回転法は有用性の高いものである. これと並んで有効な回転は，仮説的な因子パターンに接近させたり，2種の因子パターンを重ね合わせたりする，比較の方法としてのプロクラステス回転である. 応用場面では，プロクラステス回転によって助けられるような問題が多い.

回転は因子分析の結果を理解しやすくするための手段であり，今後も新しいアイデアによる回転や，それらの組合せ利用の方式がもっと工夫されてよいと思う.

ところで，回転に関連した問題に'因子'の意味づけの問題がある. 一般に，分析では'因子'の意味内容を重要視する風が古くからある. もしもそれが明解にできるなら，それに越したことはない. しかし，あまり判然としない'因子'の意味づけは，むしろ行わない方がよい. 苦労して，たくさんの因子の命名をしている分析報告をよくみるが，無理な命名はむしろ誤解を招く結果に終わる. もともと命名したからといって因子は絶対的なものではなく，回転によって簡単に無に帰してしまう性質のものである. しばしば存在する因子を特別視する傾向は因子分析法の誕生の事情に影響されていると思われる. 確かに創始者のスピアマンは'知能因子'を考えていたし，初期の分析家たちも仮想的な'因子'により知能なるものの構造解明に努めていた. 過去の習慣が現在に及んでいるというべきであろうか. 因子分析は，個々の因子を意味づけるのではなく，変数全体を意味づけるのが目標である，と考えたい.

仮に，因子に実体的な内容を期待したいならば，それは因子分析法の守備範囲でなく，実質科学の理論・実証を待つほかはないのである.

**特色の強化**　因子分析法は，少々頼りない多変数のデータを要約して，内部に潜んでいる特徴をみやすくするための記述の手段である. したがって，科学研究の方法としては，切れ味が悪く鈍重な印象を与えることになろう. しかし，一方では応用範囲がきわめて広く，柔軟でタフな方法でもある.

これらの特色は，因子分析に限らず，その後に発達した林の数量化法や種々の多次元尺度解析法(multidimensional scaling)などにおいても共通している.

因子分析は応用が広いとはいえ，出発データが量的測定値であること，(観測個体×変数）の行列形式であること，変数間の関連を直線でとらえること，などの制限があった. 数量化法や多次元尺度解析法は，これらの制限をはずして，扱えるデータの種類を飛躍的に拡大したが，基本的なねらいは因子分析法を受継いでいる. したがって，因子分析法にみる特徴を，さらに一段と強めたものということができる.

**3） 望まれること**

一口に因子分析法といっても実にさまざまなヴァリエーションがある. 基本的な構造仮定, 因子抽出の手続き，回転原理, 共通性や因子得点の推定法など，どの側面をとっても多種多様である. また，多次元尺度解析法をはじめとする因子分析的な諸方法も数知れず，データの数値特性，最適化の原理，アルゴリズムなど，さまざまな変化がある. これでは，利用者としては，どれをどのように用いればよいのか，混乱するだけであるといわれても仕方がない.

しかし，それらがいかに精緻な差異を競ったとしても，また計算結果に数字的な差が出たとしても，利用者すなわち実質科学の側からみて，それは本当に意味のある差であろうか. 技法の選択肢の数だけ，内容解釈の面に選択肢が生まれるわけではない. 実際は，技法を取替えても新しく得られるものはほとんどない，というのが正直な話であろう.

理論家にとっては興味のある手法研究も，実質科学の側からすれば単なる数理パズルにすぎないのである.

もちろん，分析結果を正しく理解するためには，手法相互の数理的な関連を解明することは大事にちがいない. しかし，因子分析法でいま問い直さなければならないことは，実質的な研究にとって実効性の高い，因子分析法を中に含むひとまわり大きな分析方式といったものを，利用者の側でいろいろと考案・作成することにあるように思われる.

これと並んで重要なことは，利用者の力量の問題であろう. 因子分析的な方法の結果は‘結論’を与えてくれるのではなく，‘理解の手がかり’を提供してくれるだけである. したがって，因子分析的方法ほど，研究者の知識，経験などの個人的資質に深く関係している分析法はない．このような，主体者側の問題は，もはや訓練と経験を積むこと以外にはないかもしれない．

今から30年くらい前までは，因子分析の計算といえば，労多い仕事であった．コンピュータが利用困難な時代のことである．当時の学生は，手回し計算機や電動計算機(いまの若い世代はこれらの存在すら知らない)で苦しい計算作業に従事した．まず，出発点となる相関行列のます目に相関係数を一つひとつ埋める作業からして大変であった．因子の抽出は，もっぱら対角線法やセントロイド法など簡便法によったし，回転はグラフ用紙の上で視察で行った．結果がまずくても元へもどって再計算することは不可能であった．

今日，事情は一変している．コンピュータは瞬時にしてすべてをやってくれる．FACTOR とさえ指示すれば，すべてを default オプションにまかせて，処理してくれる統計パッケージも出回っている．最近では，‘使い捨て’といえるほど，因子分析の計算を積重ねる光景や，何から着手してよいかわからないため‘とりあえず因子分析でもやろうか’という状況に，よく出会う．あまりにも定見のない研究態度と批難されるが，ある意味では，これらは因子分析法の正統的な利用を示唆しているともいえる．あれやこれやと分析を繰返して，データの内容理解を深めることは，悪くない．因子分析的な技法とは，結局はそのような方法である．

しかし，問題は，因子分析のあと，どうその先を展開するかにある．そのためには因子分析の結果から有効な情報を引出す利用者の注意力，識見，器量がものをいう．

その点では手計算時代の昔にはよい点があった．それは，多くの時間を費やして細かく計算するために部分的な理解が少しずつできていくということである．したがって，最終的な解釈・理解もその分，深く行うことができる．また，注意力も養われていく．しかし，現在はそれがない．むしろコンピュータ依存の瞬時処理のため考察自体が粗雑になっているといわなければならない．自戒しなければならないことである．

因子分析では，技法の数理以上に利用者の資質や経験がものをいう，という意味で，あれこれと各種の技法を渡り歩くよりも，そのいくつかに習熟することが先かもしれない．それによって技法のくせがわかり，データの理解力も向上しよう．それと同時に，現実のデータ解析の場面では，因子分析だけがすべてではないから，他の分析処理を合わせた総合的な使い方を考える必要がある．因子分析的方法の数理を解説した本は山ほどあるが，効果的な利用のテクニックを解説した本は乏しい．刊行が待たれるところである．

# 6. クラスター分析

## 6.1 データの自動的分類

クラスター分析(cluster analysis)とは，特定の計算手順(algorithm)により，多くの観測対象について“似ているもの”を集めて分類する手法を総称していう．他の多次元データの解析法のように方法としての形や理論が確立されているものとは異なり，現在のところデータの自動的分類を意図する手法を幅広く含めた呼び名として使われている．

“分類”という操作はどのような科学においても必要であるから，応用の領域は広い．古くには生物の分類学に用いられ，数値データのみに基づく分類は数値分類法(numerical taxonomy)とよばれてきた．最近では電子計算機の普及により急激に生物科学，人文・社会科学の各方面で利用されるようになった．

心理学では，探索的，発見的手法として現象の奥に潜む基本的な構成を分析する目的のために使われる．また，一般のデータ解析の前処理，たとえばテストの項目分析(等質的な項目を集める)，標本調査における層別(地域を分類する)などに使われている．

クラスター分析とよばれる方法は多種多様であるが，一般にデータの内容，分類の観点から次のように大別できる．

(1) 分類する対象(個体か項目か)：多数個の特性項目(変数)に対する個体の観測値を配列したデータ行列の行(個体)に関する分類と列(項目)に関する分類が区別される．行と列を交換すれば基本的には同じであるといえるが，項目分類はやや異なる処理を含むことがある．また行列全体をクラスター化する場合もある(Hartigan, 1972)．

(2) データの型(定量的か定性的か)：定量的データは他の統計解析モデルと

結びつきやすく，扱いも容易である．定性的なデータの場合はそうはいかず，いろいろと制限を受けることが多い．

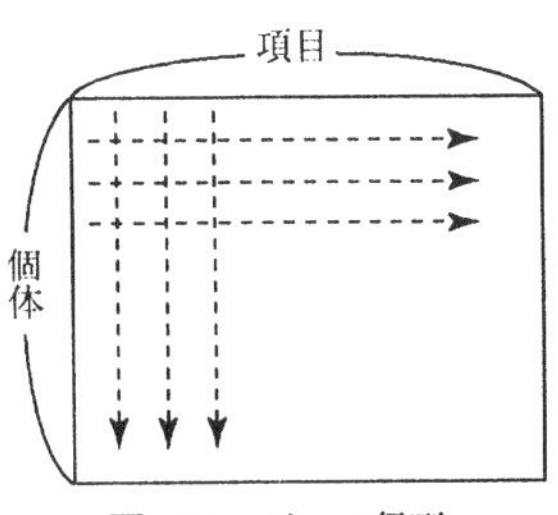

図 6.1　データ行列

(3) 系統的分類か非系統的分類か：系統的(hierarchical)な分類とは，分類を段階的に体系づける様式をいう．単独の特性で分類する場合―1次元の場合―はまさに系統樹そのものを簡単に描くことができるが，2次元以上でも同様に特性の空間(平面)を基底にして系統樹を描くことができる．データ処理の実際場面では特定個の分類グループだけでなく，その下位グループや上位グループを知りたい場合が多いから，この分類様式はその点で長所であり，また計算量を減らす上でも効果的である．

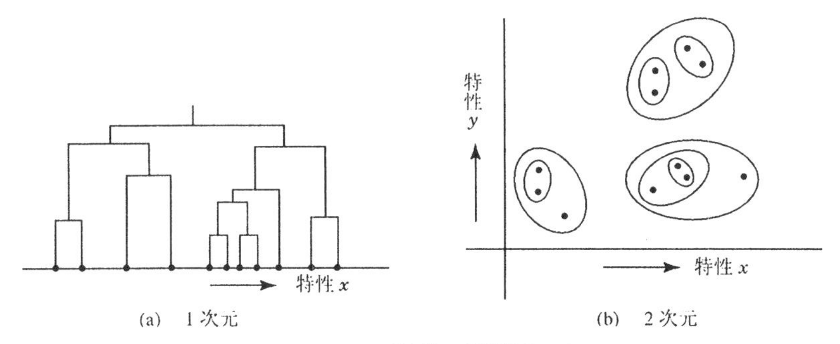

図 6.2　系統的な分類様式

非系統的な分類は，初めにクラスターの数を仮定するか，あるいはクラスターと認定する基準を設定して一挙に全体を分類するタイプの方法である．

“似たものどうし”を集めるという目的はきわめて単純であるが，それを計算手順で実現しようとすると必ずしも容易でない．計算量は一般に大きいものになるので，クラスター分析のどの手法もこれをどのように回避するかの工夫をその中心的な内容にしている．

クラスター分析は一般の多変量解析―とくに判別の問題―と関連が深い．その方面からの理論的な検討も多いが(Scott & Symons, 1971)，現在のところは，クラスター分析は記述統計的方法と考えておくのが無難である．また，

0-1 型データの場合は潜在構造分析，計算法に関してはノンメトリックな多次元尺度解析法と多くの類似点をもっている．

## 6.2 類似性の測度と分類の最適基準

データの自動分類である以上，分類する対象(個体または項目)間の類似度やクラスター間の分離度を数値基準によって定義しなければならない．

ある対象と対象が似ているということはなんらかの意味における“距離”が小さいことである．類似・差異を表す測度としては種々の“距離”が使われる．これらの距離は対象間のみならず，対象とクラスターの間，およびクラスター相互間でも使われる．一方，全クラスターが相互によく分離していることの総合的な基準も，多くはこれらの測度との関連で定義される．次に，個体を分類する場合としてよく使用される距離や基準をあげよう．これらは項目を分類する場合にも同様な形で使用できるものである．

### 6.2.1 対象間の類似と差異

もちろん差異は“距離”によって示されるが，類似度(値が大きいほど“似ている”)を使っていても結局は距離と同義であることが多い．

一般に，分類の対象である個体 $O_i$ の $n$ 個の特性値を，

$$\{x_{i1}, x_{i2}, \cdots, x_{ik}, \cdots, x_{in}\}$$

とする．

(1) ユークリッドの距離：最も一般的なもので個体 $O_i$ と $O_j$ の差異を，

$$d_{ij}^2 = \sum_k (x_{ik} - x_{jk})^2$$

で表す．

(2) 標準化ユークリッドの距離：(1)と同じであるが，各特性の標準偏差を単位とする距離である．

$$d_{ij}^2 = \sum_k \left( \frac{x_{ik} - x_{jk}}{s_k} \right)^2$$

ただし，

$$s_k^2 = \sum_i (x_{ik} - \bar{x}_k)^2 / N, \qquad \bar{x}_k = \sum_i x_{ik} / N \qquad (N \text{は個体の総数})$$

(3) マハラノビスの汎距離：特性の相関性を考慮した距離で，次式

$$d_{ij}^2 = \sum_k \sum_l (x_{ik} - x_{jk}) w^{kl} (x_{il} - x_{jl})$$

で与えられる．ただし，$w^{kl}$ は層内分散共分散行列 $\{w_{kl}\}$ の逆行列要素である．ここで，$w_{kl}$ は $\bar{x}_{gk}, \bar{x}_{gl}$ を $i$ の属するクラスター $C_g$ の平均として，

$$w_{kl}=\sum_g\sum_i(x_{ik}-\bar{x}_{gk})(x_{il}-\bar{x}_{gl})/N$$

これは図 6.3(c)の距離 $(O_i, O_j), (O_{i'}, O_{j'})$ において $d_{ij}{}^2=d_{i'j'}{}^2$ を意味している．すなわち，クラスター内部の個体のばらつきの範囲を楕円で示すとき，長軸に沿う方向は小さ目に，短軸方向では大き目に評価する距離である．

(4) 市街模型(city-block)の距離：各特性の軸上の差異の単純加算で表す距離である．

$$d_{ij}=\sum_k|x_{ik}-x_{jk}|$$

以上のような距離 $d_{ij}$ は，いずれも，

$d_{ij}=0$……個体 $O_i$ と $O_j$ は同一

$d_{ij}<d_{ih}$……個体 $O_i$ は $O_h$ よりも $O_j$ に似ている

$d_{ij}=d_{ji}$……個体 $O_i$ から $O_j$ への距離は，方向を逆にしても同じ

ことを意味している．一方，類似度としては次のようなものがある．

(5) 相関係数：項目間類似度として相関係数がよく使われるが，個体間の類似性を表す場合にも個体間の相関係数 $r_{ij}$ が使われる．

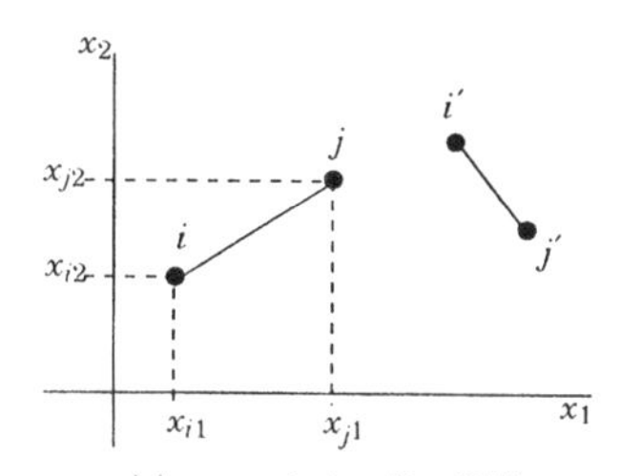

(a) ユークリッドの距離

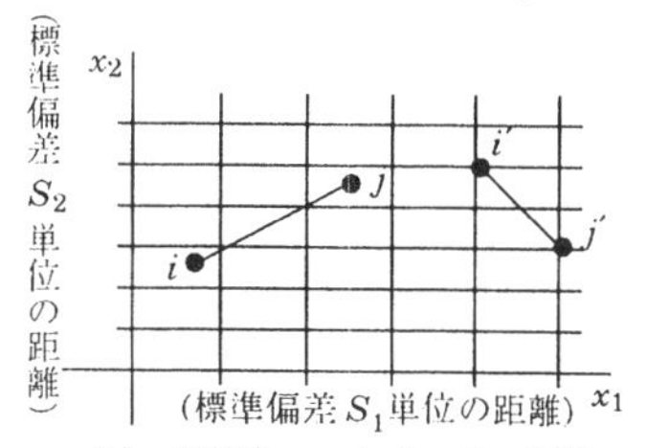

(b) 標準化ユークリッドの距離

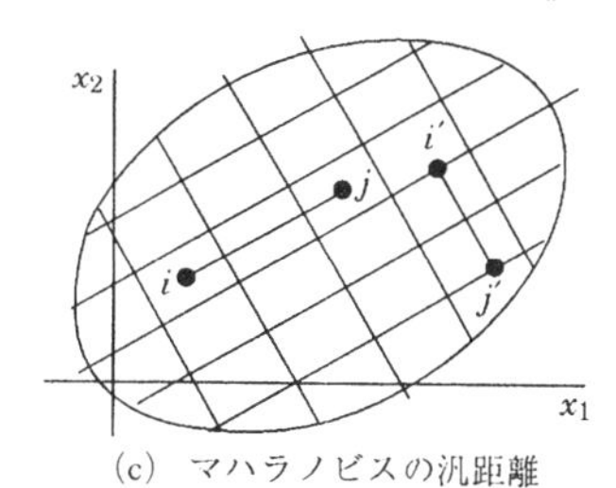

(c) マハラノビスの汎距離

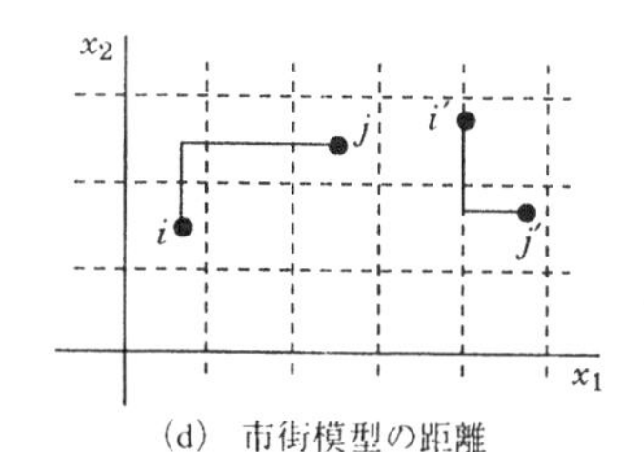

(d) 市街模型の距離

**図 6.3** いろいろな距離

$$r_{ij}=\sum_k\frac{(x_{ik}-\bar{x}_i)(x_{jk}-\bar{x}_j)}{n}\Bigg/\sqrt{\sum_k\frac{(x_{ik}-\bar{x}_i)^2}{n}\cdot\sum_k\frac{(x_{jk}-\bar{x}_j)^2}{n}}$$

ただし，

$$\bar{x}_i=\sum_k x_{ik}/n, \qquad \bar{x}_j=\sum_k x_{jk}/n$$

このとき，各項目の測定単位の影響を避けるために，事前に全項目の分散が等しいように基準化することが多い．

（6）対象間の積和

$$q_{ij}=\sum_k x_{ik}x_{jk}$$

これは測定項目の原点を重視し，各値をそれからの隔たりとして評価した上で定義される類似度である．

（7）一致係数：数値 $x_{ik}$ は 1 または 0 の 2 値変数で，定性的なデータでは，反応が‘あり’のとき $x_{ik}=1$，‘なし’のとき $x_{ik}=0$ で記述される場合に使われる．

$$s_{ij}=\frac{n_{11}+n_{00}}{n}$$

ただし，$n_{11}$ は個体 $O_i, O_j$ がともに 1 の場合の項目の数，$n_{00}$ はともに 0 の場合の数である．

$$n_{11}=\sum_k x_{ik}x_{jk},\quad n_{00}=\sum_k(1-x_{ik})(1-x_{jk})$$

（8）類似比：これは（7）において $O_i, O_j$ がともに 0 である項目を除いたものである．

$$\rho_{ij}=\frac{n_{11}}{n-n_{00}}$$

両個体に存在しない特性，すなわち関係のない特性は“類似”の程度内容に加えないという観点による．

以上は，個体間の差異・類似を表す代表的な測度であるが，項目間についても原則として使用できる測度である．いずれもその選択はデータの性質，問題の内容に照らして行うべきものであり，これが最もよいという測度は存在しない．

### 6.2.2　クラスター相互間の距離

二つのクラスターの差異を表す測度としては種々のものが使われる．個体 $O_i$ を要素 1 個のクラスターと考えれば，これは

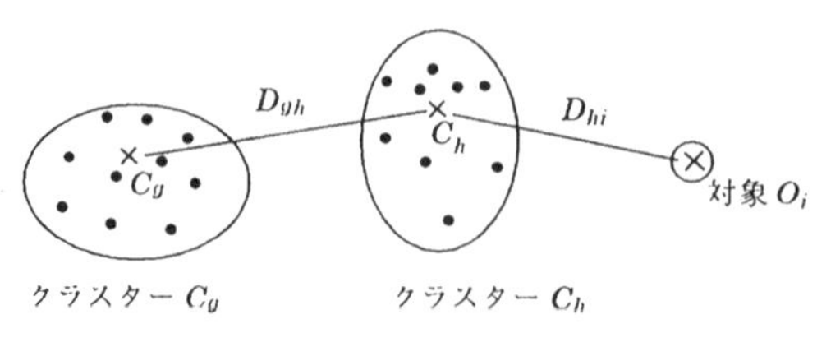


**図 6.4**　クラスターまたは対象間の“重心”間距離

各個体とあるクラスター全体との差異度でもある．

(1) 重心間距離：クラスターを代表するものとして，そのクラスターの重心(平均)を考え，重心間の距離によりクラスター相互間の差異を表す．距離としてはユークリッドの距離がよく使われるが，その他の距離測度でもさしつかえない．

クラスター $C_g$ に属する個体 $O_i$ の特性値を

$$\{x_{gi1}, x_{gi2}, \cdots, x_{gik}, \cdots, x_{gin}\}$$

とし，クラスター $g$ の重心の座標を

$$(\bar{x}_{g1}, \bar{x}_{g2}, \cdots, \bar{x}_{gk}, \cdots, \bar{x}_{gn})$$

とすると，クラスター $C_g$ と $C_h$ の重心間距離 $D_{gh}$ は，

$$D_{gh}{}^2=\sum_k(\bar{x}_{gk}-\bar{x}_{hk})^2 \qquad (\text{ユークリッドの距離})$$

である．

(2) 平均距離：それぞれのクラスターに属する個体間の距離の平均で定義する．クラスター $C_g, C_h$ に含まれる個体の数を $N_g, N_h$ とすれば，

$$D_{gh}{}^*=\frac{1}{N_gN_h}\sum_i^{(g)}\sum_j^{(h)}d_{ij}{}^2$$

である．ここで $(g), (h)$ はそれぞれ $C_g, C_h$ の個体に関して総和を求めることを意味する．

なお，ユークリッド距離のとき，重心間距離 $D_{gh}$ と $D_{gh}{}^*$ には次の関係がある．

$$D_{gh}{}^2=D_{gh}{}^*-\left\{\frac{\sum_i^{(g)}\sum_j^{(g)}d_{ij}{}^2}{2N_g{}^2}+\frac{\sum_i^{(h)}\sum_j^{(h)}d_{ij}{}^2}{2N_h{}^2}\right\}$$

(3) 最近距離，最遠距離：それぞれのクラスターに属する個体間の距離の最小値，あるいは最大値でクラスター間の距離を表す．

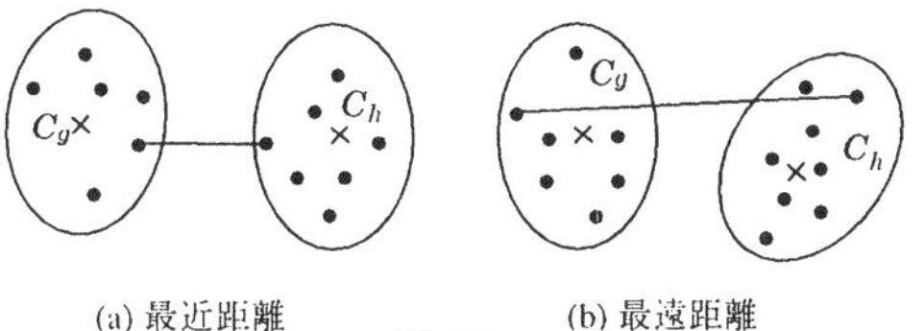

(a) 最近距離　(b) 最遠距離

図 6.5

2クラスター間の距離の定義は，系統的な方式による分類でよく使われる．

### 6.2.3　クラスター化の最適基準

個体の分類でも項目の分類でも，全対象を少数個のクラスターに分割したとき，分割の妥当性を示す測度が計算の過程で必要である．分離度というのはクラスター数が一定のとき「各クラスター内で密集し，クラスター間で分離が大である」ことを全体的に評価する基準で，クラスター分析はこの基準の最良化を図ることにほかならない．全対象の空間内での布置は固定しているから，各対象のクラスターへの所属を操作して，この基準を限界値に近づけていくのである．

非系統的な方式では分離度は“順次改善していく”基準である．一方，段階的に下位グループの合併を積上げる形式の系統的方式では，しばしばこの基準を出発時に最高値(または最低値)に置き，合併による低下(または増加)を最少に維持するための“改悪を防ぐ”基準として使用する．このとき基準に許容限界をもうけ，これを上回る(あるいは下回る)ような粗いクラスター化となるとき，そこで合併を終了させる．

次に分離度として使われる代表的なものを個体分類の場合として示す．いずれも特定値が量的なデータで，距離としてはユークリッド距離が考えられている．また一般の統計解析モデルとの関係が濃いものである．

いま，$n$ 種の項目に対するクラスター $C_g$ に属する個体 $O_i$ の特性値のベクトルを $\boldsymbol{x}_{gi}$，クラスター重心のベクトルを $\bar{\boldsymbol{x}}_g$ とする．

$$\boldsymbol{x}_{gi}'=(x_{gi1}, x_{gi2}, \cdots, x_{gik}, \cdots, x_{gin})$$
$$\bar{\boldsymbol{x}}_g'=(\bar{x}_{g1}, \bar{x}_{g2}, \cdots, \bar{x}_{gk}, \cdots, \bar{x}_{gn})$$

クラスターの区別をしない全対象における重心ベクトルを $\bar{\boldsymbol{x}}$ とする．

$$\bar{\boldsymbol{x}}'=(\bar{x}_1, \bar{x}_2, \cdots, \bar{x}_k, \cdots, \bar{x}_n)$$

重心ベクトルの各要素は項目別の平均値である．

各クラスターの個体数を $N_g$，全個体数を $N$ $(N=\sum_g N_g)$ とする．

また，全個体に関する $(n\times n)$ の分散共分散行列を $\boldsymbol{T}=\{t_{kl}\}$，クラスター間のいわゆる層間分散共分散行列を $\boldsymbol{B}=\{b_{kl}\}$，クラスター内部に関する層内分散共分散行列を $\boldsymbol{W}=\{w_{kl}\}$ とする．

$$t_{kl}=\sum_g\sum_i(x_{gik}-\bar{x}_k)(x_{gil}-\bar{x}_l)/N \qquad (k, l=1, \cdots, n)$$

$$b_{kl}=\sum_g N_g(\bar{x}_{gk}-\bar{x}_k)(\bar{x}_{gl}-\bar{x}_l)/N \qquad (k,l=1,\cdots,n)$$

$$w_{kl}=\sum_g\sum_i(x_{gik}-\bar{x}_{gk})(x_{gil}-\bar{x}_{gl})/N \qquad (k,l=1,\cdots,n)$$

ベクトルを用いて表せば，

$$\boldsymbol{T}=\sum_g\sum_i(\boldsymbol{x}_{gi}-\bar{\boldsymbol{x}})(\boldsymbol{x}_{gi}-\bar{\boldsymbol{x}})'/N$$

$$\boldsymbol{B}=\sum_g N_g(\bar{\boldsymbol{x}}_g-\bar{\boldsymbol{x}})(\bar{\boldsymbol{x}}_g-\bar{\boldsymbol{x}})'/N$$

$$\boldsymbol{W}=\sum_g\sum_i(\boldsymbol{x}_{gi}-\bar{\boldsymbol{x}}_g)(\boldsymbol{x}_{gi}-\bar{\boldsymbol{x}}_g)'/N$$

もちろん，$\boldsymbol{T}=\boldsymbol{B}+\boldsymbol{W}$ である．これらの記号によって分離度は次のように示される．

**1) $\boldsymbol{W}$ のトレース（$\mathrm{tr}\,\boldsymbol{W}=\sum_k w_{kk}$）**

最小化するための基準としてよく用いられる．$\mathrm{tr}\,\boldsymbol{T}=\mathrm{tr}\,\boldsymbol{W}+\mathrm{tr}\,\boldsymbol{B}$ であるから，$\mathrm{tr}\,\boldsymbol{B}$ を最大化の基準として用いても同じである．クラスター化の計算では $\mathrm{tr}\,\boldsymbol{W}$ を極力小さくするように全個体のクラスター帰属を決める．また相対的な基準にするときは，$\mathrm{tr}\,\boldsymbol{W}/\mathrm{tr}\,\boldsymbol{T}$ とすればクラスター間の分離の効率を表すものになる．

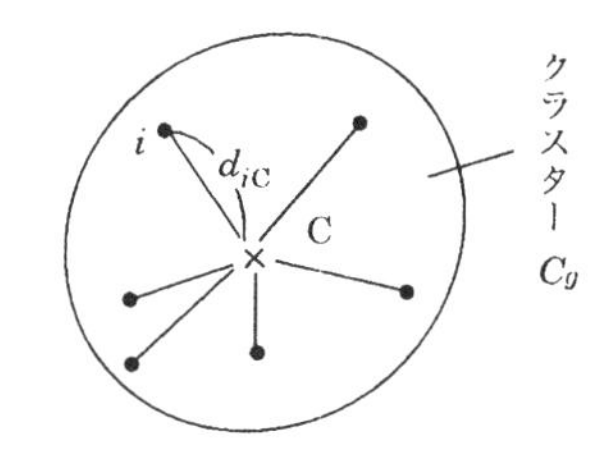


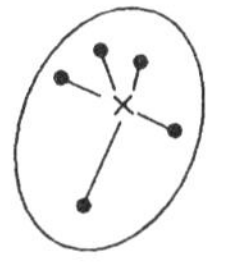

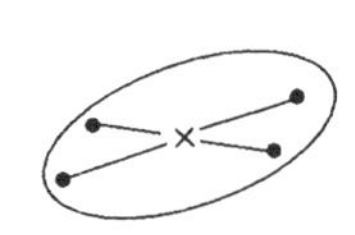

図 6.6 クラスター重心と対象との距離

$\mathrm{tr}\,\boldsymbol{W}$ は，各個体 $O_i$ とそれぞれが属するクラスターの重心との距離の2乗（$d_{i\mathrm{C}}{}^2$）の総平均を意味する．いまクラスター $C_g$ のみに着目して $N_g$ 個の対象と重心Cとの距離の2乗和を $S_g$ とすると，

$$\begin{aligned}S_g&=\sum_i d_{i\mathrm{C}}{}^2\\&=\sum_i\sum_k(x_{gik}-\bar{x}_{gk})^2=\sum_i(\boldsymbol{x}_{gi}-\bar{\boldsymbol{x}}_g)'(\boldsymbol{x}_{gi}-\bar{\boldsymbol{x}}_g)\end{aligned}$$

$S_g$ は同一クラスターに属する $N_g$ 個の個体 $O_i, O_j, \cdots$ の密集の程度を示す測度である．全クラスターに関して $S_g$ の和をとり，全個体数 $N$ で除せば $\mathrm{tr}\,\boldsymbol{W}$ となる．

$$\sum_g S_g/N=\sum_g\sum_i\sum_k(x_{gik}-\bar{x}_{gk})^2/N=\sum_k w_{kk}=\mathrm{tr}\,\boldsymbol{W}$$

$\mathrm{tr}\,\boldsymbol{W}$ は，全対象一つ一つがそれぞれ1クラスターをなす最細分状態では0である．また全体を一つのクラスターと考えれば，$\mathrm{tr}\,\boldsymbol{W}=\mathrm{tr}\,\boldsymbol{T}$ である．したがって，クラスターの数が等しいときにクラスター化の良否を直接的に数値上で比較することができる．

分離度として $\mathrm{tr}\,\boldsymbol{W}$ は簡単で使いやすい基準なので，その特徴について一二の補足を加えておく．

(1) 個別の距離 $d_{ij}$ との関係：$S_g$ とそのクラスターに属する各個体間の距離 $d_{ij}$ とには次の関係がある．

$$\begin{aligned} S_g &= \sum_i \sum_k (x_{gik}-\bar{x}_{gk})^2 \\ &= \frac{1}{2}\sum_i \sum_k (x_{gik}-\bar{x}_{gk})^2 + \frac{1}{2}\sum_j \sum_k (x_{gjk}-\bar{x}_{gk})^2 \\ &= \frac{1}{2N_g}\sum_j^{N_g} \sum_i \sum_k (x_{gik}-\bar{x}_{gk})^2 + \frac{1}{2N_g}\sum_i^{N_g} \sum_j \sum_k (x_{gjk}-\bar{x}_{gk})^2 \end{aligned}$$

ここで，

$$\begin{aligned} &-\frac{1}{N_g}\sum_i \sum_j \sum_k (x_{gik}-\bar{x}_{gk})(x_{gjk}-\bar{x}_{gk}) \\ &\quad = -\frac{1}{N_g}\sum_k \{\sum_i (x_{gik}-\bar{x}_{gk})\}\{\sum_j (x_{gjk}-\bar{x}_{gk})\} \\ &\quad = -\frac{1}{N_g}\sum_k \{0\}\times\{0\}=0 \end{aligned}$$

であるから，この項を上式の右辺に加えても $S_g$ の値は変わらない．

$$\begin{aligned} S_g &= \frac{1}{2N_g}\sum_i \sum_j \sum_k (x_{gik}-\bar{x}_{gk})^2 - \frac{1}{N_g}\sum_i \sum_j \sum_k (x_{gik}-\bar{x}_{gk})(x_{gjk}-\bar{x}_{gk}) \\ &\quad + \frac{1}{2N_g}\sum_i \sum_j \sum_k (x_{gjk}-\bar{x}_{gk})^2 \\ &= \frac{1}{2N_g}\sum_i \sum_j \sum_k \{(x_{gik}-\bar{x}_{gk})^2 - 2(x_{gik}-\bar{x}_{gk})(x_{gjk}-\bar{x}_{gk}) \\ &\quad + (x_{gjk}-\bar{x}_{gk})^2\} \\ &= \frac{1}{2N_g}\sum_i \sum_j \sum_k \{(x_{gik}-\bar{x}_{gk})-(x_{gjk}-\bar{x}_{gk})\}^2 \\ &= \frac{1}{2N_g}\sum_i \sum_j \sum_k (x_{gik}-x_{gjk})^2 = \frac{1}{2N_g}\sum_i \sum_j d_{ij}{}^2 = \frac{1}{N_g}\sum_{i<j}\sum d_{ij}{}^2 \end{aligned}$$

すなわち，$S_g$ は個体間の距離 $d_{ij}{}^2$ の和を個体数で除したものである．$\mathrm{tr}\,\boldsymbol{W}$ は

$$\mathrm{tr}\,\boldsymbol{W} = \sum_g S_g/N = \frac{1}{N}\sum_g \left(\frac{1}{N_g}\sum_{i<j}\sum d_{ij}{}^2\right)$$

同様にして，

$$\mathrm{tr}\,\boldsymbol{T}=\frac{1}{N^2}\sum_{i<j}\sum d_{ij}{}^2$$　（ただし，$\Sigma$ は全個体を範囲とする和を意味する）

$\mathrm{tr}\,\boldsymbol{B}$ は上の $\mathrm{tr}\,\boldsymbol{T}$ と $\mathrm{tr}\,\boldsymbol{W}$ の差として求められるが，クラスター重心間の距離 $D_{gh}{}^2$ を使えば次のようにも表せる．

$$\begin{aligned}\mathrm{tr}\,\boldsymbol{B}&=\sum_k b_{kk}=\sum_k\sum_g N_g(\bar{x}_{gk}-\bar{x}_k)^2/N\\&=\frac{1}{2N^2}\sum_k\Big(\sum_h N_h\sum_g N_g\bar{x}_{gk}{}^2-2\sum_g\sum_h N_gN_h\bar{x}_{gk}\bar{x}_{hg}+\sum_g N_g\sum_h N_h\bar{x}_{hk}{}^2\Big)\\&=\frac{1}{2N^2}\sum_g\sum_h N_gN_h\sum_k(\bar{x}_{gk}-\bar{x}_{hk})^2\\&=\frac{1}{2N^2}\sum_g\sum_h N_gN_hD_{gh}{}^2\end{aligned}$$

このように $\mathrm{tr}\,\boldsymbol{W}$ に関連する諸量は個別の距離 $d_{ij}{}^2$ の行列や重心間距離 $D_{gh}{}^2$ の行列があれば，重心そのものの計算を行わずに算出することができる．この性質を利用するクラスター化の計算法については後で触れる．

(2) 項目間の相関性を考慮するとき：以上は通常のユークリッドの距離で個体間の差異を扱った．項目(変数)間の相関性を配慮した距離 $d_{ij}{}^2$ は全対象における分散共分散行列 $\boldsymbol{T}$ を用いて次式で与えられる．ここでは対象の特性値ベクトル $\boldsymbol{x}_{gi}$ の $g$ を省略して $\boldsymbol{x}_i$ で表す．

$$d_{ij}{}^2=(\boldsymbol{x}_i-\boldsymbol{x}_j)'\boldsymbol{T}^{-1}(\boldsymbol{x}_i-\boldsymbol{x}_j)$$

いま全体での平均ベクトルを $\bar{\boldsymbol{x}}=0$ とする．図 6.7 で項目の軸 $k$ と $l$ を直交回転して新しい軸Ⅰおよびそれに直交する軸Ⅱ，… などを考えると，新座標値 $\boldsymbol{y}_i$ は，

$$\boldsymbol{y}_i'=\{y_{i1},y_{i2},\cdots,y_{ik},\cdots,y_{in}\}$$

$$\boldsymbol{y}_i=\boldsymbol{P}'\boldsymbol{x}_i\qquad(i=1,2,\cdots,N)$$

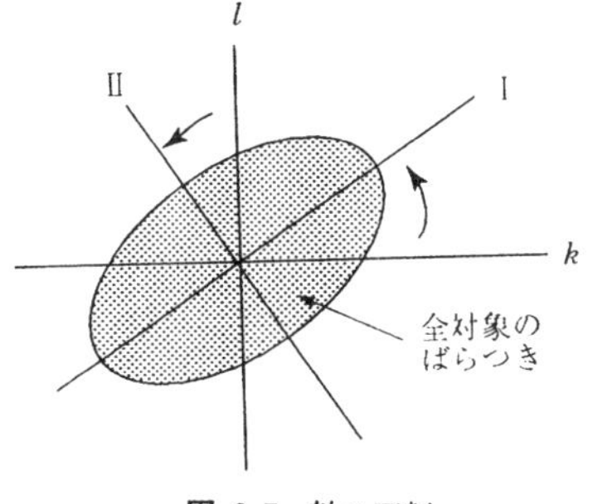


**図 6.7** 軸の回転

$\boldsymbol{P}$ は適当な正規直交行列（$\boldsymbol{P}'\boldsymbol{P}=\boldsymbol{I}$，単位行列)で，$\boldsymbol{T}$ の分解により得られる．

$$\boldsymbol{T}=\boldsymbol{P}\begin{bmatrix}\lambda_1 & & & O\\ & \lambda_2 & & \\ & & \ddots & \\ O & & & \lambda_n\end{bmatrix}\boldsymbol{P}'$$

ここで $\lambda_1,\lambda_2,\cdots,\lambda_n$ $(\lambda_k>0)$ は行列 $\boldsymbol{T}$ の固有値で，新しい軸の上での分散にな

る．先の $d_{ij}^2$ とこの新軸との関係は，

$$d_{ij}^2=(\boldsymbol{x}_i-\boldsymbol{x}_j)'\left\{\boldsymbol{P}\begin{bmatrix}\lambda_1 & & & O\\ & \lambda_2 & & \\ & & \ddots & \\ O & & & \lambda_n\end{bmatrix}\boldsymbol{P}'\right\}^{-1}(\boldsymbol{x}_i-\boldsymbol{x}_j)$$

$$=(\boldsymbol{x}_i-\boldsymbol{x}_j)'\boldsymbol{P}\begin{bmatrix}\lambda_1 & & & O\\ & \lambda_2 & & \\ & & \ddots & \\ O & & & \lambda_n\end{bmatrix}^{-1}\boldsymbol{P}'(\boldsymbol{x}_i-\boldsymbol{x}_j)$$

$$=(\boldsymbol{y}_i-\boldsymbol{y}_j)'\begin{bmatrix}\lambda_1 & & & O\\ & \lambda_2 & & \\ & & \ddots & \\ O & & & \lambda_n\end{bmatrix}^{-1}(\boldsymbol{y}_i-\boldsymbol{y}_j)$$

$$=\sum_k\left(\frac{y_{ik}-y_{jk}}{\sqrt{\lambda_k}}\right)^2$$

すなわち，$d_{ij}^2$ は回転後の新軸における $\boldsymbol{y}$ に関しての標準化距離である．相関のある項目群から直交成分を取り出し，各成分を平等なウエイトで評価した距離ということができる．逆にいえば，特性項目群の中に相関の高い項目が存在する場合，距離算出のとき，それらの項目については他の項目よりもウエイトを低めてバランスさせることにあたる．

この場合のユークリッド距離の tr $\boldsymbol{W}$ に対応する量は，

$$\sum_g S_g/N=\sum_g\sum_i(\boldsymbol{x}_{gi}-\bar{\boldsymbol{x}}_g)'\boldsymbol{T}^{-1}(\boldsymbol{x}_{gi}-\bar{\boldsymbol{x}}_g)/N$$

$$=\mathrm{tr}\left\{\frac{1}{N}\sum_g\sum_i(\boldsymbol{x}_{gi}-\bar{\boldsymbol{x}}_g)(\boldsymbol{x}_{gi}-\bar{\boldsymbol{x}}_g)'\boldsymbol{T}^{-1}\right\}$$

$$=\mathrm{tr}\{\boldsymbol{W}\boldsymbol{T}^{-1}\}=\mathrm{tr}\{\boldsymbol{T}^{-1}\boldsymbol{W}\}$$

これは最小化基準であるが，

$$\mathrm{tr}\{\boldsymbol{T}^{-1}\boldsymbol{W}\}+\mathrm{tr}\{\boldsymbol{T}^{-1}\boldsymbol{B}\}=\mathrm{tr}\{\boldsymbol{T}^{-1}\boldsymbol{T}\}=n \qquad \text{(項目の数)}$$

であるから，$\mathrm{tr}\{\boldsymbol{T}^{-1}\boldsymbol{B}\}$ の最大化と同じで，クラスター化の効率は $\mathrm{tr}\{\boldsymbol{T}^{-1}\boldsymbol{B}\}/n$ で表されることになる．

実際の計算はまず元のデータ $\boldsymbol{x}_i$ に関して主成分分析を行い，全データを主成分のベクトル $\boldsymbol{y}_i$ に変換する．

$$\boldsymbol{y}_i=\boldsymbol{P}'\boldsymbol{x}_i$$

このとき，

$$\boldsymbol{y}_i{}^* = \begin{bmatrix} \lambda_1 & & & O \\ & \lambda_2 & & \\ & & \ddots & \\ O & & & \lambda_n \end{bmatrix}^{-1/2} \boldsymbol{y}_i \qquad (i=1,2,\cdots,N)$$

のように，各成分の分散が1になるよう標準化すれば，

$$d_{ij}{}^2 = (\boldsymbol{x}_i - \boldsymbol{x}_j)'\boldsymbol{T}^{-1}(\boldsymbol{x}_i - \boldsymbol{x}_j) = (\boldsymbol{y}_i{}^* - \boldsymbol{y}_j{}^*)'(\boldsymbol{y}_i{}^* - \boldsymbol{y}_j{}^*)$$

となり，$\boldsymbol{y}_i{}^*$ に関する通常のユークリッドの距離として計算できる．

なお，これは距離を全個体の散布の形状を背景にとらえるものであるが，図6.8の例のような場合には妥当性を欠くことになる．すなわち，各クラスターの中での散布の形状が全体でのそれと異なるときである．このような場合には $\boldsymbol{T}$ を層内分散共分散行列 $\boldsymbol{W}$ に置き換えた方が適当であろう．

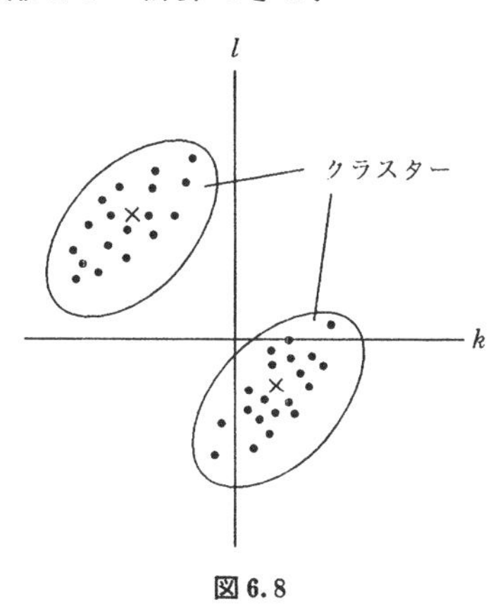

図 6.8

この $\boldsymbol{W}$ を基礎にクラスター間の分離を評価するのが次の基準である．これらの基準は多変量解析の理論と密接に結びついている．

**2) ウィルクス(Wilks)の $\Lambda = |\boldsymbol{W}|/|\boldsymbol{T}|$**

ウィルクスの $\Lambda$(ラムダ)基準とよばれる．クラスター間の分離のよさはこの値を小さくすることで得られる．この逆数($|\boldsymbol{T}|/|\boldsymbol{W}|$)の最大化(Friedman & Rubin, 1967)でも同じである．

もともと $\Lambda$ は多変量の検定問題においてグループ間の平均ベクトルの同等性を検定する統計量である．したがって，クラスター分析において分離の測度として使うのは妥当であろう．多変量の検定論では一般に各グループ内の分散共分散行列は多変量正規分布に従い，すべてのグループにおいて共通であることを仮定している．この共通な分散共分散行列 $\boldsymbol{W}$ を考慮して(マハラノビスの汎距離の意味で)グループ間の差異を評価する．したがって，クラスター分析において各クラスター内部の“ばらつき”が同一であると仮定するならば，多変量検定論との関連が生まれてくる．$\Lambda$ はこの関連性を強く意識した基準として用いられる．

しかし，クラスター分析では個体の所属クラスターが不明であるから $\boldsymbol{W}$ の

推定は不可能であり，逆に $\boldsymbol{W}$ が不定のためにクラスター化の計量が定まらないという矛盾が生じてしまう．そこで実際の計算では，まず片方を試みに決めて他方を算出し，その結果で元の状態を修正するという逐次過程で基準の最適化を進めていく．

$\boldsymbol{W}^{-1}\boldsymbol{B}$ の 0 でない固有値を $\mu_1, \mu_2, \cdots, \mu_q$ とすると($q=\min(n, g-1)$，$n$ は変数の数，$g$ はクラスターの数)，

$$1/\Lambda=|\boldsymbol{T}|/|\boldsymbol{W}|=|\boldsymbol{W}^{-1}\boldsymbol{T}|=|\boldsymbol{T}+\boldsymbol{W}^{-1}\boldsymbol{B}|=\prod_i(1+\mu_i)$$

と表せる．判別分析では $n$ 次元の変数ベクトルを $\boldsymbol{z}$ とし，重みベクトルを $\boldsymbol{v}$ とする一次結合 $y=\boldsymbol{v}'\boldsymbol{z}$ として第 1 判別関数を求めるが，これは，

$$\mu=\frac{\boldsymbol{v}'\boldsymbol{B}\boldsymbol{v}}{\boldsymbol{v}'\boldsymbol{W}\boldsymbol{v}}$$

を最大にする解である．第 2 判別関数以下も他と直交するという条件の下で同様にして得られるが，これらは固有方程式 $\boldsymbol{B}\boldsymbol{v}=\mu\boldsymbol{W}\boldsymbol{v}$ の 0 でない固有値 $\mu$ の大きい順に固有ベクトル $\boldsymbol{v}$ をとったものである．これより $\Lambda$ と判別分析モデルとの関係を知ることができる．

**3)　$\boldsymbol{W}^{-1}\boldsymbol{B}$ のトレース(tr $\boldsymbol{W}^{-1}\boldsymbol{B}$)**

考え方は $\Lambda$ と同様で，クラスター間の距離を層内分散共分散行列 $\boldsymbol{W}$ における“ばらつき”で評価する．

$$\begin{aligned}\mathrm{tr}\,\boldsymbol{W}^{-1}\boldsymbol{B}&=\mathrm{tr}\{\boldsymbol{W}^{-1}\sum_g N_g(\bar{\boldsymbol{x}}_g-\bar{\boldsymbol{x}})(\bar{\boldsymbol{x}}_g-\bar{\boldsymbol{x}})'/N\}\\&=\sum_g N_g(\bar{\boldsymbol{x}}_g-\bar{\boldsymbol{x}})'\boldsymbol{W}^{-1}(\bar{\boldsymbol{x}}_g-\bar{\boldsymbol{x}})/N\\&=\sum_{g<h}\sum N_gN_h(\bar{\boldsymbol{x}}_g-\bar{\boldsymbol{x}}_h)'\boldsymbol{W}^{-1}(\bar{\boldsymbol{x}}_g-\bar{\boldsymbol{x}}_h)/N^2\end{aligned}$$

であるから，クラスター重心間のマハラノビスの汎距離が相互に大きいとき，この基準は大きくなる．なお，次の関係がある．

$$\begin{aligned}\mathrm{tr}\,\boldsymbol{W}^{-1}\boldsymbol{B}&=\mathrm{tr}\,\boldsymbol{W}^{-1}\boldsymbol{T}-\mathrm{tr}\,\boldsymbol{W}^{-1}\boldsymbol{W}\\&=\sum_i(1+\mu_i)-n=\sum_i\mu_i\end{aligned}$$

$\mu_i$ は $\boldsymbol{W}^{-1}\boldsymbol{B}$ の 0 でない固有値である．

先に tr $\boldsymbol{T}^{-1}\boldsymbol{B}$ (または tr $\boldsymbol{T}^{-1}\boldsymbol{W}$) の基準を示したが，全対象の散布を考慮するのではなくて，クラスター内の散布 $\boldsymbol{W}$ に置き換えたのがこの基準である．

**4) その他の“分離”の基準**

以上は定量的なデータの場合の代表的な基準であるが，目的やデータに即して多くのものが考えられる．たとえば分類の対象が連関表のカテゴリー区分のとき，伝達情報量(p. 232 参照)を使うことができる．

また全体的なクラスター化の良否を必ずしも総合的基準で評価しなくてもよい．部分的にクラスター相互の距離に着目し，ある限界距離を基準としてこれを越えるとき，それぞれを独立のクラスターと認定する仕方もある．この場合，距離のタイプとしては先に類似・差異の測度として挙げたものをそのまま使用することができる．

## 6.3 クラスター化の計算手法

クラスター分析は全対象を少数個のクラスターに分割することである．分割における可能なすべての組合せのなかから基準に照らして最適なものを一つ採択するのが目標であるが，対象数が大きいときは組合せの数，計算量は厖大となる．そこですべての組合せの比較を避け，しかも基準の意味で理想に近い分割を実現するための計算手順がいろいろ提案されている．

### 6.3.1 系統的な分類法

分類の結果は大分類，中分類，小分類のように粗い段階から個別対象まで順序づけられる．

分類が必要な実際場面では，たんに特定数のグループだけでなく，体系づけられた分類が欲しいことが多く，この様式はその要請に応じたものであるが，同時に計算量を減らす手段にもなっている．

(1) 合併法：この方法では，初め全対象はそれぞれが1個のクラスターであり，クラスターの総数は対象数$N$に等しい．この最細分状態からスタートし，最も似ている(距離が小さい)どうし，あるいは分離度をあまり低下させない2クラスターを探して合併する．この処理によりクラスター数は$(N-1)$となる．次に$(N-1)$個のクラスターについて最初と同じ検討を行い，見出した2クラスターを合併して$(N-2)$個のクラスター群にする，…… という合併の操作を反復して，希望するクラスター数に減るまで行う．

これは最終クラスター数に関して分離度の基準の最良性を保証しないが，それへの十分よい近似となるのが普通である(Ward, 1963; Johnson, 1967; Lance & Williams, 1967; Wishart, 1969; Hubert, 1972).

(2) 2分割法：初めに全対象を2分割して2クラスターとする．次にそれぞれを2分割して4クラスターにする．この手順を反復して細かい分類に至る(Edwards & Cavalli-Sforza, 1965).

系統的な方法は一般に最終的な分離度の最適化に対して鈍いが，下位が上位に包まれる構造の記述であるから，得られた構造の内容を検討して目的に沿った適当な数のクラスターを採択することができる．

**1)　系統的合併によるクラスター化の例**

最も簡便でよく使われる手法として個体間距離がユークリッドの距離の場合の系統的合併法について述べよう．分離度の基準は層内分散共分散行列 $\boldsymbol{W}$ のトレース $\mathrm{tr}\,\boldsymbol{W}$ である(Ward, 1963).

各個体をそれぞれ1個のクラスターとみる出発時の基準 $\mathrm{tr}\,\boldsymbol{W}$ は0である．次に合併の各段階で，その増加が最小であるような近接2クラスターを探して合併する．したがって，厳密には最終的な $\mathrm{tr}\,\boldsymbol{W}$ の最小化ではなく，合併時の $\mathrm{tr}\,\boldsymbol{W}$ の増加の最小化に当たる．

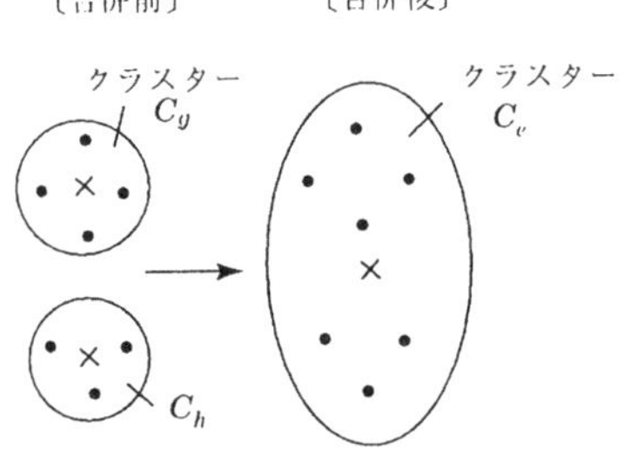


**図 6.9**　2クラスターの合併(×印は重心)

(1) 合併による $\mathrm{tr}\,\boldsymbol{W}$ の増加量：合併のある段階では，すべての組合せについて合併後の $\mathrm{tr}\,\boldsymbol{W}$ の増加量($\Delta\,\mathrm{tr}\,\boldsymbol{W}$)を計算しなければならない．

一般に2クラスターの合併により $\mathrm{tr}\,\boldsymbol{W}$ は必ず増加する ($\Delta\,\mathrm{tr}\,\boldsymbol{W} \geqq 0$).

いま，クラスター $C_g$ と $C_h$ が合併して単一のクラスターになるとして，それぞれの個体数を $N_g, N_h$ とする．また，それぞれの平均(重心)を $\bar{x}_{gk}, \bar{x}_{hk}$ $(k=1, 2, \cdots, n)$ とする．合併後のクラスター $C_e$ の個体数を $N_e$，平均は $\bar{x}_{ek}$ とする．

$$\bar{x}_{ek} = (N_g \bar{x}_{gk} + N_h \bar{x}_{hk})/N_e,$$
$$N_e = N_g + N_h$$

合併後の $C_e$ における重心と各個体の距離の2乗和 $S_e$ は，

$$S_e = \sum_i \sum_k (x_{eik} - \bar{x}_{ek})^2$$

これは合併前の $S_g, S_h$ と次のような関係になる.

$$S_e=\sum_k[\sum_i x_{eik}{}^2-N_e\bar{x}_{ek}{}^2]$$

$$=\sum_k\left[\sum_i x_{gik}{}^2+\sum_i x_{hik}{}^2-\frac{(N_g\bar{x}_{gk}+N_h\bar{x}_{hk})^2}{N_g+N_h}\right]$$

$$=\sum_k\sum_i(x_{gik}-\bar{x}_{gk})^2+\sum_k\sum_i(x_{hik}-\bar{x}_{hk})^2+\frac{N_gN_h}{N_e}\sum_k(\bar{x}_{gk}-\bar{x}_{hk})^2$$

$$=S_g+S_h+\frac{N_gN_h}{N_e}D_{gh}{}^2$$

ただし, $\sum_i$ はそれぞれのクラスター内の個体について和をとることを意味する. また $D_{gh}{}^2$ は $C_g$ と $C_h$ の重心間距離(2乗)である.

以上から明らかなように, 2グループ $C_g, C_h$ を合併したときのトレースの増加分($\varDelta$ tr $\boldsymbol{W}$)は,

$$N\cdot\varDelta\,\mathrm{tr}\,\boldsymbol{W}=S_e-(S_g+S_h)=\frac{N_gN_h}{N_e}D_{gh}{}^2\geqq 0$$

(2) 2クラスターの合併:各段階で, $\varDelta$ tr $\boldsymbol{W}$ が最小となる $C_g, C_h$ の組を探して合併する. かくして最終的な tr $\boldsymbol{W}$ を小さく維持することができる.

$C_g$ と $C_h$ を合併したときは, 次の段階のために新しいクラスター $C_e$ の重心を計算しておく. ただし, 個体数が少なくて, すべてのクラスター重心間の距離 $D_{gh}{}^2$ の行列を計算機の記憶領域に保存しておくことができれば, 重心そのものを計算する必要はない.

(3) 合併に伴うクラスター重心間距離の変更:もしも, 重心間距離行列を用意できるときは, 新クラスター $C_e$ とその他のクラスター $C_f$ との重心間距離 $D_{ef}{}^2$ を, $D_{gf}{}^2, D_{hf}{}^2$ との次の関係を利用して変更することができる.

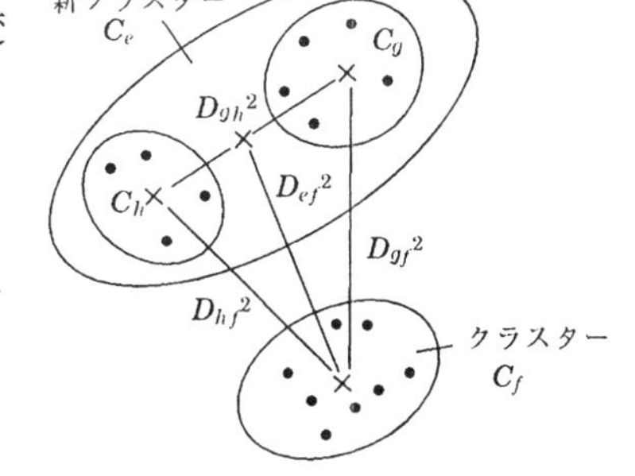


図 6.10 新クラスター $C_e$ とその他のクラスター $C_f$ との重心間距離の関係

一般に,

$$D_{ef}{}^2=\frac{N_g}{N_e}D_{gf}{}^2+\frac{N_h}{N_e}D_{hf}{}^2-\frac{N_gN_h}{N_e}D_{gh}{}^2$$

右辺第3項は $\varDelta$ tr $\boldsymbol{W}$ ($N$ 倍の)の計算から得られるもので, 2クラスターを合併したとき, 前段階の重心間距離を用いて, 新しい重心間距離を算出するためのものである.

なお，これは重心間距離行列でなく $N\cdot\Delta\,\mathrm{tr}\,\boldsymbol{W}$ の行列を用いて行うことができる．クラスター $C_e$ と $C_f$ を合併するときの $\boldsymbol{W}$ のトレース $\mathrm{tr}\,\boldsymbol{W}$ の増加量を $\delta_{ef}/N$ とする．このとき，

$$\delta_{ef}=\frac{N_eN_f}{N_e+N_f}D_{ef}^2$$

先の重心間距離 $D_{ef}^2, D_{gf}^2, D_{hf}^2$ の関係を利用すると，

$$\begin{aligned}\delta_{ef}&=\frac{1}{N_e+N_f}\left\{N_fN_gD_{gf}^2+N_fN_hD_{hf}^2-\frac{N_fN_gN_h}{N_e}D_{gh}^2\right\}\\&=\frac{1}{N_e+N_f}\{(N_f+N_g)\delta_{gh}+(N_f+N_h)\delta_{hf}-N_f\delta_{gh}\}\end{aligned}$$

したがって，この場合は出発時に個体 $O_i$ と $O_j$ の距離行列 $\{d_{ij}^2\}$ を，

$$\delta_{ij}=d_{ij}^2/2$$

のように行列 $\{\delta_{ij}\}$ に変換しておけば，以後は $\delta_{ij}$ の最小値 $\delta_{gh}$ を求め，上式による $\delta_{ef}$ をつくる手順を機械的に反復しさえすればよいことがいえる．結果的な $\mathrm{tr}\,\boldsymbol{W}$ は，各段階での最小値 $\delta_{gh}$ の総和の $N$ 倍で得られる．

実際の計算ではこの方式が演算時間の点で有効である．しかし，個体数が多くなると大記憶領域を要するのが，欠点である．また，最後にクラスターの重心や重心間距離行列などは改めて計算しなければならない．

**2）種々のクラスター間距離による合併**

たとえば，最遠距離などの測度によりクラスター間の差異を評価し，近いものどうしを合併するクラスター化も本項の 1）と同様に行えばよい．

先に $\mathrm{tr}\,\boldsymbol{W}$ の増加量に当たっていた $\delta_{ef}, \delta_{gf}, \delta_{hf}$ の関係式は，ユークリッドの距離であれば一般的に次のように書ける．

$$\delta_{ef}=\alpha_g\delta_{gf}+\alpha_h\delta_{hf}+\beta\delta_{gh}+\gamma|\delta_{gf}-\delta_{hf}|$$

ここで，$\alpha_g, \alpha_h, \beta, \gamma$ は係数で 2 クラスター間の距離の測度のちがいにより表 6.1 のような値をとる(Wishart, 1969)．

したがって，初めに個体 $O_i, O_j$ のユークリッドの 2 乗距離行列 $\{\delta_{ij}\}$ を設定して，以後は各段階で表の係数による新しい $\delta$ を算出する．手順は全く $\Delta\,\mathrm{tr}\,\boldsymbol{W}$ の場合と変わりなく，同じ計算プログラムを使うことができる．

ユークリッド以外の距離による系統的合併では表 6.1 をそのまま使うことはできない．しかし，距離の種類によっては合併後の諸数値の変化を簡単に算出

表 6.1 いろいろな距離測度による係数

| 測 度 | $\alpha_g$ | $\alpha_h$ | $\beta$ | $\gamma$ |
|---|---|---|---|---|
| 最近距離 | 0.5 | 0.5 | 0 | −0.5 |
| 最遠距離 | 0.5 | 0.5 | 0 | 0.5 |
| 平均距離 | $N_g/N_e$ | $N_h/N_e$ | 0 | 0 |
| 重心間距離 | $N_g/N_e$ | $N_h/N_e$ | $-N_gN_h/N_e^2$ | 0 |
| $\Delta\,\mathrm{tr}\,\boldsymbol{W}$ の $N$ 倍 | $\dfrac{N_g+N_f}{N_e+N_f}$ | $\dfrac{N_h+N_f}{N_e+N_f}$ | $\dfrac{-N_f}{N_e+N_f}$ | 0 |

ただし，$N_e=N_g+N_h$

する関係式が得られる．

たとえば，最適化の基準として $|\boldsymbol{W}|$ や $|\boldsymbol{B}|$ を使用するときは，2クラスターの合併前を $\boldsymbol{W},\boldsymbol{B}$，合併後を $\boldsymbol{W}^*,\boldsymbol{B}^*$ として，

$$d_k=\sqrt{\frac{N_gN_h}{N_g+N_h}(\bar{x}_{gk}-\bar{x}_{hk})^2}$$

を要素とするベクトルを $\boldsymbol{d}$ とすると，

$$\boldsymbol{d}'=(d_1, d_2, \cdots, d_n)$$

このとき，

$$\boldsymbol{W}^*=\boldsymbol{W}+\boldsymbol{d}\boldsymbol{d}', \qquad \boldsymbol{B}^*=\boldsymbol{B}-\boldsymbol{d}\boldsymbol{d}'$$

$\boldsymbol{W}$ と $\boldsymbol{B}$ の行列式は次のように変化する．

$$|\boldsymbol{W}^*|=|\boldsymbol{W}|(1+\boldsymbol{d}'\boldsymbol{W}^{-1}\boldsymbol{d}) \qquad (\text{ただし } |\boldsymbol{W}|\fallingdotseq 0)$$

$$|\boldsymbol{B}^*|=|\boldsymbol{B}|(1-\boldsymbol{d}'\boldsymbol{B}^{-1}\boldsymbol{d}) \qquad (\text{ただし } |\boldsymbol{B}|\fallingdotseq 0)$$

したがって合併では，$\boldsymbol{d}'\boldsymbol{W}^{-1}\boldsymbol{d}$ や $\boldsymbol{d}'\boldsymbol{B}^{-1}\boldsymbol{d}$ の最小値を選び合併すればよい．

簡単な関係式が得られないときは，そのつど最初のデータにもどって値を計算しなければならない．

類似度による系統合併では，もしそれを簡単に“距離”に変更できない場合でも，類似度の大小順の情報だけを利用し，ちょうど最近距離や最遠距離に当たる“最高類似度”，“最低類似度”を考えて計算することができる．容易に“距離”に直せるものは，先と全く同様な関係式を適用することが可能である．

### 3) その他の系統的な手法

クラスター化とは，対象のちらばり範囲の密度の濃いところと薄いところを識別することに当たるが，クラスター間の距離による合併は，必ずしもその

濃淡を忠実に反映するとは限らない．たとえば，あるクラスターのなかに一つだけ他と離れた対象が含まれたときには，それがクラスター間の近接性の評価に強く効いてしまい，結果として不自然な合併になってしまう危険がある．Wishart (1968) の系統的モード法は，この欠点を避けることを意図したものである．まず，密度の濃いところ(モード)を探してそこを代表する対象をクラスターの核とし，それを順次拡大して密度の薄い部分を吸収していく．もともとよく分離しているクラスターならば，いずれの方式を用いても結果は同じであろうが，分離が十分でない場合には，モードで考えるか最遠距離のようにレンジ(範囲)で考えるかによって結果が異なるから注意しなければならない．

その他，やや特殊なものとしては，伝達情報量を基準にしていわゆる連関表(contingency table)のカテゴリー区分を合併する手法がある．項目 $x$ と $y$ のそれぞれの名義的カテゴリー区分を $i$ と $j$ で表し，区分 $i$ と $j$ に同時に該当するものの比率を $p_{ij}$，その周辺比率を $p_{i.}$ および $p_{.j}$ とすれば，伝達情報量 $T(x:y)$ は，

$$T(x:y)=U(x)+U(y)-U(x,y)$$
$$=U(y)-U_x(y)$$

ただし，

$$U(x)=-\sum_i p_{i.}\log p_{i.}$$
$$U(y)=-\sum_j p_{.j}\log p_{.j}$$
$$U(x,y)=-\sum_i\sum_j p_{ij}\log p_{ij}$$
$$U_x(y)=-\sum_i\sum_j p_{ij}\log(p_{ij}/p_{i.})$$

したがって，項目 $x$ のカテゴリーを合併した後の伝達情報量を $T'(x:y)$ とすると，合併による情報の損失量 $\Delta T(x:y)$ は，$T'(x:y)=U(y)-U_x'(y)$ であるから

$$\Delta T(x:y)=T(x:y)-T'(x:y)$$
$$=U_x'(y)-U_x(y)\qquad(\geqq 0)$$

となる．この損失量を極力小さくするカテゴリー合併を続けて元の連関表を縮小することができる．この手法はいわゆる多重連関表の場合に容易に拡張する

ことができる.

### 6.3.2　非系統的な分類法

これはクラスターの数を初めに固定して，全対象を設定した基準に関して最適となるよう配分する分類法をいう．したがって，潜在クラスターの数について事前に情報をもっていなければならない．実際にはクラスターの数が既知であることは少なく，分類の目的と立場から特定数を仮定したり，数の指定をいろいろに変えて計算し，経験的によい解を見出すことが多い．

計算に際しては全対象のあらゆる組合せについて基準を吟味することはまず不可能なので，以下のような方式により解に到達するスピードを上げる．これらの方式は試行錯誤的なものであるが，計算である以上，一定の規則に制約されるから，分離の基準の真の最高値(または最小値)に至らずに，いわゆる局所的最大値(または局所的最小値)に収束してしまう危険をもっている．それを避けるため，いくつかの方式を組合わせて使用したり計算の初期条件を変更して再計算したりするのが通例である(Friedman & Rubin, 1967).

**1)　山登り法**(hill-climbing)

クラスター数$m$を初めに仮定し，仮の分類(初期値)を与えてから計算を行う．$N$個の対象のある一つを試みに他のクラスターに移動させてみる．その場合の基準の改善状態を調べ，最も改善されたクラスターへその対象を転属させる．改善が全く認められないときは所属クラスターを元のままにする．この手続きを全対象について巡回し，どう移動しても基準の改善が得られなくなったとき分類を終了する.

**2)　強制移動法**(forcing pass)

適当な仮分類の状態から出発する．あるクラスター内で重心からみて最も外側の対象を最も近い他のクラスターに移す．ここで新重心，分離度の基準などの計算を行う．次に2番目に外側の対象について同様のことを行う．これを反復してこのクラスターが1個になるまで続けたら，この移動過程で分離度が最高になった場合の分割状態にもどす．次に同様な処理を他のクラスターに関して行う．これを移動による分離度向上が認められなくなるまで巡回する.

**3)　再配置法**(rearrangement pass)

初めに仮のクラスター重心を指定しておく．別に下限距離$d_1$と上限距離$d_2$

を決めておき，次のようにする．

各対象と各クラスターの重心との距離を計算して最も近いクラスターとの距離が得られるとして，それが

$d_1$ 以下ならばそのクラスターに属させる．

$d_2$ 以上ならばその対象を新しいクラスターとして独立させる．

$d_1$ と $d_2$ の間ならば元のまま保留する．

全対象について終了したらクラスター重心を計算し直して，同じ手順を繰返す．変化がなくなれば終了とする．なお，これを固定型とよび，クラスターへの転属や独立のつど重心を再計算する方式を浮動型とよぶ．再配置法は最初の仮重心やパラメータ $d_1, d_2$ の与え方がむずかしいのが欠点である．

一般に非系統的な方法は基準の最適化に関して系統的な方法に優る．しかし，最適化が優れば優るほどクラスターの数に対して過敏となり，しかもそのクラスター数を最初に仮定しなければならないのが弱点であろう．

非系統的な分類法で最も計算が容易なのは山登り法である．次に山登り法のクラスター化の例を示す．ここではクラスター化の基準として“$\mathrm{tr}\,\boldsymbol{W}$ の最小化”を適用した計算手順をあげる．もちろん，クラスター数は初めに仮定されており，適当な仮分類がなされているものとする．

(1) 所属クラスターの変更に伴う $\mathrm{tr}\,\boldsymbol{W}$ の変化：この手法では，ある個体 $a$ をクラスター $C_g$ から他のクラスター $C_h$ に移動した場合の $\mathrm{tr}\,\boldsymbol{W}$ の変化量を知らなければならない．各クラスターの集中度を $S_g, S_h$ とし，移動後は＊を添えて $S_g^*, S_h^*$ で表すと，変化量は

$$N\Delta\,\mathrm{tr}\,\boldsymbol{W}=(S_g^*-S_g)+(S_h^*-S_h)$$

である．ここで $\Delta\,\mathrm{tr}\,\boldsymbol{W}$ は正負両様の値をとることに注意する．$\Delta\,\mathrm{tr}\,\boldsymbol{W}<0$ なら基準の改善，$\Delta\,\mathrm{tr}\,\boldsymbol{W}\geqq 0$ なら改悪または不変を意味する．

まず，$C_g$ について $(S_g^*-S_g)$ を求めるため，個体 $a$ を分離したあとの $S_g^*$ と個体 $a$ の 2 クラスター合併の集中度の関係式を逆用すると，

$$S_g=S_g^*+S_a+\frac{N_g-1}{N_g}\sum_k\left(\frac{N_g\bar{x}_{gk}-x_{gak}}{N_g-1}-x_{gak}\right)^2$$

ただし，$S_a=0$ である．よって

$$(S_g^*-S_g)=\frac{N_g}{1-N_g}\sum_k(\bar{x}_{gk}-x_{gak})^2$$

一方，$C_h$ については，

$$S_h^* = S_h + \frac{N_h}{N_h+1}\sum_k (\bar{x}_{hk} - x_{gak})^2$$

$$(S_h^* - S_h) = \frac{N_h}{N_h+1}\sum_k (\bar{x}_{hk} - x_{gak})^2$$

結局，tr $\boldsymbol{W}$ の変化量は，

$$N\varDelta\,\mathrm{tr}\,\boldsymbol{W} = \frac{N_h}{N_h+1}D_{ha}^2 - \frac{N_g}{N_g-1}D_{ga}^2 \qquad (g \neq h)$$

ただし，$D_{ga}^2, D_{ha}^2$ は個体 $a$ と移動前クラスター $C_g, C_h$ の重心との距離である．

(2) 移動のルールと移動後の処理：$N\varDelta\,\mathrm{tr}\,\boldsymbol{W}<0$ ならば基準が改善されるから，各段階でこれが最小となる相手先クラスター $C_h$ を探してそのクラスターに転属させる．負値となる相手がなければ移動を行わない．この操作を全個体について反復し，すべての個体について $N\varDelta\,\mathrm{tr}\,\boldsymbol{W} \geqq 0$ となったら終了する．

一つの個体を移動させるごとに，次の計算のため必要な諸数値を変更しなければならない．移動による新しい重心は，

$$\left.\begin{array}{ll} \text{クラスター } C_g^* \text{ では} & {}^*\bar{x}_{gk} = \dfrac{N_g\bar{x}_{gk} - x_{gak}}{N_g-1} \\ \text{クラスター } C_h^* \text{ では} & {}^*\bar{x}_{hk} = \dfrac{N_h\bar{x}_{hk} + x_{gak}}{N_h+1} \end{array}\right\} \quad (k=1,2,\cdots,n)$$

この方法は結局，全個体のデータを終始保存しておくことになる．重心や重心との距離をそのつど計算しないで，初めの距離を反復修正する方式もあるが，$D_{gi}^2, D_{hi}^2$ のほかに全個体 $N$ 個の個別の距離 $d_{ij}^2$ の情報保存が必要である．

### 6.3.3 計算量を減らす工夫

クラスター化のどのような方式でも，高性能の電子計算機をぜいたくに使うならば，全く不可能ということはないであろう．しかし，それは現実的ではない．多くの計算手法は計算量を極力少なくし，しかも十分に初期の目的を達成するよう考えられたものである．しかし，分類個体の数や特性項目の数が多いときは，なおこれに加えて計算量を減らす工夫が必要になろう．

それには，次のようなものがある．

(1) 個体数が多いとき適当な個数をランダムに抽出してクラスター化し，残

りを一番近いクラスターに所属させる(サンプリング法).

(2) 最初は簡単な方法で仮のクラスター化を行い，次いで別法(山登り法など)を適用する(各手法の併用).

(3) 特性項目の数(次元数)が多いとき，初めに主成分分析，因子分析を行い，次元数の少ない主成分や因子の空間でのクラスター化を行う(主成分による分類).

一般に，どの基準もどの計算手順もそれぞれ問題点を抱えている(Gower, 1967; Marriott, 1971). しかも分類が要求される事態は大量データの場合が多いから，方法上の完全性にこだわらず柔軟に考えて行うことが必要になろう．またプログラミングの技術の巧拙も大いに関係している.

## 6.4　項目の分類

多くの特性項目(変数)を似ているものどうし分類するのが項目分類である. §6.3までは個体の分類を主にしたが，項目分類にも基本的に同様な考え方と方法を適用することができる.

### 6.4.1　項目間の類似性

項目間の類似性の指標として相関係数が用いられることが多い．これはデータ行列の‘行’と‘列’を交換したユークリッドの距離 $d_{kl}^2$ に直すことができる.

データ $x_{ik}$ $(i=1,2,\cdots,N;\ k=1,2,\cdots,n)$ が項目 $k$ ごとに平均0，分散 $1/N$ に基準化されているとすると，観測単位 $O_i, O_j, \cdots$ を軸とする $N$ 次元空間に項目を‘点’として位置づけることができる．このとき原点から各項目の‘点’までの距離は $\sum_i x_{ik}^2=1$ で，すべての項目は半径1の多次元の球の表面にある. この空間のなかでの項目 $k$ と $l$ の距離を $d_{kl}^2$ とすると,

$$\begin{aligned} d_{kl}^2 &= \sum_i (x_{ik}-x_{il})^2 \\ &= \sum_i x_{ik}^2 + \sum_i x_{il}^2 - 2\sum_i x_{ik}x_{il} \\ &= 2(1-r_{kl}) \end{aligned}$$

ここで，$r_{kl}$ は項目(変数) $k$ と $l$ 間の相関係数である. $r_{kl}$ が大きいほど距離 $d_{kl}^2$ は小さく，よく似ていることを示す.

項目間の相関行列を項目間距離の行列に変換したあとでは，§6.3における と全く同様に種々のタイプのクラスター化の方法を適用することができる．

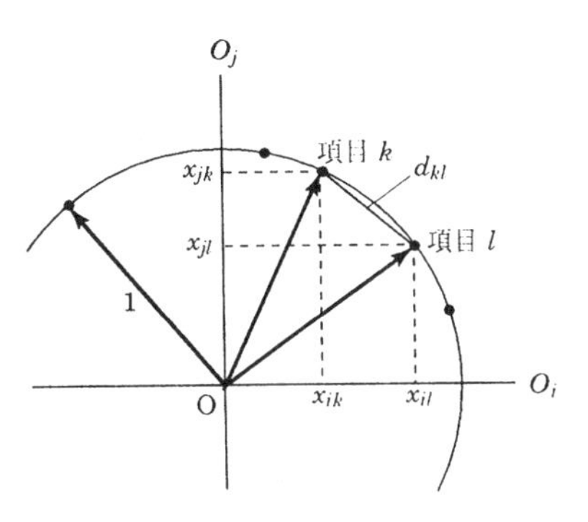


**図 6.11** 項目を表す空間

ところで，いくつかの項目がその類似性に関して一つのグループを構成するときの‘重心’の意味は次のとおりである．

ある項目クラスター $C_g$ に属する $n_g$ 個の項目を用いて，これらの平均値として次の合成値 $Y_g$ をつくる．

$$Y_g=(X_1+X_2+\cdots+X_{n_g})/n_g$$

この $Y_g$ の平均と分散 $s_{Y_g}{}^2$ は，$X$ が基準化データ(平均0，分散 $1/N$) であることから，

$$\bar{Y}_g=0, \qquad Ns_{Y_g}{}^2=\sum_k\sum_l r_{kl}/n_g{}^2$$

$\Sigma$ は $C_g$ の項目の範囲での和とする．

$Y_g$ と個々の項目 $X_k$ との相関は，これを $r(Y_g, X_k)$ で表すとすると，

$$r(Y_g, X_k)=\sum_l r_{kl}/\sqrt{\sum_k\sum_l r_{kl}}$$

ここでグループの重心を通る軸を考えると，$Y$ と各項目との相関 $r(Y_g, X_k)$ は，この軸をセントロイド第1因子とする項目 $X_k$ の因子負荷量である．この軸は合成得点 $Y_g$ にほかならず，$r(Y_g, X_k)$ は原点と重心を結ぶ軸に対する各項目 $X_k$ の射影である．原点とクラスター重心との距離は，

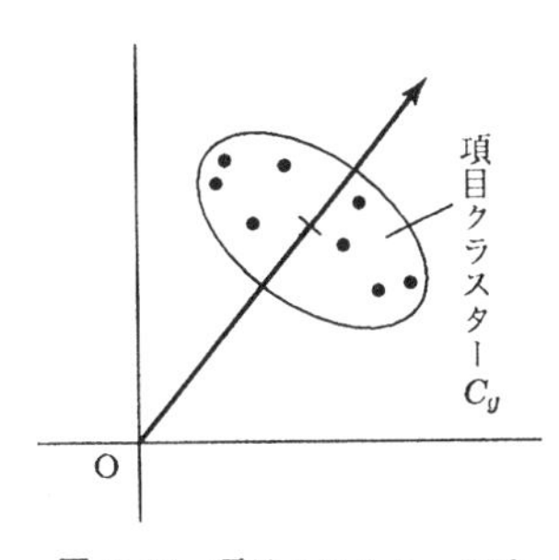


**図 6.12** 項目クラスターの重心を通る軸

$$\sum_k \frac{r(Y_g, X_k)}{n_g}=\frac{\sqrt{\sum_k\sum_l r_{kl}}}{n_g}=\sqrt{N}s_{Y_g}$$

となる．これが大きいほど，$Y_g$ の代表性が高いといえる．すべてのクラスターにおける $Y_g$ の代表性を高めるには各クラスター重心を原点から極力遠ざけるように項目をクラスター化すればよい．

この性質は多くの下位テスト項目の得点をまとめて合成得点を作成するとき

利用できる．項目を若干個のグループに分けて与え，各合成得点間の相関や合成得点と個別項目との関連を調べる方法としてグループセントロイド法などがある(芝，1967)．項目のクラスター化とは，事前に分類(合成得点)を決めるのではなく，代表性の高い合成得点を結果として作り出す方法であるといえる．

一般に各項目クラスター $C_g, C_h, \cdots$ の重心を通る $g$ 軸，$h$ 軸，… は相互に斜交しており，これはグループセントロイド法の斜交解に対応している．項目のクラスター化に引続き，この斜交解の計算を行えば，項目の分類内容の意味を具体的に理解することができる．また分類結果の図示のためにもこの計算が役立つ．合成得点 $Y_g, Y_h$ の相関 $r(Y_g, Y_h)$ および $Y_g$ と任意の個別項目 $X_a$ との相関は，

$$r(Y_g, Y_h)=\frac{s_{Y_gY_h}}{s_{Y_g}\cdot s_{Y_h}}=\frac{\sum_k^{(g)}\sum_l^{(h)} r_{kl}}{\sqrt{\sum_k^{(g)}\sum_l^{(g)} r_{kl}}\sqrt{\sum_k^{(h)}\sum_l^{(h)} r_{kl}}}$$

$$r(Y_g, X_a)=\frac{\sum_k^{(g)} r_{ak}}{\sqrt{\sum_k^{(g)}\sum_l^{(g)} r_{kl}}}$$

ただし，$(g),(h)$ はそれぞれクラスター $C_g$，$C_h$ に属する項目についてのみの総和を意味する．項目クラスターの重心と所属各項目との距離の2乗和 $S_g$ は，

$$\begin{aligned}S_g&=\sum_k\sum_l d_{kl}{}^2/2n_g\\&=\sum_k\sum_l(1-r_{kl})/n_g\\&=n_g-\frac{\sum_k\sum_l r_{kl}}{n_g}\end{aligned}$$

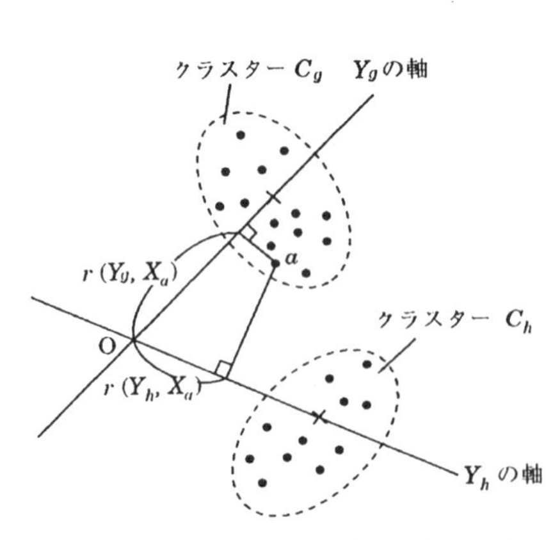

図 6.13　二つの重心と原点における平面での項目のちらばり

よって，$Y_g$ の分散 $s_{Y_g}{}^2$ は，

$$Ns_{Y_g}{}^2=1-S_g/n_g$$

これにより，重心の周りに項目が密集しているほど，合成得点の分散が大きい．クラスター化の基準としては，たとえば，$Q=\sum_g S_g$ を考え，これを最小にすればよい．$Q$ は個体分類における層内分散

共分散行列 $\boldsymbol{W}$ のトレース(tr $\boldsymbol{W}$)に対応する基準である.

### 6.4.2 項目の符号反転

相関係数 $r_{kl}$ をそのまま距離に変えると不適当な場合がある. 実際場面では項目の数値の正負の方向が便宜的に与えられることが多い. たとえば項目がSD法のスケールのとき, "明るい-暗い" の形容詞対のどちらをプラス側にとろうと本質に変わりがない. このようなとき, 符号反転して同じクラスターに入れる必要がある. ここでは, その計算例として, 符号反転の操作を伴いつつ, 項目のクラスター化を行う方法の例を示す.

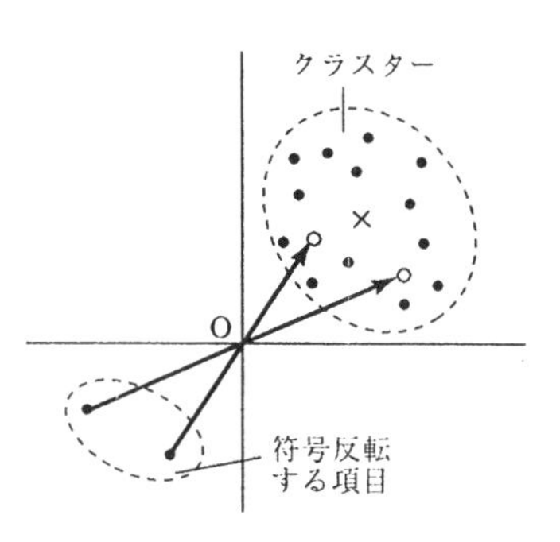


図 6.14 項目の符号反転

(1) 方法は系統的合併法によるものとし, 各段階で合併後クラスターの重心と項目との距離の2乗平均 $D^2$ が最小となる2クラスターを合併するとしよう.

(2) 各クラスターに, どの項目が所属するかを指定するベクトル $\boldsymbol{v}_g$ を対応させる. $\boldsymbol{v}_g$ の第 $k$ 要素を $v_k$ とすると,

$$\boldsymbol{v}_g'=(v_1, v_2, \cdots, v_k, \cdots, v_n) \qquad (n \text{ は全項目数})$$

$k$ $(k=1, 2, \cdots, n)$ は相関行列 $\boldsymbol{R}$ における項目の配列順で, $v_k$ は,

$$v_k=\begin{cases} 1\cdots & \text{項目 } k \text{ がクラスター } C_g \text{ に所属し, 符号反転の必要ないとき} \\ -1\cdots & \qquad〃 \qquad\qquad \text{符号反転する必要があるとき} \\ 0\cdots & \text{項目 } k \text{ がクラスター } C_g \text{ に所属しないとき} \end{cases}$$

クラスター $C_g$ と $C_h$ を合併して新しいクラスターをつくるには, $n_g, n_h$ を項目の数として,

$$D^2=1-\frac{1}{(n_g+n_h)^2}(\boldsymbol{v}_g+\boldsymbol{v}_h)'\boldsymbol{R}(\boldsymbol{v}_g+\boldsymbol{v}_h)$$

この $D^2$ が最小となる $C_g, C_h$ の組合せを求めて合併する. 出発時は1項目が1クラスターである.

(3) $D^2$ の最小値を求める際, 各組合せにつき片方のクラスター全体を反転しないときと, 反転するときの2通りの計算を行い, 値の小さい方をその組合せでの $D^2$ と考える. すなわち,

$$e=\begin{cases}-1\cdots \text{クラスター } C_g \text{ の項目全体を符号反転するとき}\\ \ \ 1\cdots \text{クラスター } C_g \text{ の項目全体を符号反転しないとき}\end{cases}$$

として $(e\boldsymbol{v}_g+\boldsymbol{v}_h)'\boldsymbol{R}(e\boldsymbol{v}_g+\boldsymbol{v}_h)$ を $e=1$ と $e=-1$ の2通り計算する．$D^2$ が最小となる組合せが得られたら，新しい $\boldsymbol{v}_e$ を $\boldsymbol{v}_e=e\boldsymbol{v}_g+\boldsymbol{v}_h$ によりつくる．符号反転処理でひとたび同じクラスターに編入された後では，全体が一緒に反転することになる．

この符号反転処理は山登り法のような非系統的方式でも行うことができる．

## 6.5 クラスター分析の特質

クラスター分析は，方法の適用に当たって分析モデル特有の固い制約にしばられることが少ない．いわば，その‘柔らかい’特質が大きな長所である．この性質から，研究のいろいろな段階でさまざまな目的に利用されている．そのことからも，類似・差異の測度選択などにおいて，現象の特徴をよく反映した妥当なものを選ばなければならない．また分類結果からその意味するものを汲み上げるには鋭い洞察眼が必要であろう．

クラスター分析の柔らかさは，電子計算機を利用した自動的な選別という‘考え方’にその本質があり，モデルそのものにないということができよう．

実際，クラスター分析によく似たデータ処理の技法は多い．たとえば，マーケティングリサーチで利用されるAID(automatic interaction detector)は，外部基準(たとえば商品購入率)をそれに影響すると思われる項目に関して集計算出するが，このときどの項目の効きが強いかを判定しつつ分類集計を行う(Morgan & Sonquist, 1963)．

そのほかにもクラスター分析の考え方は大いに役立つ．データ解析のいろいろな局面でそこに適した方法がこれからも次々に考えられていくであろう．

## 付．社会調査の信頼性を考える

### 1) 社会調査といわれるもの

一口に社会調査といっても，その範囲はきわめて広い．ここでは，常識的に社会の現状・動向を知るための統計的な調査をすべて含むとしておこう．このような調査には，国が行う国勢調査をはじめ，各種の指定統計やその他の行政施策に関連する調査があり，地方自治体や民間機関が行う世論調査の類がある．これらは，いずれも事業体，世帯あるいは個人を対象に，さまざまな調査形式で行われている．

ここで留意すべきことは，調査の内容が，住宅，家計，労働時間のような“事実や物である場合”と，世論や生活意識など，個人の“意識や態度の場合”の二つに大別されることである．このことから，調査の結果の正確さは‘事実’の調査の方が‘意識’の調査より高いと思い込む傾向があるが，実はそうではない．確かに，自動車の交通量の調査で道路面に計器を設置し，通行台数を自動計測する調査は，都市交通の実態を把握する‘社会調査’であり，かつ‘事実’を調べており，計器が故障しない限り，結果は正確である．しかし，こういう物理的計測でなく，通常，事業体・世帯・個人を介して行う一般の調査は機器では測れない内容を調べようとしている．そこでは生身の‘人間’が介在して‘事実’の回答を伝えるのであり，無条件に正確な結果が得られるわけではない．

一方，世論調査のように個人が‘思っていること’を知ろうとする調査は，もともと揺れ動く人間の心の習性を前提にしており，たまたま調査の時点での反応を記録する．しかし，揺れる意見であっても，一般にはどちらかに偏りがちであるから，それに基づき集団全体の傾向を推量しようとする形になっているのである．

そもそも‘事実’と‘意見’の調査の区別は厳密ではない．たとえば，旅行調査で数か月前までの記録を求めるもの，生活時間調査で，1日の行動を記入するものなどは，本人の記憶その他の心的内容が絡むだけに，‘事実’といっても，回答者の主観が濃くなってくる．

このように，特殊な場合を除き，一般に社会調査の結果は，きわめて人間的要因に依存するものであり，調査側と回答者側との微妙な人間関係に基づくといっても過言ではない．

**2) “信頼性”とよぶ中味**

今日，社会調査の信頼性が改めて問われているのは，最近ますます調査の実施が困難になった状況変化によっている．すなわち，種々の形で被調査者への接触がむずかしく，しかも社会的にプライバシー問題の論議が盛んな背景のなかで，ますます被調査者の協力が得にくくなっている．実際，多くの調査の回収率が低減しつつあり，特に大都市，その周辺部の場合に著しい．これには，現場の調査員の問題も絡んでいるが，ともあれ困った状態が進んでいる．

こういう場合，関係者が回収状況に神経を尖らすのは，いわゆる回収不能によるバイアス(bias，偏り)を恐れるからである．回収率の低下が，単に偶然的な事情での‘回収もれ’であるなら，まだよい．特定の生活形態の人々や特殊の考え方の持ち主が，拒否を含めた種々の理由で‘回収もれ’になれば，回収できた票による調査結果の数字に歪みがでる．また，回収もれの理由の多くが拒否によるという状態のなかでは，回収できた調査票の一部をわざと無答にしたり，虚偽の回答を行ったりする傾向が強まっていると疑わざるをえない．そうでなくても，調査事項をよく確かめもせず，いい加減な回答を記入するような事態になれば，統計的資料としては役立たない．

もともと信頼性という概念は，統計的方法を用いる学問分野によって，少しずつ異なる意味・定義で使われる．しかし，ここでいう“社会調査の信頼性”は，現状の調査環境において“調査結果は本当に信じられるのか，実態と大きく離れているのではないか”という危惧・危機感を指すものである．

**3) 調査の大敵―回収不能**

先に述べたように，調査結果を狂わす元凶は，無回収票の増加と，回収票のなかの無答・誤解・虚偽である．残念ながら，これらは，並大抵の努力で改善できる問題ではない．

一般に調査では，未回収票がつきものである．仮に特定の人々が拒否その他の事由で毎回調査不能であるとすると，調査に回答した人々の結果の数値が正しくても，回答者と非回答者が調査事項に関して全く同質でない限り，正確な数値ということにはならない．すなわち，統計用語でいう無回答バイアスを含んだ安定値ということになる．無回答バイアスがどの程度かを知る完全な方法は，被調査者をすべて調査し，前の結果と突き合わせてみることであるが，それが可能ならば，こんな問題は最初から発生していない．

一つの代替手段は，調査がいちおう終了した時点で，未回収の被調査者に向けて優秀な調査員を派遣して再度の協力を求めることである．いわゆる，コールバック(再訪問)である．これにより，少しは回収票を追加できれば，これを用いて当初の無回答バイアスを見積もることができる．しかし，追加は回答拒否のなかでも相対的に弱い拒否者，それほどでもない不在過多者が応じてくれた結果ともいえ，厳密にはこれら追加回収票をもってしても最初の未回収者全体の内容は推定できない．結局，この解決は理論的には不可能な問題なのである．

このような難題があるために，過去から現在まで，調査に際して関係者は全力を挙げて回収率の向上に努めてきた．しかし，残念なことに年月を経るうちに多くの調査の回収率はジリジリと後退させられてしまったのである．

表6.2は，統計数理研究所が1953（昭和28)年以来，5年おきに行っている「日本人の国民性調査」（全国，20歳以上，訪問面接）の不能率（未回収率）の推移である．表6.2でみると，第1回目のころは不能率が17％（回収率でい

**表 6.2**　長期にみる調査不能率の変化（日本人の国民性調査(全国)の場合）　（単位：％）

| 回　数 | （調査年次） | 不能率 | （男，女） |
|---|---|---|---|
| 第 1 回 | (1953) | 17 | (18, 15) |
| 第 2 回 | (1958) | 18 | (19, 17) |
| 第 3 回 | (1963) | 25 | (27, 23) |
| 第 4 回 | (1968) | 24 | (28, 21) |
| 第 5 回 | (1973) | 24 | (28, 21) |
| 第 6 回 | (1978) | 27 | (32, 22) |
| 第 7 回 | (1983) | 26 | (31, 22) |
| 第 8 回 | (1988) | 38 | (45, 32) |

**表 6.3**　第4回から第7回までの性別・年齢別の調査不能率（国民性調査の場合）　（単位：％）

| | 第4回 (1968) | 第5回 (1973) | 第6回 (1978) | 第7回 (1983) |
|---|---|---|---|---|
| 男 | 28 | 28 | 32 | 31 |
| 女 | 21 | 21 | 22 | 22 |
| 20～24歳 | 33 | 32 | 38 | 36 |
| 25～29 | 30 | 28 | 33 | 28 |
| 30～34 | 25 | 24 | 26 | 27 |
| 35～39 | 21 | 25 | 20 | 26 |
| 40～44 | 19 | 20 | 23 | 25 |
| 45～49 | 18 | 16 | 21 | 22 |
| 50～54 | 18 | 19 | 23 | 24 |
| 55～59 | 15 | 17 | 21 | 18 |
| 60歳以上 | 26 | 27 | 29 | 27 |

表 6.4　都市規模別の調査不能率の傾向（国民性調査の場合）　　　（単位：%）

| | 第4回 (1968) | 第5回 (1973) | 第6回 (1978) | 第7回 (1983) |
|---|---|---|---|---|
| 6大都市 | 33 | 25 | 34 | 36 |
| 20万以上市 | 28 | 26 | 30 | 28 |
| 10万以上市 | 29 | 29 | 27 | 22 |
| 5万以上市 | 17 | 22 | 23 | 25 |
| 5万未満市 | 19 | 21 | 23 | 21 |
| 町　村 | 20 | 22 | 23 | 22 |
| | | | 東京23区…… | 35 |
| | | | 横浜市………… | 31 |
| | | | 名古屋市……… | 42 |
| | | | 京都市………… | 41 |
| | | | 大阪市………… | 33 |
| | | | 神戸市………… | 38 |
| | | | 50万以上市…… | 33 |

えば83%)であったのだが，第3回からはほぼ25%となり，30%に近づく傾向がみえる．もちろん，これは懸命に努力した後の数字であり，単に成り行きに任せた結果ではない．

表6.3は性別・年齢別の第4回から第7回までの不能率で，男の不能率は第6回から30%を越えている．また年齢別では，20歳代がきわめて高く，これも第6回から35%の高率になっている．表6.4は第4回から第7回までの都市規模別の不能率を示したもので，これによると都市規模が大きいほど不能率が高いことがわかる．表6.4では，第7回(1983)の調査の大都市別の結果を加えてある．いずれの都市も30～40%の高い不能率を示しているのが注目に値する．表6.5は，第7回における6大都市(ただし東京は区部のみ)に限った性×年齢別の不能率で，男は，どの年代でも40%前後の高率であり，女では，20歳代の50%が際立って高い傾向をみせている．

表 6.5　6大都市の性×年齢別の不能率（国民性調査，第7回の場合）（単位：%）

| 年　齢 | 男 | 女 |
|---|---|---|
| 20～24歳 | 45 | 50 |
| 25～29 | 36 | 26 |
| 30～34 | 39 | 25 |
| 35～39 | 47 | 21 |
| 40～44 | 40 | 17 |
| 45～49 | 42 | 32 |
| 50～54 | 41 | 29 |
| 55～59 | 46 | 24 |
| 60歳以上 | 47 | 27 |

いずれも，不能率，あるいは未回収率が悪い方向に今後も拡大する気配を濃厚に感じさせている．

ところで，回収率が低く，しかも性別・年齢別・地域別などで回収数の多少が母集団の構成と著しく偏った場合，しばしば‘補正集計’を行う例がある．

これは，たとえば，男の回収数を女の回収数と比べ，母集団の構成比と異なるとき，調査結果の数値を男女の母集団構成比にもどして男と女を合わせた全体の数値を推定するものである．簡単な例を表 6.6 に示そう．

**表 6.6** いわゆる‘補正’の例（第7回・日本人の国民性調査，1983 より）（単位：%）

〔質問〕 もし，一生，楽に生活できるだけのお金がたまったとしたら，あなたはずっと働きますか，それとも働くのをやめますか

| | ずっと働く | 働くのをやめる | その他の回答 | 無回答 | 計 | 回収票の性比率 | 母集団の性比率 |
|---|---|---|---|---|---|---|---|
| 男 | 75.6 | 18.9 | 3.1 | 2.4 | 100.0 | 44.3 | 48 |
| 女 | 65.6 | 27.8 | 3.6 | 3.0 | 100.0 | 55.7 | 52 |
| 全 体 | | | | | | | |
| （補正なし） | 70.0 | 23.9 | 3.3 | 2.8 | 100.0 | | |
| （補正後） | 70.4 | 23.5 | 3.4 | 2.7 | 100.0 | | |

表 6.6 の質問で，調査では男の 75.6%が「ずっと働く」と答え，女の 65.6%が「ずっと働く」と答えている．ところが，男と女の回収人数の比率は男が 44.3%，女が 55.7%で，これは母集団の男女構成比よりも男の数が少ない．したがって，男女合わせた全体で「ずっと働く」と答えた 70.0%は女が多い分だけ数値が低いはずである．それを母集団の性比で調整しようというのが補正集計である．計算は簡単で，表 6.6 の「ずっと働く」の補正値は，表中の%値を用い，

$$0.756 \times 0.48 + 0.656 \times 0.52 = 0.704$$

により，70.4%と算出される．

しかし，これは本当の‘補正’ではない．すでに述べてきたことから明らかなように，この方式は，調査不能だった‘男’も，回収できた‘男’と同じ割合で「ずっと働く」と思っていることを仮定しており，無理が多い．「性×年齢」さらには「地域」を加えたりして，この補正を細かく行っても結局は同じことで，下手をすると補正どころか補悪の危険がある．経験的には，この方式を用いても表 6.6 にみるように‘補正前’と‘補正後’で値に大差がない．日本人の国民性調査の発表数値は，単純に回収票を集計した‘なま’の数値である．

以上述べてきたように，未回収票はなんの情報も伝えない．まさしく，調査の‘癌’であり，“未回収つぶし”が調査における最大の課題にならざるをえないのである．

#### 4) 調査の‘質’の劣化

社会調査の‘質’が年々劣化するという危惧は当たっているのであろうか．残念ながら被調査者の協力態度がしだいに薄れつつあるという現状は，確かであると思われる．ここ数年の調査現場での体験を通して，その要因・原因と思われるものを，いくつか指摘してみよう．

(1) 調査に対する‘飽き’と‘慣れ’：調査が盛んになる前のころは，一般市民は調査というものを好奇の目をもってみてくれたのが，最近は全く様変わりし，調査に対する‘飽き’と‘慣れ’が生まれている．特に最近は情報社会とあって，各種の調査が氾濫している．しかも，かつてのやさしい質問内容でなく，むずかしい内容や考えたこともない内容に質問が及んでおり，被調査者にとって迷惑この上ない様相に変わっている．なかには私企業の消費者のニーズに応える調査と称しつつ，実質は訪問セールスであったり，個人情報のデータベースを作成し売るための調査であったりして，調査に対する警戒心まで生まれてしまった．

国や地方自治体等の公共的な調査は別にしても，警戒心が一般化して，ほどほどに答えたり，適当な嘘で逃げるという習性が拡大している．

(2) 時間価値の上昇：特に大都市の場合，労働や遊びの時間などの拡大から時間価値が年々高まっているといえる．そのなかで，突然に調査訪問を受け，貴重な時間を失うことは，被調査者にとって不快この上ないことであろう．調査内容が，よほど関心をひくものでない限り，断りたくなるのが人情である．ただし，これは社会的風潮としてのサービス心の低下傾向も関与している．昔は，面倒くさいと思っても，「せっかく尋ねてきたのだから」と，調査員のためサービスしてやる親切心があった．

(3) 来訪者への警戒心(家屋構造の変化)：これも都市部に多い傾向だが，最近の住宅は，見知らぬ来訪者を戸口でチェックできる構造や装置を設けているケースが多い．したがって，調査員はまず，この戸口を通過しなければならないが，たとえばインターホンを通じての調査依頼は，直接対面できた場合に比べ，効き目が乏しい．事前に郵便で訪問日を通知しておいても，なかなか協力が得られないのが実状である．仮に協力してくれるにせよ，相手のインターホンの指示により，調査員が郵便受けに調査票を入れ，翌日，相手が答えた調査票を郵便受けを介して受取るという事例がみられる．したがって，指定した本人が答えたのかどうかもわからず，調査回答のチェックもできない調査結果となる．都市部の高級マンションでは，戸口で専従のドアマンに制止されて，被調査者への接触は，まず不可能である．

(4) 調査側の努力不足：国や自治体や民間機関などの調査側にもまだまだ努力する余地が残されていると思われる．たとえば，すぐ目立つ“質問文”についても，不適切と思われる内容が多い．すなわち，

(イ) 数多くの質問

(ロ) 被調査者が興味・関心がない質問

(ハ) 一見して推敲を欠いた質問表現

(ニ) 不必要といえる個人情報を求める

(ホ) 抽象的で，答えにくい質問内容

などが指摘される．そのなかで最も単純明快なのが質問の分量である．質問が多すぎれば，個々の回答はなおざりとなり，欠落・誤りも増える．調査側にすれば，少しでも多くの情報を得て，分析に役立てようと考えるのが自然だが，これがかえって仇になる．問題は，調査側が相手の身になって設計するという基本姿勢を忘れないよう，常に反省することであろう．それを欠くと，被調査者が徐々に調査に対する興味や協力心を失っていくのは当然である．調査実務にとって自戒すべき事柄である．

(5) その他の阻害要因：そのほかにも，現状の調査を困難にする要因は，細かくいえば限りないといえるだろう．そのなかでは，このような困難に耐えて努力する優秀な調査員の確保の問題が最も大きい．調査環境のきびしさを肌で感じるのは調査員である．そのきびしさに耐え難くなれば，調査員は意欲を失い，調査の現場から去っていく．これの繰返しが調査最前線の実態であろう．忍耐心があり真面目で優秀な調査員は，ますます貴重な存在となっている．そのような調査員に対する十分な優遇措置を図るべきである．現状では決して十分とはいえないのではないか．考慮すべき課題である．また，同時に被調査者に対しても，適切かつ十分な謝礼を提供する必要もあるだろう．

**5) 長期にわたる事態の改善**

社会調査の信頼できる結果を得るには，全数調査にせよ，標本調査にせよ，

回収率を高め，回答の虚偽や誤答を少なくする努力が，なによりも優先されなければならない．このことは，現状では決して容易でないが，それ以外に道はない．

長期的展望に立って考えていかねばならない事柄であるが，その一つとして，筆者はいわゆる統計教育の改善が遠回りのようで，実は近道ではないかと考えている．

今日の情報化時代においては，一般市民にとっても統計的な思考の重要性がいっそう高まると予想できる．その意味で，年少時からの統計教育の充実が求められる．統計を小・中学校で教える場合，とかく算数や数学の教科を連想しがちであるが，社会科を主体に行うのが望ましい．いわゆる社会現象や社会動向などを自分たちの手で調査データを集め，統計数値を使って考えさせる教育は，統計や調査の社会的意義，理念を知らず知らず習得させる機会を与えると思われる．迂遠なようでも，現状の改善策の一つとして，将来に向けて効果的であると考えている．

# 付　　録

## 1.　行列計算について

### 1.1　固有方程式（$Ax=\lambda x$）の計算

パワー(power)法による行列 $A$ の固有値 $\lambda$ と固有ベクトル $x$ の算出方法について述べる．

この方法の特色は

（1）絶対値最大の固有値より順次算出，

（2）対称，非対称両行列に適用できる(ただし非対称の場合は実根の保証のあるときに限られる)，

である．

〔方法の要点〕

（1）行列を $A$，その固有値を $\lambda_1, \lambda_2, \cdots, \lambda_n$ とする．ただし，

$$|\lambda_1| \geqq |\lambda_2| \geqq |\lambda_3| \geqq \cdots \geqq |\lambda_n| > 0$$

任意の $n$ 次ベクトルを $x$ とすると，$x$ は $A$ の固有ベクトル $u_1, u_2, \cdots, u_n$ の線型結合である．

$$x=\sum_{i=1}^{n} c_i u_i, \qquad c_i \ (i=1, 2, \cdots, n) \text{ は定数}$$

ベクトル $x$ に行列 $A$ を連乗していく．

$$Ax=\sum_{i=1}^{n} c_i \lambda_i u_i$$

$$A^2 x=\sum_{i=1}^{n} c_i \lambda_i^2 u_i$$

$$\vdots \qquad \vdots$$

$$A^m x=\sum_{i=1}^{n} c_i \lambda_i^m u_i=\lambda_1^m \left\{ c_1 u_1+\sum_{i=1}^{n} c_i \left( \frac{\lambda_i}{\lambda_1} \right)^m u_i \right\}$$

（2）したがって，$m \to \infty$ とすると，$A^m x$ の右辺は，

(イ) $|\lambda_1|>|\lambda_2|(\geqq|\lambda_3|\geqq\cdots\geqq|\lambda_n|)$ のとき，$c_i\lambda_1{}^m\boldsymbol{u}_1$ に近づく．$|\lambda_2/\lambda_1|$ が小さいほど収束が速い．

(ロ) $\lambda_1=\lambda_2$ $(|\lambda_2|>|\lambda_3|\geqq\cdots\geqq|\lambda_n|)$ のとき，

$$\boldsymbol{A}^m\boldsymbol{x}=\lambda_1{}^m\left\{c_1\boldsymbol{u}_1+c_2\boldsymbol{u}_2+\sum_{i=3}^{n}c_i\left(\frac{\lambda_i}{\lambda_1}\right)^m\boldsymbol{u}_i\right\}$$

(ハ) $\lambda_1=-\lambda_2$ のときは収束しない．

(3) 以上の性質を利用して，次のように計算する．

初めに試みのベクトル $\boldsymbol{x}_0$ を，たとえば

$$\boldsymbol{x}_0=\begin{bmatrix}1\\1\\\vdots\\1\end{bmatrix}$$

とする．ここで，

$$\boldsymbol{A}\boldsymbol{x}_0=l_0\boldsymbol{x}_1$$

のように $\boldsymbol{x}_1$ を求める．ベクトル $\boldsymbol{A}\boldsymbol{x}_0$ の要素のうち絶対値最大のもので，それぞれを除したものを $\boldsymbol{x}_1$ とする．$l_0$ はそのときの除数となる値である．$\boldsymbol{x}_1$ の要素を ${}^{(1)}x_j$ とし，$\boldsymbol{x}_0$ の要素を ${}^{(0)}x_j$ とすると，

$${}^{(1)}x_k=1,\qquad {}^{(1)}x_j=\sum_{i=1}^{n}a_{\cdot ji}{}^{(0)}x_i/l_0,\qquad l_0={}^{(0)}x_k$$

$$(j\neq k)$$

この操作を反復し，$l_{m-1}$ は $\boldsymbol{x}_m$ の絶対値最大の成分が1になるように決めていく．

このとき，$l_{m-1}$ は $m\to\infty$ の極限で最大固有値(絶対値の)に，$\boldsymbol{x}_m$ はその固有ベクトルとなる．

$$l_{m-1}\to\lambda_1,\qquad \boldsymbol{x}_m\to\boldsymbol{u}_1$$

したがって，適当な収束判定定数 $\varepsilon$ を用意し，$\left|\frac{l_m-l_{m-1}}{l_{m-1}}\right|\leqq\varepsilon$ のとき収束と判定して，結果を取り出せばよい．

(4) 絶対値が2番目に大きい固有値 $\lambda_2$ とその固有ベクトルを求める場合は，行列 ${}^{(1)}\boldsymbol{A}$ を次のようにしてつくり，$\boldsymbol{A}$ と同様に行えばよい．

$${}^{(1)}\boldsymbol{A}=\boldsymbol{A}-\lambda_1\boldsymbol{u}_1\boldsymbol{v}_1{}'$$

ここでベクトル $\boldsymbol{v}_1$ は，$\boldsymbol{A}$ の転置行列 $\boldsymbol{A}'$ に関する固有ベクトルである．

$$\boldsymbol{A}'\boldsymbol{v}_1=\lambda_1\boldsymbol{v}_1$$

$\boldsymbol{v}_1$ の計算は，$\boldsymbol{u}_1$ と同様に $\boldsymbol{A}'$ について行う．

また，$\boldsymbol{v}_1$ と $\boldsymbol{u}_1$ に関して $(\boldsymbol{v}_1,\boldsymbol{u}_1)=1$ のように基準化したものを用いる．

$\boldsymbol{A}$ が対称行列であれば，$\boldsymbol{u}_1=\boldsymbol{v}_1$ であるから，$\boldsymbol{A}'\boldsymbol{v}_1=\lambda_1\boldsymbol{v}_1$ の計算は省略できる．またこれらの方法は $\lambda_3$ 以下についても同様である．

(5) 行列 ${}^{(1)}\boldsymbol{A}$ は，

$$\begin{aligned}{}^{(1)}\boldsymbol{A}\boldsymbol{u}_j&=\boldsymbol{A}\boldsymbol{u}_j-\lambda_1\boldsymbol{u}_1(\boldsymbol{v}_1,\boldsymbol{u}_j)\\&=\lambda_j\boldsymbol{u}_j-\lambda_1\boldsymbol{u}_1\delta_{ij}=\begin{cases}0\cdot\boldsymbol{u}_1 & (j=1\text{ のとき})\\ \lambda_j\boldsymbol{u}_j & (j\neq 1\text{ のとき})\end{cases}\end{aligned}$$

のように，$\lambda_1$ に対応する固有値が 0 であるほかは，$\boldsymbol{A}$ と同じ固有値，固有ベクトルを有することになるので，上の計算法が用いられる．

## 1.2 連立一次方程式 ($\boldsymbol{A}\boldsymbol{x}=\boldsymbol{b}$)，逆行列($\boldsymbol{A}^{-1}$)の計算法

いわゆる掃出し法(sweep out 法)による連立一次方程式と逆行列の計算について述べる．

### 1) 連立一次方程式 ($\boldsymbol{A}\boldsymbol{x}=\boldsymbol{b}$) の解法

(1) 行列 $\boldsymbol{A}$，ベクトル $\boldsymbol{x},\boldsymbol{b}$ をそれぞれ $(n\times n)$ 正方行列，$n$ 次縦ベクトルとする．

$$\boldsymbol{A}=\begin{bmatrix}a_{11} & a_{12}\cdots a_{1n}\\ a_{21} & a_{22}\cdots a_{2n}\\ \vdots & \vdots \quad\;\; \vdots\\ a_{n1} & a_{n2}\cdots a_{nn}\end{bmatrix},\qquad \boldsymbol{x}=\begin{bmatrix}x_1\\ x_2\\ \vdots\\ x_n\end{bmatrix},\qquad \boldsymbol{b}=\begin{bmatrix}b_1\\ b_2\\ \vdots\\ b_n\end{bmatrix}$$

$n$ 元連立一次方程式を，改めて書くと，

$$\left.\begin{aligned}a_{11}x_1+a_{12}x_2+\cdots+a_{1n}x_n&=b_1\\ a_{21}x_1+a_{22}x_2+\cdots+a_{2n}x_n&=b_2\\ \cdots\cdots\cdots\cdots\cdots&\cdots\cdots\\ a_{n1}x_1+a_{n2}x_2+\cdots+a_{nn}x_n&=b_n\end{aligned}\right\}\tag{1}$$

㋑ まず (1) 式の第1行を $a_{11}$ で割る．

$$x_1+\frac{a_{12}}{a_{11}}x_2+\cdots+\frac{a_{1n}}{a_{11}}x_n=\frac{b_1}{a_{11}}\tag{2}$$

㋺ 次に (1) 式の第2行目から，$a_{21}$ をかけた (2) 式を引く．

$$\left(a_{22}-a_{21}\frac{a_{12}}{a_{11}}\right)x_2+\left(a_{23}-a_{21}\frac{a_{13}}{a_{11}}\right)x_3+\cdots+\left(a_{2n}-a_{21}\frac{a_{1n}}{a_{11}}\right)x_n=b_2-\frac{a_{21}}{a_{11}}b_1 \quad (3)$$

㈧ 同様にして（1）式の第3行目から，$a_{31}$ 倍の(2)式，第4行目から $a_{41}$ 倍の(2)式，… というように引き算を行う．この結果（2）式を除き $x_1$ を含まない式が $(n-1)$ 個できる．

㈡ 次いで,（3）式を $x_2$ の係数である $\left(a_{22}-a_{21}\frac{a_{12}}{a_{11}}\right)$ で割ると，$x_2$ の係数が1となる（2）式と類似の式が得られる．新しい係数を $a_{23}', a_{24}', \cdots$ とすると，

$$x_2+a_{23}'x_3+a_{24}'x_4+\cdots+a_{2n}'x_n=b_2' \quad (4)$$

㈭（4）式に $a_{12}/a_{11}$ をかけ（2）式から引くと,（2）式の $x_2$ が消去される．残りの $(n-2)$ 個の式についても同様にして $x_2$ を消去して，$x_2$ は（4）式の場合にのみ残るようにする．

以上の手順を前進的に行い，各方程式について未知数1種を残すようにすれば，

$$\begin{aligned} x_1&=b_1^{(n)} \\ x_2&=b_2^{(n)} \\ &\vdots \\ x_n&=b_n^{(n)} \end{aligned} \quad \left(\begin{matrix}b_i^{(n)}\text{は，}n\text{回の修正を}\\ \text{受けたことを示す．}\end{matrix}\right)$$

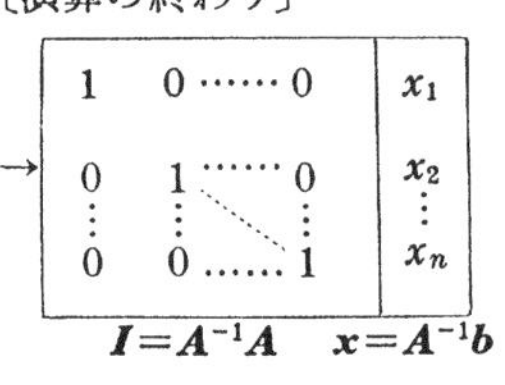


の形で解が得られる．

(2) 一般に $\boldsymbol{Ax}=\boldsymbol{b}$ を解くとして，第 $k$ 段階の行列 $\boldsymbol{A}$ の要素を $a_{ij}^{(k)}$，ベクトル $\boldsymbol{b}$ の要素を $b_i^{(k)}$ とする．

ただし初期値 $a_{ij}^{(0)}, b_i^{(0)}$ は，

$$a_{ij}^{(0)}=a_{ij}, \qquad b_i^{(0)}=b_i$$

である．

第 $k$ 段階においては，

$$\left.\begin{aligned} a_{kj}^{(k)}&=a_{kj}^{(k-1)}/a_{kk}^{(k-1)} \\ b_k^{(k)}&=b_k^{(k-1)}/a_{kk}^{(k-1)} \end{aligned}\right\}$$

$$\left.\begin{aligned} a_{ij}^{(k)}&=a_{ij}^{(k-1)}-a_{ik}^{(k-1)}\cdot\frac{a_{kj}^{(k-1)}}{a_{kk}^{(k-1)}} \\ b_i^{(k)}&=b_i^{(k-1)}-a_{ik}^{(k-1)}\cdot\frac{b_k^{(k-1)}}{a_{kk}^{(k-1)}} \end{aligned}\right\} \quad (i\neq k)$$

これを $k=1$ より $k=n$ まで行えば，初めの $b_1, b_2, \cdots, b_n$ の位置に解 $x_1, x_2, \cdots,$

$x_n$ が得られる.

(3) 次々に'掃出し'を行うとき，$a_{kk}^{(k-1)}$ が0または0に近い値となることがある．この場合は，列の入れ換えを行い，0でない要素をもってきて上の計算を行う．ただし，'列'の入れ換えを記憶しておき，計算終了後，配列を復元しなければならない.

通常は0であるなしにかかわらず，その行の絶対値最大要素を $a_{kk}$（これを pivot または枢軸要素という）とすることが多い．この手続きには，誤差が大きくなることを防ぐ利点がある．もし計算の進行中，その行の要素がすべて0ならば行列式の値 $|\boldsymbol{A}|$ が0なので，解不能となる.

**2) 逆行列($A^{-1}$)の計算**

(1) 行列 $\boldsymbol{A}$ の逆行列 $\boldsymbol{A}^{-1}$ の計算は掃出し法による連立一次方程式の解法と本質的に同じである.

与えられた行列 $\boldsymbol{A}=\{a_{ij}\}$ の右に単位行列 $\boldsymbol{I}$ を並べて掃出しを行う.

$$\underbrace{\begin{matrix} a_{11} & a_{12}\cdots a_{1n} \\ a_{21} & a_{22}\cdots a_{2n} \\ \vdots & \vdots \quad\quad \vdots \\ a_{n1} & a_{n2}\cdots a_{nn} \end{matrix}}_{(\boldsymbol{A})} \qquad \underbrace{\begin{matrix} 1 & 0\cdots 0 \\ 0 & 1\cdots 0 \\ \vdots & \vdots \ddots \\ 0 & 0\cdots 1 \end{matrix}}_{(\boldsymbol{I})}$$

第 $k$ 段階の各要素は，

$$a_{kj}^{(k)}=a_{kj}^{(k-1)}/a_{kk}^{(k-1)} \qquad (j=1,2,\cdots,2n)$$

$$a_{ij}^{(k)}=a_{ij}^{(k-1)}-a_{ik}^{(k-1)}\frac{a_{kj}^{(k-1)}}{a_{kk}^{(k-1)}} \qquad (j=1,2,\cdots,2n\,;\,i\neq k)$$

これを $k=1$ より進めて $k=n$ まで行えば，上の行列は

$$\underbrace{\begin{matrix} 1 & 0\cdots 0 \\ 0 & 1\cdots 0 \\ \vdots & \vdots \ddots \vdots \\ 0 & 0\cdots 1 \end{matrix}}_{(\boldsymbol{I})} \qquad \underbrace{\begin{matrix} a^{11} & a^{12}\cdots a^{1n} \\ a^{21} & a^{22}\cdots a^{2n} \\ \vdots & \vdots \quad\quad \vdots \\ a^{n1} & a^{n2}\cdots a^{nn} \end{matrix}}_{(\boldsymbol{A}^{-1})} \qquad (a^{ij} \text{ は } a_{ij} \text{ の逆行列要素})$$

となり，初めに単位行列がはいっていた位置に逆行列 $\boldsymbol{A}^{-1}$ ができる.

pivot ($a_{kk}$) が0となるのを避けるため，列の入れ換え等を行うのは，連立一次方程式を解く場合と同様である.

(2) (1) の方法が連立一次方程式の解法の利用であることは次のようにして

理解できる．

いま，連立一次方程式 $\boldsymbol{A}\boldsymbol{x}_1=\boldsymbol{b}_1$, $\boldsymbol{A}\boldsymbol{x}_2=\boldsymbol{b}_2$, …, $\boldsymbol{A}\boldsymbol{x}_n=\boldsymbol{b}_n$ を同時的に行うとすれば，$\boldsymbol{A}$ と $\boldsymbol{b}_1, \boldsymbol{b}_2, \cdots, \boldsymbol{b}_n$ を次のように並べ，

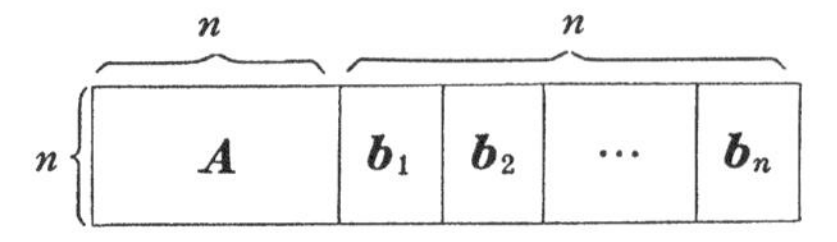


掃出し計算を行えば，最終的には

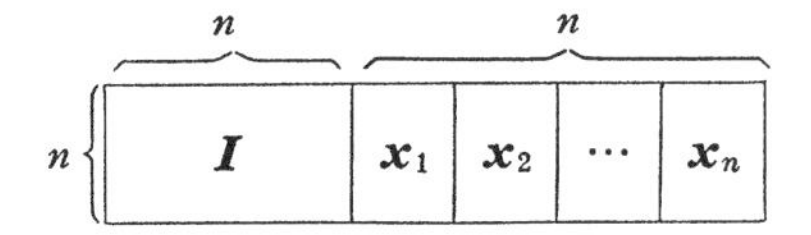


のように，$\boldsymbol{A}$ の位置に $\boldsymbol{I}$, $\boldsymbol{b}_1, \boldsymbol{b}_2, \cdots$ の位置に $\boldsymbol{x}_1, \boldsymbol{x}_2, \cdots$ が残ることになる．もちろん，

$$\boldsymbol{x}_1=\boldsymbol{A}^{-1}\boldsymbol{b}_1, \quad \boldsymbol{x}_2=\boldsymbol{A}^{-1}\boldsymbol{b}_2, \quad \cdots, \quad \boldsymbol{x}_n=\boldsymbol{A}^{-1}\boldsymbol{b}_n$$

である．いま，行列 $\boldsymbol{X}$, 行列 $\boldsymbol{B}$ を次のように定義すると，

$$\boldsymbol{X}=[\boldsymbol{x}_1, \boldsymbol{x}_2, \cdots, \boldsymbol{x}_n], \qquad \boldsymbol{B}=[\boldsymbol{b}_1, \boldsymbol{b}_2, \cdots, \boldsymbol{b}_n]$$

$$\boldsymbol{X}=\boldsymbol{A}^{-1}\boldsymbol{B}$$

ところで，行列 $\boldsymbol{B}$ は，計算の開始時において，単位行列 $\boldsymbol{I}$ である．したがって，

$$\boldsymbol{X}=[\boldsymbol{x}_1, \boldsymbol{x}_2, \cdots, \boldsymbol{x}_n]=\boldsymbol{A}^{-1}$$

が示される．

(3) 実際の計算に当たっては，$a_{kk}, a_{kk+1}, \cdots, a_{kn}$ のなかから，絶対値の最大のものを選び，pivot とするほか，微小値 $\varepsilon$ を与えて，この pivot が $\varepsilon$ 以下であれば行列式 $|\boldsymbol{A}|=0$ とみなして計算終了を図るなどの処置が必要である．また，$(n\times 2n)$ の行列を用いることは記憶容量上不経済であり，$(n\times n)$ の大きさのなかに納めて計算するなどの工夫が必要であろう．

# 2. 確率楕円について

## 1) 確率楕円

多次元の数値データについて，その全体的な分布の模様を知るには，図的に表現することが有効である．その一つの手段として，いわゆる“確率楕円”がある．これは分布全体を要約して示すもので，よく使われている．

特にいくつかの集団間の分布の比較をするとき便利である．集団間の遠い近いの関係が直観的に理解しやすいばかりでなく，‘確率’との対応が明確であり，判別や推定の目的にも適している．

以下，確率楕円の考え方，計算法，作図法について述べる．

## 2) 多次元の場合のチェビシェフ不等式

1次元の確率変数 $X$ の場合におけるチェビシェフの不等式は，

$$P(|X-E(X)|<\lambda\sigma_X)>1-\frac{1}{\lambda^2}$$

として示される．ここで，$\lambda$ は $\lambda>1$ なる任意の定数である．

これを2次元以上に拡張したチェビシェフの不等式は次のとおりである．一般に $\boldsymbol{k}$ 次元とし，記号を次のように定める．

変数 $x_1, x_2, \cdots, x_k$ の平均を $m_1, m_2, \cdots, m_k$ とし，それらの分散共分散を $\sigma_j{}^2$, $\sigma_{jk}$ $(j, k=1, \cdots, k)$ として，$\boldsymbol{\Sigma}, \boldsymbol{x}, \boldsymbol{m}$ を，

$$\boldsymbol{\Sigma}=\begin{bmatrix} \sigma_1{}^2 & \sigma_{12}\cdots\sigma_{1k} \\ \sigma_{21} & \sigma_2{}^2\cdots\sigma_{2k} \\ \vdots & \vdots \ddots \vdots \\ \sigma_{k1} & \sigma_{k2}\cdots\sigma_k{}^2 \end{bmatrix}, \qquad \boldsymbol{x}=\begin{bmatrix} x_1 \\ x_2 \\ \vdots \\ x_k \end{bmatrix}, \qquad \boldsymbol{m}=\begin{bmatrix} m_1 \\ m_2 \\ \vdots \\ m_k \end{bmatrix}$$

とする．また $\boldsymbol{\Sigma}$ の逆行列を $\boldsymbol{\Sigma}^{-1}$ で表す．

このとき，楕円面

$$\frac{1}{k}(\boldsymbol{x}-\boldsymbol{m})'\boldsymbol{\Sigma}^{-1}(\boldsymbol{x}-\boldsymbol{m})=1$$

を $\boldsymbol{k}$ 次元の確率変数 $(x_1, x_2, \cdots, x_k)$ の集中楕円面とよぶ．$\boldsymbol{k}$ 次元のチェビシェフ不等式はこの式を用いて次のように表現される．

$$P\left(\frac{1}{k}(\boldsymbol{x}-\boldsymbol{m})'\boldsymbol{\Sigma}^{-1}(\boldsymbol{x}-\boldsymbol{m})<\lambda^2\right)>1-\frac{1}{\lambda^2} \qquad (\lambda>1)$$

すなわち，$(x_1, x_2, \cdots, x_k)$ が集中楕円面の軸の長さの $\lambda$ 倍の軸をもつ楕円面内部に落ちる確率は $\left(1-\frac{1}{\lambda^2}\right)$ より高いことを意味している．

集中楕円面の体積は推定の精度に関係する量である．この体積 $V$ は

$$V=\frac{(k\pi)^{\frac{k}{2}}}{\Gamma\left(\frac{k}{2}+1\right)}\sqrt{|\boldsymbol{\Sigma}|}$$

となる*)．したがって，$V$ の大小は $\sqrt{|\boldsymbol{\Sigma}|}$ あるいは $|\boldsymbol{\Sigma}|$ の大小で決定される．

*) 分母に現れている式は，$\Gamma$（ガンマ）関数とよばれているもので

$$\Gamma(x)=\int_0^\infty e^{-y}y^{x-1}dy \qquad (x>0)$$

で定義される．

$$\Gamma(x+1)=x\Gamma(x) \qquad (x>0),$$
$$\Gamma(n+1)=n! \qquad (n\text{ は正の整数})$$

などの関係式が成り立つ．

これらを1次元の場合と対比させてみると，

集中楕円面の内部領域 $\longrightarrow$ 区間 $[E(X)-\sigma_X,\ E(X)+\sigma_X]$

$$\sqrt{|\boldsymbol{\Sigma}|} \longrightarrow \sigma_X$$

$$|\boldsymbol{\Sigma}| \longrightarrow \sigma_X{}^2$$

のようになる．つまり1次元の場合の拡張といえる．その意味で $|\boldsymbol{\Sigma}|$ は“一般化された分散(generalized variance)”といわれている．

### 3)　2次元の確率楕円パラメータの算出

一般によく使われる $k=2$，すなわち2次元の場合について，楕円の長・短軸，傾き，面積を以下具体的に求める．

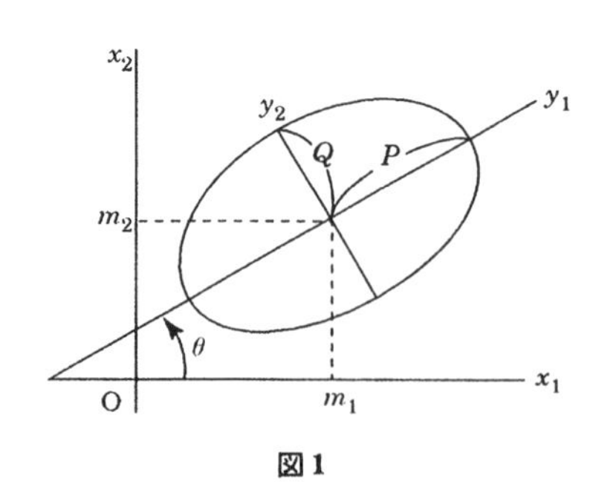


図1

$k=2$ の楕円は，便宜上，$m_1=m_2=0$ として楕円の中心を原点にとれば，

$$\frac{1}{2}\boldsymbol{x}'\boldsymbol{\Sigma}^{-1}\boldsymbol{x}=1$$

と書ける．この式は，$\rho$ を相関係数として，

$$\boldsymbol{\Sigma}^{-1}=\begin{bmatrix}\sigma_1{}^2 & \sigma_{12}\\ \sigma_{21} & \sigma_2{}^2\end{bmatrix}^{-1}=\frac{1}{(1-\rho^2)}\begin{bmatrix}\dfrac{1}{\sigma_1{}^2} & \dfrac{-\sigma_{12}}{\sigma_1{}^2\sigma_2{}^2}\\ \dfrac{-\sigma_{12}}{\sigma_1{}^2\sigma_2{}^2} & \dfrac{1}{\sigma_2{}^2}\end{bmatrix}$$

を用いて具体的に書けば，

$$\frac{1}{2(1-\rho^2)}\left(\frac{x_1{}^2}{\sigma_1{}^2}-\frac{2\rho x_1x_2}{\sigma_1\sigma_2}+\frac{x_2{}^2}{\sigma_2{}^2}\right)=1$$

となる．

**長軸・短軸の長さ**　長軸，短軸のそれぞれ半分(半径)を $P, Q$ ($P\geqq Q$) とし，上式を楕円の標準形，

$$\left(\frac{y_1}{P}\right)^2+\left(\frac{y_2}{Q}\right)^2=1$$

に変換する．

すなわち，$x_1$ 軸，$x_2$ 軸を $\theta$ だけ回転して $y_1, y_2$ 軸とし，長・短軸と重ねるわけである．これは，$\boldsymbol{C}$ を直交行列として，

$$\boldsymbol{C}'\boldsymbol{\Sigma}\boldsymbol{C}=\boldsymbol{L}=\begin{bmatrix} l_1 & 0 \\ 0 & l_2 \end{bmatrix}$$

として，$\boldsymbol{y}=\boldsymbol{C}'\boldsymbol{x}$ なる直交変換を行うことを意味する．$l_1, l_2$ は $\boldsymbol{\Sigma}$ の固有値で，$l_1\geqq l_2$ とする(もちろん，$l_1, l_2>0$)．

$$\frac{1}{2}\boldsymbol{x}'\boldsymbol{\Sigma}^{-1}\boldsymbol{x}=\frac{1}{2}\boldsymbol{y}'(\boldsymbol{C}'\boldsymbol{\Sigma}^{-1}\boldsymbol{C})\boldsymbol{y}=1$$

ここで

$$\boldsymbol{C}'\boldsymbol{\Sigma}^{-1}\boldsymbol{C}=(\boldsymbol{C}'\boldsymbol{\Sigma}\boldsymbol{C})^{-1}=\boldsymbol{L}^{-1}=\begin{bmatrix} 1/l_1 & 0 \\ 0 & 1/l_2 \end{bmatrix}$$

であるから，

$$\frac{1}{2}\boldsymbol{x}'\boldsymbol{\Sigma}^{-1}\boldsymbol{x}=\frac{1}{2}\boldsymbol{y}'\boldsymbol{L}^{-1}\boldsymbol{y}=\left(\frac{y_1}{\sqrt{2l_1}}\right)^2+\left(\frac{y_2}{\sqrt{2l_2}}\right)^2=1$$

長・短軸の半分，$P, Q$ は上式から次のようになる．

$$P=\sqrt{2l_1},\qquad Q=\sqrt{2l_2}$$

よって $\boldsymbol{\Sigma}$ の固有値 $l_1, l_2$ ($l_1\geqq l_2$) を求めればよい．

$$\begin{vmatrix} \sigma_1{}^2-l & \sigma_{12} \\ \sigma_{21} & \sigma_2{}^2-l \end{vmatrix}=0 \qquad (\text{ただし } \sigma_{21}=\sigma_{12})$$

より，

$$(\sigma_1{}^2-l)(\sigma_2{}^2-l)-\sigma_{12}{}^2=0$$

$$l^2-(\sigma_1{}^2+\sigma_2{}^2)l+\sigma_1{}^2\sigma_2{}^2-\sigma_{12}{}^2=0$$

$$l=\frac{1}{2}\{(\sigma_1{}^2+\sigma_2{}^2)\pm\sqrt{(\sigma_1{}^2-\sigma_2{}^2)^2+4\sigma_{12}{}^2}\}$$

結局，$P, Q$ は

$$P=\sqrt{2l_1}=\sqrt{\sigma_1{}^2+\sigma_2{}^2+\sqrt{(\sigma_1{}^2-\sigma_2{}^2)^2+4\sigma_{12}{}^2}}$$

$$Q=\sqrt{2l_2}=\sqrt{\sigma_1{}^2+\sigma_2{}^2-\sqrt{(\sigma_1{}^2-\sigma_2{}^2)^2+4\sigma_{12}{}^2}}$$

なお，$l_1, l_2$ が必ず正数をとることは $\boldsymbol{\Sigma}$ が正値定符号であることから明らかである．

**面積**　楕円の面積 $A$ は，$P, Q$ により次のように表される．

$$A=\pi PQ=2\pi l_1 l_2=2\pi\sigma_1\sigma_2\sqrt{1-\rho^2}$$

**回転角 $\theta$**　楕円の $x_1$ 軸に対する傾き，すなわち回転角 $\theta$ は次式で与えられる．

$$\theta=\frac{1}{2}\tan^{-1}\left\{\frac{2\sigma_{12}}{\sigma_1{}^2-\sigma_2{}^2}\right\}\qquad\left(-\frac{\pi}{2}\leqq\theta\leqq\frac{\pi}{2}\right)$$

これは次のようにして確かめられる．

$$\boldsymbol{C}'\boldsymbol{\Sigma}\boldsymbol{C}=\begin{bmatrix}\cos\theta & \sin\theta\\ -\sin\theta & \cos\theta\end{bmatrix}\boldsymbol{\Sigma}\begin{bmatrix}\cos\theta & -\sin\theta\\ \sin\theta & \cos\theta\end{bmatrix}=\begin{bmatrix}l_1 & 0\\ 0 & l_2\end{bmatrix}$$

であるから，

$$\begin{aligned}0&=-\sin\theta\cos\theta\,\sigma_1{}^2-\sin^2\theta\,\sigma_{12}+\sin\theta\cos\theta\,\sigma_2{}^2+\cos^2\theta\,\sigma_{12}\\&=(\sigma_2{}^2-\sigma_1{}^2)\sin 2\theta+2\sigma_{12}\cos 2\theta\end{aligned}$$

よって

$$\frac{\sin 2\theta}{\cos 2\theta}=\frac{2\sigma_{12}}{\sigma_1{}^2-\sigma_2{}^2},\qquad\theta=\frac{1}{2}\tan^{-1}\left(\frac{2\sigma_{12}}{\sigma_1{}^2-\sigma_2{}^2}\right)$$

がいえる．ただし，$\theta$ は $\sigma_{12}$ と（$\sigma_1{}^2-\sigma_2{}^2$）の正負の内容により次のように定まる．いま

$$\phi=\frac{1}{2}\tan^{-1}\left\{\left|\frac{2\sigma_{12}}{\sigma_1{}^2-\sigma_2{}^2}\right|\right\}$$

とするとき，採択する $\theta$ と $\phi$ の関係は表1のようになる．$\sigma_1{}^2=\sigma_2{}^2$ でかつ $\sigma_{12}=0$ なら $\theta$ は定まらない．これは円の場合である．

表1

| ＼ | $\sigma_1{}^2>\sigma_2{}^2$ | $\sigma_1{}^2=\sigma_2{}^2$ | $\sigma_1{}^2<\sigma_2{}^2$ |
|---|---|---|---|
| $\sigma_{12}>0$ | $\theta=\phi$ | $\theta=\pi/4$ | $\theta=\pi/2-\phi$ |
| $\sigma_{12}=0$ | $\theta=0$ | （不定） | $\theta=0$ |
| $\sigma_{12}<0$ | $\theta=-\phi$ | $\theta=-\pi/4$ | $\theta=\phi-\pi/2$ |

### 4) 楕円の大きさと確率

チェビシェフ不等式を用いて，確率 $P=1-\dfrac{1}{\lambda^2}$ の領域を設定したい場合には，一般に集中楕円面の軸の長さを $\lambda$ 倍すればよい．

$k=2$，すなわち2次元の場合は，

$$\left(\frac{y_1}{P}\right)^2+\left(\frac{y_2}{Q}\right)^2=\lambda^2, \qquad \left(\frac{y_1}{\lambda P}\right)^2+\left(\frac{y_2}{\lambda Q}\right)^2=1$$

と表せる．すなわち $P, Q$ をそれぞれ $\lambda$ 倍すればよい．たとえば確率 50 %ならば $\sqrt{2}$ 倍，90 %なら $\sqrt{10}$ 倍すればよい．なお $\lambda$ 倍したときの楕円の面積 $A$ は

$$A=\pi PQ\lambda^2=2\pi\sigma_1\sigma_2\sqrt{1-\rho^2}\,\lambda^2$$

となる．

以上はチェビシェフ不等式を用いる場合の，楕円の拡大率 $\lambda$ と確率 $P$ の関係である．チェビシェフ不等式は $(x_1, x_2)$ の分布型がなにであっても成立する関係であるから，一般性があって便利である反面，所与の確率で推定を行う場合，とかく領域が広くなる傾向がある．

もしも，$(X_1, X_2)$ の分布が正規分布であれば，同じ領域を用いる推定においても，ずっと高い確率(精度)を得ることができる．

2次元正規分布における密度関数は $m_1=m_2=0$ として，

$$P(x_1, x_2)=\frac{1}{2\pi|\boldsymbol{\Sigma}|^{\frac{1}{2}}}e^{-\frac{1}{2}\boldsymbol{x}'\boldsymbol{\Sigma}^{-1}\boldsymbol{x}}$$

と表される．ここで $|\boldsymbol{\Sigma}|^{\frac{1}{2}}$ は $\sigma_1\sigma_2\sqrt{1-\rho^2}$ である．

したがって，点 $(x_1, x_2)$ が楕円内部$(A)$に落ちる確率は，これを $P$ として，

$$P=\int_0^A P(x_1, x_2)dA=\int_0^\lambda 2\lambda e^{-\lambda^2}d\lambda=1-e^{-\lambda^2}$$

になる．

これは，$A=2\pi\sigma_1\sigma_2\sqrt{1-\rho^2}\,\lambda^2$ より $dA=4\pi\sigma_1\sigma_2\sqrt{1-\rho^2}\,\lambda d\lambda$ となる関係を利用して得られる．

2次元正規分布の場合は，同じ $\lambda$ の値でも

表 2

| 確率 $P$ | $\lambda$ の値 | |
|---|---|---|
| | チェビシェフ | 正規分布 |
| 0.10 | 1.054 | 0.325 |
| 0.20 | 1.118 | 0.472 |
| 0.25 | 1.155 | 0.536 |
| 0.30 | 1.195 | 0.597 |
| 0.40 | 1.291 | 0.715 |
| 0.50 | 1.414 | 0.833 |
| 0.60 | 1.581 | 0.957 |
| 0.70 | 1.826 | 1.097 |
| 0.75 | 2.000 | 1.177 |
| 0.80 | 2.236 | 1.269 |
| 0.90 | 3.162 | 1.517 |
| 0.95 | 4.472 | 1.731 |
| 0.99 | 10.000 | 2.146 |

(計算は水野による)

確率は $1-e^{-\lambda^2}$ となり，これは $\left(1-\frac{1}{\lambda^2}\right)$ よりかなり大きいことがわかる．したがって，正規分布の保証がある場合には，もちろんこの式を利用するのがよい．

たとえば $\lambda=\sqrt{2}$ とすればチェビシェフ不等式なら確率 50％，正規分布なら 86.5％である．逆に確率を 90％に固定して $\lambda$ を求めるとすれば，チェビシェフ不等式では $\lambda=3.16$，正規分布では $\lambda=1.52$ である．

表 2 は確率 $P$ を与えたときの $\lambda$ のちがいをチェビシェフ不等式と正規分布とについて比較したものである．

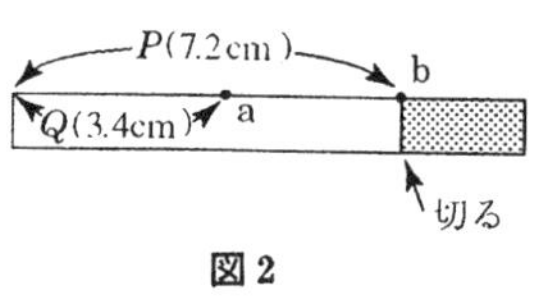


図 2

### 5）楕円の作図

例を長軸（$P$）が 0.72，短軸（$Q$）が 0.34，$\theta=10.2°$ として，作図の仕方を示す．

(1) 約 1 cm の幅の厚紙に図 2 のように目盛る．

(2) 次に厚紙上に 1/4 楕円を作図する（図 3）．

$Q$ の点 a を横軸（$P$ 軸）に点 b を縦線（$Q$ 軸）にあてがいながら移動させて点を打つ（①，②）．

点を結んで 1/4 楕円を描き，できたら切抜いて "No." を記入しておく（③）．

これは幾種類もの楕円を描く場合，混同しないためである．

(3) グラフ上に楕円を写しとる．楕円の中心（$m_1, m_2$）に分度器を当て，$\theta$（角度）を定め，その方向線 $g$ と $g$ に直交する線 $g'$ を定める．

先に切抜いた 1/4 楕円を $g$，

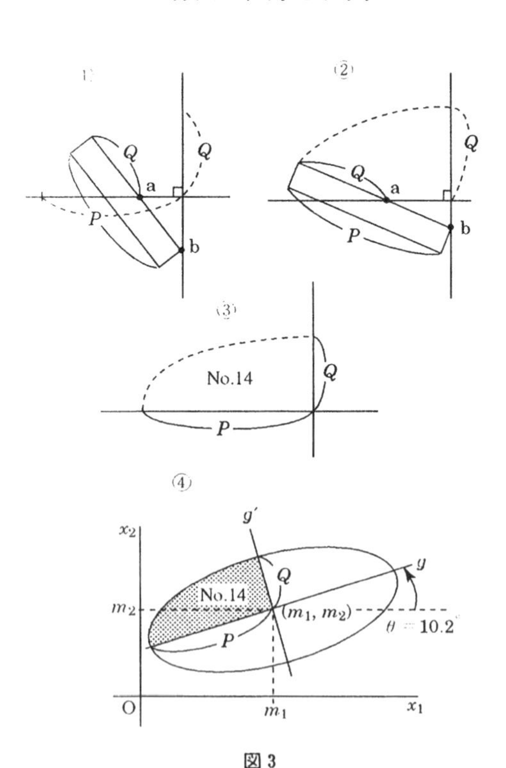


図 3

$g'$ 線にあてがって，転写する(④).

$g$ 軸が楕円の長 ($P$) 軸と一致する.

(4) 角度のとり方に注意する.

角度 $\theta$ は必ず時計の針と逆方向を‘正’にとる.

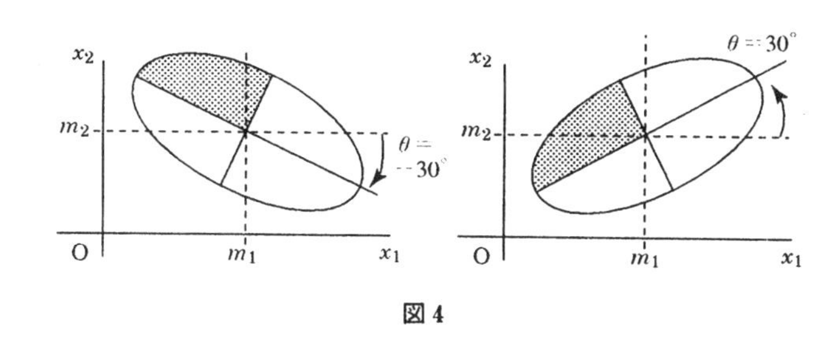


図 4

(5) 作図結果をチェックする.

楕円の形，傾き，位置に誤りがないか，チェックする．これには，$\sigma_1^2, \sigma_2^2, \sigma_{12}$ と角度 $\theta$ には，図 5 のような関係があるから，$P, Q$ を計算する前の $\sigma_1^2, \sigma_2^2, \sigma_{12}$ にもどって確かめるとよい．結果が図 5 のような形状をしていないときは，どこかに誤りがある.

図で破線は，45° または −45° を示している．円の場合は $\theta$ は計算上‘不定’

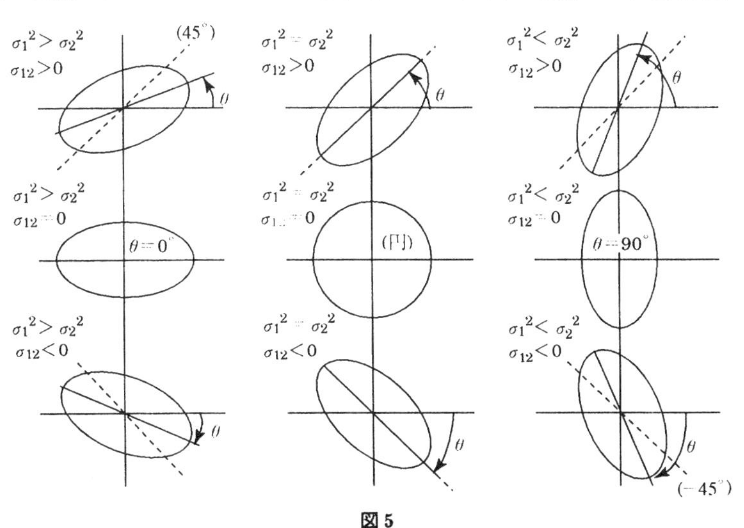


図 5

となるが実際には0°として扱えばよい．

楕円の中心の座標は変数 $(x_1, x_2)$ の平均 $(m_1, m_2)$ である．

**問1**　変数 $(x_1, x_2)$ に関して，右のような値をもつ分布について，

| （平均） | （分散） |
|---|---|
| $m_1=2$ | $\sigma_1{}^2=36$ |
| $m_2=3$ | $\sigma_2{}^2=25$ |
| （共分散） | |
| $\sigma_{12}=-20$ | |

(1) チェビシェフ不等式における確率75％，および50％の領域を作図せよ．

(2) 上の場合で，正規分布を仮定した領域を示せ．

**問2**　変数 $x_1, x_2$ の分散がともに1，共分散が0.5の場合について，確率をいろいろに変えて，チェビシェフ不等式のときと，正規分布のときを比較せよ．

**問3**　変数 $(x_1, x_2)$ に関して，Aグループと B グループは次のような分布を示している．

| | （平均 $\bar{x}_1$, | $\bar{x}_2$） | （分散 $\hat{\sigma}_1{}^2$, | $\hat{\sigma}_2{}^2$） | （共分散 $\hat{\sigma}_{12}$） |
|---|---|---|---|---|---|
| Aグループ | 3.0 | 4.0 | 5.0 | 6.0 | −3.0 |
| Bグループ | −1.0 | 2.0 | 4.0 | 6.0 | 2.0 |

両グループのそれぞれについて，チェビシェフ不等式，確率50％の楕円を求め，分布の重なり具合いを調べよ．

# 3.　確率分布の計算

## 3.1　正規分布

正規偏差 $z_0$ より分布関数 $F(z_0)$，すなわち確率 $\Pr\{z<z_0\}$ の値を計算する．このとき確率 $\Pr\{z>z_0\}$ は $1-F(z_0)$ で得られる．

また原点からの累積確率 $F'(z_0)$ を合わせて求めるとする．

$$\Pr\{z<z_0\}=F(z_0)=\frac{1}{\sqrt{2\pi}}\int_{-\infty}^{z_0}e^{-\frac{t^2}{2}}dt$$

$$\Pr\{z>z_0\}=1-F(z_0)$$

$F'(z_0)$ は，

$$F'(z_0)=\frac{1}{\sqrt{2\pi}}\int_0^{|z_0|}e^{-\frac{t^2}{2}}dt$$

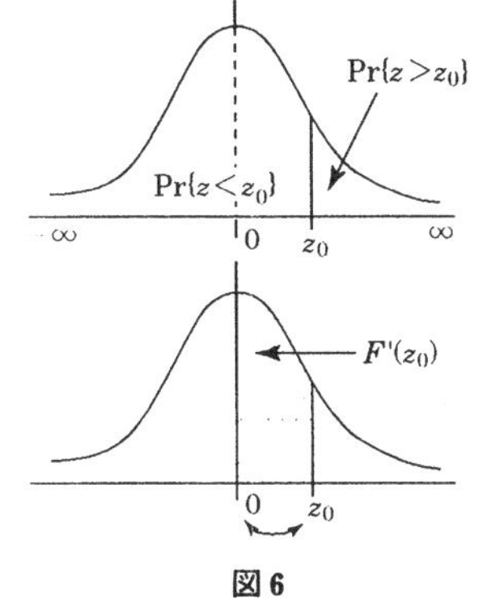

図 6

### 1)　計算方法

$z^*=|z|$ とすると，

$$F'(z)=\frac{1}{\sqrt{2\pi}}\int_0^{z^*}e^{-\frac{t^2}{2}}dt=\frac{1}{\sqrt{\pi}}\int_0^{z^*/\sqrt{2}}e^{-t^2}dt$$

これより近似公式

$$G(x)=\frac{2}{\sqrt{\pi}}\int_0^x e^{-t^2}dt$$

$$\fallingdotseq 1.-(1./((((((0.0000430638x+0.0002765672)x+0.0001520143)x+0.0092705272)x+0.0422820123)x+0.0705230784)x+1.))^{16}$$

を利用すれば，

$$F'(z)=G(z^*/\sqrt{2})/2$$

$$\Pr\{z<z_0\}=F(z_0)=\begin{cases}0.5+F'(z_0) & (z>0\text{ のとき})\\ 0.5-F'(z_0) & (z<0\text{ のとき})\end{cases}$$

$$\Pr\{z>z_0\}=1.-\Pr\{z<z_0\}$$

**2)** 手　順

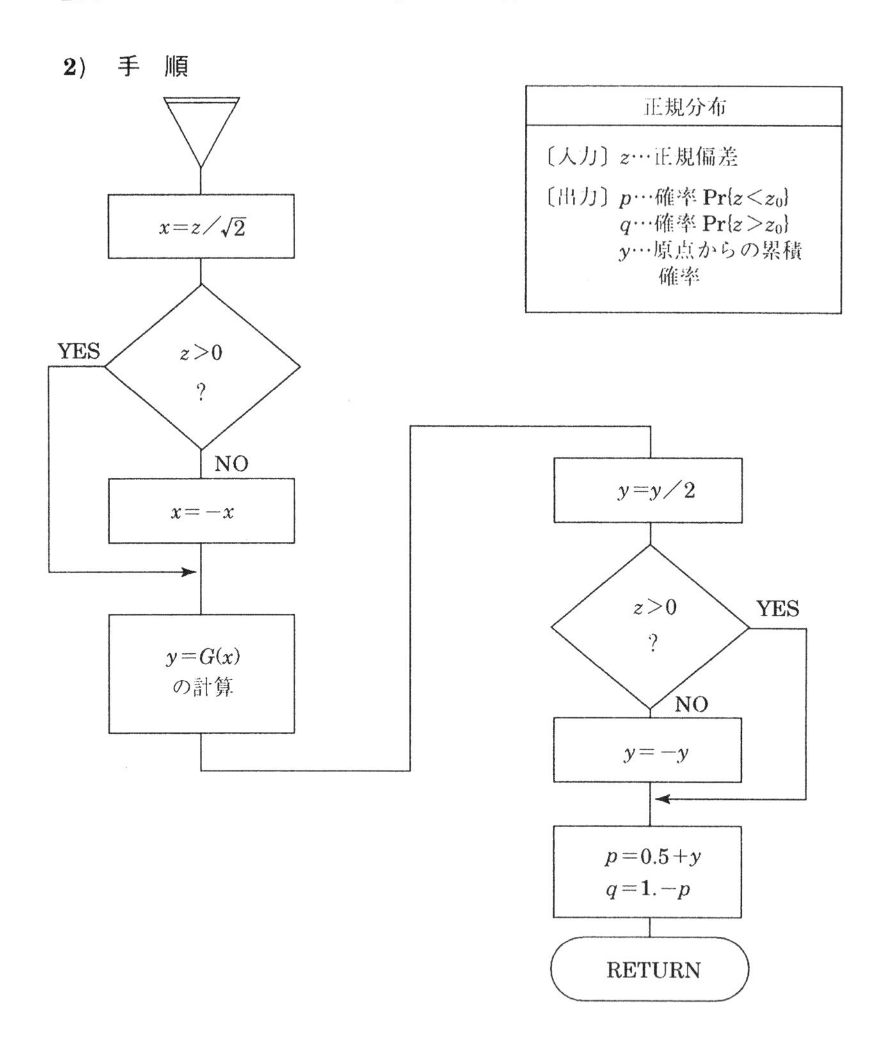


(1)　$|z|$ がきわめて大きいとき ($z>10^5$程度) は，$\mathrm{Pr}\{z<z_0\}=0$，または 1，$F'(z)=0.5$ として扱い，このルーチンによる計算を省略する．

(2)　計算の精度は小数点以下 4～5 桁程度である．

### 3.2　$F$ 分布[*)]

$F$ 分布において，二つの自由度 $n_1, n_2$ および $F_0$ の値が得られたとき，これより確率 $\Pr\{F<F_0\}$，$\Pr\{F>F_0\}$ を計算する．

$F$ の密度関数 $f(F)$ は，

$$f(F)=\frac{\Gamma\left(\frac{n_1+n_2}{2}\right)}{\Gamma\left(\frac{n_1}{2}\right)\cdot\Gamma\left(\frac{n_2}{2}\right)}\cdot\left(\frac{n_1}{n_2}\right)^{\frac{n_1}{2}}\cdot F^{\frac{n_1-1}{2}}\cdot\left(1.+\frac{n_1}{n_2}F\right)^{-\frac{n_1+n_2}{2}}dF$$

$$\Pr\{F<F_0\}=\int_0^{F_0}f(F)dF$$

$$\Pr\{F>F_0\}=1-\int_0^{F_0}f(F)dF$$

である．

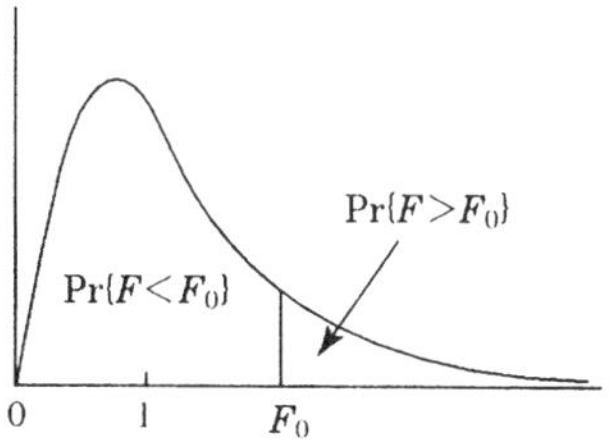

図7

#### 1)　計算方法

$$\Pr\{F<F_0\}=\frac{\Gamma\left(\frac{n_1+n_2}{2}\right)}{\Gamma\left(\frac{n_1}{2}\right)\cdot\Gamma\left(\frac{n_2}{2}\right)}\int_0^{w}\frac{\xi^{\frac{n_1}{2}-1}}{(\xi+1)^{\frac{n_1+n_2}{2}}}d\xi$$

ただし，$w=\frac{n_1}{n_2}F_0$

ここで，$\Pr\{F<F_0\}=F(n_1, n_2, F_0)$ とすると，

$$F(1, 1, F_0)=\frac{2}{\sqrt{\pi}}\tan^{-1}\sqrt{w};\quad F(1, 2, F_0)=\left(\frac{w}{1+w}\right)^{\frac{1}{2}}$$

$$F(2, 1, F_0)=1-\frac{1}{(1+w)^{\frac{1}{2}}};\quad F(2, 2, F_0)=\frac{w}{1+w}$$

ここで，自由度 $n_1, n_2$ の奇数，偶数の組合せ関係に応じ，上の四つのいずれかに帰着する漸化式を用いて解く．

---

*)　$F$ 分布確率計算のフローチャートは朝日新聞東京本社世論調査室在職中だった佐藤義信氏の労に負うところが大きい．

**2)** 手 順

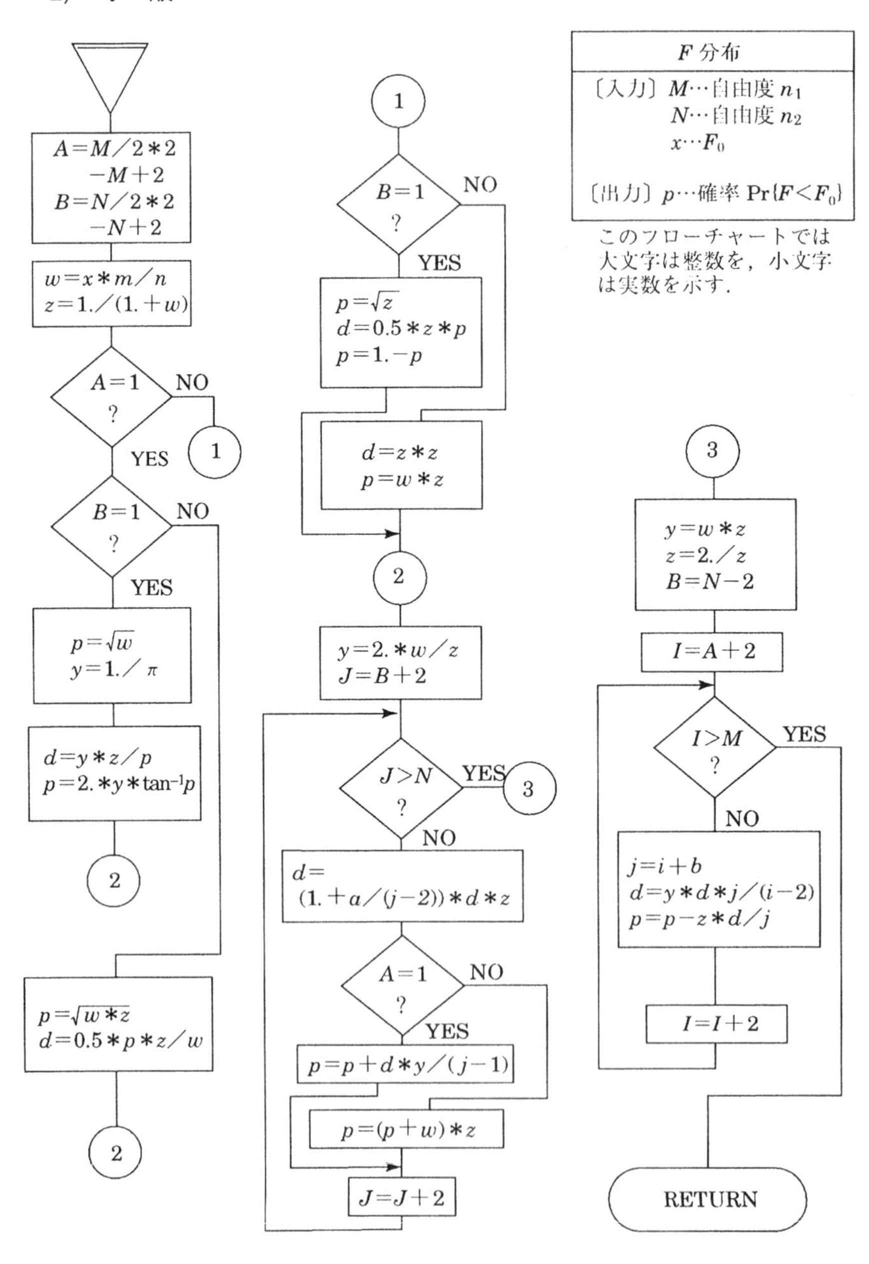
F 分布
〔入力〕M…自由度 n1
N…自由度 n2
x…F0
〔出力〕p…確率 Pr{F<F0}
このフローチャートでは大文字は整数を，小文字は実数を示す.
A=M/2*2 −M+2
B=N/2*2 −N+2
w=x*m/n
z=1./(1.+w)
A=1 ?
NO
YES
1
B=1 ?
NO
YES
p=√w
y=1./π
d=y*z/p
p=2.*y*tan-1p
2
p=√w*z
d=0.5*p*z/w
2
1
B=1 ?
NO
YES
p=√z
d=0.5*z*p
p=1.−p
d=z*z
p=w*z
2
y=2.*w/z
J=B+2
J>N ?
YES
3
NO
d=
(1.+a/(j−2))*d*z
A=1 ?
NO
YES
p=p+d*y/(j−1)
p=(p+w)*z
J=J+2
3
y=w*z
z=2./z
B=N−2
I=A+2
I>M ?
YES
NO
j=i+b
d=y*d*j/(i−2)
p=p−z*d/j
I=I+2
RETURN

## 3.3 $t$ 分布

$t$ 分布において値 $t_0$ と自由度 $n$ より確率 $\Pr\{|t|<|t_0|\}$，および $\Pr\{|t|>|t_0|\}$ を求める場合は，$F$ 分布に関するルーチンを利用して行うことができる.

### 1) 計算方法

$t$ 分布の密度関数 $f(t)$ は，

$$f(t)=\frac{1}{\sqrt{n\pi}}\cdot\frac{\Gamma\left(\frac{n+1}{2}\right)}{\Gamma\left(\frac{n}{2}\right)}\left(1+\frac{t^2}{n}\right)^{-\frac{n+1}{2}}$$

(ただし，$n$ は自由度)

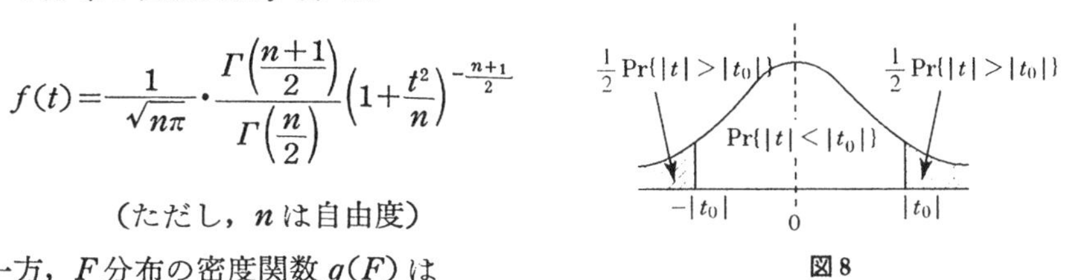


図 8

一方，$F$ 分布の密度関数 $g(F)$ は

$$g(F)=\frac{\Gamma\left(\frac{n_1+n_2}{2}\right)}{\Gamma\left(\frac{n_1}{2}\right)\cdot\Gamma\left(\frac{n_2}{2}\right)}\left(\frac{n_1}{n_2}\right)^{\frac{n_1}{2}}\cdot F^{\frac{n_1-1}{2}}\left(1+\frac{n_1}{n_2}F\right)^{-\frac{n_1+n_2}{2}}$$

(ただし，$n_1, n_2$ は自由度)

この両式において，$n_1=1$，$n_2=n$，$F_0=t_0^2$ とするとき

$$\int_0^{F_0} g(F)dF=\int_{-t_0}^{t_0} f(t)dt$$

となる性質がある．この性質を利用して $F$ 分布確率計算の手順により

$$\Pr\{|t|<|t_0|\}=\int_0^{t_0^2} g(F)dF$$

$$\Pr\{|t|>|t_0|\}=1-\int_0^{t_0^2} g(F)dF$$

のように求めればよい.

この場合，得られる確率は‘両側確率’となっていることに注意.

### 2) 手順($F$ 分布と同じ)

| $t$ 分布 | | | |
|---|---|---|---|
| 〔入力〕 | $M$ | … | 1(定数) |
| | $N$ | … | 自由度 $n$ |
| | $x$ | … | $t_0^2$ |
| 〔出力〕 | $P$ | … | 確率 $\Pr\{|t|<|t_0|\}$ |

## 3.4　$\chi^2$ 分布

$\chi^2$ 分布において，自由度 $n$ と $\chi_0^2$ より確率 $\Pr\{\chi^2<\chi_0^2\}$，および確率 $\Pr\{\chi^2>\chi_0^2\}$ を計算する．

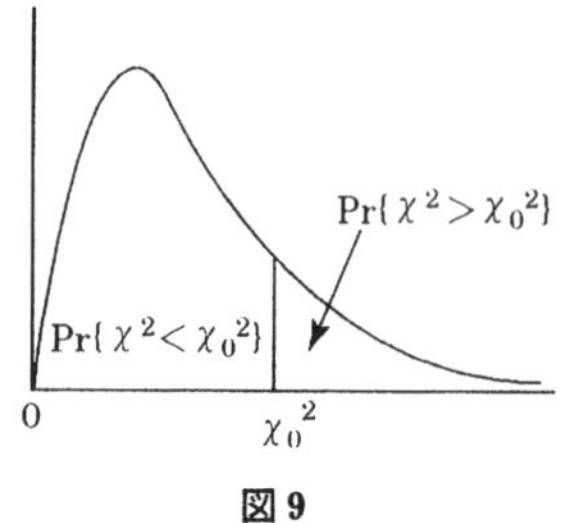


図 9

密度関数 $f(\chi^2)$ は自由度 $n$ として，

$$f(\chi^2)=\frac{1}{2^{n/2}\Gamma\left(\frac{n}{2}\right)}\chi^{2\left(\frac{n-2}{2}\right)}e^{-\chi^2/2}d\chi^2$$

### 1)　計算方法

$$\Pr\{\chi^2>\chi_0^2\}=1-\int_0^{\chi_0^2}f(\chi^2)d\chi^2$$

を次の3通りの形に区別して計算する．$\chi_0>0$ として，

(1) $n=1$ ならば

$$\Pr\{\chi^2>\chi_0^2\}=\sqrt{\frac{2}{\pi}}\int_{\chi_0}^{\infty}e^{-\frac{1}{2}\chi^2}d\chi$$

(2) $n$ が奇数で3以上のとき

$$\Pr\{\chi^2>\chi_0^2\}=\sqrt{\frac{2}{\pi}}\int_{\chi_0}^{\infty}e^{-\frac{1}{2}\chi^2}d\chi+\sqrt{\frac{2}{\pi}}e^{-\frac{1}{2}\chi_0^2}\left\{\frac{\chi_0}{1}+\frac{\chi_0^3}{1\cdot3}+\frac{\chi_0^5}{1\cdot3\cdot5}+\cdots+\frac{\chi_0^{n-2}}{1\cdot3\cdot5\cdots(n-2)}\right\}$$

(3) $n$ が偶数で2以上のとき

$$\Pr\{\chi^2>\chi_0^2\}=e^{-\frac{1}{2}\chi_0^2}\left\{1+\frac{\chi_0^2}{2}+\frac{\chi_0^4}{2\cdot4}+\frac{\chi_0^6}{2\cdot4\cdot6}+\cdots+\frac{\chi_0^{n-2}}{2\cdot4\cdot6\cdots(n-2)}\right\}$$

ここで，

$$\sqrt{\frac{2}{\pi}}\int_{\chi_0}^{\infty}e^{-\frac{1}{2}\chi^2}d\chi=2\left(1-\frac{1}{\sqrt{2\pi}}\int_{-\infty}^{\chi_0}e^{-\frac{1}{2}\chi^2}d\chi\right)$$

である．右辺（　）内の第2項は正規確率計算のルーチンを利用して計算する．

## 2) 手　順

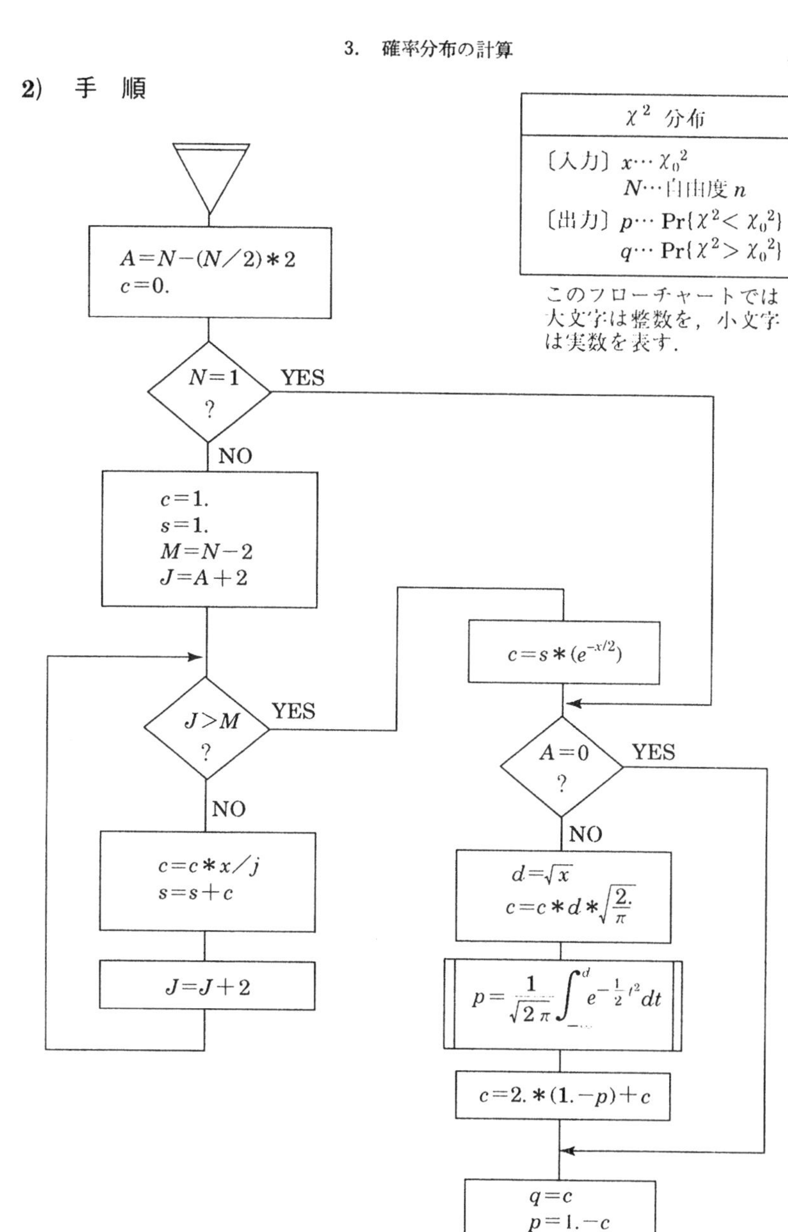


このフローチャートでは大文字は整数を，小文字は実数を表す．

### 3.5 正規逆変換

正規分布 $F(z)$ において確率 $p(=F(z))$ より $z$ を求める計算の場合,

$$z=F^{-1}(p) \qquad ただし, \ p=F(z)=\frac{1}{\sqrt{2\pi}}\int_{-\infty}^{z} e^{-\frac{1}{2}t^2}dt$$

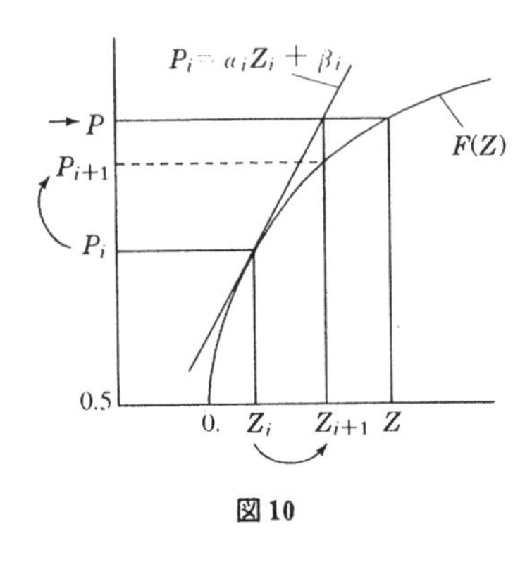


図 10

#### 1) 計算方法

$z$ より $F(z)$ を求める計算ルーチンを利用する.

$1.0-\varepsilon>p>0.0+\varepsilon$ の範囲において $z$ の第 $i$ 次近似を $z_i$, $F(z_i)$ の値を $p_i$ とする. また図 10 の接線の勾配を $\alpha_i$, 定数項を $\beta_i$ とする.

$\alpha_i$, $\beta_i$ は

$$\alpha_i=\frac{1}{\sqrt{2\pi}}e^{-\frac{z_i^2}{2}}$$

$$\beta_i=p_i-\alpha_i z_i$$

したがって $z$ の第 $(i+1)$ 次近似 $z_{i+1}$ は, $z_{i+1}=(p-\beta_i)/\alpha_i$. この $z_{i+1}$ について正規確率を求める計算ルーチンを用いて $p_{i+1}$ が算出できる.

初期値として $z_0=0.0$, $p_0=0.5$ を与え

$$(z_1, p_1), \ (z_2, p_2), \ (z_3, p_3), \ \cdots, \ (z_i, p_i), \ (z_{i+1}, p_{i+1}), \ \cdots$$

のように反復計算すれば, 最終値 $z$ に収束する.

実際には適当な収束判定定数 $\varepsilon$ $(>0)$ を用意し,

$$|p-p_i|\leqq\varepsilon$$

となったところで計算を終了する.

入力値 $p$ が 1, または 0, または 0.5 にきわめて近い場合は同じ $\varepsilon$ を用いて $|1.-p|\leqq\varepsilon$ ならば $z$ は無限大, $|p-0.5|\leqq\varepsilon$ ならば $z=0$, $|p|\leqq\varepsilon$ ならば $z$ はマイナス無限大と判定する.

## 2) 手　順

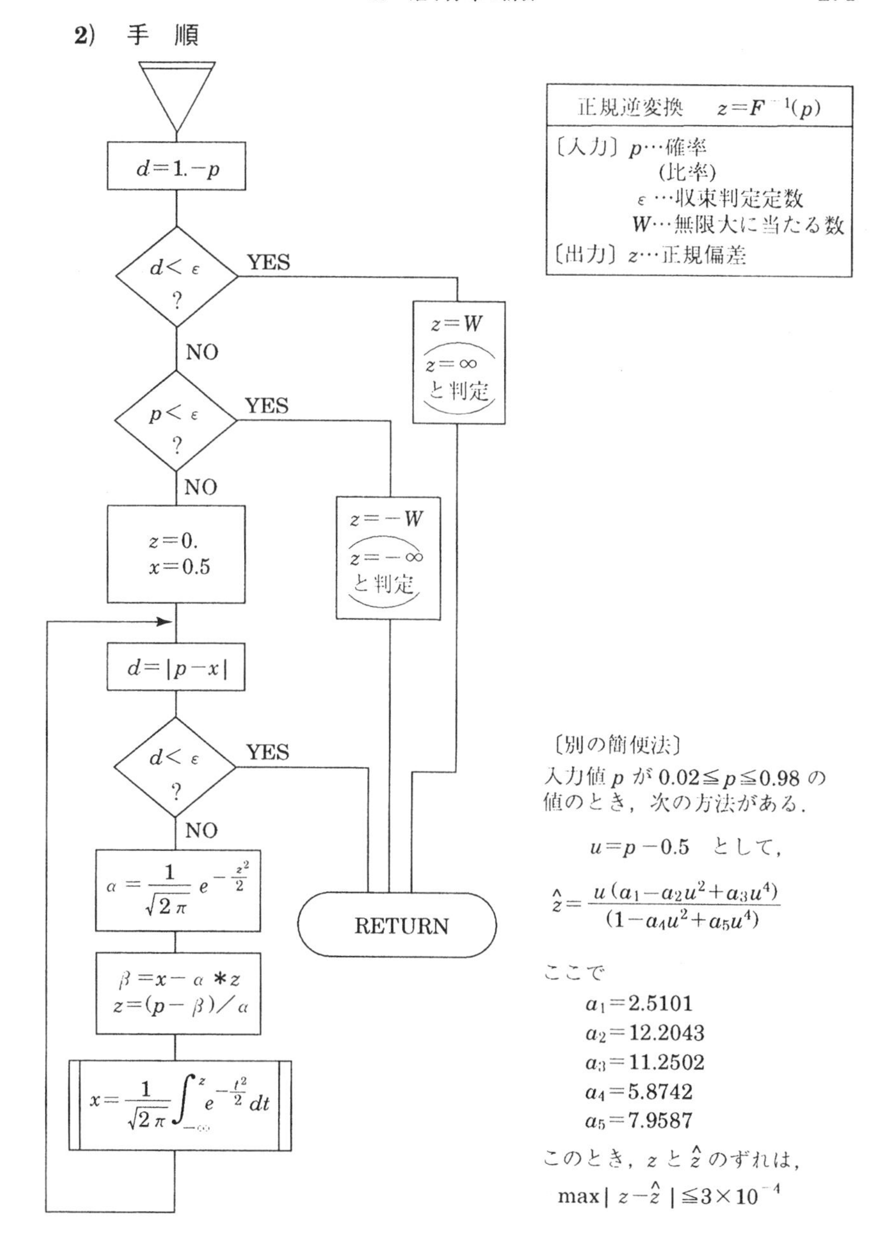


〔別の簡便法〕

入力値 $p$ が $0.02\leqq p\leqq 0.98$ の値のとき，次の方法がある．

$u=p-0.5$　として，

$$\hat{z}=\frac{u(a_1-a_2u^2+a_3u^4)}{(1-a_4u^2+a_5u^4)}$$

ここで

$a_1=2.5101$
$a_2=12.2043$
$a_3=11.2502$
$a_4=5.8742$
$a_5=7.9587$

このとき，$z$ と $\hat{z}$ のずれは，

$\max|z-\hat{z}|\leqq 3\times 10^{-4}$

## 4. 統計ソフトウェアに期待するもの

### 1) わが国での経緯

統計プログラムパッケージ(statistical program package, SPP)の登場は，もうずいぶん以前のことである．わが国でも，1970年代には，米国産のBMD(biomedical computer programs)などが知られていたし，コンピュータメーカー提供のパッケージがあった．それらは多変量解析関係の統計手法を主体にしていた．だが，これらを利用するユーザーは，今日と比べれば，きわめて少数の人たちに限られていたのは確かである．パッケージ自体も，データの入出力形式を共有する複数の統計手法を併立させただけの，プログラム集合体でしかなかった．今日のように豊富な補助機能もなく，ましてや専用のコマンド言語をもつわけではなかった．

しかし，この状況は長くは続かず，進歩へと向かう．人間の知恵と意欲は立派である．急ピッチで各パッケージは，いわば一つの有機体へと変貌していった．わが国で，この種のパッケージの存在を多くのユーザーに教えたのは，SPSS (statistical package for the social sciences) や BMDP (BMD の改良版)であり，少し遅れて SAS (statistical analysis system)である．なかでも SPSS は，コンピュータに縁遠かった文科系の研究者や学生にまで，統計的データ処理に直接かかわるきっかけを与えた．統計的分析法のユーザー人口を増やすと同時に，大型で汎用的なパッケージの具体的な姿を強くかつ広く印象づけたという意味で，特筆できるものであった．これは，三宅一郎氏が同志社大学在職中に，自分の属する国際的研究グループが開発した SPSS を日本にもち帰り，IBM 仕様の原版を京大大型計算機センターの FACOM (当時)向けにコンバートし，林の数量化法などを加えて，大学ユーザーに開放したものである．

このころから，統計パッケージに対する一般ユーザーの関心は急速に高まる．外国産と国産の別を問わず各種のパッケージが普及し，パッケージの開発・改良の努力が各方面でみられるようになった．その一つ，米国ノースカロライナ大学で誕生した SAS は，SPSS とは異なる有用な特徴をもつことから，最近では SPSS をしのぐ愛好者を得ている．ほかにも，それぞれ有用な特徴をもつパッケージは多いのに，SPSS や SAS の知名度は高い．これは，人文科学，行動科学，生物科学など，どちらかといえば探索的色彩の濃い研究領域をカバーする必要上，多種多様なデータに対応でき，多数の分析手法を包含しなければならず，結果として汎用性の高い内容となり多数のユーザーを集めたからである．もちろん，特定の分野，特定の課題のための優れた着想にもとづくパッケージは，ほかにも多いのである．

**2) “統計ソフトウェア”**

最近では，もはや統計パッケージは興味・関心の対象ではなく，データ処理場面では日常的に定着してしまっている．この状況下で，それぞれに個性をもつ新しいパッケージが数多く登場し，古くからのパッケージは改版を重ね，形態・内容・機能の向上と，多様化は著しいものがある．パッケージといえば大型機種のイメージに結びついていたのが，今日ではパソコン向けのパッケージが喜ばれている．大量情報処理では劣るにしても小回りの効く使いやすさが売物になっている．

このような盛況には，もちろんハードウェアの進歩や OS の機能アップが関与していることは，いうまでもない．そして，指摘しなければならないのは，今日の統計パッケージは，各機種のソフト機能と結びつき，それを巧妙に利用して自分のものにする傾向があることである．いわば，両者の境目がはっきりしなくなる．さらに，異なるパッケージが相手側の統計処理機能を共有するという形態も盛んになるだろう．いわゆる“相互乗り入れ”である(SAS が SPSS や OSIRIS のデータファイルを取込む CONVERT プロセジャーは，この一つの現れといえる)．こうなると，閉じたシステムの連想を与える“パッケージ”の語よりは，“統計ソフトウェア”と呼称する方が適当であるような状況に変わりつつある，といわなければならない．個々のパッケージでなく，統計ソフトウェアという広い視点で考えなければ，適切な判断ができない時代が到来したということであろう．

**3) 今後に望む特徴**

統計ソフトウェアに何を望んだらよいか，その指向する形が有機的な機能の統合体であるとすれば，計算労働の省力化という意味の“使いやすさ”ではなくなり，ユーザーの着想に柔軟に応じてくれるという，思考の手段としての“使いやすさ”に変質してくる．その構造の中心は，やはりデータの編集や加工の機能，管理のシステムであり，結果の図示や表示の多様多彩な機能であろう．また，統計的な思考が“データとの対話”にあるならば，自由に選択的連続処理を行える TSS 機能も重要であろう．分析手法，計算内容は同じにしても，利用上の手順の改良は必要になろう．

**(1) データ関連の機能の充実** データの加工，再コードなどの機能はもちろん，異常値や誤りの検出，修正・取捨の機能，マージ・置換などの編集機能，保存・検索などデータの管理，分析結果をデータに追加する機能など，数えあげれば枚挙にいとまがない．これらの機能は，有機体を循環する‘血液’のようなものである．従来も，多種多様な入力データに柔軟かつ迅速に対応できることが，パッケージの効率の指標であった．実際，今日のパッケージは，このデータ関係の機能の強化・拡充に力を注いでいる．

**(2) 図化・作表などリポート機能の多様化** 分析結果の作図・作表の機能が重視されるようになったのは，カラーグラフィックスやレーザープリンタなど，出力機器の発達に負うところが大きい．これらは，本来，分析の最終目標であり，しかも手仕事で行うとすると容易でないことから当然であるといえる．これには，漢字処理，事後のラベル付与などの機能のみならず，同じ作図・作表でも容易に仕様を変えられる豊富なオプションが望まれよう．これには，分析加工を経ていない原データの特徴をとらえる図示，表示の機能も含まれる．

**(3) TSS の活用** 探索的な分析処理では，各段階で結果を判断して，次の処理を選択するという手順が必要になる．まさしく統計ソフトウェアを“思考の道具”として利用することに当たり，それには TSS の機能を活用することになろう．また，作図・作表にしても，反復修正が必要であり，この面でも対話形式が役に立つ．さらに，ケースデータからアグリゲートデータに要約し，それを同じシステムのなかで別途の分析対象とするような場合，途中のチェックがはいって便利である．すべてが TSS による必要はないが，バッチ型のみでは不十分である．

**(4) 分析手法の見直し** 初期のパッケージは，ユーザーによる複雑な計算プログラムの作成を肩代わりするのが主要な任務であり，そこでは分析手法は“輝けるスター”たちであった．

だが，いまはすっかり様変わって，データの編集・加工や結果の作図など，かつて補助機能，サービス機能といわれたものが，今日のパッケージのイメージを支えている．もちろん，分析手法の重要性はいまも変わらないが，設計上の新しい問題は少ない．ただし，手法のなかでも，データの分類や再編と関係が深い“集計”や“クラスター分析”などの探索的機能の拡充は必要である．たとえば“集計”にもいろいろな作業目的があり，単純な反応パターン別集計もあれば，AID (automatic interaction detector)のように分析を加味した集計もあり，豊富なオプションが欲しいところである．その他，独立の分析手法プログラムの取込み機能の改善は，欠かせない．

**(5) その他**　そのほかでは，従来のパッケージが，データを所与のものとして分析中心に設計されていたのに対し，データ収集段階の統計技法の編入を望みたい．たとえば，調査研究における標本抽出計画がある．過去の同類調査のデータによる層別効果を推定，目標精度の見積もり，抽出サンプルの決定，あるいは官公庁提供の地域情報の利用による調査地点の抽出など，シミュレーションを可能にする諸技法は大きな助けとなる．

また，今後の統計ソフトウェアでは，公開利用に供される各種のデータベースの活用のことも，配慮しておく必要があるのではないか．

### 4) 開発を支える要件

統計ソフトウェアを有機的統合体とするための諸機能の開発は，当然のことながら，ハード・ソフト両面の技術の向上を基礎に置いている．しかし，この問題は，これまでの著しい進歩を例にするまでもなく，克服できない種類のものではない．また，ここで論じている事柄の本質的な問題でもない．

最も大事なことは，この統合体に，どのように多種多様な“統計的思考”の様式を付与するか，という側面である．一口に統計処理といっても，いろいろな目的があって一様な解決は望めない．これこそが，主体である人間が知恵と経験で設計すべきものといわなければならない．

**(1) 日本の意識風土**　望ましい統計ソフトウェアの発展には，統計学の専門家とユーザーの緊密な提携関係が要求される．わが国では，その点はどうであろうか．

かつて，ある学会の統計パッケージに関するシンポジウムに，討論者の一人として出席したことがある．そのとき，「統計パッケージに対する関心が高まってきたのは嬉しいが，パッケージ自体は輸入品が多くて残念である」という趣旨の発言を加えたら，すかさずフロアから「なぜ，輸入品ではいけないのか」と質問されて，一瞬戸惑ったことがある．不覚にも，そういう質問を予想していなかった．いわれてみれば，そのとおりで，輸入品であれ国産品であれ，「よいものはよい」のである．特別こだわる必要はない．では，なぜ「残念云々」の言葉が自然に出てしまったのか．気がついたのは，当時の自分の意識の底に，次のような思いが潜んでいたからである．

統計的方法は万国共通であり，確かにパッケージに国境はない．しかし，統計学が現象科学に寄与するものであるなら，統計手法の生産者である統計専門家は現実のデータ処理過程に深く意を払うべきであり，それにはユーザーである現象科学の人々との具体的な接点である‘パッケージ’に，もっと真剣に関与して当然である．だとすれば，日本においても，種々の特徴をもつ国産パッケージがもっと多く世間に普及しているはずである．学問研究者が“先端的理論”に魅せられるのは当然であるが，それらを応用に結びつける努力が概して足りないのではないか，という疑問が「残念云々」の内容だった．

同じような事情は，統計パッケージの製作現場でもいえる．パッケージの製作は多くの日数・費用がかかる．これらに対する周辺の支援体制は，日本の場合，概して弱かった．現実には日本でも，ずいぶん以前から多くの有志がパッケージ開発に当たっていた．しかし，十分な援護システムがあっての仕事というよりは，むしろ個人的な情熱と努力に支えられていたという方が当たっている．この状態では，開発しても世に普及させるのはむずかしいし，せっかくの努力も業績として高い評価を得られないままに終わってしまう場合が多い．優れた統計パッケージには，外国のように‘賞’を出す学会・団体が，日本でも多くあってよいではないか．これに比べると，確かに最近は改善されている．しかし，まだまだ問題は残っている．

学界における応用軽視の意識風土，ハードには金を出すがソフトには出ししぶる金銭感覚，個人としては細かく緻密だが，集団でそれらをシステム化することの不得手な国民性，など，伝統的な日本の状況は，今後も急激には変わらないと思われるからである．

現に，パッケージに対して造詣の深い人たちの「あれがよい」，「これがよい」という評価論が目立っている．これも，設計機能の表面しかみない議論が多いように思う．本来，統計パッケージには，それぞれ個性があり，比較は簡単ではない．汎用的であればあるほど，そうなる．しかも，実際のデータ処理を十分に体験することで，ようやくその個性が理解できる，という類のものである．統計ソフトウェアは鑑賞の対象でなく，使うものである．このことは，むしろユーザー側がよく知っているのに，メーカー側の専門家の認識は甘いように見受けられる．統計ソフトウェアの開発では，専門家の統計学研究者やソフト技術者も実際の研究グループの一員として最初から終わりまで密着参加し，研究作業の全過程を経験してみることが，なんといっても先決である．その姿勢がない限り，わが国における統計ソフトウェアの向上は期待できない，といえるのではないか．

また日本には日本流の分析スタイルというものもある．まして，統計ソフトウェアにデータ収集に関連した諸機能を期待するとすれば，現象との接触点ということもあって，わが国特有の事情が加わる．たとえば，統計資料の仕様が異なる．したがって，処理手法も異なってくる．必ずしも，統計ソフトウェアは，万国共通ではないのである．もっと現実的にいえば，外国産の場合，計算処理の手続きを細かく知りたいとき，また欠陥を発見したとき，照会や回復が不便というケースがよくある(最近のパッケージは，ソースプログラムを公開しないものが多い)．

統計学の専門家は，新しい統計ソフトウェアの時代に，ぜひ積極的に，その担い手になってほしいと期待したい．

**(2) “商品化”の功罪**　最近は，個人的なグループでパッケージを開発し維持するという形は少なくなり，特定の企業体の“商品”として取扱われることが多くなった．パッケージが大型で複合的な内容になるほど，少人数のグループでは手に負えないし，企業体の商品開発とその販路拡張という形態に吸収されていくのは当然といえる．開発者の権利の尊重という意味においても，現状では，この形を認めないわけにはいかない．また，企業組織による継続的な維持管理は，大方の望むところでもある．

ただし，商品が利益重視の路線に乗ると困った事情も発生しやすい．お客を増やすため，魅力化対策として新部品(たとえば新しい分析手法)を次々に加えて膨張する．そのくせ，既存の手法プログラムの改良をおろそかにする．つまり古い部品の手入れを怠るわけである．

普及元の企業体には，自社のパッケージの“ユーザーの会”を組織して，研究集会を定期的に開催しているところがあり，多くの愛好者を集めている．しかし，パッケージの長所も短所も熟知しているデータ処理に忙しい本当のユーザーは参加していないのではないか．計算センターに行ってみると，よほどの新手法でない限り，実際に使用頻度の高いのは“旧部品”の方であることが，すぐわかる．

**(3) ユーザーは主役**　こうみてくると，統計的思考の筋道の設計は，末端のユーザーが主役であるといえそうである．このことは，その昔，SPSS の開発の初期のころ，コンピュータの知識が乏しいリーダーの N. H. ナイ(のちに SPSS 社社長となる)が，勝手なアイデアを次々に出すのを，プログラミング担当の C. H. ハルが徹底的に拾いまくったという話を思い出させる．

かつて，統計パッケージに批判的な統計学者は，統計的手法の大衆化に伴い，ユーザーの誤用が増えると指摘していた．しかし，それも統計学の知識の向上，経験の積上げによって減っている．誤用で被害を受けるのは自分自身である以上，それは当然である．ユーザー側も，以前とは異なり進歩しているのである．

問題は，このようなユーザーの体験から生まれる知恵を，専門の統計学者やソフト技術者や，普及業者にどうフィードバックさせるか，であろう．関係者相互を結びつける“システム”の設計こそが，今後に望まれている最重要の課題であるといってよいではないだろうか．

**5) 期待するもの**

コンピュータや通信技術の進歩によって，本格的な情報化社会がやってくるといわれている．統計ソフトウェアの重要性は，今後の‘情報化’時代への対処と無縁ではない．

今日，情報化社会の到来が，人々に多大の福利をもたらすかの印象を与えているのは，いささかマスコミをはじめとする情報産業の CM によるの感もあるが，いずれにせよ，大量の情報が流れる状態が生まれることは予想できる．実際には，不特定多数の受け手に提供される情報は多分に単純化されていようし，そのための歪みも生じる．また，寡占的であるほど価値が高いという“情報”の本質は残るだろうし，世にいうほどの効用を社会にもたらすかは疑問が残るであろう．現在でも，不必要な情報が街に氾濫しており，人々は意識的，無意識的に，これらを選別するのに多くのエネルギーを費やしている．

情報化社会は，それでも人々にある程度の利益をもたらすであろうが，一方では提供される情報を選別し，主体的に判断するための受け手側の知恵と努力が必要になることも避けられない．

統計ソフトウェアの一つの意義は情報処理における主体性の確立であろう．情報公開の方向に沿って，官公庁の統計資料なども，今後は扱いやすくなると思われる．

統計ソフトウェアは“生きもの”である．ユーザー側もメーカー側も，実際のデータ処理の体験の蓄積を通して，たえず改良し充実させていくものである．この経験主義的態度が，すべての面で重要であると思われる．

「統計ソフトウェアに期待する」という表現は適切ではなく，「統計ソフトウェアにかかわる人に期待する」というべきであろうか．

# 参 考 文 献

## 1. 多変量データ解析の基礎

Anderson, T. W. (1958: 1st ed., 1984: 2nd ed.). *An Introduction to Multivariate Statistical Analysis*, John Wiley & Sons.
水野欽司 (1972). 電子計算機の応用—人文・社会系におけるデータ解析, 名古屋大学大型計算機センターニュース Vol. 3 No. 5, 名古屋大学.
水野欽司 (1973). データ処理技術習得の勧め, 名古屋大学大型計算機センターニュース Vol. 4 No. 6, 名古屋大学.
水野欽司 (1974). SPSS における出力統計量について, 名古屋大学大型計算機センターニュース Vol. 5 No. 5, 名古屋大学.
水野欽司 (1976a). SPSS における出力統計量について (その 2) — FACTOR (因子分析), 名古屋大学大型計算機センターニュース Vol. 7 No. 1, 名古屋大学.
水野欽司 (1976b). SPSS 第 6 版の解説, 名古屋大学大型計算機センターニュース Vol. 7 No. 2, 名古屋大学.
水野欽司ほか (1977). SPSS 第 6 版の解説 (その 2), 名古屋大学大型計算機センターニュース Vol. 8 No. 1, 名古屋大学.
水野欽司 (1976). 多変量解析の展望, 第 5 回日本行動計量学会講習会『多変量解析の理論と応用』テキスト.
三宅一郎, 水野欽司ほか (1977). SPSS 統計パッケージⅡ解析編, 東洋経済新報社.
水野欽司 (1978a). 統計パッケージ①現況と問題, bit Vol. 10 No. 8, 共立出版.
水野欽司 (1978b). 統計パッケージ②パッケージの利用法 1, bit Vol. 10 No. 9, 共立出版.
水野欽司 (1978c). 統計パッケージ③パッケージの利用法 2, bit Vol. 10 No. 11, 共立出版.
水野欽司 (1978d). 統計パッケージ④サービス機能, bit Vol. 10 No. 12, 共立出版.
水野欽司 (1978e). 統計パッケージ⑤統計解析手法の概略, bit Vol. 10 No. 15, 共立出版.
水野欽司 (1979a). 統計パッケージ⑥統計解析手法の利用例, bit Vol. 11 No. 1, 共立出版.
水野欽司 (1979b). 統計パッケージ完・利用の現況と今後, bit Vol. 11 No. 2, 共立出版.
芝 祐順 (1971 : 1979 第 2 版). 因子分析法. 東京大学出版会.

## 2. 外的基準のある多変量解析 I —回帰分析と関連技法

浅井 晃 (1987). 調査の技術. 日科技連出版社, 東京.
統計数理研究所国民性調査委員会 (1961). 日本人の国民性. 至誠堂, 東京.
統計数理研究所国民性調査委員会 (1970). 第 2 日本人の国民性. 至誠堂, 東京.
統計数理研究所国民性調査委員会 (1975). 第 3 日本人の国民性. 至誠堂, 東京.
統計数理研究所国民性調査委員会 (1982). 第 4 日本人の国民性. 出光書店, 東京.
統計数理研究所国民性調査委員会 (1992). 第 5 日本人の国民性—戦後昭和期総集. 出光書店, 東京.

Hayashi, C. (1952). On the prediction of phenomena from qualitative data and the quantification of qualitative data from the mathematico-statistical point of view. *Ann. Inst. Statist. Math.* Vol. 3 No. 2, pp. 69-98.
林知己夫 (1993). 数量化―理論と方法 (統計ライブラリー). 朝倉書店, 東京.
水野欽司 (1980). "暮らし方" 意識の動き―日本人の国民性調査から, 統計 31巻5号.

**3. 外的基準のある多変量解析 II ―判別分析と関連技法**

統計数理研究所 (1979). 国民性の研究 第6回全国調査― 1978年全国調査―, 数研研究リポート 46.
林知己夫 (1954). 数量化理論の応用例―予測の判断的中率と相関比 $\eta$ との関係についての一つの考察と共に―, 統計数理研究所彙報, 2巻1号, pp. 11-30. (数量化II類に関するもの.)
林知己夫・水野欽司 (1981a). 大地震災害に対する市民の態度, 文部省科研費自然災害特別研究 (1)「被災状況における避難行動の予測と制御に関する研究」(研究代表者・三隅二不二) 調査報告書 pp. 1-197.
林知己夫・水野欽司ほか (1981b). 大地震災害に対する市民の態度 (文部省科研費自然災害特別研究(1)), 統計数理研究所リポート 55, 統計数理研究所.
水野欽司 (1981). 数量化思想をみる, 統計 32巻6号.

**4. 外的基準のない多変量解析 I ―主成分分析と関連技法**

林知己夫 (1956). 数量化理論とその応用例(II), 統計数理研究所彙報, 4巻2号, pp. 19-30. (数量化III類に関するもの.)
林知己夫 (1961). 数量化理論とその応用例(VI), 統計数理研究所彙報, 9巻1号, pp. 29-35. (数量化IV類に関するもの.)
Kendall, M. G. (1957). *A Course in Multivariate Analysis.* (Griffin Statistical Monographs and Courses No. 2), Charles Griffin & Co. Ltd., London. (邦訳 浦昭二, 竹並輝之 (1972). 多変量解析の基礎. サイエンス社, 東京.)
Kendall, M. G. (1975). *Multivariate Analysis.* Charles Griffin & Co. Ltd., London & High Wycombe (邦訳 奥野忠一, 大橋靖雄 (1981). 多変量解析. 培風館, 東京.)
Kruskal, J. B. (1964). Non-metric multidimensional scaling: a numerical method. *Psychometrika,* Vol. 29, pp. 115-129.
水野欽司 (1977). 主成分分析, 現代数学 Vol. 10 No. 11.
水野欽司 (1978). 似ているものの図示―多次元尺度解析法の話―, 教育と情報 特集 教育調査と統計, No. 243, pp. 8-15.

**5. 外的基準のない多変量解析 II**

Bartlett, M. S. (1937). The statistical conception of mental factors. *British Journal of Psychology,* Vol. 28, pp. 97-104.
Carroll, J. D. & Chang, J. J. (1970). Analysis of individual differences in multidimensional scaling by an N-way Eckart-Young decomposition. *Psychometrika,* Vol. 35, pp. 282-319.
Harman, H. H. (1967). *Modern Factor Analysis* (2nd ed.), University of Chicago Press, Chicago.

Harshman, R. A. (1970). Foundations of the PARAFAC Procedure: models and conditions for an "explanatory" multi-modal factor analysis. *UCLA Working Papers in Phonetics*, 16, pp. 1-84.
水野欽司 (1978). 因子分析, 現代数学 Vol. 11 No. 2.
水野欽司 (1982). 因子分析法雑感, 数理科学 No. 225 (1982年3月号), サイエンス社.
芝 祐順 (1971 : 1979 改訂). 因子分析法. 東京大学出版会.
Spearman, C. (1904). General intelligence objectively determined and measured. *American J. of Psychology*, Vol. 15, pp. 201-293.
Thomson, G. H. (1950). *The Factorial Analysis of Human Ability* (4th ed.), University of London Press.
Thurstone, L. L. (1931). Multiple factor analysis. *Psychological Review*, Vol. 38, pp. 406-427.
Tucker, L. R. (1966). Some mathematical notes on three-mode factor analysis. *Psychometrika*, Vol. 32, pp. 279-311.

## 6. クラスター分析

東 洋編 (1974). 心理学研究法15 データ解析II (第9章クラスター分析 : 水野欽司), 東京大学出版会.
Edwards, A. W. F. and Cavalli-Sforza, L. L. (1965). A method for cluster analysis. *Biometrics*, Vol. 21, pp. 362-375.
Frieman, H. P. and Rubin, J. (1967). On some invariant criteria for grouping data. *J. American Statistical Association*, Vol. 62, pp. 1159-1178.
Gower, J. C. (1967). A comparison of some methods of cluster analysis. *Biometrics*, Vol. 23, pp. 623-637.
Hartigan, J. A. (1972). Direct clustering of data matrix. *J. American Statistical Association*, Vol. 67, pp. 123-129.
Hartigan, J. A. (1975). *Clustering Algorithms*. Wiley, New York.
Hubert, L. (1972). Some extensions of Johnson's hierarchical clustering algorithms. *Psychometrika*, Vol. 37, pp. 261-274.
Johnson, S. C. (1967). Hierarchical clustering schemes. *Psychometrika*, Vol. 32, pp. 241-254.
Lance, G. N. and Williams, W.T. (1967). A general theory of classificatory sorting strategies I—Hierarchical systems. *Computer Journal*, Vol. 9, pp. 373-380.
Lance, G. N. and Williams, W.T. (1967). A general theory of classificatory sorting strategies II—clustering systems. *Computer Journal*, Vol. 10, pp. 271-277.
Marriott, F. H. C. (1971). Practical problems in a method of cluster analysis. *Biometrics*, Vol. 27, pp. 501-514.
水野欽司 (1970). 系統的項目分類の一方法, 名古屋大学教育学部紀要 17.
水野欽司 (1971). 相関比基準による系統的クラスター化について, 名古屋大学教育学部紀要 18.
水野欽司 (1973a). 教育調査のための学区の層別, 名古屋大学教育学部紀要 20.
水野欽司ほか (1973b). 耐久消費財による単調順位パターンの生成, 中部広告研究 5.
水野欽司 (1974a). 教育調査のための学区の層別(2), 名古屋大学教育学部紀要 21.
水野欽司 (1974b). 調査回答パターンの尺度解析における新しい試み, 中部広告研究 6.

水野欽司 (1988). 社会調査の信頼性を考える，統計 39巻3号.
Morgan, J.N. and Sonquist, J. A. (1963). Problems in the analysis of survey data, and proposal. *J. American Statistical Association*, Vol. 58, pp. 415-434.
大隅 昇，ルバール，L. ほか (1994). 記述的多変量解析法，日科技連出版，東京.
Scott, A.J. and Symons, M.J. (1971). Clustering methods based on likelihood ratio criteria. *Biometrics*, Vol. 27, pp. 387-397.
芝 祐順 (1967：1974第2版). 行動科学における相関分析法，東京大学出版会.
Ward, J. H., Jr. (1963). Hierarchical grouping to optimize an objective function. *J. American Statistical Association*, Vol. 58, pp. 236-244.
Wishart, D. (1968). Numerical classification method for deriving natural classes. *Nature*, 221, pp. 97-98.
Wishart, D. (1969a). An algorithm for hierarchical classification. *Biometrics*, Vol. 25, pp. 165-170.
Wishart, D. (1969b). Mode analysis, a generalization of nearest neighbour which reduces chaining effects. In A.J. Cole (ed.), *Numerical Taxonomy*. Proceedings of the Colloquium in Numerical Taxonomy Held in the University of St. Andrews, September 1968, pp. 282-311, Academic Press, London.

**付　　録**

水野欽司 (1982). 統計ソフトウェアに期待するもの，数理科学 No. 262 (1985年4月号)，サイエンス社.
水野欽司 (1991). 懐かしの名大大型計算機センター，名古屋大学大型計算機センターニュース Vol. 22 No. 4，名古屋大学.

# 編者あとがき

本書は，「幻の多変量解析」と呼ばれ，長らく出版を懇請されていた講義資料を中心として編まれたものである.

著者は，60年代半ば，出身大学の助手の職を辞し，(財)計量計画研究所に移った頃から，さまざまな機会に多変量解析の講義を行ってきた．それは，非常勤講師として出講していたいくつかの大学の正規の授業であったり，研究所内外の公式，非公式の講習会であったり，そして時には，バリケード封鎖された大学内の自主ゼミでさえあったが，いずれの場合にも，著者は講義にあたって，ブルー・コピーの講義用資料を用意するのが常であった.

本書のもとになった講義資料(以下「資料」と略す)は，著者が再度大学教官に復帰した1970年からの3年間に，それまでのブルー・コピーのいわば最終改訂版として集中的に準備されたものである.「多次元解析の方法（昭和46年度講義用資料)」と「多次元解析の方法（続）(昭和47年度講義用資料)」の，大きく二つの部分からなる「資料」は，全体でB5判の用紙400枚以上に手書きでぎっしり書き込まれた謄写版印刷のものである．これはその後数年間にわたって，本務校の名古屋大学教育学部はもとより，東京教育大学（現在の筑波大学の前身)，東京都立大学等において，主として大学院生を対象とした講義で使用された．当時の受講者の多くは,「資料」を今も宝物のように保管しているし，方法について疑問が生じるつど,「資料」の該当箇所を参照して確認する習慣をもつ人も多い．それればかりでなく，何度もコピーを繰り返した結果，判読が困難になった「資料」を使って，今日も勉強会を続けているグループさえあるという.

当然ながら，当時から「資料」の出版を望む声は多く，実際，複数の出版社からの働きかけもあったが，著者はその要請を断固として拒み続けた（ただし，本書の第6章のように，この「資料」の一部にもとづいて執筆，出版されたものも若干はある)．著者自身が出版にまったく意欲を示していなかったわけではなく，原稿が本人の納得のいく水準までエラボレートされていなかったというのが実情である．しかしながら，1975年10月から再び東京に戻り，最初は統計数理研究所，後に大学入試センターで多忙な研究生活を送りながら，SPSS等の統計ソフトウェアの導入と開発，さらには，日本行動計量学会事務局とその周辺の膨大な雑務を，生来決して頑健とはいえない痩軀に鞭打って続ける著者には，「資料」を出版可能な形に仕上げるための時間はなかった．今回の出版はしびれを切らした後輩達と出版社とが，強引に行ったものであるが，自らの健康状態がもはや改訂作業を許さないまでに損なわれたことを自覚した著者の，渋々の了解は取りつけてある．

本書の内容の中心となるのは，第1章における著者自身の言葉を借りれば，「多変数のデータがもつ特徴を目的に応じて要約する手法を総称する…広義の多変量解析」の手法の解説である（ただし，こうした手法について，著者自身は前記のタイトルにも見られるように「多次元解析」の語を当てることを好んでいた）．読者は，本書の中でそれぞれの手法の導出過程やその前提となる多次元データの数学的表現が，実にていねいに記述してあることにお気づきになるであろう．一見，数式が多く難しく見えるが，それは導出のステップを飛ばさずに詳しく記してあるせいであって，本質的に難しい部分は少ない．むしろ，他のテキストで跳ね返され，理解をあきらめていた事柄について，本書で初めて納得できる記述を見いだして，快哉を叫ぶ読者が多いのではあるまいか．

換言すれば，本書の記述はプログラマーの目からなされている．著者は「資料」の作成と平行して，名古屋大学教育学部に設置されていたNEAC-1240という現在では想像もつかない原始的コンピュータのアセンブラ言語（！）による200本近いプログラムと，それらの使用説明書を完成させていた．それらは本書で解説されている手法のすべてを含んでおり，その後10年以上にわたって同学部の教官と学生に利用された．この仕事はわが国で統計ソフトウェアなるものの存在が知られるようになるより前になされたことに注目していただきたい．ともあれ，その作業過程で，「資料」は常に参照され，改訂の手が加えられていったと思われる．手法を単に理論的に理解するだけではなく，一義的に効率の良いプログラムを書くという視点が貫徹しているのである．それが説明をいっそう明快なものにしていることは疑う余地がない．

もっとも，今日ではパソコンの1台ももっていれば，市販のソフトを用いてこれらの手法を，その意味も理解できないままに容易に「実行」できるし，その出力を用いて論文を書くこともできるであろう．しかしながら，いったんそうした状態に疑問を抱き，「自分の研究のステップからブラック・ボックスを一掃するために，分析方法を自家薬籠中のものにすること」(これは，著者が若い研究者や学生に向かって繰り返し述べていた基本的心得である) を決意した人々にとって，本書はまさに座右の書となるであろう．

著者自身は，日本人の国民性調査，住環境や自然災害等に対する意識調査等，大規模な調査の遂行を最重要課題としてきた．つまり，仕事の中心は，まずはしっかりしたデータの収集，それに続いてその分析であり，分析方法の開発は，そうした現場のニーズを踏まえてなさるべきものであった．そうした著者にとって，本書の中心である多変量解析の数理の学習は技法習得の一面にすぎなかったことも知っておく必要がある．これも第1章における著者自身の言葉を借りれば，多変量解析の手法を使いこなすためには，「データに対する柔軟な見方」，「個々のデータの特質を見抜く力」，「分析の見通しを立てる柔軟なセンス」，「融通性に富んだ大局的な見方」の養成が必要である．そして，むしろこのことこそが，著者が常に強調してやまないポイントなのである．しかしながら，こうしたセンスは，多変量解析の方法が適用される実質科学的領域の広い専門的知識の蓄積と，豊富な適用経験を通じて培われるものであり，一般的に論ずることは難しい．

しかし，著者の講義においては，絶妙なアナロジーや鋭い毒舌を含んだ警句を通じて，そうした「センス」が巧みに論じられたものであった．それが著者一流の温かいユーモアに包まれて語られるのを聞くのは，講義に列席する者の最大の楽しみであったし，それが専門領域を越えた多くのファンを生み出した一因であった．残念ながら，「資料」にそうした面をうかがわせる部分は少ない．そこで多少ともそれを補うべく，著者が後に執筆したエッセー風の文章をいくつか選んで，各章の末尾に挟んだ．多変量解析を通じて，著者が真に目指していたもの，データ解析の「心」を感じ取っていただければ幸いである．

「資料」は，当初そのすべてを出版することも考えられたが，比較的著者の特徴が出ていないと感じられる部分や，類書の記述と大差のない部分，そしてその後の当該部分の発展から見て不要と思える部分は省略した．全体を俯瞰する第1章は，刊行された二つの文献をつなぎ合わせて編者が作成した．また，第4章の冒頭には，「資料」より後に執筆刊行された主成分分析に関する入門的記事を一つの節として挿入した．第6章については，前述のように「資料」にもとづいて刊行された形を再録することにした．この章については，著者自身が推敲し改訂した形が得られると考えられるからである．残りの部分については，基本的に，明確な誤記の訂正，複数の章間の記号の統一，スペースの不足に起因すると思われる説明不十分の箇所への最小限の補筆を除き，ほぼそのまま刊行する方針をとった．ただし，第5章には，やはり後に執筆された因子分析に関する解説から，数値例を補った．また，主因子法に関する§5.2は，その後の理論的展開を含めた形で，編者が実質的な改訂を行った．さらに，§2.1，2.2の2節については，実質的な内容は変えなかったが，使われている行列式に関する知識が，本書の読者として予想される人々の水準を越えていると判断したので，より初等的な水準で書き直した．

一方，今日の技術的水準からすれば不要と思えるような記述も，方法の理解を助けると考えられるものは，積極的に残した．たとえば，確率分布や行列関係のアルゴリズム，確率楕円の作図等は，今日でははるかに進歩した技法で容易に実行できるけれども，本書に書かれた方法は，なお教育的意味を失っていないと判断した．因子分析において，セントロイド法を残したのも同様の理由である．

本書は，多変量データ解析の基礎を確実に身につけるための書物として，今なお最良のものといってよいであろう．しかしながら，何といっても20年以上前に執筆された記述が，当該分野のその後の発展を反映していないのはやむをえない．あたかも，数理それ自体が目標であるかに見える新しい方法の多くに，著者はいつも批判的であったが，それでも著者が現段階で出版原稿を作成したとすれば，当然加えたであろうトピックは少なくない．しかし，独習，あるいは輪講を通じての学習用の利用を主として想定した書物である本書に，それらを無理に押し込むこともないであろうと判断した．そうしたトピックについては，多くの書物が既に存在しており，それらにアクセスすることは容易である．

以上の方針に従って編集したために，もし本書に首尾一貫していない箇所などがあったとしたら，それは一重に編者の責任であることを，ここにお断りしておきたい．

本書をこのような形で出版することができたのは，朝倉書店の柏木信行氏のお力によるところがきわめて大である．著者に出版を働きかけてこられた方々のうち，氏は古くから「資料」の存在に注目され，本書の誕生を熱心に望んでおられた．編集にあたり，さまざまな便宜をはかっていただいたばかりでなく，遅れがちな編者らの仕事を辛抱強く見守ってくださった．今，「幻の多変量解析」と呼ばれた本書が世に出るにあたり，氏に深い感謝の念を捧げるものである．

1996年9月

村上　隆<br>
岩坪秀一<br>
野嶋栄一郎

# 索　　引

## ア　行



## カ　行



## サ　行

## タ　行



## ナ　行

## 著者略歴


水野欽司（みずの きんじ）

1932年東京に生まれる．1955年東京教育大学教育学部心理学科卒業．同大学大学院博士課程修了後，東京教育大学教育学部，(財)計量計画研究所を経て，名古屋大学教育学部（1970年～1975年），文部省統計数理研究所（1975年～1991年），文部省大学入試センター研究開発部（1991年～1995年）に勤務．

この間，人間の心理・行動を探る大規模な意識調査データに基づく実証的研究に従事．具体的には，日本人の国民性調査，都市住民の環境意識調査，自然災害に対する住民の意識調査および防災教育，入試改善研究等，多方面にわたる領域の調査・研究に携わった．

主要著書に，「心理学研究法14 データ解析Ⅰ」東京大学出版会，「心理学研究法15 データ解析Ⅱ」東京大学出版会，「SPSS統計パッケージⅡ　解析編」東洋経済新報社,「第4日本人の国民性」出光書店，「計量生物学・行動計量学」放送大学教育振興会など（ともに共著）があり，訳書には「パネルデータの分析（G. B. マルクス著)」朝倉書店，「テストの信頼性と妥当性（E. G. カーマイン，R.A. ツェラー著)」朝倉書店（共訳）がある．



統計ライブラリー

多変量データ解析講義（新装版）　　定価はカバーに表示

1996年11月15日　初　版第1刷
2018年7月20日　新装版第1刷

著者　水野欽司
発行者　朝倉誠造
発行所　株式会社 朝倉書店
東京都新宿区新小川町6-29
郵便番号　162-8707
電話　03(3260)0141
FAX　03(3260)0180
http://www.asakura.co.jp

〈検印省略〉





Printed in Korea

ISBN 978-4-254-12230-5 C3341